U0378255

21世纪高等院校自动化类实用规划教材

自动控制原理及应用

董红生　主　编

李双科　李先山　副主编

清华大学出版社

北　京

内 容 简 介

本书是根据培养应用型人才的基本要求编写的，系统地介绍了自动控制原理经典控制理论部分的主要内容。全书共分 8 章，内容包括绪论、自动控制系统的数学模型、控制系统的时域分析法、控制系统的根轨迹分析方法、控制系统的频域分析法、控制系统的校正方法、采样控制系统及控制系统的 MATLAB 仿真应用。

本书从工程实际应用出发，内容全面，重点突出，叙述深入浅出、循序渐进、通俗易懂，每章都配有一定数量的例题和习题，并附有教学目标和本章小结，便于教师教学和学生自学。

本书可作为应用型本科院校、高职高专院校及成人高校的电气、自动化及机电类各专业的教材或教学参考书，也可供工程技术人员参考。

图书在版编目(CIP)数据

自动控制原理及应用/董红生主编；李双科，李先山副主编. —北京：清华大学出版社，2014（2023.1 重印）
(21 世纪高等院校自动化类实用规划教材)
ISBN 978-7-302-34464-3

Ⅰ. ①自… Ⅱ. ①董… ②李… ③李… Ⅲ. ①自动控制理论—高等学校—教材 Ⅳ. ①TP13

中国版本图书馆 CIP 数据核字(2013)第 270018 号

责任编辑：李春明
装帧设计：杨玉兰
责任校对：李玉萍
责任印制：沈 露
出版发行：清华大学出版社
网 址：http://www.tup.com.cn, http://www.wqbook.com
地 址：北京清华大学学研大厦 A 座 邮 编：100084
社 总 机：010-83470000 邮 购：010-62786544
投稿与读者服务：010-62776969, c-service@tup.tsinghua.edu.cn
质量反馈：010-62772015, zhiliang@tup.tsinghua.edu.cn
课件下载：http://www.tup.com.cn, 010-62791865
印 装 者：三河市龙大印装有限公司
经 销：全国新华书店
开 本：185mm×260mm 印 张：17.25 字 数：416 千字
版 次：2014 年 3 月第 1 版 印 次：2023 年 1 月第 7 次印刷
定 价：49.00 元

产品编号：051131-03

前 言

自动控制技术已广泛应用于现代工农业、国防、经济及社会科学等众多不同领域，对于掌握一定自动控制技术的应用型专门人才的需求越来越大。因此，编写适合应用型专门人才培养目标要求的优秀教材显得尤为重要。本书遵循应用型专门人才培养的规律，面向21世纪科技发展的需要及电气自动化、机电类各专业教学改革的要求而组织编写。

自动控制原理是研究自动控制基本规律的科学，是分析和设计自动控制系统的理论基础，一般包括经典控制理论和现代控制理论两部分内容。本书以控制工程中应用广泛的经典控制理论及应用为主要内容，共分为 8 章，具体包括绪论、自动控制系统的数学模型、控制系统的时域分析法、控制系统的根轨迹分析法、控制系统的频域分析法、控制系统的校正方法、采样控制系统及控制系统的 MATLAB 仿真应用。

在编写过程中，本书坚持“以应用为目的，以必需、够用为度”的原则，总结多年的教学实践经验与体会，精选教学内容，明确教学目的，注重基本概念和基本方法的阐述，简化烦琐的理论推导，加强理论联系实际，充实应用实例，“以例释理”，将基础理论融入具体实例之中，使学生更容易学习和掌握相关理论；同时本书介绍了 MATLAB 软件的基本使用方法及其在自动控制理论中的应用，从而强化了学生对自动控制系统的计算机辅助分析和设计的能力。

为了更切合应用型人才培养及教与学的需要，本书在保证基本理论够用的前提下，侧重于自动控制系统分析和设计方法的阐述、力求做到内容精炼、概念清晰、循序渐进，并联系工程应用。书中每章都配有一定数量的典型习题，便于学生巩固和复习所学内容。

本书由兰州工业学院董红生任主编，兰州工业学院李双科、甘肃畜牧工程职业技术学院李先山任副主编，兰州工业学院任晓芳和刘青参与编写，编写分工为：李双科编写第 1、2 章，李先山编写第 3、7 章，任晓芳编写第 4、6 章及部分章节习题和答案，刘青编写第 5 章 5.1 和 5.2 节及附录，董红生编写第 5 章 5.3、5.4、5.5 节和第 8 章。全书由董红生负责统稿。

本书可作为应用型本科院校、高职高专院校及成人高校的电气、自动化及机电类各专业的教材或教学参考书，也可供工程技术人员参考。

在本书的编写过程中，查阅和参考了大量的文献资料，在此谨向参考文献的作者致以诚挚的谢意。由于编者教学经验和学术水平有限，书中不妥与错误之处在所难免，恳请广大读者批评指正。

编　者

目　录

第 1 章　绪论 1

1.1　自动控制系统的基本概念 2

1.1.1　自动控制和自动控制系统 2

1.1.2　自动控制系统的控制方式 4

1.1.3　自动控制系统的组成 6

1.2　自动控制系统的分类 6

1.2.1　按给定值的变化规律分类 7

1.2.2　按系统的信号形式分类 7

1.2.3　按系统的特性分类 7

1.3　自动控制系统的基本要求 8

1.3.1　稳定性 8

1.3.2　快速性 8

1.3.3　准确性 9

1.4　应用实例 9

本章小结 13

习题 13

第 2 章　自动控制系统的数学模型 17

2.1　控制系统的微分方程 18

2.1.1　微分方程建立的实例 18

2.1.2　线性常微分方程的求解 20

2.2　控制系统的传递函数 21

2.2.1　传递函数的概念 21

2.2.2　典型环节的传递函数 24

2.3　控制系统的动态结构图 28

2.3.1　动态结构图的基本概念 28

2.3.2　动态结构图的建立 29

2.3.3　动态结构图的化简 31

2.4　应用实例 36

本章小结 39

习题 39

第 3 章　控制系统的时域分析法 43

3.1　控制系统的典型输入信号和时域性能指标 44

3.1.1　典型输入信号 44

3.1.2　控制系统的时域指标 46

3.2　典型系统的时域分析 47

3.2.1　一阶系统的时域分析 47

3.2.2　二阶系统的时域分析 50

3.3　控制系统的稳定性分析 56

3.4　控制系统的稳态误差计算 62

3.4.1　稳态误差的定义 62

3.4.2　控制系统的型别 63

3.4.3　给定稳态误差及误差系数 63

3.4.4　扰动稳态误差的计算 67

3.4.5　减小系统稳态误差的方法 68

3.5　应用实例 69

本章小结 72

习题 73

第 4 章　控制系统的根轨迹分析方法 77

4.1　根轨迹的基本概念 78

4.1.1　根轨迹的概念 78

4.1.2　根轨迹方程 79

4.2　根轨迹绘制的基本规则 81

4.3　利用根轨迹法分析控制系统的性能 86

4.3.1　闭环零、极点分布与动态响应的关系 87

4.3.2　利用主导极点法分析系统性能 88

4.3.3　增加开环零、极点对系统性能的影响 89

4.4　应用实例 93

本章小结 95

习题 95

第 5 章　控制系统的频域分析法 97

5.1　系统频率特性的基本概念 98

5.1.1 频率特性的定义 98
5.1.2 频率特性的性质 101
5.1.3 频率特性的图形表示 101
5.2 典型环节的频率特性 103
5.3 系统开环频率特性曲线的绘制 114
5.3.1 系统开环幅相频率特性曲线的绘制 114
5.3.2 系统开环对数频率特性曲线的绘制 117
5.4 利用频率特性法分析控制系统的性能 122
5.4.1 控制系统的稳定性分析 122
5.4.2 控制系统的性能分析 129
5.4.3 典型控制系统的频域分析 136
5.5 应用实例 141
本章小结 145
习题 145

第 6 章 控制系统的校正方法 151

6.1 控制系统校正的基本概念 152
6.1.1 校正方式 152
6.1.2 基本控制规律 153
6.2 串联校正 157
6.2.1 串联超前校正 157
6.2.2 串联滞后校正 161
6.2.3 串联滞后-超前校正 165
6.3 反馈校正 170
6.3.1 反馈校正的基本原理 170
6.3.2 反馈校正的形式 170
6.4 自动控制系统的工程设计方法 172
6.4.1 串联校正的期望频率特性法原理 172
6.4.2 系统期望开环对数频率特性的建立 173
6.4.3 校正装置的工程设计法 174
6.5 应用实例 176
本章小结 179
习题 180

第 7 章 采样控制系统 183

7.1 采样控制系统的基本概念 184
7.1.1 采样控制系统的结构与特点 184
7.1.2 信号的采样与复现 185
7.2 采样控制系统的数学模型 189
7.2.1 z 变换与逆 z 变换 189
7.2.2 差分方程和脉冲传递函数 194
7.3 采样控制系统的性能分析 201
7.3.1 采样控制系统的稳定性分析 201
7.3.2 采样控制系统的动态性能分析 204
7.3.3 采样控制系统的稳态误差 206
7.4 应用实例 208
本章小结 210
习题 210

第 8 章 控制系统的 MATLAB 仿真应用 213

8.1 MATLAB 仿真基础 214
8.1.1 MATLAB 系统概述 214
8.1.2 MATLAB 的编程基础 216
8.1.3 MATLAB 语言的矩阵运算与符号运算 219
8.1.4 MATLAB 语言的图形功能 223
8.1.5 MATLAB 程序设计 228
8.1.6 Simulink 仿真基础 232
8.2 MATLAB 在控制系统仿真中的应用 235
8.2.1 MATLAB 用于控制系统的建模 235
8.2.2 MATLAB 用于控制系统的时域分析 239
8.2.3 MATLAB 用于控制系统的根轨迹分析 243
8.2.4 MATLAB 用于控制系统的频域分析 245

8.2.5 MATLAB 用于控制系统的频域法校正 249
8.3 Simulink 在控制系统仿真中的应用 251
8.3.1 控制系统的 Simulink 模型的建立 251
8.3.2 控制系统的 Simulink 仿真 252
8.4 应用实例 253
8.4.1 液压位置伺服系统 253
8.4.2 玻璃窑炉的温度控制系统 257
本章小结 261
习题 261
附录 常用函数的拉普拉斯变换与 z 变换表 264
参考文献 265

第1章

绪　论

理解自动控制和自动控制系统、自动控制系统的控制方式及自动控制系统的组成等基本概念，了解自动控制系统的分类方法，掌握自动控制系统的基本要求，熟悉自动控制系统实例分析方法。

1.1　自动控制系统的基本概念

自动控制理论在现代工程和科学发展进程中起着极为重要的作用。太空航行、人造卫星等高新技术中，无不渗透着控制理论的辉煌成果。在工农业生产、交通运输、国防建设、科学研究及日常生活等各个领域，自动控制技术的应用都是不可缺少的重要组成部分。例如，在生产过程中对压力、温度、湿度、黏度和流量的控制，自动控制技术都是其核心组成部分；在机器制造业及其他许多行业中，如机器零件的加工、处理和装配，都广泛地采用自动控制技术。

自动控制理论的发展与应用，为人们提供了设计最佳控制系统的各种方法，这不但大大提高了生产效率和产品质量，同时也极大地促进了自动控制理论的进步。目前，工程技术人员和科学工作者都十分重视自动控制理论的学习，自动控制理论已成为国内外许多学科普遍开设的课程。

1.1.1　自动控制和自动控制系统

所谓控制，是指由人或用控制装置使被控对象按照一定目的动作所进行的操作。例如，使用微型计算机控制热处理炉的炉温使其保持某一恒定值或按一定规律变化；钢铁企业中的滚轧控制使连轧机的各轧辊按既定转速运行；机床工作台和刀架的位置控制使其能准确地跟踪指令进给等。在这些控制系统中，热处理炉、轧辊、工作台和刀架是被控对象；温度、转速、位置是被控量，它表征了机器设备的工作状态；要求这些被控量保持的期望值或变化规律称为给定值，而操作或控制的任务就是使被控对象的被控量等于或按一定精度符合期望给定值。

如果控制任务是由人来完成，则称为人工控制。如果人不直接参与，而是由控制装置自动完成控制任务，则称为自动控制。下面以水位的人工控制和自动控制为例加以说明。

1. 人工控制

水位控制主要是通过控制阀门的开度来满足水位控制的要求。水箱水位的人工控制系统如图1-1所示，其控制过程包括以下几个环节。

(1)　通过测量元件(刻度标尺)，观测水箱中的实际水位，即被控量。

(2)　将实际水位与要求的水位(给定值)相比较，得出两者偏差。

(3)　根据水位偏差的大小和方向调节进水阀门的开度。当实际水位高于要求值时，关小进水阀门开度；反之，则加大阀门开度。通过偏差的调节，可使水箱水位与要求值基本保持一致。

由此可见，人工控制的过程就是测量、求偏差、实施控制以纠正偏差的过程，简单地说，就是检测偏差并纠正偏差的过程。

2. 自动控制

水箱水位的自动控制如图 1-2 所示。由图 1-2 可知，水箱中的浮子反映了实际水位的变化，起到水位测量的作用；连杆机构作为比较器，完成实际水位与期望水位的比较；放大器、伺服电动机和减速器是水位的调节驱动装置；阀门是水位调节的执行元件，其开度由电位器上的电压控制。

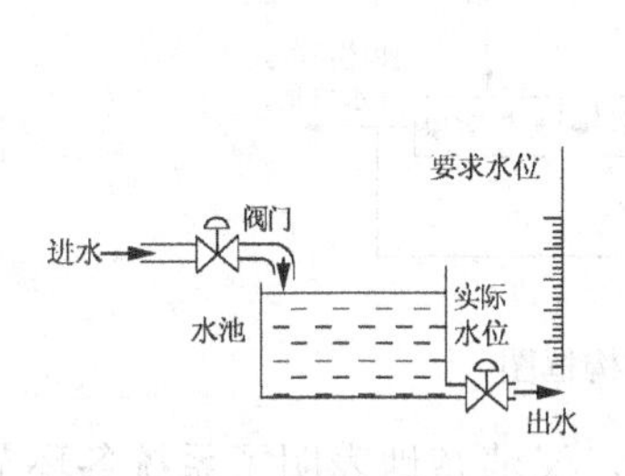

图 1-1 水箱水位的人工控制

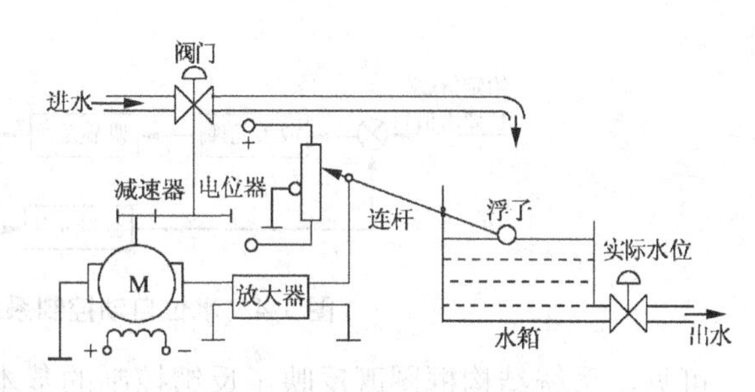

图 1-2 水箱水位的自动控制

水位控制原理是当实际水位低于要求水位时，电位器输出电压值为正，且其大小反映了实际水位与水位要求值的偏差，偏差信号被放大器放大后驱动电动机，再由电动机带动减速器增加阀门开度，使得实际水位重新与要求水位值相等。可见，水位的自动控制是通过闭环的自动调节作用来消除或减小偏差，使水位保持在期望值上，从而实现了自动控制。

对比人工控制和自动控制可知，测量装置相当于人眼，执行机构类似于人手，比较与控制环节类似于人脑。两种控制的共同特点就是都要检测偏差，并用检测到的偏差去纠正偏差，可以说没有偏差就没有自动调节过程。

由上述水位控制例子可以看出，偏差调节是自动控制的基本思想，而偏差是由反馈建立的。基于反馈基础上的“以偏差纠正偏差”的控制原理又被称为反馈控制原理，通常所说的经典控制理论实际上就是指的反馈控制理论。实现自动控制的装置各不相同，但反馈控制的原理是相同的，也就是说，反馈控制是实现自动控制最基本的方法。

如果将被控的设备或过程称为被控对象(或称为受控对象)，将表征设备或过程运行情况或状态并加以控制的物理参量(或状态参量)称为被控量(或称为被控参数)，将这些物理参量所应保持的期望值称为给定值(或称为参考输入、设定值)，而将引起被控量的变化因素称为干扰(或称为扰动)，则自动控制的任务可以描述为：使被控对象的被控量等于或按一定精度符合给定值。

系统的控制装置和被控对象组合在一起就称为自动控制系统。自动控制系统和其他物理系统一样都是因果系统，即系统输出(或称响应)是由系统输入(或称激励)引起的后果。这种因果关系用框图描述，如图 1-3 所示。

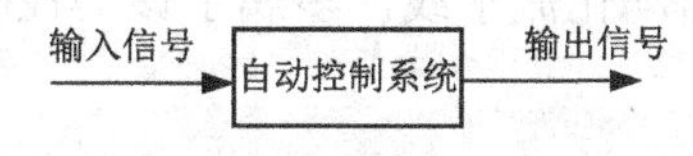

图 1-3 自动控制系统的框图

自动控制系统时常会受到周围环境的各种因素及系统本身的各种因素的干扰而产生扰动，扰动会使系统偏离预期状态或性能要求。如何消除或抑制这些干扰因素的影响，改善控制性能，是自动控制系统所要完成的主要任务。

为了明确地表示自动控制系统的构成及控制过程，通常可用结构框图的形式描述一个实际的自动控制系统。用“方框”表示系统各个环节，用“箭头”代表信号的传递方向，用“⊗”表示比较环节，而反馈回路的“－”号表示负反馈。水位自动控制系统的结构框图如图 1-4 所示。

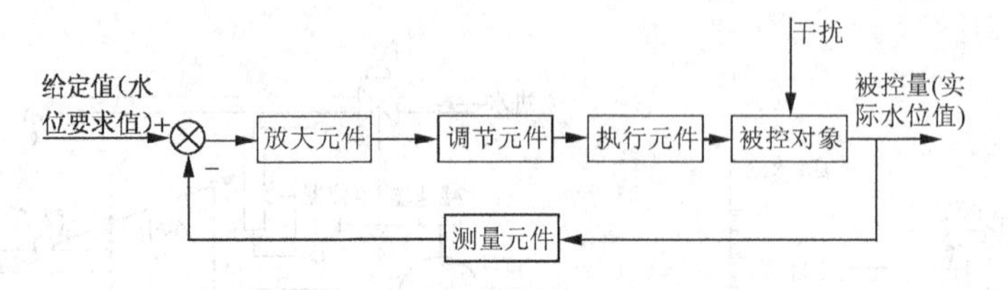

图 1-4　水位自动控制系统的结构框图

可见，系统结构框图既反映了反馈控制的基本原理，又清楚地表明了系统各环节的作用及它们之间的受控关系。

1.1.2　自动控制系统的控制方式

自动控制系统的基本控制方式包括开环控制、闭环控制及复合控制。与之对应的控制系统分别称为开环控制系统、闭环控制系统及复合控制系统。

1．开环控制

开环控制是指系统的输出量(被控量)对系统的控制作用没有影响。从系统的信号流向看，控制信号的传递方向只有顺向没有反馈。这种控制方式需要控制的是被控量，而系统可调节的只有给定值。开环控制的原理框图如图 1-5 所示。

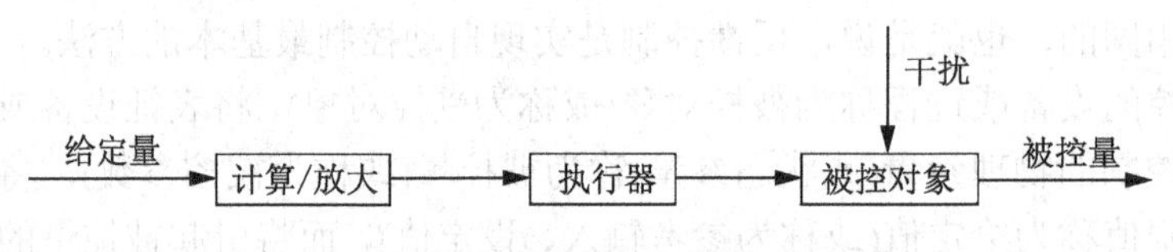

图 1-5　开环控制的原理框图

这种控制方式的系统结构和控制方法都比较简单，系统的抗干扰能力差，控制精度完全取决于系统各组成环节的精度。当系统存在干扰或系统参数发生变化时，会直接影响被控量，而系统无法自动补偿，因而控制精度难以保证。这种控制系统适用于系统结构参数稳定，且不存在干扰或干扰很弱，对被控量要求不高的场合，如家用电风扇的转速控制、自动洗衣机、包装机以及一些自动化流水线，多属于该类控制系统。

2．闭环控制

闭环控制是指系统的输出量(被控量)对系统的控制作用有直接影响。从系统的信号流向看，系统输出信号沿反馈通道(一般由检测、变送器构成)回送到系统的输入端形成反馈信号，由于控制系统中存在反馈回路，故称为闭环控制或反馈控制。闭环控制的原理框图如图 1-6 所示。

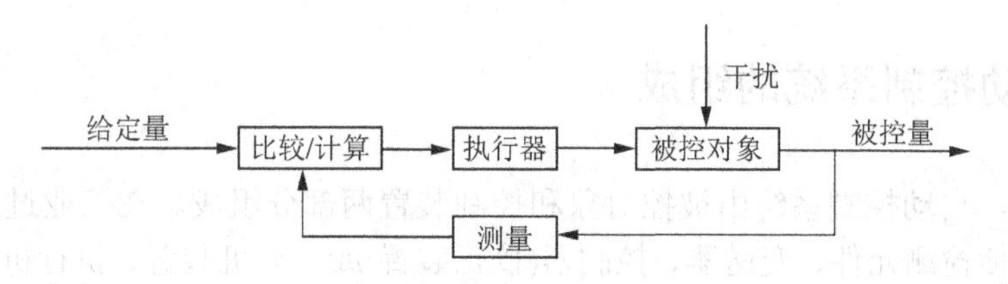

图 1-6　闭环控制的原理框图

这种控制方式的一个突出优点，即不论是由于外界干扰还是由于系统内参数的变化引起的被控量偏离给定量，系统都能产生控制作用减小或消除这个偏差，从而使系统达到较高的控制精度。利用偏差来纠正偏差的控制过程是闭环控制的基本原理，这一原理为系统实现高品质控制提供了可能性。但与开环控制系统相比，闭环控制系统的结构比较复杂，调试较为困难。由于闭环控制存在反馈信号，若系统元件参数配合不当，容易产生振荡，使系统不能正常工作。

从比较开环和闭环控制系统的特点可以看出，当系统的输入量预先知道，且不存在其他任何干扰时，采用开环控制系统较为合适，而当存在无法预计的外部干扰或系统参数变化时，采用闭环控制系统更有优越性；从系统稳定性的观点来看，开环控制系统不存在稳定性的问题，而在闭环控制系统中，稳定性始终是一个重要问题；闭环控制系统的输出对外部干扰和内部参数变化不敏感，可以使用低精密的元件构成高精密的控制系统，而这一点对于开环控制系统是不可能做到的；闭环控制系统采用的元件数量较多，因此系统成本和功率要比开环控制系统高。将开环控制与闭环控制适当结合构成复合控制系统，能获得满意的综合控制性能。

3. 复合控制

复合控制是在闭环控制的基础上，附加一个给定或干扰信号的顺馈通路，对该信号实行加强或补偿，以达到精确的控制效果。常用的复合控制包括给定补偿的复合控制(见图 1-7)和干扰补偿的复合控制(见图 1-8)两种方式。

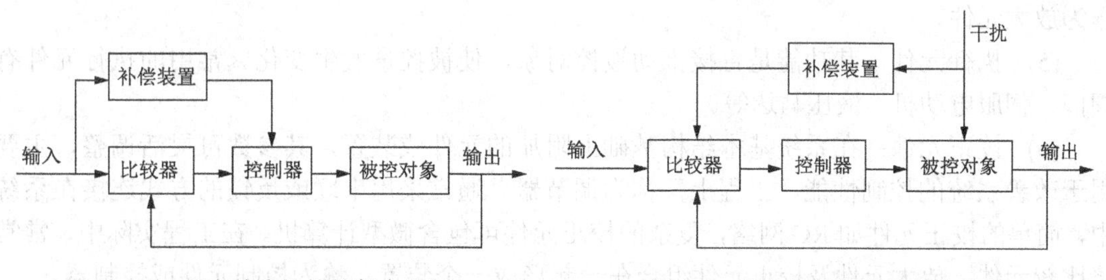

图 1-7　具有给定补偿的复合控制　　图 1-8　具有干扰补偿的复合控制

具有给定补偿的复合控制由附加的补偿装置提供了一个顺馈控制信号，与原输入信号一起对被控对象进行控制，以提高系统的跟踪能力。这种控制方式使得系统控制能力得到加强。具有干扰补偿的复合控制由附加的补偿装置提供控制作用，用于补偿干扰对被控量的影响。这种控制方式也称为前馈控制，是一种主动控制方式，即可以在干扰影响被控量之前，就将干扰完全抵消。前馈控制适合于强干扰及干扰可测的工作环境。在后续章节将对复合控制做进一步的分析。

1.1.3 自动控制系统的组成

一般来说，自动控制系统由被控对象和控制装置两部分组成。在工业过程控制中，控制装置主要包括检测元件、变送器、控制器(校正装置)或计算机装置、执行机构等，分别完成检测、运算和执行等功能。典型自动控制系统的组成框图如图 1-9 所示，其中各部分的功能如下。

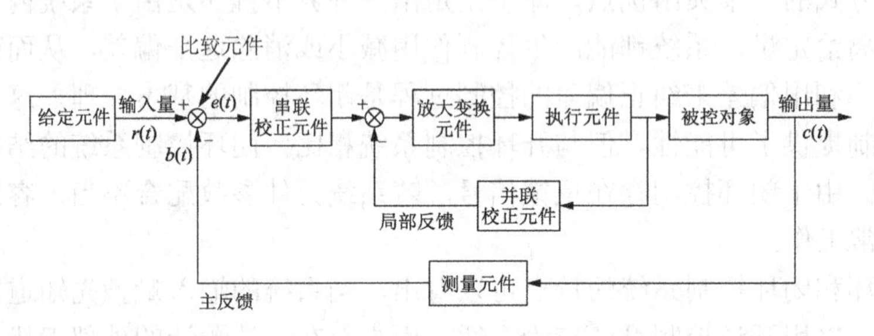

图 1-9 自动控制系统的组成

(1) 给定元件：其功能是确定被控对象的目标值，即给定值，要求给定值与测量值的信号种类和量纲保持一致，给定量可以是各种形式，如电量、非电量、数字量、模拟量等。常用的给定元件有电位器、给定积分器等。

(2) 测量元件：其功能是检测被控量，并将检测值转换为便于处理的电压或电流信号后，传送到输入比较装置。通常测量元件出现在反馈回路中。例如，调速系统的测速发电机是常用的速度测量元件。

(3) 比较元件：图中用“⊗”表示，其功能是将给定值与测量值进行比较，求出两者之间的偏差。常用的比较元件有差动放大器、机械差动装置、电桥电路等。

(4) 放大元件：其功能是将比较元件给出的偏差信号进行放大，以便有足够的功率来推动执行元件执行控制。常用晶体管、集成电路、晶闸管等组成电压放大器和功率放大器作为放大元件。

(5) 执行元件：其功能是直接推动被控对象，使被控量发生变化。常用的执行元件有阀门、伺服电动机、液压马达等。

(6) 校正元件：在系统基本结构基础上附加的元件或装置，其参数可灵活调整，主要用于改善系统的控制性能，工程上又称为调节器。通常采用串联或反馈的方式连接在系统中，简单的校正元件如 RC 网络，复杂的校正元件可包含微型计算机。在工程实际中，常常将比较元件、放大元件及校正元件组合在一起形成一个装置，称为控制元件或控制器。

(7) 被控对象：控制系统中需要控制的对象，通常为生产设备或工作机构等。

1.2 自动控制系统的分类

自动控制系统的形式多种多样，因此，自动控制系统有多种不同的分类方法，常见的有以下几种。

1.2.1　按给定值的变化规律分类

自动控制系统按给定值的变化规律可分为恒值控制系统、随动控制系统和程序控制系统。

1)　恒值控制系统

恒值控制系统是生产过程中最常见的一类控制系统，其特点是系统的给定值为一恒定值，控制的目的是要求系统的被控量等于给定值，且保持恒定不变。多数过程控制系统均属于此类控制系统，如电动机恒速、恒温、恒压及恒液位控制等。

2)　随动控制系统

随动控制系统又称为伺服系统、跟踪控制系统，其特点是系统给定值按事先未知的时间函数变化(有时是完全随机的)，控制的目的是要求系统的被控量能快速、准确地跟随给定值的变化。例如，雷达天线控制系统、轮舵位置控制系统、火炮自动跟踪系统、自动驾驶系统、自动导航系统及工业自动化仪表的显示记录控制等均属于这类控制系统。

3)　程序控制系统

在程序控制系统中，给定值是按事先预定的规律变化，是一个已知的时间函数，控制的目的是要求被控量按照确定的给定时间函数变化。例如，机械加工中的数控机床、耐火材料生产中的加热炉的程序升温控制等均属于这类控制系统。

1.2.2　按系统的信号形式分类

自动控制系统按系统的信号形式不同可分为连续控制系统和离散控制系统。

1)　连续控制系统

连续控制系统的特点是系统各部分的信号均为时间变量的连续函数，即为模拟量。连续控制系统的运动状态或特性通常可用微分方程来描述。例如，模拟式仪表实现自动化的过程控制系统就属于这类系统。

2)　离散控制系统

离散控制系统的特点是系统中某处或多处信号为时间变量的离散函数，如脉冲序列、数字量。离散控制系统的运动状态或特性通常可用差分方程来描述。系统中的离散信号可由连续信号通过采样开关获得，具有采样功能的控制系统又称为采样控制系统。例如，不考虑量化问题，利用计算机实现生产过程的直接数字控制(DDC)就是一个典型的采样控制系统。

1.2.3　按系统的特性分类

自动控制系统按照系统的特性不同可分为线性系统和非线性系统。

1)　线性系统

由线性微分方程或线性差分方程所描述的系统称为线性系统。线性系统的特点是具有叠加性和均匀性。若描述系统运动规律的微分或差分方程的系数是常数，则称为线性定常(时不变)系统。本书讨论的系统都是指线性定常系统。

2) 非线性系统

由非线性系统方程所描述的系统称为非线性系统。非线性系统不具有叠加性和均匀性，因此叠加原理不适用。这一类系统需要利用非线性控制理论的方法进行研究。

1.3 自动控制系统的基本要求

对于一个实际的自动控制系统的要求首先是系统必须保持绝对稳定，不能失控，否则系统无法正常工作，甚至造成设备损坏、人身事故等重大损失。直流电动机的失磁、导弹发射的失控、运动机械的增幅振荡等都属于系统不稳定的状态。

在系统绝对稳定的前提下，要求系统应具有很好的动态性能和稳态性能。有关系统的动态和稳态性能的具体评价指标在第 3 章将详细叙述。工程上对系统性能的基本要求有 3 个方面，即稳定性、快速性、准确性。

1.3.1 稳定性

系统稳定性是指当系统受到外加信号(给定或扰动)作用后，系统响应的暂态过渡过程的振荡倾向和系统恢复平衡的能力。若系统在外加信号作用后，被控量被迫偏离原先的稳定平衡状态，但在控制作用下，经过一段时间，被控量可以过渡到某一新的稳定平衡状态，则系统是稳定的，如图 1-10(a)所示；否则系统不稳定，如图 1-10(b)所示。显然，不稳定的系统是无法正常工作的。对于一个实际控制系统，不仅系统要具有稳定性(指的是绝对稳定性)，而且其输出响应的动态过程的振荡不宜过大(指的是相对稳定性)，否则无法满足生产要求。

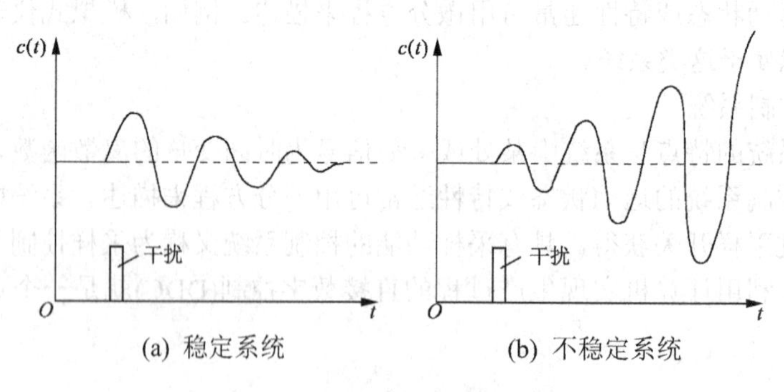

(a) 稳定系统　　(b) 不稳定系统

图 1-10 稳定系统和不稳定系统

1.3.2 快速性

系统的快速性可用系统动态过程的时间长短来描述，如图 1-11 所示。动态过程的时间越短，快速性越好，反之亦然。快速性表明了系统输出对输入信号响应的快慢程度。

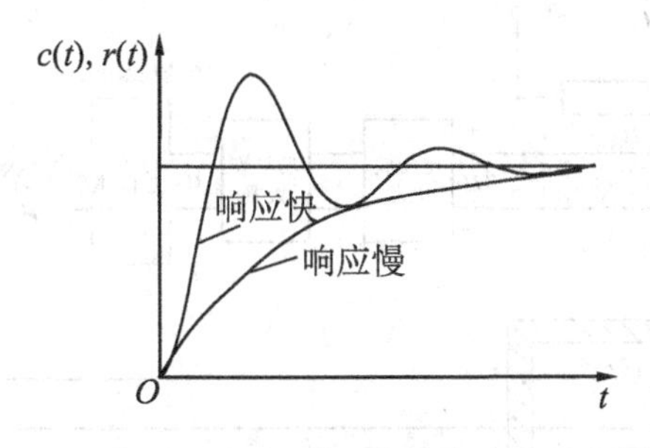

图 1-11　控制系统的快速性

1.3.3　准确性

系统的准确性可用输入给定值与输出响应的终值之差(e_{ss})来描述，如图 1-12 所示。系统的准确性反映了系统的稳态精度，若 e_{ss} 不为 0，则为有差系统；反之，若 $e_{ss}=0$，则为无差系统。

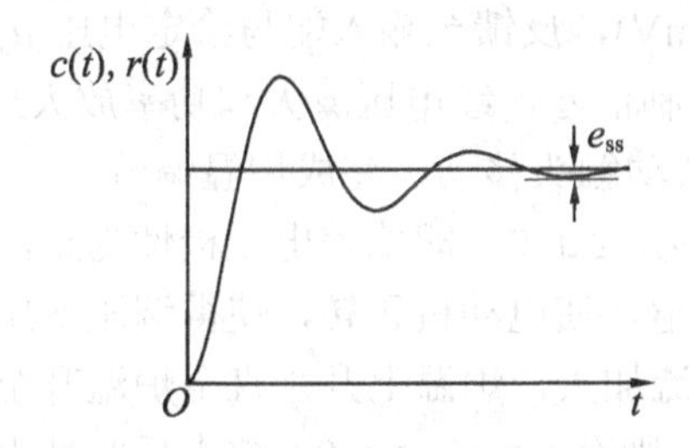

图 1-12　控制系统的稳态精度

对于控制系统的稳定性、快速性、准确性的要求往往是相互制约的。过分提高系统响应的快速性，可能导致系统振荡加剧，甚至不稳定；而过分强调改善相对稳定性，又可能使系统响应迟缓，最终导致系统控制精度降低。根据系统具体任务的不同，在分析和设计自动控制系统时，对系统稳定性、快速性、准确性三方面的性能要求应统筹考虑，并有所侧重，从而全面满足系统性能要求。

1.4　应用实例

大多数自动控制系统、自动调节系统以及伺服机构都是应用反馈控制原理控制某一个被控对象(如锅炉、机械手臂、机床工作台等)或是一个生产过程(如切削过程、加热过程，位置监测过程等)。下面以几个典型控制工程实例加以说明。

【例1-1】 电炉箱温度控制系统如图1-13 所示。试分析系统的工作原理，并画出系统原理结构框图。

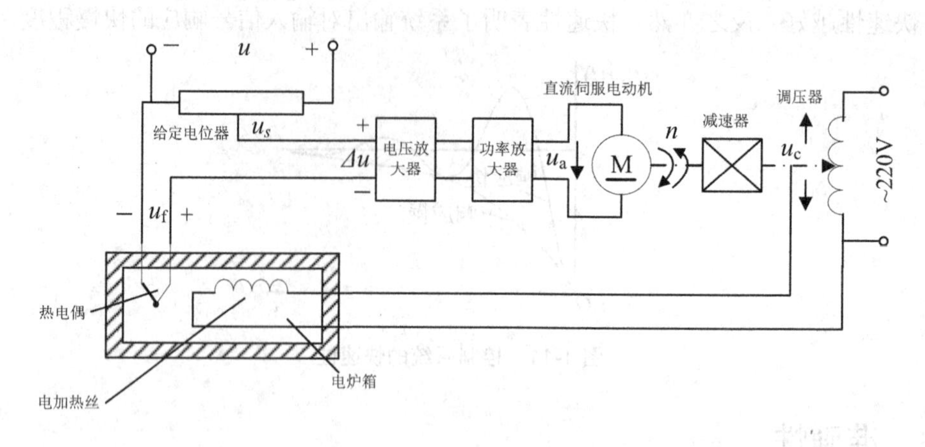

图 1-13 电炉箱温度控制系统

解：

(1) 系统的工作原理。

电炉箱温度控制系统为一闭环恒温控制系统。系统采用热电偶检测电炉箱实时温度，并将炉温转换成电压信号 u_f(mV)，反馈至输入端与给定电压 u_s 进行比较，求得两者的偏差 $\Delta u=u_s-u_f$，此偏差电压作为控制信号，经电压放大和功率放大后驱动直流伺服电动机转动，经减速器带动调压变压器的滑动触头移动，完成炉温调节。

当炉温偏低时，则有 $u_f<u_s$，$\Delta u>0$，即偏差电压极性为正，经电压放大和功率放大后，输出电压($u_a>0$)加于电动机电枢，使电动机正转，使得调压变压器滑动触点上移，即使得电炉箱的供电电压(u_c)增大，电流加大，炉温上升，直至炉温升至给定值为止，此时有 $u_f=u_s$，$\Delta u=0$。反之，当炉温偏高时，则有 $u_f>u_s$，$\Delta u<0$，放大后驱动电动机反转，使得调压变压器滑动触点下移，电炉箱的供电电压(u_c)减小，炉温下降，直至炉温降至给定值。可见，经闭环调节可维持炉温基本恒定。

(2) 系统的原理框图。

电炉箱恒温控制系统的结构框图如图 1-14 所示。

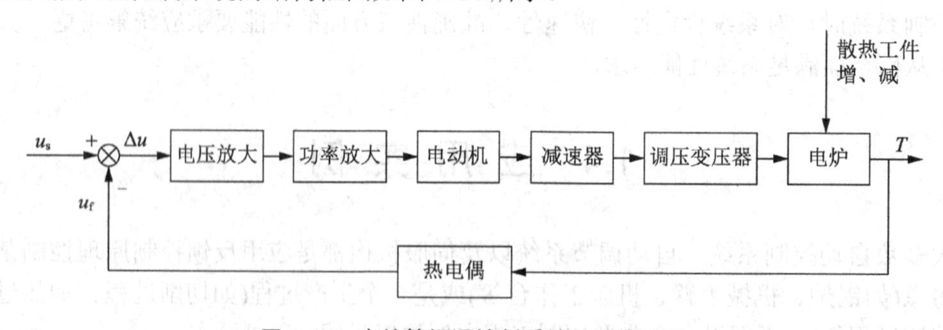

图 1-14 电炉箱恒温控制系统的结构框图

在图 1-14 中，被控对象是电炉箱，被控量是电炉箱的炉温，测量元件是热电偶，用于检测电炉箱的炉温，由给定电位器设定炉温的给定值，放大器(电压放大器和功率放大器)用于求出给定炉温与实际炉温的偏差，偏差电压被放大后驱动执行机构动作，系统的执行机构是直流伺服电动机和减速器，直流伺服电动机带动减速器调节调压变压器的触头，从而改变电炉箱的供电电压，保持炉温恒定。炉壁散热和工件数量的增减，将导致炉温产生波动。因此，它们是电炉箱恒温控制系统的干扰信号。

【例 1-2】 锅炉是电厂和化工厂常见的生产蒸汽的设备。为了保证锅炉正常运行，需要保持锅炉液位为正常标准值。锅炉液位过低，易烧干锅而发生严重事故；锅炉液位过高，则易使蒸汽带水并有溢出危险。因此，必须严格控制锅炉液位的高低，以保证锅炉正常安全地运行。锅炉液位控制系统如图 1-15 所示。

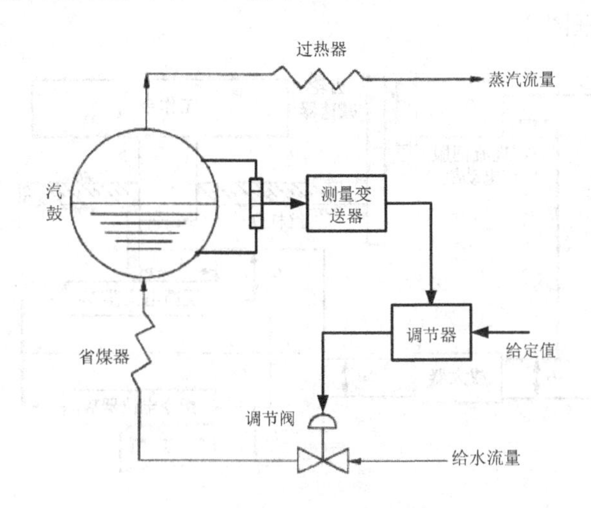

图 1-15　锅炉液位控制系统

解：

(1) 系统的工作原理。

锅炉液位控制系统为一闭环液位恒值控制系统。当蒸汽的耗汽量与锅炉进水量相等时，液位保持为正常标准值。当锅炉的给水量不变，而蒸汽负荷突然增加或减少时，液位就会降低或升高；或者当蒸汽负荷不变，而给水管道水压发生变化时，也会引起锅炉液位发生波动。不论出现哪种情况，测量变送器都会检测出来，在调节器内求出实际液位与给定液位之间的偏差，并给出适当的控制量，驱动执行机构进行控制，增大或减小给水阀门的开度，使锅炉液位迅速恢复到期望给定值。

(2) 系统的原理框图。

锅炉液位控制系统结构框图如图1-16所示。

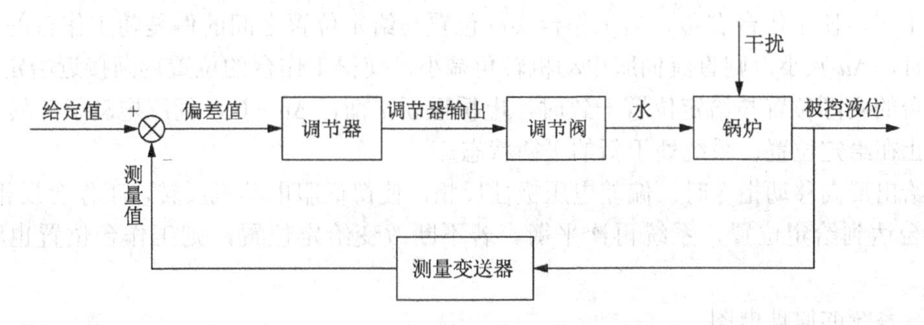

图 1-16　锅炉液位控制系统的结构框图

在图 1-16 中，被控对象是锅炉，被控量是锅炉液位，干扰信号是给水压力变化或蒸汽负荷变化，测量变送器用来测量锅炉的实际液位，调节器作为系统的控制核心，用于将测量液位与给定液位进行比较，得出偏差，并依据偏差情况按一定的控制规律(如 PID 控制等)输出相应的控制信号推动调节阀动作；调节阀是执行元件，可根据控制信号对锅炉的进水量进行调节。

【例 1-3】机床工作台位置随动系统的原理图如图 1-17 所示，试分析系统的工作原理，并画出系统原理结构框图。

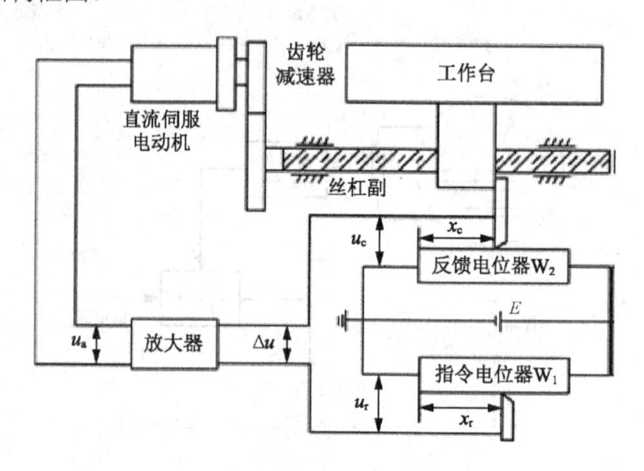

图 1-17　机床工作台位置随动系统

解：

(1)　系统的工作原理。

机床工作台控制系统为一闭环的位置随动控制系统。首先通过指令电位器 W_1 的滑动触点给出工作台的位置指令信号 x_r，并转换为给定电压信号 u_r。被控制工作台的位移信号 x_c 由反馈电位器 W_2 检测，并转换为反馈电压信号 u_c。由于两电位器连接为电桥电路，当工作台位置信号 x_c 与给定位置信号 x_r 有偏差时，电桥输出电压为 $\Delta u = u_r - u_c$。

当指令电位器和反馈电位器滑动触点都处于左端时，即 $x_r = x_c = 0$，则 $\Delta u = 0$，此时，放大器无输出，直流伺服电动机不转，工作台静止，系统处于平衡状态。

当给出位置指令 x_r 时，在工作台改变位置之前的瞬间，有 $x_c = 0$，则电桥输出电压为 $\Delta u = u_r - 0 = u_r$，此偏差电压经放大器放大后控制直流伺服电动机转动，带动齿轮减速器和丝杠副工作，使工作台右移。当工作台实际位置与给定位置之间的偏差随工作台的移动逐渐减小时，Δu 减小，则直流伺服电动机转角减小，使得工作台的位置逐渐接近给定位置。当工作台的实际位置与给定位置一致时，电桥重新平衡，$\Delta u = 0$，伺服电动机停转，工作台则停止在给定位置，系统处于新的平衡状态。

当给出反向移动指令时，偏差电压极性反相，使得伺服电动机反转，工作台反相移动，至工作台达到给定位置，系统再次平衡。若不断改变给定位置，则工作台位置也将跟踪变化。

(2)　系统的原理框图。

机床工作台位置随动系统的结构框图如图 1-18 所示。

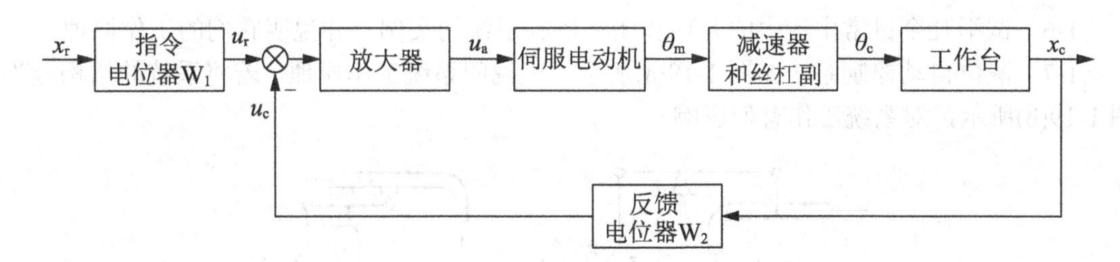

图 1-18　机床工作台位置随动系统的结构框图

在图 1-18 中，被控对象是工作台，被控量是工作台的位置，反馈电位器 W_2 用于检测工作台实际位置，指令电位器 W_1 用于确定工作台的期望位置，放大器用于求出工作台的给定位置与实际位置的偏差，位置偏差被放大后驱动执行机构动作，系统的执行机构是直流伺服电动机、齿轮减速器和丝杠副，直流伺服电动机带动齿轮减速器和丝杠副工作使得机床工作台的位置跟随指令电位器给出的期望位置变化。

本 章 小 结

(1)　自动控制是指在人不直接参与的情况下，利用自动控制装置使被控量保持恒定或按预定的规律变化。自动控制系统包括被控对象和控制装置两个部分，一般控制装置主要包括检测元件、变送器、控制器(校正装置)或计算机装置、执行机构等，用于完成检测、运算和执行等功能。

(2)　自动控制系统的控制方式包括开环控制、闭环控制和复合控制 3 种方式。开环控制的输出不影响系统的控制作用；闭环控制将输出反馈到输入以影响系统控制作用，闭环控制也称为反馈控制，其主要特点是抗干扰能力强，控制精度高，但也有闭环稳定性的问题，生产过程中的自动控制系统，绝大多数是闭环控制系统。复合控制是将开环控制和闭环控制相结合，以改善系统控制性能，有给定补偿的复合控制和干扰补偿的复合控制两种方式。

(3)　自动控制系统有多种分类方法，最常用的是按给定值的变化规律进行分类，可分为恒值控制系统、随动控制系统和程序控制系统。

(4)　对自动控制系统的基本要求可归纳为稳定性、快速性、准确性 3 个方面，即在保证系统稳定的前提下，要求系统的稳态控制精度要高，系统的响应速度要快。

习　　题

1-1　什么是自动控制？什么是自动控制系统？

1-2　试比较开环控制和闭环控制的优缺点。

1-3　自动控制系统由哪些基本组成元件？这些元件的功能是什么？

1-4　简述反馈控制系统的基本原理。

1-5　简述自动控制系统的基本要求。

1-6　试举几个日常生活中的开环和闭环控制系统的实例，并说明它们的工作原理。

1-7　液位自动控制系统如图 1-19(a)所示，试说明系统工作原理。若将系统的结构改为图 1-19(b)所示，对系统工作有何影响？

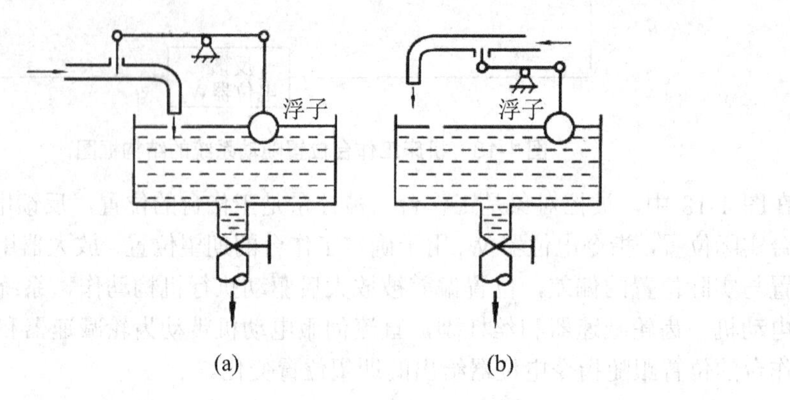

图 1-19　习题 1-7

1-8　家用电冰箱的恒温控制系统如图 1-20 所示，试画出系统原理框图。

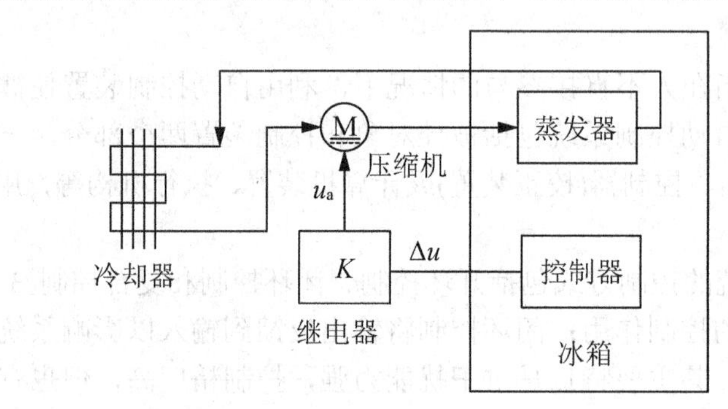

图 1-20　习题 1-8

1-9　某仓库大门自动控制系统的原理如图 1-21 所示，试说明自动控制大门开启和关闭的工作原理，并画出系统原理框图。

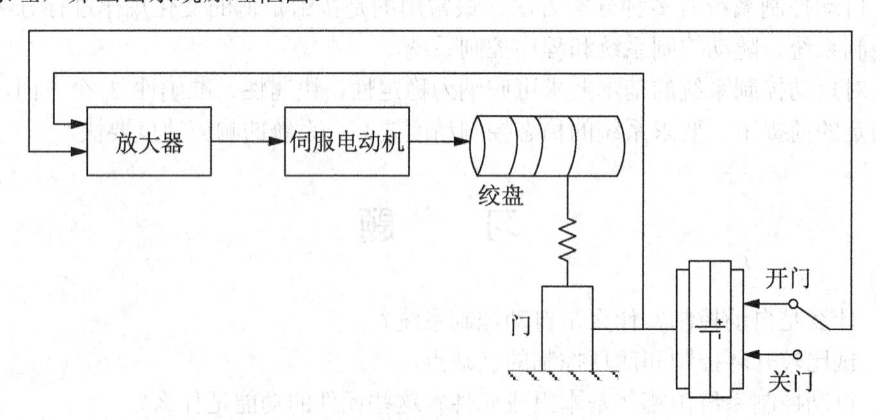

图 1-21　习题 1-9

1-10　导弹发射架方位随动控制系统如图 1-22 所示，试说明系统工作原理，并画出系统原理框图。

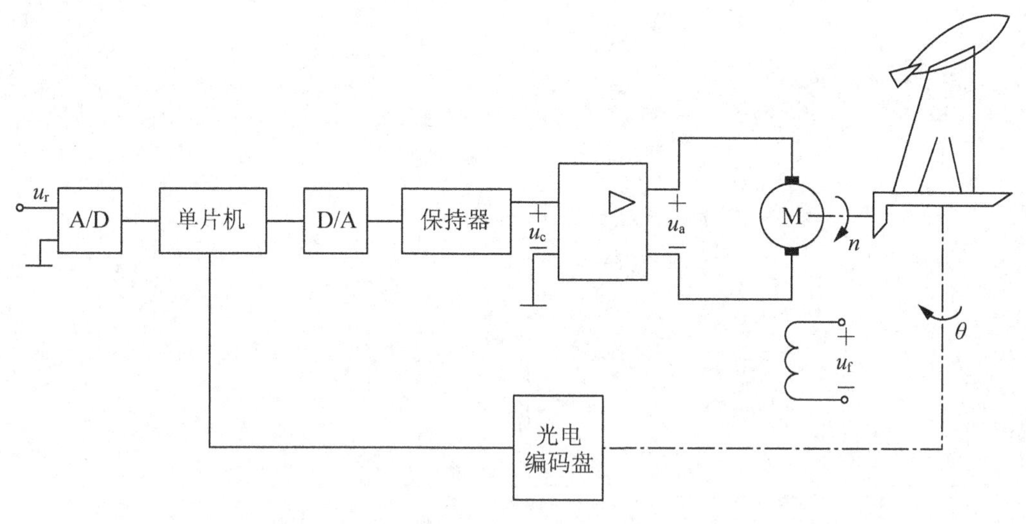

图 1-22　习题 1-10

第2章

自动控制系统的数学模型

了解控制系统数学模型的概念，熟悉控制系统微分方程的建立方法，掌握传递函数的定义、求法及典型环节的传递函数特性，掌握控制系统动态结构图的化简及利用动态结构图求解控制系统各种传递函数的方法。

2.1 控制系统的微分方程

微分方程是控制系统最基本的数学模型，可用于在时域中描述系统的动态性能。若已知系统的输入信号和初始条件，通过求解微分方程就可以得到系统的输出响应。一般一个控制系统由若干具有不同功能的环节组成，为得到描述控制系统输入输出关系的微分方程，应先依据各个环节的运动规律，列出每个环节的微分方程，消去中间变量后，就可得到整个控制系统总的微分方程。列出控制系统微分方程的一般步骤如下。

(1) 明确控制系统的输入变量和输出变量。输入变量是系统的外部作用变量；输出变量是要研究的系统变量。

(2) 按照信号传递顺序，依次列出系统各环节的微分方程，并建立微分方程组。

(3) 消去中间变量，获得仅包含输入变量和输出变量的微分方程。

(4) 将微分方程标准化，即将与输入变量有关的各项移到方程的右边，将与输出变量有关的各项移到方程的左边，且按变量导数的降幂排列。

下面以电路系统、机械系统及机电系统为例，说明建立一个实际系统的微分方程数学模型的基本方法。

2.1.1 微分方程建立的实例

【例 2-1】 RC 电路如图 2-1 所示，试列出电路的微分方程。

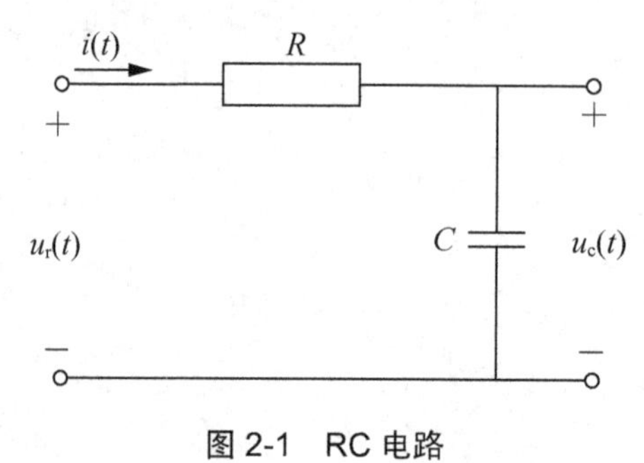

图 2-1 RC 电路

解：

(1) 确定输入变量和输出变量。

输入变量为 $u_r(t)$，输出变量为 $u_c(t)$。

(2) 列微分方程。

$$R_i(t)+u_c(t)=u_r(t) \tag{2-1}$$

$$i(t)=C\frac{du_c(t)}{dt} \tag{2-2}$$

(3) 消去中间变量 $i(t)$，并将微分方程标准化。

$$RC\frac{du_c(t)}{dt}+u_c(t)=u_r(t) \tag{2-3}$$

可见，RC 电路的数学模型为一阶线性常系数微分方程。

【例 2-2】 弹簧、质量、阻尼器构成的机械位移系统如图 2-2 所示，其中，k 为弹簧系数，m 为物体的质量，f 为阻尼系数。试建立在作用力 $F(t)$ 作用下物体位移 $y(t)$ 的微分方程。

解：

(1) 确定输入变量和输出变量。

外作用力 $F(t)$ 为输入变量，物体位移 $y(t)$ 为输出变量。

(2) 列微分方程。

作用在质量物体 m 上的合力满足牛顿第二定律，即 $F = ma$，可得

$$F(t)-ky(t)-f\frac{\mathrm{d}y(t)}{\mathrm{d}t}=m\frac{\mathrm{d}^2y(t)}{\mathrm{d}t^2}$$

式中，$ky(t)$ 为弹性阻力，$f\frac{\mathrm{d}y(t)}{\mathrm{d}t}$ 为物体粘性阻力，$\frac{\mathrm{d}^2y(t)}{\mathrm{d}t^2}$ 为物体的加速度。

(3) 移项整理，将微分方程标准化。

$$m\frac{\mathrm{d}^2y(t)}{\mathrm{d}t^2}+f\frac{\mathrm{d}y(t)}{\mathrm{d}t}+ky(t)=F(t) \tag{2-4}$$

可见，机械位移系统的数学模型为二阶线性常系数微分方程。

【例 2-3】 他励直流电动机的物理模型如图 2-3 所示，假设励磁电流 i_f 保持恒定，试建立电枢电压 $u_a(t)$ 作用下电动机转轴速度 $n(t)$ 的微分方程。

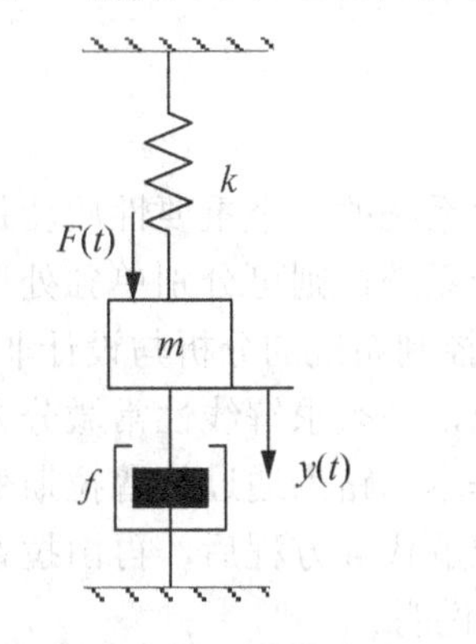

图 2-2　机械位移系统

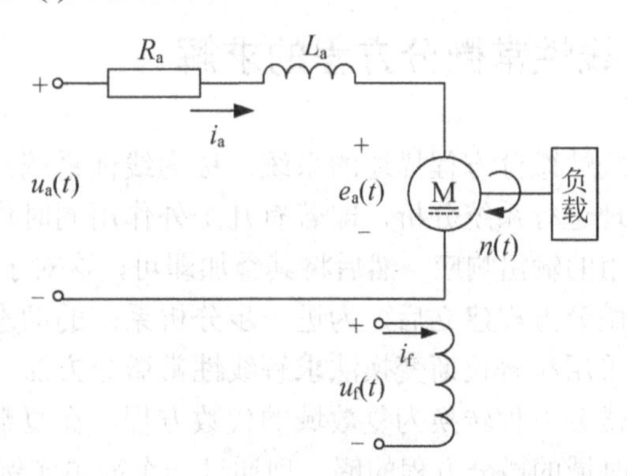

图 2-3　他励电动机的原理图

解：

(1) 确定输入变量和输出变量。

输入变量为电枢电压 $u_a(t)$，输出变量为转轴速度 $n(t)$。

(2) 列微分方程。

直流电动机电枢回路的电压平衡方程式为

$$L_a\frac{\mathrm{d}i_a(t)}{\mathrm{d}t}+i_a(t)R_a+e_a(t)=u_a(t) \tag{2-5}$$

式中，$e_a(t)$ 为电枢反电势，L_a、R_a 分别为电枢回路的总电感和总电阻。

由电机学原理可知，电枢反电势的大小与转轴角速度成正比，即

$$e_a(t)=C_e n(t) \tag{2-6}$$

式中，C_e为反电势系数，单位为V/rad·s^{-1}。

在恒定励磁磁场中，电枢电流产生的电磁转矩为

$$M_e(t)=C_m i_a(t) \tag{2-7}$$

式中，C_m为电动机的转矩系数，单位为N·m/A。

考虑带恒转矩负载的情况，由电动机转轴的转矩平衡得

$$M_e(t)-M_L(t)-M_f(t)=\frac{GD^2}{375}\frac{dn}{dt} \tag{2-8}$$

式中，$M_L(t)$为负载转矩；$M_f(t)$为摩擦转矩；GD^2为电动机飞轮惯量。

(3) 联立式(2-5)～式(2-8)，消去中间变量，为简化方程，令 $M_L(t)=M_f(t)=0$，可得电枢电压$u_a(t)$与转轴角速度$n(t)$之间的关系为

$$T_aT_m\frac{d^2n(t)}{dt^2}+T_m\frac{dn(t)}{dt}+n(t)=\frac{u_a(t)}{C_e} \tag{2-9}$$

式中，$T_a=\frac{L_a}{R_a}$，$T_m=\frac{GD^2R_a}{375C_eC_m}$分别为电动机的电磁时间和机电时间常数，单位为s。

可见，电枢电压控制的直流电动机的数学模型为二阶线性常系数微分方程。

通过上述几个实际系统的微分方程的建立可知，不同类型的物理系统可以表示为形式相同的微分方程。

2.1.2 线性常微分方程的求解

可用线性微分方程描述的系统，称为线性系统。线性系统的一个重要性质就是可以应用叠加原理进行系统分析，即若有几个外作用同时作用于系统，则可分别单独处理，依次求出各作用的输出响应，然后将其叠加即可，这对于线性控制系统的分析与设计非常有用。

系统微分方程建立后，为进一步分析系统的动态响应，必须求解线性常微分方程。工程上，常采用拉普拉斯变换法求解线性常微分方法，其基本思路为通过拉普拉斯变换将时域的线性微分方程转换为复数域的代数方程，在复数域求解代数方程后，再由拉普拉斯逆变换得到时域的微分方程的解。现通过一个简单实例加以说明。

【例 2-4】 例2-1的RC电路的微分方程可表示为$T\frac{du_c(t)}{dt}+u_c(t)=u_r(t)$，假设$T$=1s为系统时间常数，输入电压为$u_r(t)$=1V，在零初始条件下，求电路突然接通输入电压时，系统的输出响应。

解：将RC电路的微分方程两边取拉普拉斯变换，可得

$$TsU_c(s)+U_c(s)=U_r(s)$$

由于电路是突然接通输入电压的，故$u_r(t)$可视为阶跃输入，即$u_r(t)=1(t)$，其拉普拉斯变换为$U_r(s)=1/s$，代入上式，整理可得

$$U_c(s)=\frac{1}{Ts+1}\cdot\frac{1}{s}$$

对$U_c(s)$取拉普拉斯逆变换并代入已知数据，可得

$$u_c(t)=1-e^{-t}$$

显然，输出响应为一条从 0 开始按指数规律上升的曲线。

2.2　控制系统的传递函数

在已知给定信号及初始条件下，可通过直接求解微分方程得到系统的输出响应。这种方法非常直观，但对于系统分析和设计却有很大不便，主要是因为微分方程的列出较为繁杂，而且当系统结构或某个参数发生变化时，需要重新列写并求解微分方程。系统的传递函数模型是在拉普拉斯变换的基础上定义的，它是以系统本身的参数描述线性定常系统输入量与输出量的关系式，反映了系统内在的固有特性。利用传递函数不仅可以研究系统的动态特性，而且可以分析系统结构或参数改变对系统性能的影响。控制工程中广泛使用的时域法、频域法等系统分析设计方法都是以传递函数为基础的，可以说传递函数是经典控制理论中最基本、最重要的概念。

2.2.1　传递函数的概念

1. 传递函数的定义

在零初始条件下，线性定常系统输出量的拉普拉斯变换与输入量的拉普拉斯变换之比称为系统的传递函数，用 $G(s)$表示，即

$$G(s)=\frac{L[c(t)]}{L[r(t)]} \tag{2-10}$$

一般地，线性定常系统可用 n 阶微分方程描述，即

$$\begin{aligned}&a_0\frac{\mathrm{d}^n c(t)}{\mathrm{d}t^n}+a_1\frac{\mathrm{d}^{n-1}c(t)}{\mathrm{d}t^{n-1}}+\cdots+a_{n-1}\frac{\mathrm{d}c(t)}{\mathrm{d}t}+a_n c(t)\\&=b_0\frac{\mathrm{d}^m r(t)}{\mathrm{d}t^m}+b_1\frac{\mathrm{d}^{m-1}r(t)}{\mathrm{d}t^{m-1}}+\cdots+b_{m-1}\frac{\mathrm{d}r(t)}{\mathrm{d}t}+b_m r(t)\end{aligned} \tag{2-11}$$

式中，$c(t)$为输出量，$r(t)$为输入量，$n\geqslant m$，微分方程两边的系数均为实数，且由系统结构和参数决定。

在零初始条件下，对式(2-11)两边取拉普拉斯变换得

$$\begin{aligned}&(a_0s^n+a_1s^{n-1}+\cdots+a_{n-1}s+a_n)C(s)\\&=(b_0s^m+b_1s^{m-1}+\cdots+b_{m-1}s+b_m)R(s)\end{aligned} \tag{2-12}$$

则系统的传递函数为

$$G(s)=\frac{C(s)}{R(s)}=\frac{b_0s^m+b_1s^{m-1}+\cdots+b_{m-1}s+b_m}{a_0s^n+a_1s^{n-1}+\cdots+a_{n-1}s+a_n} \tag{2-13}$$

式(2-13)可改写为

$$G(s)=k\frac{(s-z_1)(s-z_2)\cdots(s-z_m)}{(s-p_1)(s-p_2)\cdots(s-p_n)} \tag{2-14}$$

式中，k 为常数。

传递函数的分母多项式称为系统的特征多项式，令特征多项式等于 0，即

$$(s-p_1)(s-p_2)\cdots(s-p_n)=0$$

称为系统的特征方程。特征方程的根 $p_1, p_2, \cdots, p_n$ 称为特征根或传递函数的极点。而传递函数分子多项式方程的根 $z_1, z_2, \cdots, z_m$ 称为传递函数的零点。零点和极点取决于传递函数中的各项系数，即取决于系统的结构和参数。

传递函数 $G(s)$常有两种表示形式，即

$$G(s)=\frac{K\prod_{j=1}^{m}(\tau_j s+1)}{\prod_{i=1}^{n}(T_i s+1)} \tag{2-15}$$

或

$$G(s)=\frac{K_{\mathrm{g}}\prod_{j=1}^{m}(s-z_j)}{\prod_{i=1}^{n}(s-p_i)} \tag{2-16}$$

式(2-15)为传递函数的时间常数表示法，K 为系统增益，多用于系统频域法分析；式(2-16)为传递函数的零极点表示法，K_{g} 为根轨迹增益，多用于系统根轨迹法分析。由式(2-15)和式(2-16)不难推出

$$K_{\mathrm{g}}=K\frac{\prod_{j=1}^{m}\tau_j}{\prod_{i=1}^{n}T_i} \tag{2-17}$$

在控制工程中，传递函数是一个非常重要的概念，可以利用系统传递函数的某些特征，如利用传递函数的零极点，分析系统的性能，而无须求解系统微分方程，从而大大简化对系统动态性能的分析过程。另一方面，也可把对系统性能的要求转化为对传递函数的要求，为系统的设计提供简洁的方法。因此，传递函数是线性定常系统分析与设计有力的数学工具。

2. 传递函数的性质

传递函数的性质包括以下几个方面。

(1) 传递函数只适用于线性定常系统。

(2) 一个确定系统的传递函数是唯一的。

(3) 传递函数是复数域的系统数学模型，它代表了系统的固有特性，仅取决于系统的结构和参数，而与系统的输入信号的形式和大小无关。

(4) 传递函数是对系统的一种外部描述，不能反映系统内部的任何信息。

(5) 传递函数是在零初始条件下定义的，不能反映非零初始条件下系统的运动规律。

(6) 传递函数是复数变量 s 的有理真分式函数，其系数均为实常数。传递函数的分子多项式的阶次 m 总是小于或等于分母多项式的阶次 n，即有 $m \leqslant n$。

3. 传递函数的求取

通常可采用两种方法求取传递函数，一是根据系统的微分方程求取传递函数。它是在

零初始条件下，对列出的各微分方程进行拉普拉斯变换，将其转换为复数域的代数方程，消去中间变量后，由定义求取系统传递函数。二是根据电路复阻抗的概念求取传递函数。在电路理论中，电阻(R)、电感(L)、电容(C)的复阻抗分别为 R、Ls、$1/Cs$，利用阻抗串、并联的计算方法可方便求取电路网络传递函数。

【例 2-5】 RLC 电路如图 2-4 所示，试求系统的传递函数。

解：由电路理论，可以列出

$$\begin{cases} L\dfrac{\mathrm{d}i(t)}{\mathrm{d}t}+Ri(t)+\dfrac{1}{C}\int i(t)\mathrm{d}t=r(t) \\ \dfrac{1}{C}\int i(t)\mathrm{d}t=c(t) \end{cases}$$

在零初始条件下，对上两式进行拉普拉斯变换，可得

$$\begin{cases} LsI(s)+RI(s)+\dfrac{1}{Cs}I(s)=R(s) \\ \dfrac{1}{Cs}I(s)=C(s) \end{cases}$$

消去中间变量 $I(s)$，可得

$$(LCs^2+RCs+1)C(s)=R(s)$$

由传递函数定义，求取系统传递函数为

$$G(s)=\frac{C(s)}{R(s)}=\frac{1}{LCs^2+RCs+1}$$

本例也可用复阻抗概念直接求解，利用 RLC 串联电路的分压公式可知，输出信号为电容复阻抗 $1/Cs$ 上的串联分压值，即

$$C(s)=\frac{1/Cs}{R+Ls+1/Cs}R(s)$$

则 RLC 电路系统传递函数为

$$G(s)=\frac{C(s)}{R(s)}=\frac{1/Cs}{R+Ls+1/Cs}=\frac{1}{LCs^2+RCs+1}$$

【例 2-6】 PI(比例-积分)控制器如图 2-5 所示，试用复阻抗求其传递函数。

解：根据图 2-5 中 a 点 “虚地”，可得 $I_1(s)=I_2(s)$，即

$$\frac{R(s)}{Z_1}=-\frac{C(s)}{Z_2}$$

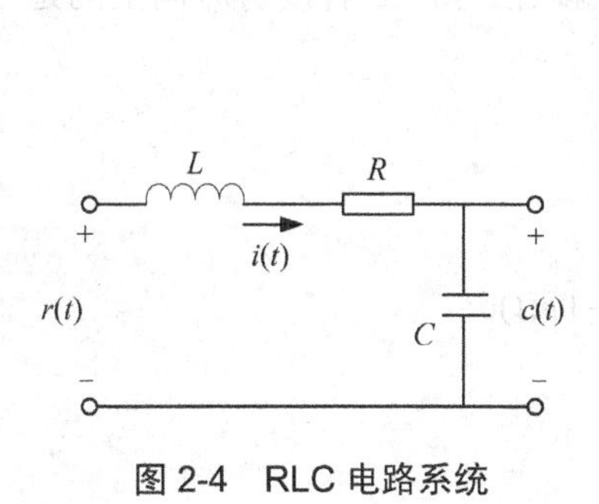

图 2-4　RLC 电路系统

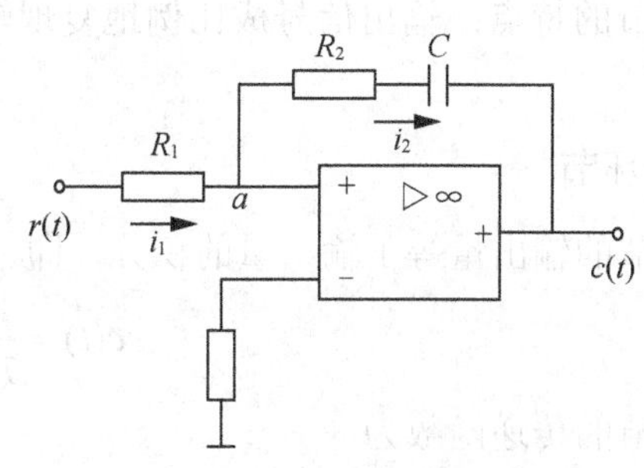

图 2-5　PI 控制器

则 PI 控制器的传递函数为

$$G(s)=-\frac{Z_2}{Z_1}=-\frac{R_2+1/Cs}{R_1}=-\frac{R_2}{R_1}\left(1+\frac{1}{R_2Cs}\right)$$

令 $K_p=R_2/R_1$ 称为 PI 控制器的比例系数，$T_i=R_2C$ 称为 PI 控制器的积分时间常数，代入上式可得

$$G(s)=-K_p\left(1+\frac{1}{T_is}\right)$$

2.2.2 典型环节的传递函数

不同控制系统的作用原理和物理结构有很大差别，但从数学模型的角度来看，可认为其都是由若干典型环节组成的。建立了这些典型环节的传递函数就不难得到整个控制系统的传递函数，进而可对整个系统的特性进行分析和计算。

1. 比例环节

描述比例环节的微分方程为

$$c(t)=Kr(t)$$

式中，K 为常数，称为放大系数或增益。

比例环节的传递函数为

$$G(s)=K \tag{2-18}$$

比例环节的框图如图 2-6 所示。比例环节的阶跃输入及其响应曲线如图 2-7 所示。

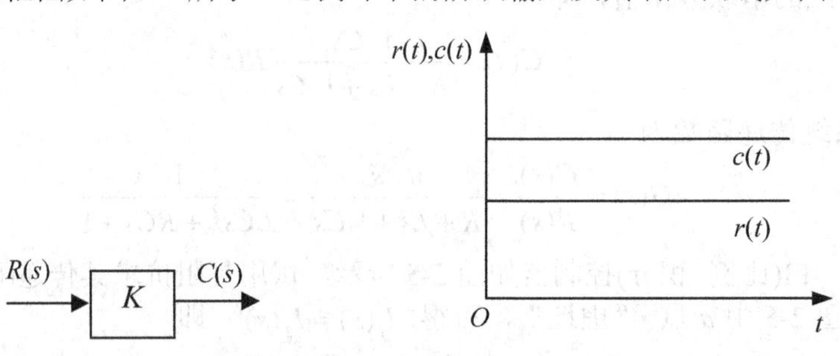

图 2-6 比例环节的框图　　图 2-7 比例环节的阶跃输入及其响应曲线

比例环节的特点：输出信号成比例地复现输入信号，二者没有时间上的延迟，输出无失真。

2. 积分环节

积分环节的输出量等于输入量的积分，即

$$c(t)=\frac{1}{T}\int r(t)\mathrm{d}t$$

积分环节的传递函数为

$$G(s)=\frac{1}{Ts} \tag{2-19}$$

式中，T 为积分时间常数，由积分环节的参数决定。

积分环节的框图如图 2-8 所示。若输入信号为单位阶跃信号，即 $R(s)=1/s$ 时，则有

$$C(s)=\frac{1}{Ts}\cdot\frac{1}{s}=\frac{1}{Ts^2}$$

积分环节的单位阶跃响应为

$$c(t)=\frac{1}{T}t \tag{2-20}$$

积分环节的单位阶跃输入及其响应曲线如图 2-9 所示。

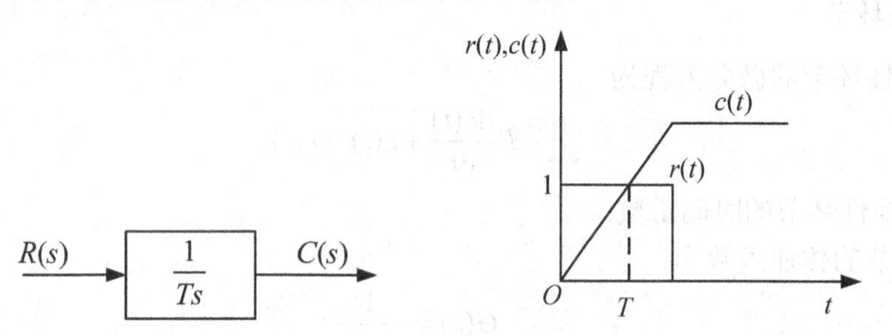

图 2-8　积分环节的框图　　图 2-9　积分环节的单位阶跃输入及其响应曲线

积分环节的特点：输出量与输入量对时间的积分成正比。输入突变时，输出值需经 T 时间后才等于输入值，即表现出滞后特性。输出积累一定时间后，即使输入为 0，输出将保持不变，即表现出记忆特性。积分环节常被用来改善控制系统的稳态性能。

3. 微分环节

理想微分环节的输出量是输入量的微分，即

$$c(t)=T\frac{\mathrm{d}r(t)}{\mathrm{d}t}$$

微分环节的传递函数为

$$G(s)=\frac{C(s)}{R(s)}=Ts \tag{2-21}$$

式中，T 为微分时间常数。

理想微分环节的框图如图 2-10 所示，其单位阶跃响应为

$$c(t)=T\delta(t) \tag{2-22}$$

理想微分环节的单位阶跃输入及其响应曲线如图 2-11 所示。可见，在 t=0 时，其输出为一宽度为零，幅度为无穷大的理想脉冲。因此，实际物理装置是不可能实现理想微分环节的。在实际系统中，常用近似微分环节代替，近似微分环节的传递函数为

$$G(s)=\frac{Ts}{Ts+1}$$

若系统惯性很小，即 T<<1 时，则有 $G(s)\approx Ts$ 。

微分环节的特点：输出量与输入量对时间的微分成正比，即输出量反映了输入信号的变化率。因此，微分环节的输出量可表征输入信号的变化趋势，能够加快系统控制作用的

调节。微分环节常被用来改善控制系统的动态性能。

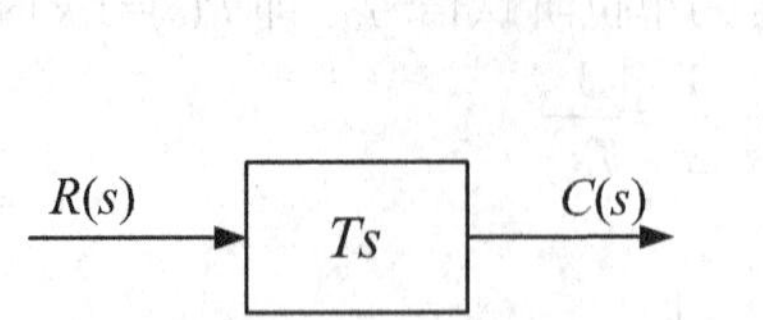

图 2-10　理想微分环节的框图

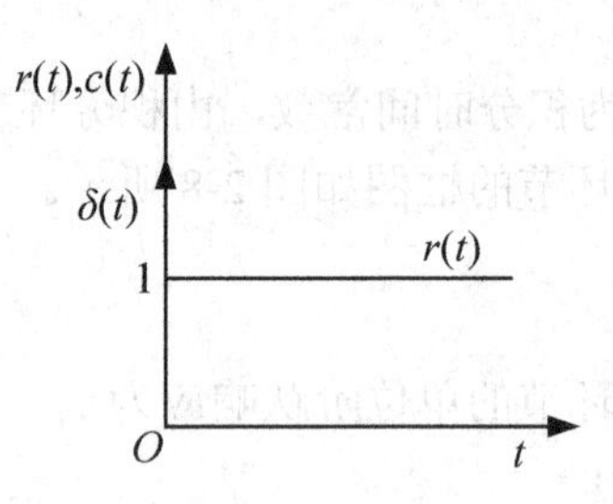

图 2-11　理想微分环节的单位阶跃输入及其响应曲线

4. 惯性环节

描述惯性环节的微分方程为

$$T\frac{\mathrm{d}c(t)}{\mathrm{d}t}+c(t)=r(t)$$

式中，T为惯性环节的时间常数。

惯性环节的传递函数为

$$G(s)=\frac{1}{Ts+1} \tag{2-23}$$

惯性环节的框图如图 2-12 所示，其单位阶跃响应为

$$c(t)=1-\mathrm{e}^{-\frac{t}{T}} \tag{2-24}$$

惯性环节的单位阶跃输入及其响应曲线如图 2-13 所示。可见，$c(t)$曲线是一条按指数规律上升的曲线，其变化的快慢决定于惯性时间常数 T。

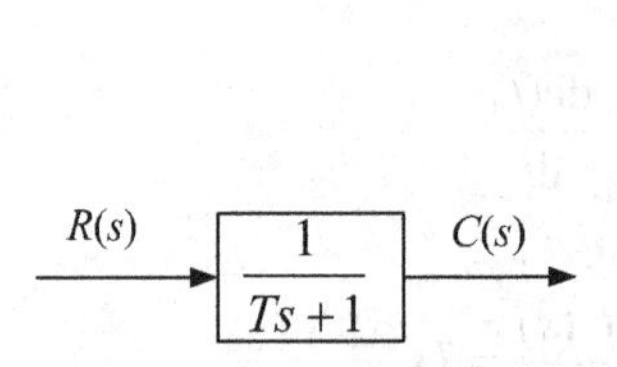

图 2-12　惯性环节的框图

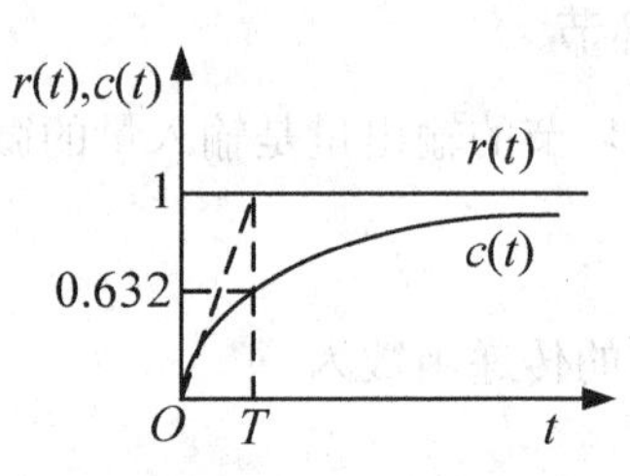

图 2-13　惯性环节的单位阶跃输入及其响应曲线

惯性环节的特点：输出量不能立即产生与输入量完全一致的变化。

5. 振荡环节

描述振荡环节的微分方程为

$$T^2\frac{\mathrm{d}^2c(t)}{\mathrm{d}t^2}+2\xi T\frac{\mathrm{d}c(t)}{\mathrm{d}t}+c(t)=r(t)$$

式中，T为振荡环节的时间常数，ξ为阻尼比。

振荡环节的传递函数为

$$G(s)=\frac{C(s)}{R(s)}=\frac{1}{T^2s^2+2\xi Ts+1} \tag{2-25}$$

或写为

$$G(s)=\frac{\omega_n^2}{s^2+2\xi\omega_n s+\omega_n^2} \tag{2-26}$$

振荡环节的框图如图 2-14 所示。当$0<\xi<1$时，振荡环节的单位阶跃响应曲线具有衰减振荡特性。振荡环节的单位阶跃输入及其响应曲线如图 2-15 所示。

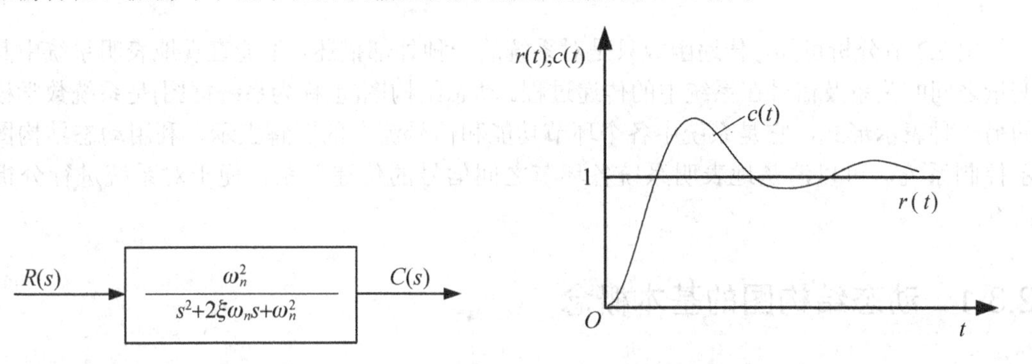

图 2-14　振荡环节的框图　　图 2-15　振荡环节的单位阶跃输入及其响应曲线

振荡环节的特点：在阶跃信号作用下，振荡环节的动态响应具有衰减振荡特性。

6. 延迟环节

延迟环节也称为时滞环节，其输出量与输入量之间的关系式为

$$c(t)=r(t-\tau) \tag{2-27}$$

式中，τ 为延时时间。

延迟环节的传递函数为

$$G(s)=\mathrm{e}^{-\tau s}$$

延迟环节的框图如图 2-16 所示。延迟环节的单位阶跃输入及其响应曲线如图 2-17 所示。

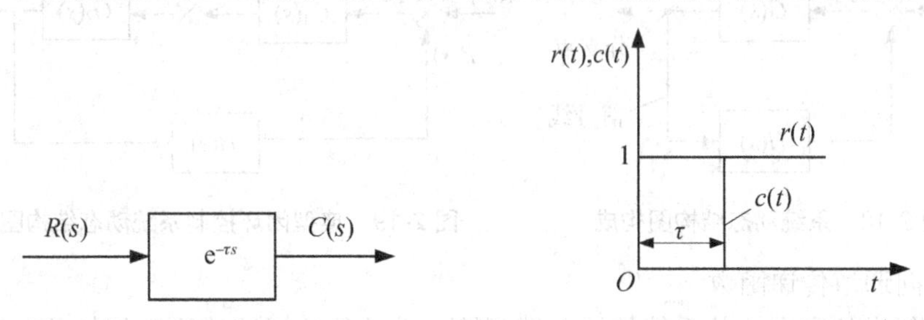

图 2-16　延迟环节的框图　　图 2-17　延迟环节的单位阶跃输入及其响应曲线

将延迟环节的传递函数展开为泰勒级数，则有

$$G(s)=\mathrm{e}^{-\tau s}=\frac{1}{\mathrm{e}^{\tau s}}=\frac{1}{1+\tau s+\frac{1}{2!}\tau^2 s^2+\cdots} \tag{2-28}$$

由式(2-28)可得，当τ很小时，可将延时环节近似为惯性环节，即有

$$G(s)=\mathrm{e}^{-\tau s}\approx\frac{1}{\tau s+1} \tag{2-29}$$

延时环节的特点：输出信号波形和输入信号波形完全相同，只是输出量相对于输入量滞后一段时间τ。延迟环节对系统稳定性不利。

2.3 控制系统的动态结构图

由 2.2 节分析可知，传递函数只是对系统的一种外部描述，不能直观地表明系统中其他变量之间的关系及信号在系统中的传递过程。动态结构图(也称为系统框图)是系统数学模型的另一种表示形式，它是系统中各个环节功能和信号流向的图解表示，利用动态结构图表示控制系统，可以清楚地表明系统各环节之间信号的传递关系，便于对系统进行分析和研究。

2.3.1 动态结构图的基本概念

系统动态结构图的一般表示如图 2-18 所示，它包括以下 4 个部分。

- 信号线：表示信号传递路径与方向。
- 传递函数方块：表示对信号的变换，方块中为元件或环节的传递函数。
- 相加点：表示求两个或两个以上信号代数和的位置点，“+”代表相加，“-”代表相减。
- 分支点：表示信号引出和测量的位置点，在同一位置引出的信号，大小和性质是完全相同的。

按图 2-19 可以给出典型闭环控制系统的动态结构图中常用的几个概念和术语。

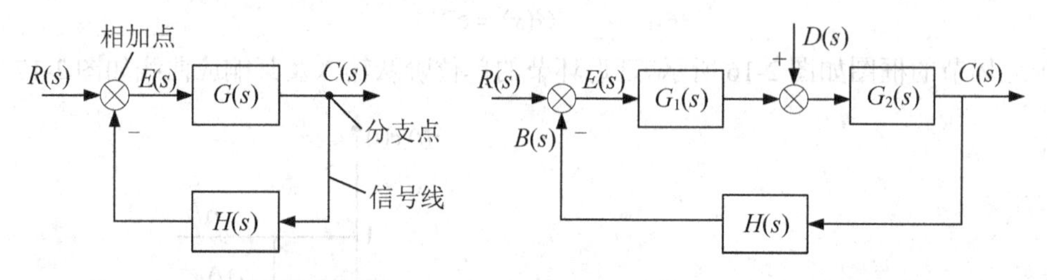

图 2-18 系统动态结构图构成　　图 2-19 典型闭环控制系统动态结构图

1) 前向通道传递函数

沿信号传递的方向，从系统的输入端到输出端的信号通路称为系统的前向通道。前向通道传递函数为前向通道中各环节传递函数的乘积，也即断开系统反馈回路，系统输出信号 $C(s)$和输入信号 $R(s)$之比，在图 2-19 中为

$$\frac{C(s)}{R(s)}=\frac{C(s)}{E(s)}=G_1(s)G_2(s) \tag{2-30}$$

2) 反馈通道传递函数

沿信号传递的方向，从系统输出端返回输入端的信号通道称为反馈通道，反馈通道传递函数为反馈通道各环节传递函数的乘积，也就是系统反馈信号 $B(s)$和输出信号 $C(s)$之比，在图 2-19 中为

$$\frac{B(s)}{C(s)}=H(s) \tag{2-31}$$

3)　开环传递函数

开环传递函数是指系统反馈信号 $B(s)$与误差信号 $E(s)$之比，在图 2-19 中为

$$G_k(s)=\frac{B(s)}{E(s)}=G_1(s)G_2(s)H(s)=G(s)H(s) \tag{2-32}$$

式中，$G(s)=G_1(s)G_2(s)$。

4)　闭环传递函数

闭环传递函数是指系统输出信号 $C(s)$与输入信号 $R(s)$之比，在图 2-19 中为

$$\Phi(s)=\frac{C(s)}{R(s)}=\frac{G_1(s)G_2(s)}{1+G_1(s)G_2(s)H(s)}=\frac{G(s)}{1+G(s)H(s)} \tag{2-33}$$

可见，闭环传递函数可表示为

$$\text{闭环传递函数}=\frac{\text{前向通道传递函数}}{1+\text{开环传递函数}}$$

5)　给定误差传递函数

给定信号作用下，系统给定误差信号 $E_r(s)$与输入信号 $R(s)$之比，称为给定误差传递函数，在图 2-19 中为

$$\Phi_{er}(s)=\frac{E_r(s)}{R(s)}=\frac{1}{1+G(s)H(s)} \tag{2-34}$$

6)　扰动误差传递函数

扰动信号作用下，系统扰动误差信号 $E_d(s)$与扰动信号 $D(s)$之比，称为扰动误差传递函数，在图 2-19 中为

$$\Phi_{ed}(s)=\frac{E_d(s)}{D(s)}=\frac{-G_2(s)H(s)}{1+G(s)H(s)} \tag{2-35}$$

需要指出的是，系统结构形式和参数确定后，系统的特征方程(闭环传递函数的分母多项式方程)$1+G(s)H(s)=0$ 也就确定了，不随输入端的改变而改变。

2.3.2　动态结构图的建立

系统的动态结构图建立的一般步骤如下。

(1)　根据系统中信号的传递过程，将系统分为若干环节。

(2)　求取各环节的传递函数，绘制各环节的结构图。

(3)　按照系统中信息的传递顺序，依次将各环节的结构图连接起来，得到整个系统的动态结构图。

在绘制系统动态结构图时，一般先按从左到右的顺序绘制出前向通道的结构图，然后再绘制反馈通道的结构图。

【例 2-7】 求图 2-20 所示电路的动态结构图。

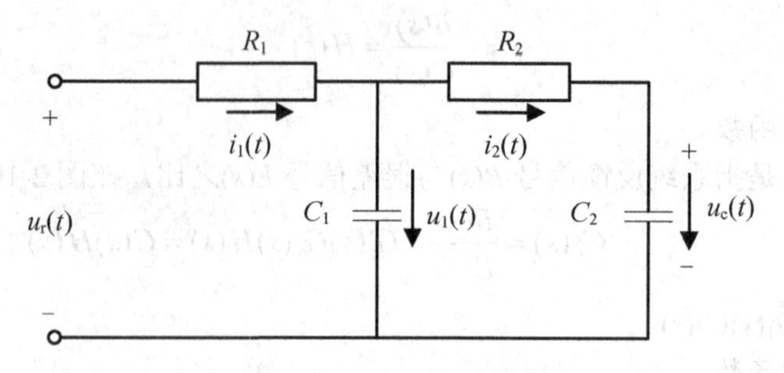

图 2-20 RC 串并联电路

解：设中间变量为 u_1，i_1，i_2。利用复阻抗的概念可以列写下列方程式：

$$I_1(s)=\frac{1}{R_1}[U_r(s)-U_1(s)]$$

$$U_1(s)=\frac{1}{C_1 s}[I_1(s)-I_2(s)]$$

$$I_2(s)=\frac{1}{R_2}[U_1(s)-U_c(s)]$$

$$U_c(s)=\frac{1}{C_2 s}I_2(s)$$

根据以上各式可绘制 RC 串并联电路网络的动态结构图，如图 2-21 所示。

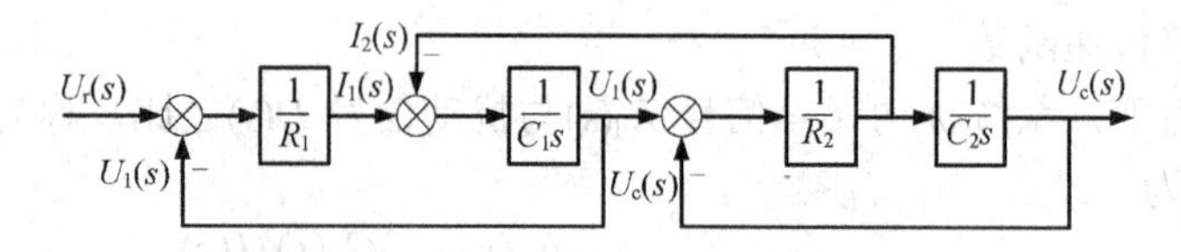

图 2-21 RC 串并联电路的动态结构图

【例 2-8】 建立他励直流电动机的动态结构图。

解：在 2.1 节中，已建立了他励直流电动机的微分方程模型，若不计摩擦转矩 $M_f(t)$，仅考虑负载转矩 $M_L(t)$，对他励直流电动机所列微分方程取拉普拉斯变换，可得

$$U_a(s)=R_a I_a(s)+L_a s I_a(s)+E_a(s) \tag{2-36}$$

$$E_a(s)=C_e N(s) \tag{2-37}$$

$$M_e(s)-M_L(s)=\frac{GD^2}{375}sN(s) \tag{2-38}$$

$$M_e(s)=C_m I_a(s) \tag{2-39}$$

$$M_L(s)=C_m I_L(s) \tag{2-40}$$

由式(2-36)可得

$$I_a(s)=\frac{U_a(s)-E_a(s)}{R_a(1+T_a s)}=\frac{1/R_a[U_a(s)-E_a(s)]}{1+T_a s} \tag{2-41}$$

式中，$T_a=L_a/R_a$。

将式(2-39)和式(2-40)代入式(2-38)，可得

$$N(s)=\frac{I_{\mathrm{a}}(s)-I_{\mathrm{L}}(s)}{\frac{C_{\mathrm{e}}}{R_{\mathrm{a}}}\cdot T_{\mathrm{m}}s}=\frac{R_{\mathrm{a}}[I_{\mathrm{a}}(s)-I_{\mathrm{L}}(s)]}{C_{\mathrm{e}}\cdot T_{\mathrm{m}}s} \tag{2-42}$$

式中，$T_{\mathrm{m}}=\dfrac{\mathrm{GD}^2R_{\mathrm{a}}}{375C_{\mathrm{e}}C_{\mathrm{m}}}$。

由式(2-37)、式(2-41)、式(2-42)可得系统的动态结构图如图 2-22 所示。

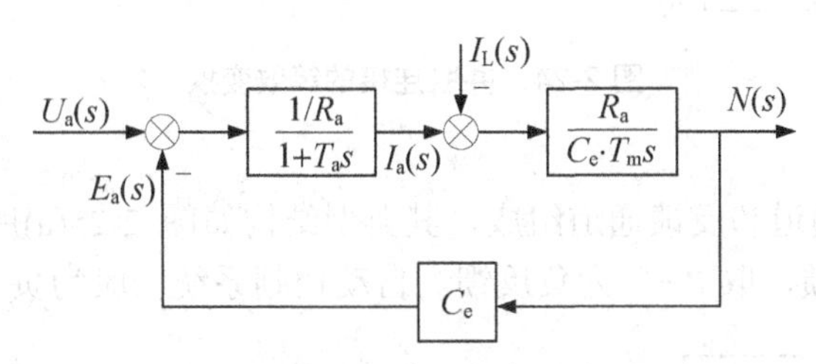

图 2-22　他励直流电动机的动态结构图

2.3.3　动态结构图的化简

复杂系统的动态结构图往往错综复杂，需要对其进行化简，以求出系统总的传递函数。系统动态结构图的化简应遵循“等效”原则。所谓等效是指在被变换部分变换前后输入量、输出量之间的关系应保持不变。

1. 动态结构图的等效变换规则

1)　串联连接

在动态结构图中，两个或两个以上环节的传递函数框图首尾相连的连接方式称为串联连接，其等效变换后，总的传递函数等于各个串联环节的传递函数的乘积，如图 2-23 所示。

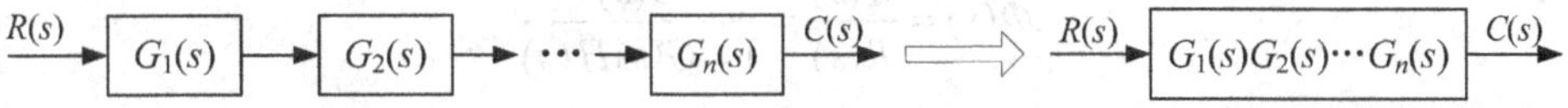

图 2-23　串联连接的等效变换

由图 2-23 可知，串联连接的总传递函数为

$$G(s)=G_1(s)G_2(s)\cdots G_n(s)=\prod_{i=1}^{n}G_i(s) \tag{2-43}$$

2)　并联连接

在动态结构图中，两个或两个以上环节的传递函数框图的输入相同，输出等于各环节框图的代数和的连接方式称为并联连接，其等效变换后，总的传递函数等于各环节传递函数的代数和，如图 2-24 所示。

由图 2-24 可知，并联连接的总传递函数为

$$G(s)=G_1(s)+G_2(s)+\cdots+G_n(s)=\sum_{i=1}^{n}G_i(s) \tag{2-44}$$

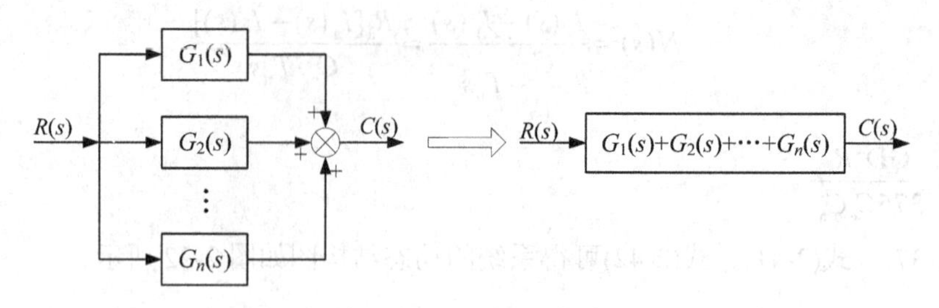

图 2-24 并联连接的等效变换

3) 反馈连接

反馈连接由前向通道和反馈通道组成，其典型结构如图 2-25(a)所示。图中，反馈信号 $B(s)$取“+”时为正反馈，取“-”为负反馈。自动控制系统一般为负反馈连接方式。

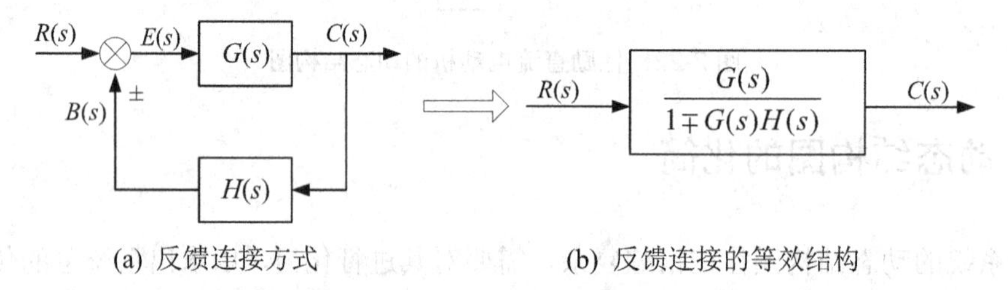

(a) 反馈连接方式 (b) 反馈连接的等效结构

图 2-25 反馈连接的等效变换

由图 2-25(a)可列出

$$C(s)=G(s)E(s)$$
$$E(s)=R(s)\pm B(s)$$
$$B(s)=H(s)C(s)$$

消去 $E(s)$和 $B(s)$后，可求出反馈连接的等效传递函数为

$$\Phi(s)=\frac{C(s)}{R(s)}=\frac{G(s)}{1\mp G(s)H(s)} \tag{2-45}$$

式中，分母的“+”代表负反馈，“-”代表正反馈。其等效变换的动态结构图如图 2-25(b)所示。若反馈通道 $H(s)=1$，则称为单位反馈，其传递函数变为

$$\Phi(s)=\frac{G(s)}{1\mp G(s)} \tag{2-46}$$

4) 分支点的移动

分支点(又称引出点)的移动分为前移和后移两种情况，其中，前移的等效变换如图 2-26 所示，后移的等效变换如图 2-27 所示。

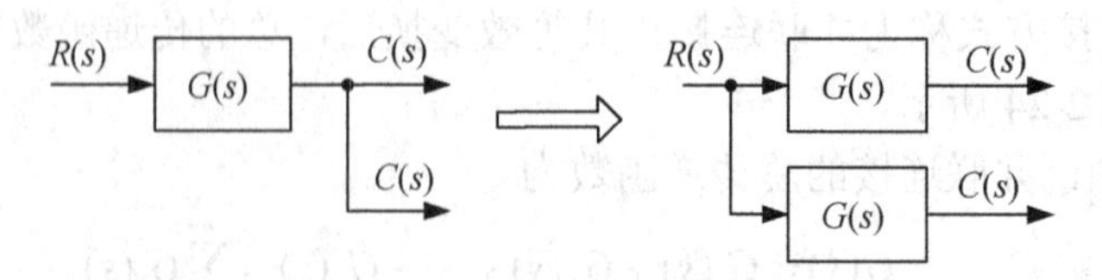

图 2-26 分支点前移的等效变换

5)　相加点的移动

相加点(又称为综合点)的移动分为前移和后移两种情况，其中，前移的等效变换如图 2-28 所示，后移的等效变换如图 2-29 所示。

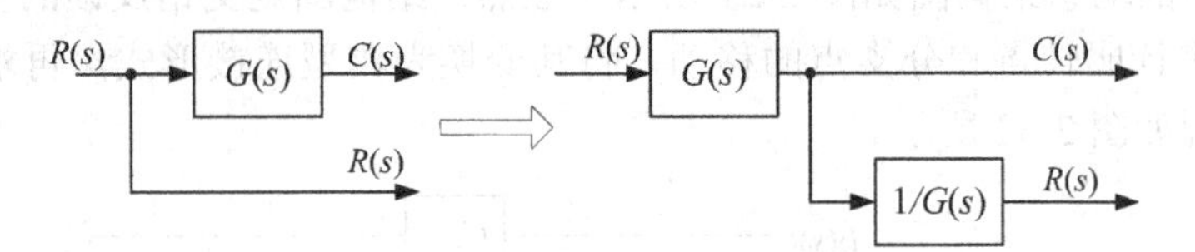

图 2-27　分支点后移的等效变换

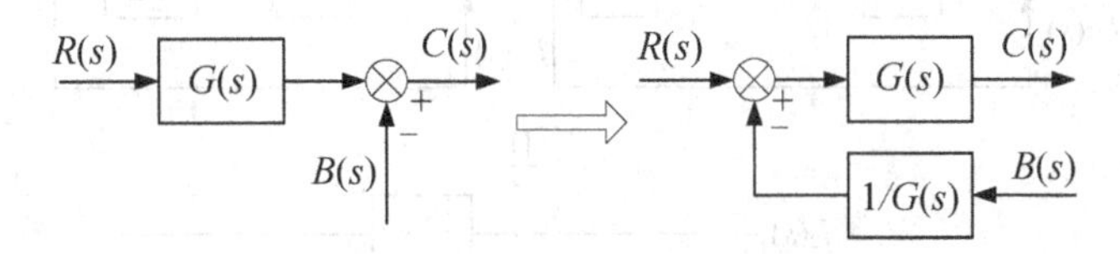

图 2-28　相加点前移的等效变换

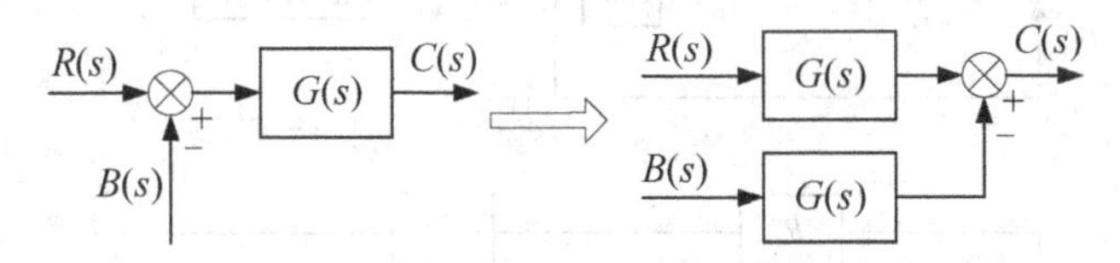

图 2-29　相加点后移的等效变换

6)　相邻分支点的位置交换

相邻分支点引出的是同一信号，它们的位置可以任意交换，如图 2-30 所示。

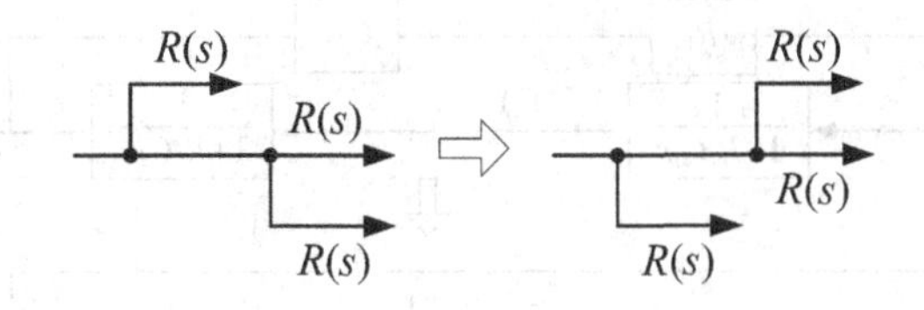

图 2-30　相邻分支点位置交换

7)　相邻相加点的位置交换

相邻相加点位置交换不改变动态结构图的输入/输出关系，它们的位置可以任意交换，如图 2-31 所示。

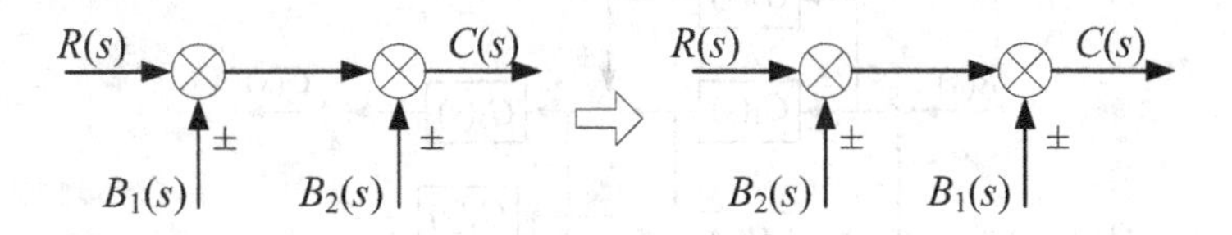

图 2-31　相邻相加点位置交换

在动态结构图化简过程中，需要注意的是，相加点和分支点前后不能交换位置。

2. 利用等效变换法化简动态结构图

【例 2-9】 试化简例 2-7 所示 RC 电路的动态结构图，并求出系统传递函数。

解：例 2-7 的动态结构图如图 2-21 所示。显然，结构图是交错反馈的多回路系统，化简时，必须先进行比较点和分支点的移动，将其变换为典型连接形式，再求出系统传递函数。其变换过程如图 2-32 所示。

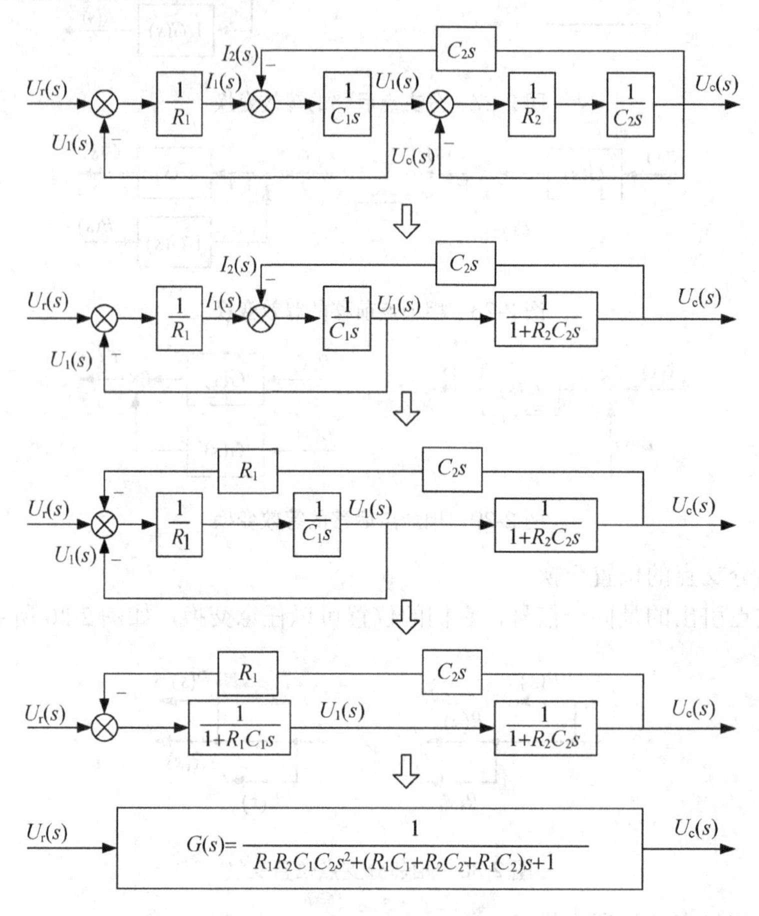

图 2-32 动态结构图的等效变换

【例 2-10】试化简如图 2-33 所示的系统动态结构图，并求出系统传递函数。

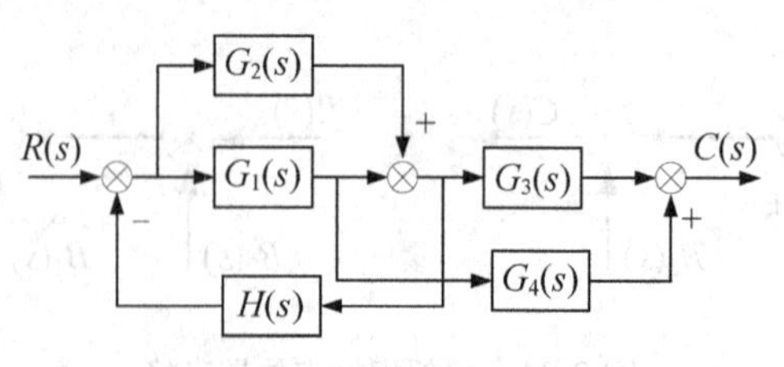

图 2-33 系统动态结构图

解：先将 $G_1(s)$后的引出点前移，再将 $G_1(s)$和 $G_2(s)$的并联结构图合并，然后将 $G_3(s)$前的引出点前移，则系统可化简为反馈连接和并联连接两部分，分别化简后将得到的传递函数相乘，即为系统总的传递函数，具体变换过程如图 2-34 所示。

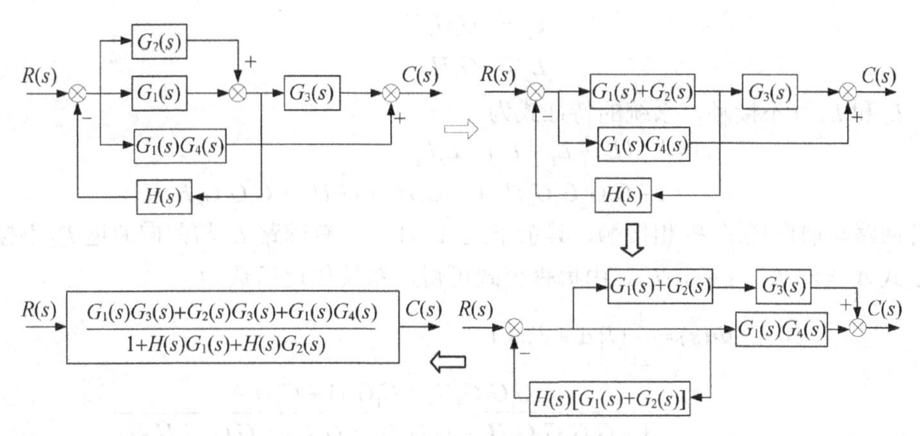

图 2-34　系统动态结构图等效变换

3. 利用梅森公式化简动态结构图

将梅森公式应用于动态结构图，可以方便地求出系统传递函数。梅森公式为

$$\Phi(s)=\frac{1}{\Delta}\sum_{k=1}^{n}P_k\Delta_k \tag{2-47}$$

式中，Δ 为特征式，且有

$$\Delta=1-\sum L_i+\sum L_iL_j-\sum L_iL_jL_z+\cdots$$

$\sum L_i$ 为各回路传递函数之和。回路传递函数是指回路前向通道和反馈通道传递函数的乘积。

$\sum L_iL_j$ 为两两互不接触的回路，其回路传递函数乘积之和。

$\sum L_iL_jL_z$ 为所有 3 个互不接触回路，其回路传递函数乘积之和。

n 为输入端到输出端之间前向通道的条数。

P_k 为输入端到输出端之间第 k 条前向通道的传递函数。

Δ_k 为第 k 条前向通道的余子式，即把与该通道相接触的回路所在项置为零之后，特征式 Δ 所余下的部分。

【例 2-11】 试利用梅森公式求图 2-35 所示系统的传递函数。

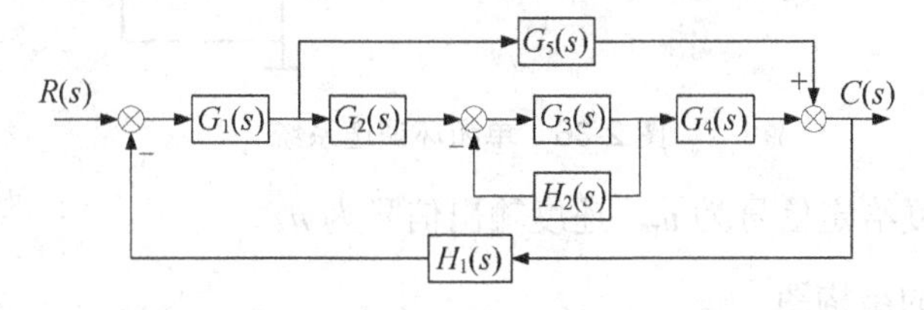

图 2-35　例 2-11 系统动态结构图

解：图 2-35 所示系统有两条前向通道，其回路传递函数分别为

$$P_1=G_1G_2G_3G_4$$

$$P_2=G_1G_5$$

系统反馈回路有 3 个，其回路传递函数分别为

$$L_1 = -G_1G_2G_3G_4H_1$$
$$L_2 = -G_1G_5H_1$$
$$L_3 = -G_3H_2$$

其中，L_2和L_3互不接触，系统的特征式为

$$\begin{aligned}\Delta &= 1-(L_1+L_2+L_3)+L_2L_3 \\ &= 1+G_1G_2G_3G_4H_1+G_1G_5H_1+G_3H_2+G_1G_3G_5H_1H_2\end{aligned}$$

各回路与前向通道P_1相接触，其余子式$\Delta_1=1$。只有回路L_3与前向通道P_2不接触，故其余子式$\Delta_2=1-L_3=1+G_3H_2$。由梅森公式可得，系统传递函数为

$$\begin{aligned}\Phi(s) &= \frac{1}{\Delta}(P_1\Delta_1+P_2\Delta_2) \\ &= \frac{G_1G_2G_3G_4+G_1G_5(1+G_3H_2)}{1+G_1G_2G_3G_4H_1+G_1G_5H_1+G_3H_2+G_1G_3G_5H_1H_2}\end{aligned}$$

2.4 应用实例

本节以单闭环调速系统为例，说明实际控制系统数学模型的建立方法。单闭环调速系统包括给定环节、速度控制器(PI 控制器)、测速反馈环节、晶闸管整流装置及直流电动机组成。单闭环调速系统如图 2-36 所示。

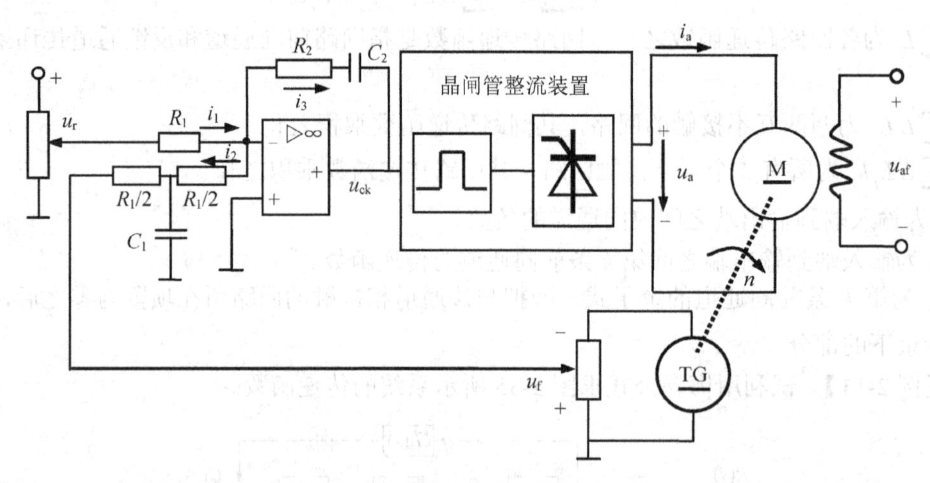

图 2-36　单闭环调速系统

图 2-36 中，速度给定信号为u_r，速度输出信号为n。

1. 系统各环节的结构图

1)　比较环节和速度控制器

由图 2-36 可知，PI 控制器的输入量为给定信号和经低通滤波后的速度反馈信号。由运算放大器的特性，可得

$$I_1(s)-I_2(s)=I_3(s) \tag{2-48}$$

其中

$$I_1(s)=\frac{U_r(s)}{R_1} \tag{2-49}$$

$$I_2(s)=\frac{U_f(s)}{\frac{R_1}{2}+\frac{1}{C_1s}//\frac{R_1}{2}}\times\frac{\frac{1}{C_1s}}{\frac{1}{C_1s}+\frac{R_1}{2}}=\frac{U_f(s)}{R_1(T_fs+1)} \tag{2-50}$$

式中，$\frac{1}{C_1s}//\frac{R_1}{2}$ 表示 $\frac{1}{C_1s}$ 和 $\frac{R_1}{2}$ 相并联，$T_f=\frac{R_1C_1}{4}$ 为滤波器时间常数。

$$I_3(s)=\frac{-U_{ck}(s)}{R_2+\frac{1}{C_2s}}=-\frac{R_2C_2sU_{ck}(s)}{R_2(R_2C_2s+1)}=-\frac{T_isU_{ck}(s)}{R_2(T_is+1)} \tag{2-51}$$

式中，$T_i=R_2C_2$。

将式(2-49)～式(2-51)式代入式(2-48)，可得

$$U_{ck}(s)=K_p\left(1+\frac{1}{T_is}\right)\left[U_r(s)-\frac{1}{T_fs+1}U_f(s)\right] \tag{2-52}$$

式中，$K_p=-R_2/R_1$ 称为速度控制器的比例系数；T_i 称为速度控制器的积分时间常数。K_p 前面的负号表示输入和输出反相。在动态结构图中，一般都省略控制器传递函数中的负号。比较环节和速度控制器的动态结构图可由 2-37(a)表示。

2)　晶闸管整流装置部分

晶闸管整流装置的传递函数可表示为

$$G(s)=\frac{U_a(s)}{U_{ck}(s)}=\frac{K_s}{T_ss+1} \tag{2-53}$$

式中，K_s 为整流装置的电压放大倍数；T_s 为整流装置的延迟时间常数。

因此，晶闸管整流环节的动态结构可由图 2-37(b)表示。

3)　测速反馈环节

测速反馈环节由测速发电机和电位器组成，可视为比例环节，即其传递函数为

$$G_{nf}(s)=\frac{U_f(s)}{N(s)}=K_{nf} \tag{2-54}$$

式中，K_{nf} 为速度反馈系数。

因此，测速反馈环节的动态结构可由图 2-37(c)表示。

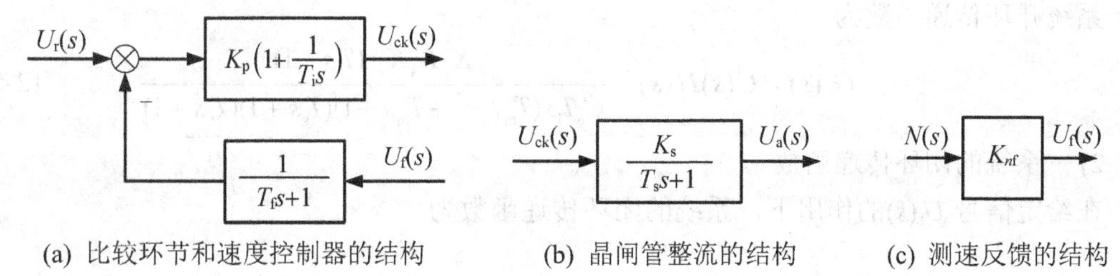

(a) 比较环节和速度控制器的结构　　(b) 晶闸管整流的结构　　(c) 测速反馈的结构

图 2-37　系统各环节的动态结构图

4) 直流电动机环节

在例 2-8 中已建立他励直流电动机的动态结构，如图 2-22 所示。

2. 系统动态结构图

将上述各环节的动态结构连接后，则可得系统的动态结构，如图 2-38 所示。

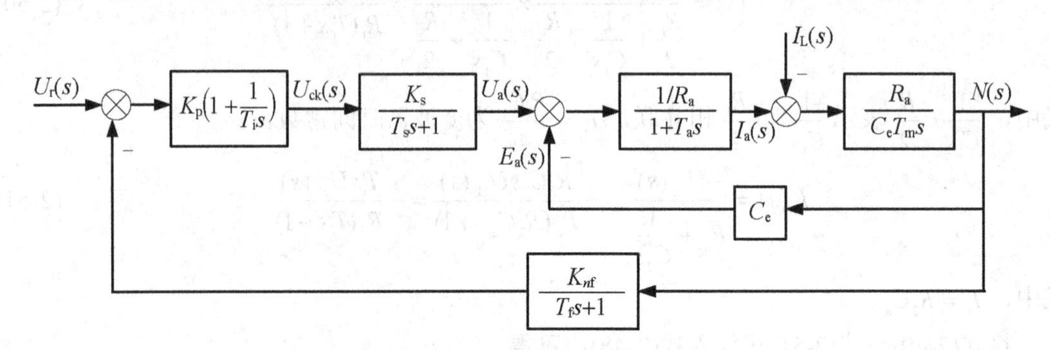

图 2-38 单闭环调速系统的动态结构图

将图 2-38 等效变换后，可得图 2-39。图 2-39 与典型闭环控制系统的动态结构图(见图 2-19)相比较，则

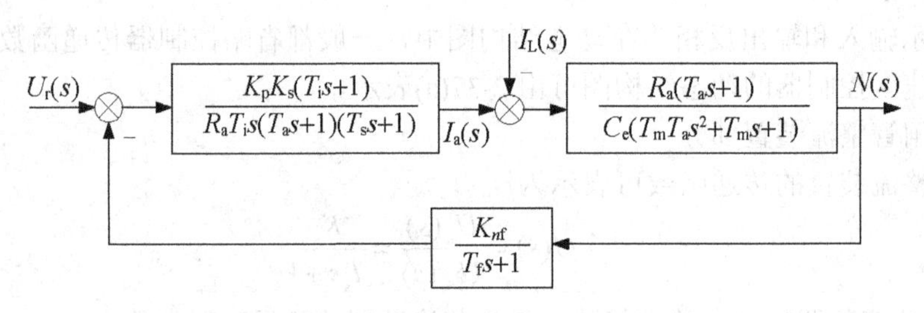

图 2-39 等效变换后的系统动态结构图

$$G_1(s)=\frac{K_p K_s(T_i s+1)}{R_a T_i s(T_a s+1)(T_s s+1)}，\quad G_2(s)=\frac{R_a(T_a s+1)}{C_e(T_m T_a s^2+T_m s+1)}，\quad H(s)=\frac{K_{nf}}{T_f s+1}$$

则前向通道的传递函数为

$$G(s)=G_1(s)G_2(s)=\frac{K_p K_s(T_i s+1)}{C_e T_i s(T_s s+1)(T_m T_a s^2+T_m s+1)}$$

1) 系统开环传递函数

系统开环传递函数为

$$G_k(s)=G(s)H(s)=\frac{K_p K_s K_{nf}(T_i s+1)}{C_e T_i s(T_m T_a s^2+T_m s+1)(T_s s+1)(T_f s+1)} \tag{2-55}$$

2) 系统的闭环传递函数

在给定信号 $U_r(s)$的作用下，系统的闭环传递函数为

$$\Phi(s)=\frac{N(s)}{U_{\mathrm{r}}(s)}=\frac{G(s)}{1+G(s)H(s)}$$

$$=\frac{K_{\mathrm{p}}K_{\mathrm{s}}(T_{\mathrm{i}}s+1)(T_{\mathrm{f}}s+1)}{C_{\mathrm{e}}T_{\mathrm{i}}s(T_{\mathrm{m}}T_{\mathrm{a}}s^2+T_{\mathrm{m}}s+1)(T_{\mathrm{s}}s+1)(T_{\mathrm{f}}s+1)+K_{\mathrm{p}}K_{\mathrm{s}}K_{nf}(T_{\mathrm{i}}s+1)} \tag{2-56}$$

3)　系统的误差传递函数

在给定信号 $U_{\mathrm{r}}(s)$单独作用下的误差传递函数为

$$\Phi_{\mathrm{er}}(s)=\frac{E(s)}{U_{\mathrm{r}}(s)}=\frac{1}{1+G(s)H(s)}$$

$$=\frac{C_{\mathrm{e}}T_{\mathrm{i}}s(T_{\mathrm{m}}T_{\mathrm{a}}s^2+T_{\mathrm{m}}s+1)(T_{\mathrm{s}}s+1)(T_{\mathrm{f}}s+1)}{C_{\mathrm{e}}T_{\mathrm{i}}s(T_{\mathrm{m}}T_{\mathrm{a}}s^2+T_{\mathrm{m}}s+1)(T_{\mathrm{s}}s+1)(T_{\mathrm{f}}s+1)+K_{\mathrm{p}}K_{\mathrm{s}}K_{nf}(T_{\mathrm{i}}s+1)} \tag{2-57}$$

在扰动信号 $I_{\mathrm{L}}(s)$单独作用下的误差传递函数为

$$\Phi_{\mathrm{ed}}(s)=\frac{E(s)}{-I_{\mathrm{L}}(s)}=\frac{-G_2(s)H(s)}{1+G(s)H(s)}$$

$$=\frac{-R_{\mathrm{a}}K_{nf}T_{\mathrm{i}}s(T_{\mathrm{a}}s+1)(T_{\mathrm{s}}s+1)}{C_{\mathrm{e}}T_{\mathrm{i}}s(T_{\mathrm{m}}T_{\mathrm{a}}s^2+T_{\mathrm{m}}s+1)(T_{\mathrm{s}}s+1)(T_{\mathrm{f}}s+1)+K_{\mathrm{p}}K_{\mathrm{s}}K_{nf}(T_{\mathrm{i}}s+1)} \tag{2-58}$$

本 章 小 结

(1)　控制系统的数学模型是描述系统动态特性的数学表达式，它是系统分析与设计的前提。

(2)　在经典控制理论中，常用的控制系统数学模型包括线性微分方程、传递函数、动态结构图及系统频率特性等。不同形式的控制系统数学模型可以相互转换。微分方程是描述控制系统动态特性的基本形式，由于列写和求解较为复杂，微分方程模型用于控制系统分析与设计很不方便；传递函数是经典控制理论中应用极广的数学模型，定义为零初始条件下，线性定常系统的输出信号的拉普拉斯变换与输入信号的拉普拉斯变换之比。

(3)　系统的动态结构图是线性系统图形化的数学模型，它形象直观地表示了系统内部信号的传递关系及系统各环节变量之间的数学关系。已知系统各环节的传递函数可以方便地建立系统动态结构图，根据动态结构图的等效变换可以迅速地求得系统的传递函数。动态结构图的化简原则是保持被变换部分的输入和输出之间的数学关系不变。

(4)　实际控制系统一般都是由若干典型环节组成的，研究典型环节的特性对于整个系统性能的分析非常重要。

(5)　在典型的反馈控制系统的结构中，可定义开环传递函数、闭环传递函数、误差传递函数等基本概念。

习　　题

2-1　试建立如图 2-40 所示电路的微分方程。

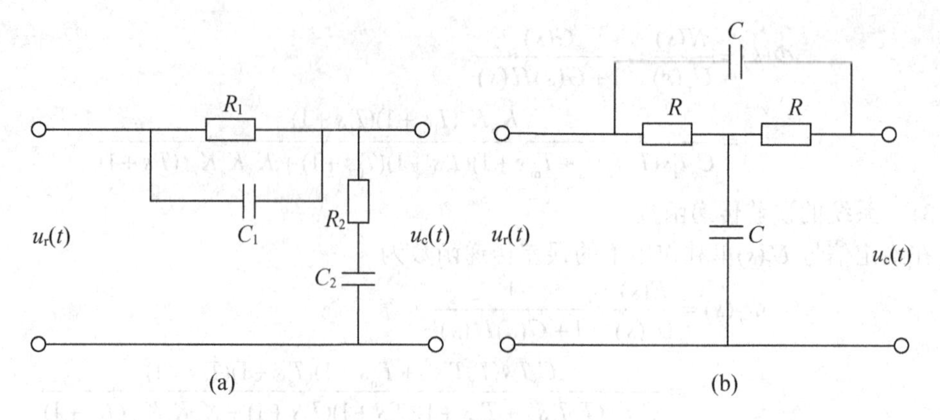

图 2-40 习题 2-1

2-2 求下列函数的拉普拉斯逆变换。

(1) $F(s)=\dfrac{s+1}{(s+2)(s+3)}$

(2) $F(s)=\dfrac{1}{s(s+2)^3(s+3)}$

(3) $F(s)=\dfrac{s+1}{s(s^2+2s+2)}$

2-3 设系统传递函数为$\dfrac{C(s)}{R(s)}=\dfrac{2}{(s+1)(s+2)}$，初始条件$c(0)=-1$，$\dot{c}(0)=0$，试求单位阶跃信号作用时，系统输出响应$c(t)$。

2-4 若某系统在单位阶跃输入信号时，零初始条件下的输出响应$c(t)=1-\mathrm{e}^{-2t}+\mathrm{e}^{-t}$，试求系统的传递函数。

2-5 使用复阻抗法写出如图 2-41 所示有源电路的传递函数。

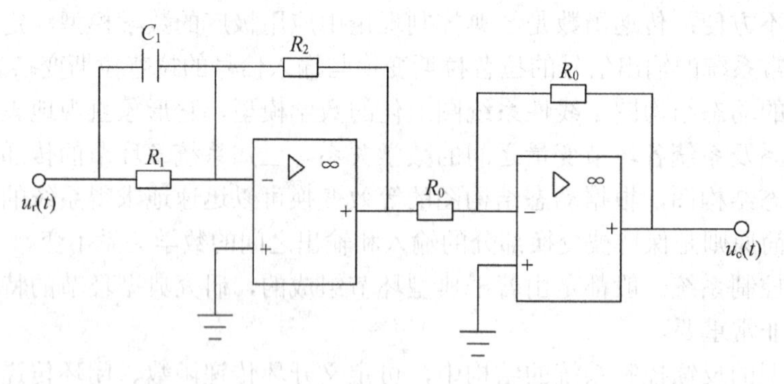

图 2-41 习题 2-5

2-6 已知系统方程组如下：

$$\begin{cases}X_1(s)=G_1(s)R(s)-G_1(s)[G_7(s)-G_8(s)]C(s)\\X_2(s)=G_2(s)[X_1(s)-G_6(s)X_3(s)]\\X_3(s)=[X_2(s)-C(s)G_5(s)]G_3(s)\\C(s)\ =G_4(s)X_3(s)\end{cases}$$

21世纪高等院校自动化类实用规划教材

试绘制系统结构图，并求闭环传递函数$\dfrac{C(s)}{R(s)}$。

2-7　在如图 2-42 所示系统中，已知$G(s)$和$H(s)$两方框对应的微分方程分别是 $6\dfrac{\mathrm{d}c(t)}{\mathrm{d}t}+10c(t)=20e(t)$，$20\dfrac{\mathrm{d}b(t)}{\mathrm{d}t}+5b(t)=10c(t)$，且初始条件均为 0，试求传递函数$\dfrac{C(s)}{R(s)}$及$\dfrac{E(s)}{R(s)}$。

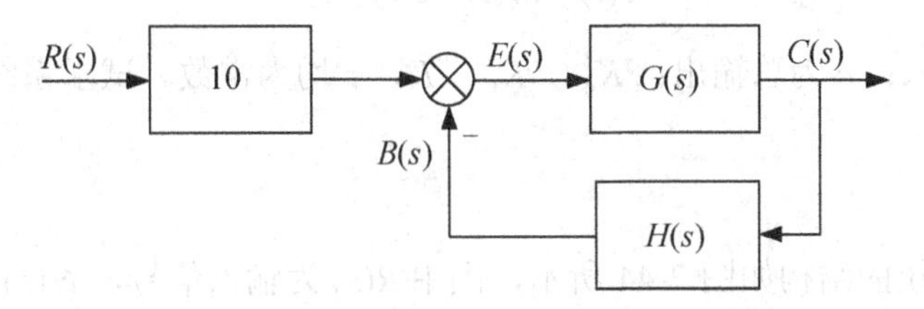

图 2-42　习题 2-7

2-8　试用动态结构图的等效变换化简如图 2-43 所示系统，并求出传递函数$\dfrac{C(s)}{R(s)}$。

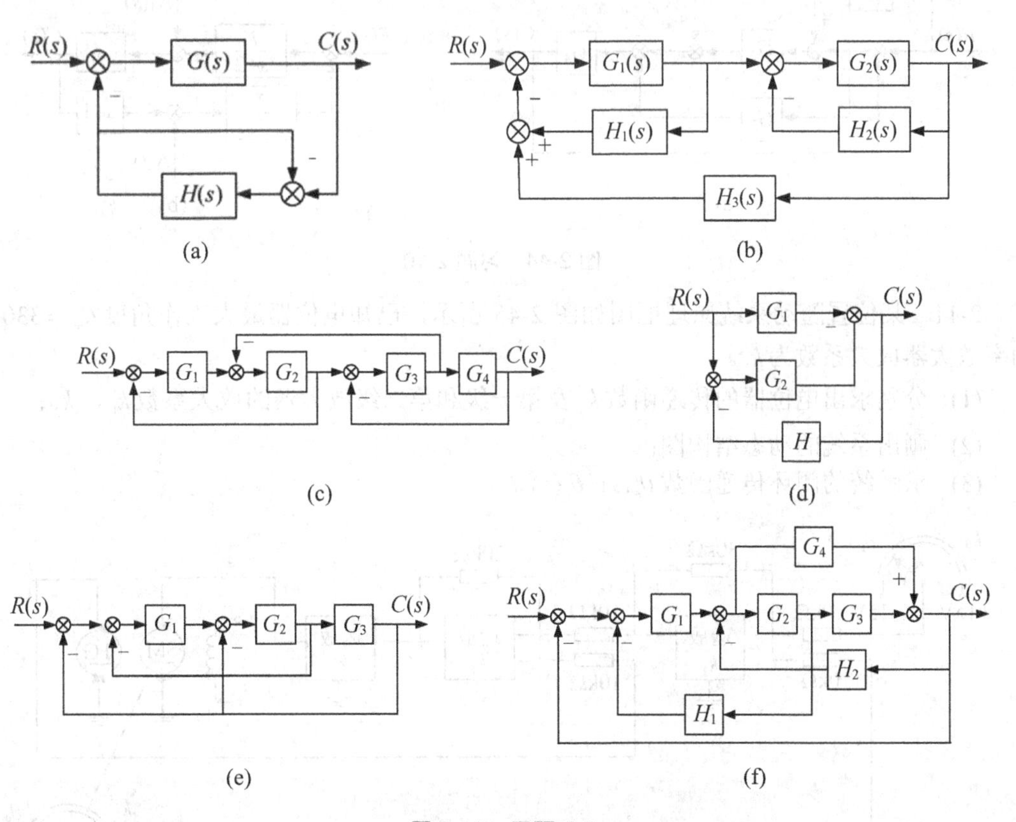

图 2-43　习题 2-8

2-9　已知系统微分方程组如下：

$$\begin{cases} x_1(t)=r(t)-\tau\dot{c}(t)+K_1 n(t) \\ x_2(t)=K_0 x_1(t) \\ x_3(t)=x_2(t)-n(t)-x_5(t) \\ T\dot{x}_4(t)=x_3(t) \\ x_5(t)=x_4(t)-c(t) \\ \dot{c}(t)=x_5(t)-c(t) \end{cases}$$

其中，r，n为输入；c为总输出；K_0，K_1，T，τ均为常数。试求系统的传递函数$\dfrac{C(s)}{R(s)}$及$\dfrac{C(s)}{N(s)}$。

2-10　已知系统的结构如图 2-44 所示，图中$R(s)$为输入信号，$N(s)$为干扰信号，试求传递函数$\dfrac{C(s)}{R(s)}$及$\dfrac{C(s)}{N(s)}$。

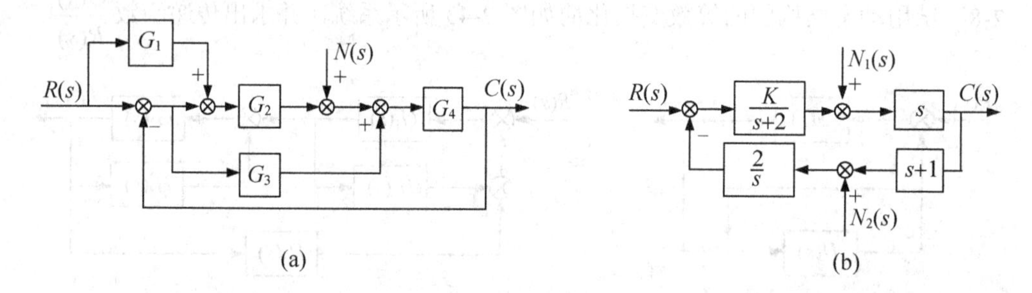

图 2-44　习题 2-10

2-11　某位置随动系统原理框图如图 2-45 所示，已知电位器最大工作角度$\theta_m=330^\circ$，功率放大器放大系数为k_3。

(1)　分别求出电位器的传递函数k_0及第一级和第二级放大器的放大系数k_1、k_2；

(2)　画出系统的动态结构图；

(3)　求系统的闭环传递函数$\theta_c(s)/\theta_r(s)$。

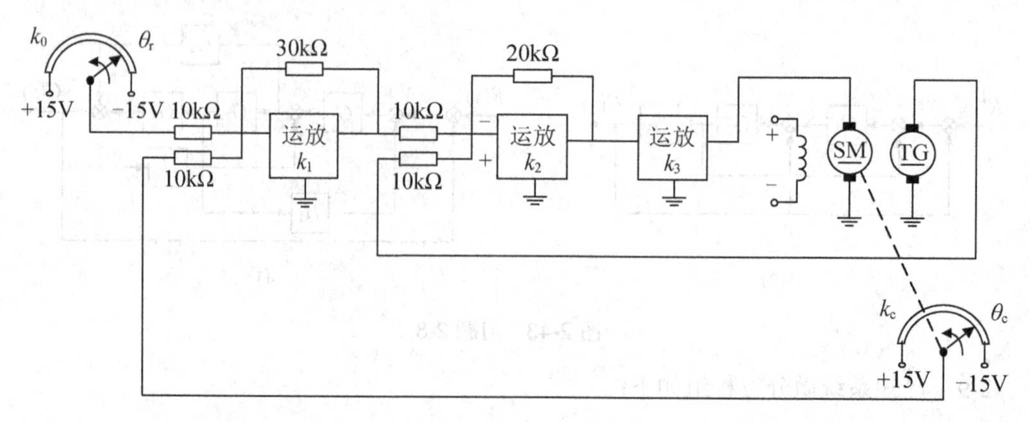

图 2-45　习题 2-11

第3章

控制系统的时域分析法

了解典型输入信号及控制系统时域性能指标；掌握控制系统稳定性的概念及系统稳定性判据；熟悉一阶系统、二阶系统的时域分析与计算；掌握控制系统稳态误差的计算方法。

3.1 控制系统的典型输入信号和时域性能指标

3.1.1 典型输入信号

控制系统的响应既由系统本身的特性确定，又和系统的输入信号有关。实际系统的输入信号并非都是确定的，许多系统的输入具有随机性，而且输入信号变化的快慢也不同。为了分析、比较各种控制系统的性能，常采用典型输入信号。系统输入信号典型化处理后，就可以比较系统的性能优劣。

典型输入信号选取遵循的一般原则：典型输入信号的形式力求简单以便于分析处理；典型输入信号应能够大致反映系统实际工作情况；典型输入信号可使系统在最不利的条件下工作。若系统在典型信号作用下，系统性能满足要求，则系统在实际输入信号作用下的性能往往是令人满意的。在控制工程中，常用的典型输入信号有以下几种。

1. 阶跃信号

阶跃信号的数学表达式为

$$r(t)=\begin{cases}0 & (t<0)\\ A_0 & (t\geqslant 0)\end{cases} \tag{3-1}$$

式中，常数 A_0 为阶跃值。

当 $A_0=1$ 时，称为单位阶跃信号，记作 $1(t)$。阶跃信号如图 3-1 所示。由图 3-1 可知，信号在 $t=0$ 时刻之前为 0，而在 $t=0$ 时刻出现一个幅值为 A_0 的跃变。实际中，阶跃信号的应用非常广泛，如电源的突然接通、负载突变及恒值给定等信号都可近似用阶跃信号描述。

阶跃信号在零初始条件下的拉普拉斯变换为

$$R(s)=\frac{A_0}{s} \tag{3-2}$$

2. 斜坡信号

斜坡信号的数学表达式为

$$r(t)=\begin{cases}0 & (t<0)\\ A_0 t & (t\geqslant 0)\end{cases} \tag{3-3}$$

式中，常数 A_0 为斜坡信号的作用强度。

当 $A_0=1$ 时，称为单位斜坡信号。斜坡信号如图 3-2 所示，它表示信号随时间的变化率为常数的一类信号。控制系统的输入信号若为随时间线性增长的信号，如雷达天线、火炮、机床进给系统的位置信号等可选择斜坡信号作为输入信号。

斜坡信号在零初始条件下的拉普拉斯变换为

$$R(s)=\frac{A_0}{s^2} \tag{3-4}$$

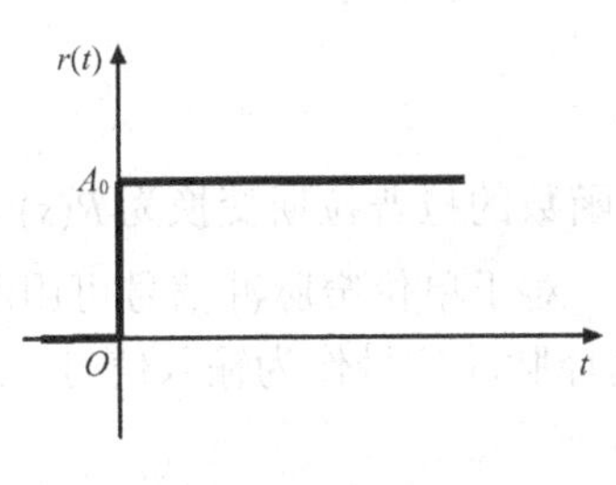

图 3-1　阶跃信号

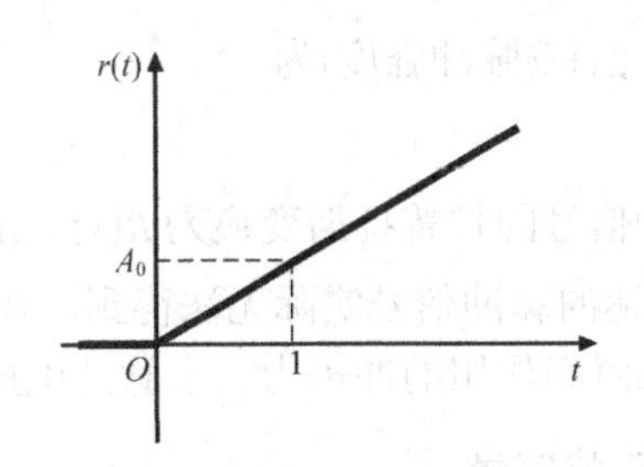

图 3-2　斜坡信号

3．抛物线信号

抛物线信号的数学表达式为

$$r(t)=\begin{cases}0 & (t<0)\\ \dfrac{1}{2}A_0t^2 & (t\geqslant 0)\end{cases} \tag{3-5}$$

式中，A_0为常数。

当A_0=1 时，称为单位抛物线信号，也称为单位加速度信号。抛物线信号如图 3-3 所示，它表示随时间以等加速度增长的信号。宇宙飞船控制系统和随动控制系统中作等加速变化的给定位移信号等可选择抛物线信号作为输入信号。

抛物线信号在零初始条件下的拉普拉斯变换为

$$R(s)=\frac{A_0}{s^3} \tag{3-6}$$

4．脉冲信号

脉冲信号是一个脉宽极短的信号，其数学表达式为

$$r(t)=\begin{cases}0 & t<0;\ t>\varepsilon\\ \dfrac{A_0}{\varepsilon} & 0<t<\varepsilon\end{cases} \tag{3-7}$$

脉冲信号如图 3-4(a)所示，当A_0=1 时，若令脉宽$\varepsilon\to 0$，则称为单位理想脉冲函数，记作$\delta(t)$，单位脉冲函数如图 3-4(b)所示，$\delta(t)$函数满足

$$\delta(t)=\begin{cases}\infty & (t=0)\\ 0 & (t\neq 0)\end{cases} \tag{3-8}$$

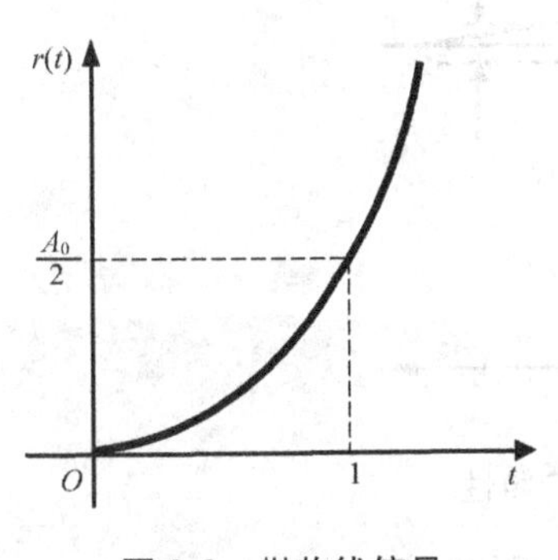

图 3-3　抛物线信号

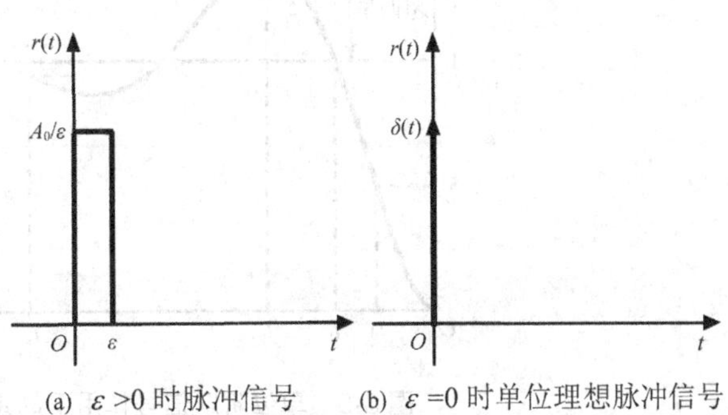

(a) ε >0 时脉冲信号　(b) ε =0 时单位理想脉冲信号

图 3-4　脉冲信号

且其面积(脉冲强度)为

$$\int_{-\infty}^{+\infty} \delta(t) = 1$$

脉冲信号的拉普拉斯变换为$R(s)=A_0$，单位脉冲函数的拉普拉斯变换为$R(s)=1$。显然，$\delta(t)$所描述的脉冲信号实际无法得到。在控制工程中，对于单位窄脉冲信号可用$\delta(t)$函数来近似，如瞬间作用的冲击力、窄脉冲电压信号等可选择脉冲信号作为输入信号。

5．正弦信号

正弦信号的数学表达式为

$$r(t)=\begin{cases} 0 & t<0 \\ A_0 \sin \omega t & t \geqslant 0 \end{cases} \tag{3-9}$$

式中，A_0为振幅；ω为角频率。

正弦信号的拉普拉斯变换为

$$R(s)=\frac{A_0 \omega}{s^2+\omega^2} \tag{3-10}$$

正弦信号主要用于求解控制系统的频率特性，以便分析与设计控制系统。

3.1.2 控制系统的时域指标

在典型输入信号作用下，任何一个实际控制系统的时域响应都由动态过程和稳态过程两部分组成。动态过程是指系统从加入输入信号到系统输出达到稳态值前的响应过程。动态过程主要是由于系统的惯性、摩擦以及其他一些因素造成的，根据系统结构和参数选择不同，动态过程表现为衰减、发散及等幅振荡几种形式。稳态过程是指时间t趋于无穷时，系统的输出状态。稳态过程表征了系统输出信号复现输入信号的程度。

控制系统的时域性能指标包括动态性能指标和稳态性能指标。通常时域性能指标以零初始条件下的单位阶跃响应曲线为定义依据，控制系统的典型阶跃响应曲线如图 3-5 所示，定义的几个时域指标如下。

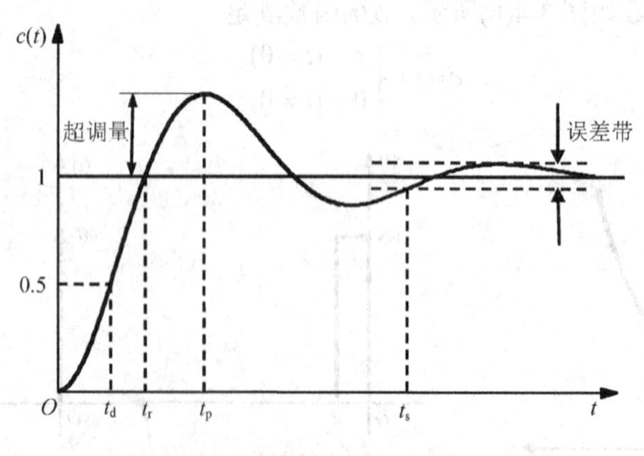

图 3-5　单位阶跃信号作用下的系统响应特性

(1) 延迟时间 t_d：响应曲线上升到其稳态值的50%所需要的时间。

(2) 上升时间 t_r：响应曲线第一次达到稳态值所需的时间。

(3) 峰值时间 t_p：响应曲线第一次达到峰值所需的时间。

(4) 调节时间 t_s：响应曲线到达并保持在稳态值的±2%或±5%误差范围内所需要的最短时间。调节时间又称为过渡过程时间。

(5) 超调量$\sigma\%$：响应曲线首次达到的峰值超过稳态值的百分数，即

$$\sigma\% = \frac{c(t_p) - c(\infty)}{c(\infty)} \times 100\% \tag{3-11}$$

以上的几个表征动态过渡过程的时域性能指标称为动态性能指标。其中，前四项描述系统响应速度，响应快的系统，其值相对较小，响应慢的系统，其值相对较大。通常用调节时间 t_s 表征系统的响应速度。超调量$\sigma\%$是一个十分重要的系统动态性能指标，它表征了控制系统的稳定性。

(6) 稳态性能 e_{ss}：当 $t\to\infty$ 时，系统输出响应的期望值和实际值之差称为稳态误差。控制系统的稳态性能指标即为稳态误差 e_{ss}，是系统控制精度和抗干扰能力的一种度量。

3.2　典型系统的时域分析

3.2.1　一阶系统的时域分析

若系统的运动微分方程为一阶微分方程或系统传递函数分母 s 多项式的最高次方为 1 次，则该系统称为一阶系统。一阶系统在实际中应用广泛，如 RC 电路网络、直流电动机控制电压和转矩的关系、空气加热器、液位控制系统等都是一阶系统。

1. 一阶系统的数学模型

一般来说，若系统的输入为 $r(t)$，输出为 $c(t)$，则一阶系统的微分方程为

$$T\frac{\mathrm{d}c(t)}{\mathrm{d}t} + c(t) = r(t) \tag{3-12}$$

式中，T 为一阶系统的时间常数。

一阶系统的动态结构图如图 3-6 所示，其闭环传递函数为

$$\Phi(s) = \frac{C(s)}{R(s)} = \frac{1}{Ts+1} \tag{3-13}$$

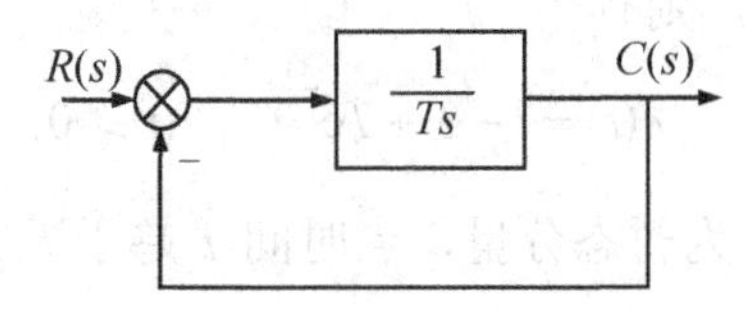

图 3-6　一阶系统的动态结构

由一阶系统的数学模型可知，一阶系统只有时间常数 T 这一个参数，故系统响应的性能指标和 T 密切相关。一阶系统作为复杂系统的一个环节，常称为惯性环节，时间常数 T 是表征系统惯性的主要参数。对于不同系统，T 有不同的物理意义，但都具有时间量纲(s)。

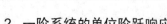

2. 一阶系统的单位阶跃响应

当 $R(s)=1/s$ 时，由式(3-13)可得，系统的单位阶跃响应为

$$C(s)=\Phi(s)\cdot R(s)=\frac{1}{Ts+1}\cdot\frac{1}{s}=\frac{1}{s}-\frac{1}{s+\frac{1}{T}}$$

取 $C(s)$的拉普拉斯逆变换，则有

$$c(t)=1-\mathrm{e}^{-\frac{1}{T}t}\qquad (t\geqslant 0) \tag{3-14}$$

式中，第一项为稳态分量；第二项为暂态分量，它随时间 t 趋于无穷而最终衰减为 0。

一阶系统的单位阶跃响应如图 3-7 所示。它是一条从零开始按指数规律上升的曲线，最终趋于稳态分量 1。系统响应曲线特点是单调上升且无振荡现象，故也称为非周期响应。当 $t=T$ 时，$c(T)=0.632$，表明系统响应达到稳态值的 63.2%所需的时间，即为一阶系统的时间常数。

由系统响应曲线可知：

$$\begin{aligned}
&t=0, && c(0)=0\\
&t=T, && c(T)=0.632\\
&t=2T, && c(2T)=0.865\\
&t=3T, && c(3T)=0.950\\
&t=4T, && c(4T)=0.982\\
&\vdots && \vdots\\
&t\to\infty, && c(\infty)=1
\end{aligned}$$

由此可得，一阶系统单位阶跃响应的性能指标如下：

$$\sigma\%=0\text{，}\ t_{\mathrm{s}}=\begin{cases}3T & (\pm5\%\text{误差带})\\ 4T & (\pm2\%\text{误差带})\end{cases}\text{，}\ e_{\mathrm{ss}}=0$$

可见，一阶系统的时间常数 T 越小，调节时间 t_{s} 越小，系统的响应的快速性越好。

3. 一阶系统的单位斜坡响应

当 $R(s)=1/s^2$ 时，由式(3-13)可得，系统的单位斜坡响应为

$$C(s)=\Phi(s)\cdot R(s)=\frac{1}{Ts+1}\cdot\frac{1}{s^2}=\frac{1}{s^2}-\frac{T}{s}+\frac{T}{s+\frac{1}{T}}$$

取 $C(s)$的拉普拉斯逆变换，则有

$$c(t)=t-T+T\mathrm{e}^{-\frac{1}{T}t}\qquad (t\geqslant 0) \tag{3-15}$$

式中，$(t-T)$为稳态分量，$T\mathrm{e}^{-\frac{1}{T}t}$ 为暂态分量，当时间 t 趋于无穷时，其最终衰减为零。单位斜坡响应的曲线如图 3-8 所示。

由式(3-15)可得，一阶系统单位斜坡响应存在稳态误差，即有

$$\begin{aligned}
e_{\mathrm{ss}}&=\lim_{t\to\infty}e(t)=\lim_{t\to\infty}(r(t)-c(t))\\
&=\lim_{t\to\infty}T(1-\mathrm{e}^{-\frac{1}{T}t})=T
\end{aligned}$$

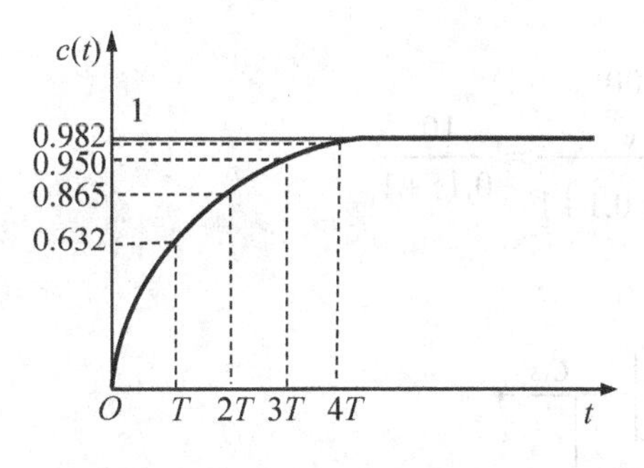

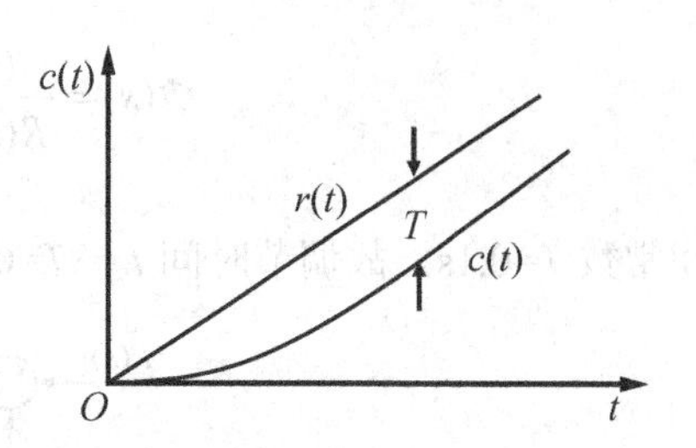

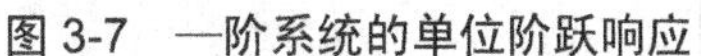

图 3-7　一阶系统的单位阶跃响应　　　　图 3-8　一阶系统的单位斜坡响应

可见，一阶系统在单位斜坡响应下的稳态误差与时间常数成正比，从提高斜坡响应的稳态精度来看，应要求一阶系统的时间常数小。

4. 一阶系统的单位脉冲响应

当 $R(s)$=1 时，由式(3-13)可得，系统的单位脉冲响应为

$$C(s)=\Phi(s)\cdot R(s)=\frac{1}{Ts+1}=\frac{\frac{1}{T}}{s+\frac{1}{T}}$$

取 $C(s)$的拉普拉斯逆变换，则有

$$c(t)=g(t)=\frac{1}{T}\mathrm{e}^{-\frac{1}{T}t} \tag{3-16}$$

一阶系统的单位脉冲响应曲线如图 3-9 所示。当时间常数 T 越小，系统响应的快速性越好。

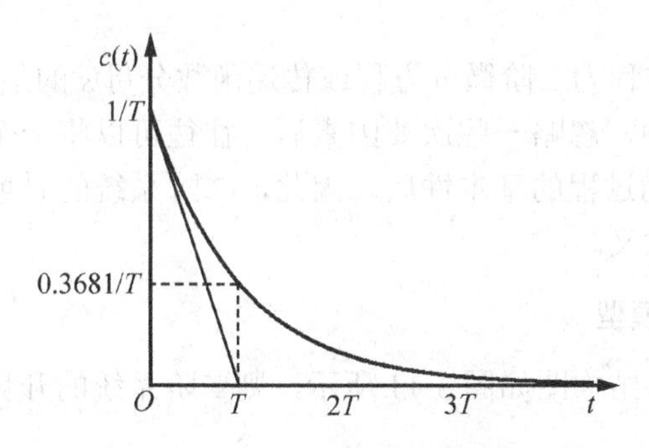

图 3-9　一阶系统的单位脉冲响应

由以上分析可知，从输入信号看，单位斜坡信号的导数为单位阶跃信号，而单位阶跃信号的导数为单位脉冲信号。从输出响应看，单位斜坡响应的导数为单位阶跃响应，而单位阶跃响应的导数为单位脉冲响应。因此，对于线性定常系统有一个重要性质：某输入信号导数的输出响应，等于该输入信号输出响应的导数，即线性定常系统可根据一种典型信号的响应，推知其他响应。

【例 3-1】一阶系统的结构如图 3-10 所示。试求系统单位阶跃响应的调节时间 t_s(按±5%的误差带)，若要求 $t_s \leqslant 0.1$s，试问系统的反馈系数应取何值？

解：由系统结构图可得闭环传递函数为

$$\Phi(s)=\frac{C(s)}{R(s)}=\frac{\frac{100}{s}}{\frac{100}{s}\times 0.1+1}=\frac{10}{0.1s+1}$$

则时间常数 T=0.1s，故调节时间 t_s=3T=0.3s

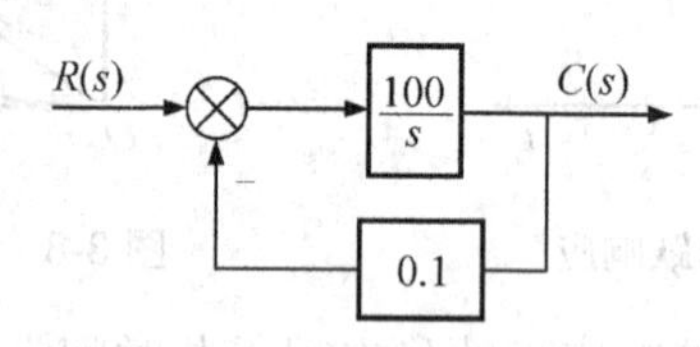

图 3-10　一阶系统结构图

若满足 t_s≤0.1s，可令反馈系数为 K_f，则闭环传递函数为

$$\Phi(s)=\frac{C(s)}{R(s)}=\frac{\frac{100}{s}}{\frac{100}{s}\times K_f+1}=\frac{1/K_f}{\frac{0.01}{K_f}s+1}$$

则时间常数为 T=0.01/K_f。若要求 t_s≤0.1s，则有

$$t_s=3T=0.03/K_f\leqslant 0.1 \quad (\text{按}\pm 5\%\text{误差带})$$

可得

$$K_f\geqslant 0.3$$

3.2.2　二阶系统的时域分析

若控制系统的运动方程为二阶微分方程或传递函数分母 s 的最高次方为 2，则系统称为二阶系统。在实际工程中，忽略一些次要因素后，往往可以将一个高阶系统降阶为二阶系统来处理，仍不失其运动过程的基本性质。因此，二阶系统的时域分析，对于研究控制系统的动态特性具有普遍意义。

1. 二阶系统的数学模型

典型二阶系统的动态结构图如图 3-11 所示，则二阶系统的开环传递函数为

$$G(s)=\frac{K}{s(Ts+1)}$$

式中，K 为二阶系统开环放大系数；T 为惯性时间常数。

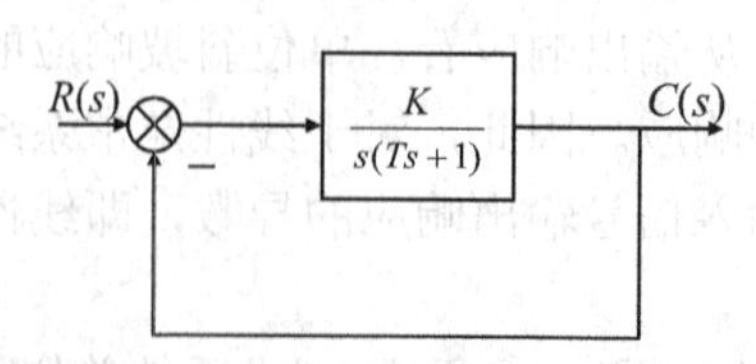

图 3-11　典型二阶系统的动态结构图

系统闭环传递函数为

$$\Phi(s)=\frac{G(s)}{1+G(s)}=\frac{K}{Ts^2+s+K}=\frac{K/T}{s^2+\dfrac{1}{T}s+\dfrac{K}{T}}$$

令 $\omega_n^2=K/T$ ，$2\xi\omega_n=1/T$ ，则由振荡参数描述的二阶系统闭环传递函数为

$$\Phi(s)=\frac{\omega_n^{\ 2}}{s^2+2\xi\omega_n s+\omega_n^{\ 2}} \tag{3-17}$$

式中，$\omega_n=\sqrt{K/T}$ ，称为二阶系统无阻尼自然振荡角频率；$\xi=1/2\sqrt{KT}$ ，称为二阶系统的阻尼比。对于不同物理系统，这两个参数所代表的物理意义有所不同。

2. 二阶系统的单位阶跃响应

令式(3-17)的分母多项式为零，可得二阶系统的特征方程为

$$s^2+2\xi\omega_n s+\omega_n^{\ 2}=0$$

则可求得系统特征根为

$$s_{1,2}=-\xi\omega_n\pm\omega_n\sqrt{\xi^2-1} \tag{3-18}$$

显然，对于不同的 ξ 取值，s_1、s_2 的性质是不同的，可能为实数根、复数根或重根。二阶系统相应的单位阶跃响应有不同的工作状态。下面分几种情况讨论。

1) 无阻尼的情况(ξ =0)

当 ξ =0 时，闭环传递函数为

$$\Phi(s)=\frac{\omega_n^2}{s^2+\omega_n^2}$$

系统特征根为 $s_{1,2}=\pm j\omega_n$ 。无阻尼情况的单位阶跃响应为

$$C(s)=\frac{\omega_n^2}{s^2+\omega_n^2}\cdot\frac{1}{s}=\frac{1}{s}-\frac{s}{s^2+\omega_n^2}$$

取 $C(s)$ 的拉普拉斯逆变换，则有

$$c(t)=1-\cos\omega_n t \qquad (t\geqslant 0) \tag{3-19}$$

系统阶跃响应曲线为等幅振荡，超调量为 100%，振荡频率为自然振荡角频率 ω_n 。由于曲线不收敛，系统处于临界稳定状态。

2) 欠阻尼的情况(0< ξ <1)

当 0< ξ <1 时，两个特征根为共轭复根，即 $s_{1,2}=-\xi\omega_n\pm j\omega_n\sqrt{1-\xi^2}$ 。欠阻尼情况的单位阶跃响应为

$$\begin{aligned}C(s)&=\frac{\omega_n^2}{s^2+2\xi\omega_n s+\omega_n^2}\cdot\frac{1}{s}=\frac{1}{s}-\frac{s+2\xi\omega_n}{s^2+2\xi\omega_n s+\omega_n^{\ 2}}\\&=\frac{1}{s}-\frac{s+\xi\omega_n}{(s+\xi\omega_n)^2+(\omega_n\sqrt{1-\xi^2})^2}-\frac{\xi\omega_n}{(s+\xi\omega_n)^2+(\omega_n\sqrt{1-\xi^2})^2}\end{aligned}$$

取 $C(s)$ 的拉普拉斯逆变换，则有

$$c(t)=1-e^{-\xi\omega_n t}\left(\cos\sqrt{1-\xi^2}\,\omega_n t+\frac{\xi}{\sqrt{1-\xi^2}}\sin\sqrt{1-\xi^2}\,\omega_n t\right)$$

$$=1-\frac{1}{\sqrt{1-\xi^2}}\mathrm{e}^{-\xi\omega_\mathrm{n}t}(\sqrt{1-\xi^2}\cos\omega_\mathrm{d}t+\xi\sin\omega_\mathrm{d}t)$$

式中，$\omega_\mathrm{d}=\omega_\mathrm{n}\sqrt{1-\xi^2}\omega$，称为阻尼振荡角频率。

设二阶系统的一对共轭复数根如图 3-12 所示。由图可得

$$\tan\theta=\frac{\sqrt{1-\xi^2}}{\xi},\quad \cos\theta=\xi,\quad \sin\theta=\sqrt{1-\xi^2}$$

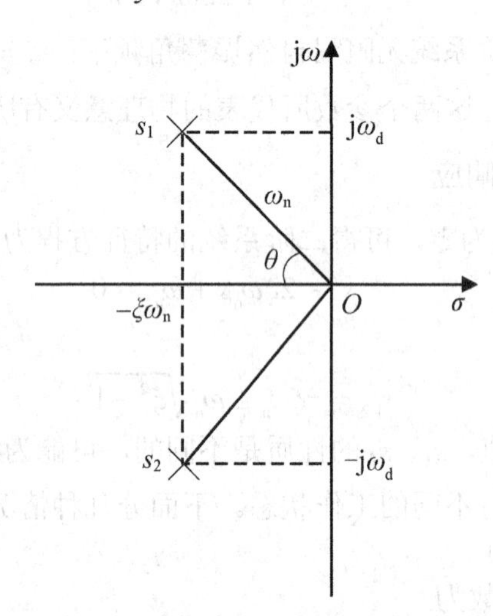

图 3-12　欠阻尼二阶系统特征参数间的关系

则欠阻尼二阶系统的单位阶跃响应改写为

$$c(t)=1-\frac{1}{\sqrt{1-\xi^2}}\mathrm{e}^{-\xi\omega_\mathrm{n}t}(\sin\theta\cos\omega_\mathrm{d}t+\cos\theta\sin\omega_\mathrm{d}t)$$

$$=1-\frac{1}{\sqrt{1-\xi^2}}\mathrm{e}^{-\xi\omega_\mathrm{n}t}\sin(\omega_\mathrm{d}t+\theta) \tag{3-20}$$

显然，欠阻尼二阶系统的响应包括暂态分量和稳态分量两部分，是一个衰减振荡波形，最终达到稳态值 1，但必有超调产生。

3)　临界阻尼的情况($\xi=1$)

当$\xi=1$ 时，此时，系统的特征根为一对重负实数根，即 $s_{1,2}=-\omega_\mathrm{n}$。临界阻尼情况的单位阶跃响应为

$$C(s)=\frac{\omega_\mathrm{n}^{\ 2}}{(s+\omega_\mathrm{n})^2}\cdot\frac{1}{s}$$

设部分分式为

$$C(s)=\frac{A_1}{s}+\frac{A_2}{s+\omega_\mathrm{n}}+\frac{A_3}{(s+\omega_\mathrm{n})^2}$$

式中，待定系数分别为 $A_1=1$，$A_2=-1$，$A_3=-\omega_\mathrm{n}$。

其中

$$A_2 = \left\{ \frac{\mathrm{d}}{\mathrm{d}s}[C(s)(s+\omega_n)^2] \right\}_{s=-\omega_n} = \left\{ \frac{-\omega_n^2}{s^2} \right\}_{s=-\omega_n} = -1$$

于是有

$$C(s) = \frac{1}{s} - \frac{1}{s+\omega_n} - \frac{\omega_n}{(s+\omega_n)^2}$$

取 $C(s)$的拉普拉斯逆变换，则有

$$c(t) = 1 - \mathrm{e}^{-\omega_n t}(1+\omega_n t) \qquad (t \geqslant 0) \tag{3-21}$$

单位阶跃响应曲线无振荡和超调，在不允许有超调量的场合，临界阻尼有最短的响应时间。

4) 过阻尼的情况($\xi > 1$)

当$\xi > 1$ 时，系统的特征根是两个不相等的负实数根，即 $s_{1,2} = -\xi\omega_n \pm \omega_n\sqrt{\xi^2 - 1}$ 。系统单位阶跃响应的输出拉普拉斯变换量 $C(s)$可以表示为

$$C(s) = \frac{\omega_n^2}{(s-s_1)(s-s_2)} \cdot \frac{1}{s} = \frac{A_1}{s} + \frac{A_2}{s-s_1} + \frac{A_3}{s-s_2}$$

式中，A_1，A_2，A_3 为待定系数。由此，输出响应的拉普拉斯逆变换可表示为

$$c(t) = A_1 + A_2\mathrm{e}^{s_1 t} + A_3\mathrm{e}^{s_2 t} \qquad (t \geqslant 0) \tag{3-22}$$

式(3-22)表明，过阻尼情况的二阶系统的单位阶跃响应由两个单调衰减的指数项和一个稳态值组成，系统输出曲线随时间 t 单调上升，无振荡和超调，响应曲线最终趋于稳态值 1。二阶系统由无阻尼向欠阻尼、临界阻尼、过阻尼变化时，其单位阶跃响应曲线如图 3-13 所示。其中，阻尼比ξ 为曲线参变量。

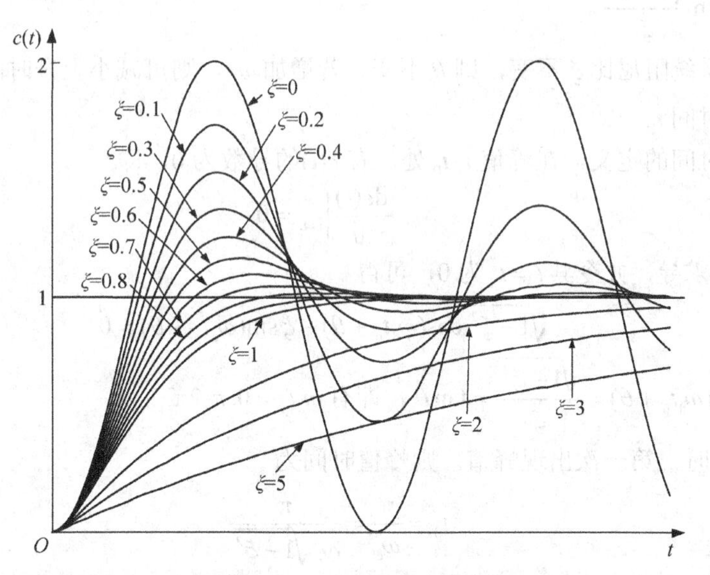

图 3-13 二阶系统阶跃响应曲线

由图 3-13 可以得出以下结论。

(1) 阻尼比ξ 越小，上升时间越短，超调量越大。因此，阻尼比ξ 是二阶系统的重要参量，影响二阶系统的振荡性。

(2) 阻尼比ξ取值在 0.4～0.8 之间为宜。此时，系统单位阶跃响应的快速性和稳定性得到兼顾。其中，当ξ=0.707 时，系统超调量小($\sigma\%<5\%$)，调节时间也很小。因此，ξ=0.707 称为最佳阻尼比。

3. 二阶系统的时域性能指标

欠阻尼二阶系统的单位阶跃响应曲线如图 3-13 所示。这里主要讨论和计算欠阻尼二阶系统的时域性能指标。

1) 上升时间 t_r

根据上升时间的定义，则有

当 $t=t_r$ 时，$c(t)=1$，即

$$c(t_r)=1-\frac{1}{\sqrt{1-\xi^2}}\mathrm{e}^{-\xi\omega_n t_r}\sin(\omega_d t_r+\theta)=1$$

也即

$$\frac{\mathrm{e}^{-\xi\omega_n t_r}}{\sqrt{1-\xi^2}}\sin(\omega_d t_r+\theta)=0$$

$$\sin(\omega_d t_r+\theta)=0$$

当 $\omega_d t_r+\theta=\pi$ 时，输出响应首次达到了稳态值，故

$$t_r=\frac{\pi-\theta}{\omega_d}=\frac{\pi-\theta}{\omega_n\sqrt{1-\xi^2}} \tag{3-23}$$

式中，$\theta=\arctan\dfrac{\sqrt{1-\xi^2}}{\xi}$。

可见，若系统阻尼比ξ不变，则θ不变。若增加ω_n，则可减小上升时间 t_r。

2) 峰值时间 t_p

根据峰值时间的定义，在峰值 $t=t_p$ 处，有 $c(t)$的导数为 0，即

$$\left.\frac{\mathrm{d}c(t)}{\mathrm{d}t}\right|_{t=t_p}=0$$

对式(3-20)求导，并令其 $t=t_p$ 为 0，可得

$$\sqrt{1-\xi^2}\cos(\omega_d t_p+\theta)-\xi\sin(\omega_d t_p+\theta)=0$$

解得 $\tan(\omega_d t_p+\theta)=\dfrac{\sqrt{1-\xi^2}}{\xi}=\tan\theta$，即有 $\omega_d t_p=0,\pi,2\pi,\ldots$

当 $\omega_d t_p=\pi$ 时，第一次出现峰值，则峰值时间为

$$t_p=\frac{\pi}{\omega_d}=\frac{\pi}{\omega_n\sqrt{1-\xi^2}} \tag{3-24}$$

3) (最大)超调量$\sigma\%$

最大超调量出现在 t_p 时刻，即将 $t_p=\pi/\omega_d$ 代入式(3-20)，有

$$c(t_p)=1-\frac{e^{-\xi\pi/\sqrt{1-\xi^2}}}{\sqrt{1-\xi^2}}\sin(\pi+\theta)$$

所以

$$c(t_p)=1+e^{-\xi\pi/\sqrt{1-\xi^2}}$$

$\sigma\%$的定义为

$$\sigma\%=\frac{c(t_p)-c(\infty)}{c(\infty)}\times100\%$$

由于单位阶跃响应的稳态值 $c(\infty)=1$，则最大超调量为

$$\sigma\%=\frac{c(t_p)-1}{1}\times100\%=e^{-\xi\pi/\sqrt{1-\xi^2}}\times100\% \tag{3-25}$$

可见，二阶系统的最大超调量仅与 ξ 值有关，与自然振荡频率 ω_n 无关。这样便可根据系统对振荡的要求确定 ξ 值后，再按其他要求确定 ω_n。

4) 调节时间 t_s

调节时间 t_s 可由如下近似公式估算

$$\begin{cases} t_s=3T=\dfrac{3}{\xi\omega_n} & \xi<0.68 \quad (\pm5\%\text{的误差带}) \\ t_s=4T=\dfrac{4}{\xi\omega_n} & \xi<0.76 \quad (\pm2\%\text{的误差带}) \end{cases} \tag{3-26}$$

式中，$T=1/\xi\omega_n$ 为系统的时间常数。

当 ξ 值大于上述值时，可采用如下近似公式

$$t_s=\frac{1}{\omega_n}(6.45\xi-1.7) \tag{3-27}$$

可见，调节时间 t_s 与 ξ、ω_n 都有关。ξ 值主要由对系统振荡性的要求来确定，因此，t_s 就可由自然振荡频率 ω_n 来确定。

通过上述分析，将二阶系统的性能归纳如下。

(1) 平稳性：主要由阻尼比 ξ 决定。ξ 越大，超调量越小，平稳性越好；当 $\xi=0$ 时，系统为等幅振荡，不能稳定工作。当 ξ 一定时，ω_n 越大，ω_d 越大，系统响应的平稳性越差。所以，要使系统响应平稳性好，希望 ξ 相对较大，ω_n 相对较小。

(2) 快速性：在 ω_n 一定时，若 ξ 较小时，则 ξ 增大，t_s 减小，而 $\xi>0.7$ 后，随 ξ 增大 t_s 增加，亦即 ξ 太大或太小，快速性均会变差。

在实际控制中，ξ 值通常根据对超调量的要求确定。ξ 一定时，ω_n 增大，t_s 减小。因此，要使系统响应快速性好，ξ 值要适当，ω_n 应尽量选大。

(3) 稳态精度：当二阶系统稳定工作时，系统的单位阶跃响应的稳态值等于 1。关于稳态误差的计算见 3.4 节的分析。

从各性能与参数间的关系来看，系统的平稳性和快速性不可能同时达到最佳状态。应折中考虑系统的平稳性和快速性，一般阻尼比 ξ 取为 0.4～0.8，对应的 $\sigma\%$ 为 2.5%～25.4%，而 t_s 较小。工程上常取 $\xi=0.707$ 作为设计依据，称为二阶最佳系统。

【**例 3-2**】 某位置随动系统的结构如图 3-14 所示，图中 $T=0.2$，$K=5$。求系统 ω_n、ξ、$\sigma\%$ 及 t_s；若要求 $\xi=0.707$，应如何改变系统参数 K 值。

解：系统的闭环传递函数为

$$\Phi(s)=\frac{K}{Ts^2+s+K}$$

变换为标准形式为

$$\Phi(s)=\frac{C(s)}{R(s)}=\frac{K/T}{s^2+s/T+K/T}$$

$$=\frac{\omega_n^{\ 2}}{s^2+2\xi\omega_n s+\omega_n^{\ 2}}$$

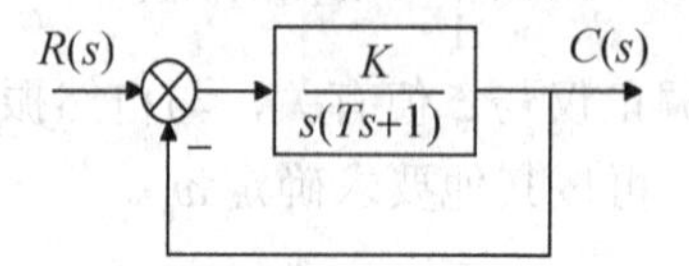

图 3-14　随动系统的结构图

由此可得

$$\omega_n^{\ 2}=K/T=5/0.2=25\text{，则 }\omega_n=5\text{rad/s}$$

$$2\xi\omega_n=1/T\text{，则 }\xi=0.5$$

$$\sigma\%=\mathrm{e}^{-\xi\pi/\sqrt{1-\xi^2}}\times100\%=16.3\%$$

$$t_s\approx\frac{3}{\xi\omega_n}=1.2\text{s}\quad(\text{按}\pm5\%\text{误差带})$$

当要求 $\xi=0.707$ 时，则有 $\omega_n=5/\sqrt{2}$，故 $K=\omega_n^{\ 2}T=62.5$

3.3　控制系统的稳定性分析

稳定性是控制系统最重要的性能，也是控制系统正常工作的前提。对于不稳定的控制系统，在受到内部和外部因素的干扰时，如电源波动、负载改变、系统参数的变化等，系统平衡状态的偏离将随时间越来越大，系统最终呈发散状态。因此，如何分析系统的稳定性并提出保证系统稳定的措施是自动控制理论的基本任务之一。

自动控制系统稳态性定义：线性系统处于某一初始平衡状态下，若在扰动作用下而偏离了原来的平衡状态，而扰动消失后，经过足够长的时间，系统能够回到原平衡状态或原平衡点附近，则称控制系统是稳定的或称系统具有稳定性，否则，系统为不稳定的。

控制系统稳定性是扰动消失后，系统自身的一种恢复能力，是系统的一种固有特性，它取决于系统的结构和参数，而与系统初始条件及外作用无关。

系统稳定性可分为绝对稳定性和相对稳定性。绝对稳定性是指系统是稳定的或不稳定的；相对稳定性是用于衡量系统的稳定程度。在系统分析与设计中，首先是确定系统是否稳定，再进一步分析系统的相对稳定性。

线性系统的稳定性与系统特征根(系统的闭环极点)的位置有关。

设系统闭环传递函数为

$$\Phi(s)=\frac{C(s)}{R(s)}=\frac{b_0s^m+b_1s^{m-1}+\cdots+b_{m-1}s+b_m}{a_0s^n+a_1s^{n-1}+\cdots+a_{n-1}s+a_n}\quad(n\geqslant m)$$

系统单位阶跃响应的一般形式可表示为

$$c(t)=A_0+A_1\mathrm{e}^{s_1t}+\cdots+A_n\mathrm{e}^{s_nt}\tag{3-28}$$

式中，$s_i(i=1,2\cdots n)$为系统特征根(闭环极点)。

由式(3-28)可知，系统阶跃响应包括输出稳态分量和暂态分量两部分。显然，处于平衡状态的稳定系统其输出暂态分量应均为 0，即$\lim\limits_{t\to\infty}\mathrm{e}^{s_it}\to 0$。所以，系统稳定的充分必要条件是：闭环系统的所有特征根的实部小于 0，即全部系统特征根(闭环极点)都位于 s 的左半平面。

若一阶系统的特征方程为

$$a_0s+a_1=0$$

则其特征根为

$$s=-\frac{a_1}{a_0}$$

当$a_0>0$，$a_1>0$时，特征根为负数，系统是稳定的。

若二阶系统的特征方程为

$$a_0s^2+a_1s+a_2=0$$

则其特征根为

$$s_{1,2}=\frac{-a_1\pm\sqrt{a_1^2-4a_0a_2}}{2a_0}$$

当$a_2>0$，$a_1>0$，$a_0>0$时，特征根为负数或具有负实部的共轭复数，系统是稳定的。

可见，一阶系统和二阶系统，系统稳定的充分必要条件是特征方程的各系数项元素均为正值。但对于三阶或三阶以上的高阶系统，必须求得闭环特征方程的根，才能判断系统的稳定性，求解高阶方程的根是比较困难的，此时可采用代数稳定判据，即劳斯判据和胡尔维茨判据来判别系统的稳定性。

1. 劳斯稳定判据

劳斯稳定判据是根据闭环传递函数特征方程的各项系数，经过代数运算来判别系统的稳定性。应用劳斯稳定判据时，首先按一定规则将特征方程的各项系数排列成劳斯表，然后根据表中第一列系数的正、负符号的变化情况判别系统稳定性。

设线性系统的特征方程为

$$D(s)=a_0s^n+a_1s^{n-1}+\cdots+a_{n-1}s+a_n=0\tag{3-29}$$

根据特征方程的各项系数，可以建立如下劳斯表，即

$$
\begin{array}{lllll}
s^n & a_0 & a_2 & a_4 & \cdots \\
s^{n-1} & a_1 & a_3 & a_5 & \cdots \\
s^{n-2} & b_{31} & b_{32} & b_{33} & \cdots \\
s^{n-3} & b_{41} & b_{42} & b_{43} & \cdots \\
\vdots & \vdots & \vdots & \vdots & \vdots \\
s^0 & b_{n1} & & &
\end{array}
$$

其中

$$
b_{31}=\frac{a_1a_2-a_0a_3}{a_1},\quad b_{32}=\frac{a_1a_4-a_0a_5}{a_1}
$$

$$
b_{41}=\frac{b_{31}a_3-a_1b_{32}}{b_{31}},\quad b_{42}=\frac{b_{31}a_5-a_1b_{33}}{b_{31}}
$$

$$
\cdots \qquad \cdots
$$

依次类推，可求出各元素 b_{31}，…，b_{n1}。

劳斯稳定判据：若系统闭环特征方程式的各项系数都大于 0，且劳斯表中第一列元素均为正值，则系统是稳定的。若劳斯表第一列元素有负数，则系统是不稳定的，即系统有闭环极点位于 s 右半平面，且位于右半平面的闭环极点数正好等于劳斯表第一列元素符号改变的次数。

【例 3-3】 设线性系统特征方程式为

$$
D(s)=3s^4+10s^3+6s^2+40s+9=0
$$

试判断系统的稳定性。

解：建立如下劳斯表

$$
\begin{array}{llll}
s^4 & 3 & 6 & 9 \\
s^3 & 10 & 40 & 0 \\
s^2 & -6 & 9 & \\
s^1 & 55 & & \\
s^0 & 9 & &
\end{array}
$$

特征方程各项系数为正，但劳斯表中第一列元素不全为正，故在 s 右半平面有根(正根)，系统是不稳定的。第一列元素符号改变两次，故有两个正实部根。

1) 劳斯判据的特殊情况

(1) 劳斯表第一列出现元素为 0。

如果劳斯表第一列中出现 0 元素，则可以用一个小的正数 ε 代替 0 参与计算，在完成劳斯表的计算后，再令 $\varepsilon\to 0$ 即可得到代替的劳斯表。

【例 3-4】 设线性系统特征方程式为

$$
D(s)=s^4+3s^3+s^2+3s+1=0
$$

试判断系统的稳定性。

解：建立如下劳斯表

$$
\begin{array}{llll}
s^4 & 1 & 1 & 1 \\
s^3 & 3 & 3 & 0 \\
s^2 & 0(\varepsilon) & 1 & \\
s^1 & 3-\dfrac{3}{\varepsilon} & & \\
s^0 & 1 & &
\end{array}
$$

劳斯表第三行第一列元素为 0，用无穷小的正数ε代替 0，当$\varepsilon \to 0$时，$3-3/\varepsilon$的值是一个很大的负数，劳斯表中第一列元素有负数，系统是不稳定的，且第一列元素符号改变两次，系统有两个闭环特征根位于 s 右半平面。

(2) 劳斯表中出现某行元素全为 0。

如果劳斯表中出现某行元素全为 0，说明特征方程有关于原点对称的根(如大小相等、符号相反的实数根；一对共轭纯虚根；对称于原点的两对共轭复数根)，此时可利用全 0 行的上一行构造一个辅助多项式 $F(s)$，并以辅助多项式 $F(s)$的导数代替劳斯表中的全 0 行，再进行计算。

【例 3-5】 设线性系统特征方程式为

$$D(s)=s^5+s^4+3s^3+3s^2+2s+2=0$$

试判断系统的稳定性。

解：建立如下劳斯表

$$
\begin{array}{llll}
s^5 & 1 & 3 & 2 \\
s^4 & 1 & 3 & 2 \\
s^3 & 0 & 0 &
\end{array}
$$

劳斯表中 s^3 行出现元素全为 0，由 s^4 行元素构造辅助方程式为

$$F(s)=s^4+3s^2+2$$

辅助多项式 $F(s)$的导数为

$$\frac{\mathrm{d}F(s)}{\mathrm{d}s}=4s^3+6s$$

s^3 行中的元素用 4 和 6 代替，建立劳斯表，即有

$$
\begin{array}{lll}
s^3 & 4 & 6 \\
s^2 & 3/2 & 2 \\
s^1 & 2/3 & \\
s^0 & 2 &
\end{array}
$$

可见，劳斯表第一列元素符号全为正数，系统没有正实根，但系统仍是不稳定的。可由辅助方程式求得系统对称于原点的根，即

$$F(s)=s^4+3s^2+2=(s^2+1)(s^2+2)$$

则 $s_{1,2}=\pm \mathrm{j}$，$s_{3,4}=\pm \mathrm{j}\sqrt{2}$，易求出系统另一个特征根为-1。

2) 劳斯稳定判据的应用

(1) 确定系统个别参数的取值范围。

【例 3-6】 设单位负反馈系统的开环传递函数为

$$G(s)=\frac{k}{s(0.025s^2+0.35s+1)}$$

试确定系统稳定时 k 的取值范围

解：系统的特征方程式为

$$D(s)=0.025s^3+0.35s^2+s+k=0$$

两边同乘以 40，则有

$$D(s)=s^3+14s^2+40s+40k=0$$

建立如下劳斯表

s^3	1	40
s^2	14	$40k$
s^1	$(560-40k)/14$	
s^0	$40k$	

为了使系统稳定，劳斯表的第一列中所有元素都必须为正值，即有

$$\begin{cases}560-40k>0\\40k>0\end{cases}$$

故开环增益 k 的取值范围为 $0<k<14$，说明开环增益 k 增大，系统稳定性变差。

(2) 判断系统的稳定裕度。

系统稳定时，要求所有闭环极点分布在 s 的左半平面，且闭环极点离虚轴越远，系统稳定性就越好。因此，可用闭环极点离虚轴的距离作为衡量系统的稳定裕度，如图 3-15 所示。通常，σ越大，系统的稳定度越高。

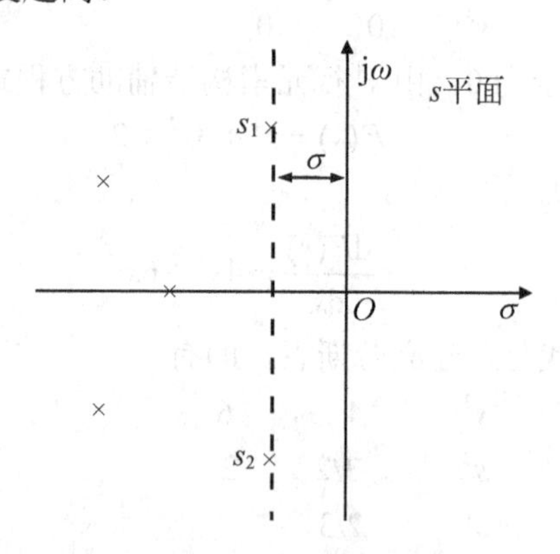

图 3-15 系统的稳定裕度

利用劳斯稳定判据确定系统稳定裕度的方法为：在系统的特征方程中，以 $s=z-\sigma$代入原系统的特征方程，得到以 z 为变量的方程式，应用劳斯判据于新的方程。若满足稳定的充分必要条件，则说明系统特征根必在 s 平面中 $s=-\sigma$ 直线的左边，即系统具有σ的稳定裕度。

【例 3-7】 利用劳斯判据检验系统特征方程 $2s^3+10s^2+13s+4=0$ 是否有根在 s 右半平面，并检验有几个根在垂线 $s=-1$ 的右边。

解：由系统的特征方程式，建立劳斯表

$$
\begin{array}{lll}
s^3 & 2 & 13 \\
s^2 & 10 & 4 \\
s^1 & 122/10 & \\
s^0 & 4 &
\end{array}
$$

显然，由劳斯稳定判据可知，系统是稳定的，所有的特征根均位于 s 左半平面。

令 $s=z-1$ 代入特征方程，则有

$$2(z-1)^3+10(z-1)^2+13(z-1)+4=0$$

整理得

$$2z^3+4z^2-z-1=0$$

式中有负号，表明有根在 $s=-1$ 的右边。

列劳斯表得

$$
\begin{array}{lll}
z^3 & 2 & -1 \\
z^2 & 4 & -1 \\
z^1 & -0.5 & \\
z^0 & -1 &
\end{array}
$$

由劳斯表可知，第一列的元素符号变化了一次，表明原方程有一个根在直线 $s=-1$ 的右边。

2. 胡尔维茨稳定判据

设线性系统的特征方程式为

$$D(s)=a_0s^n+a_1s^{n-1}+\cdots+a_{n-1}s+a_n=0$$

胡尔维茨稳定判据：如果系统特征方程系数所构成的主行列式 Δ_n 及其主对角线上各阶顺序主子式 $\Delta_i\,(i=1,2,\cdots,n-1)$全部为正，则系统是稳定的，否则系统不稳定。

其中，主行列式为

$$
\Delta_n=\begin{vmatrix}
a_1 & a_3 & a_5 & \cdots & 0 \\
a_0 & a_2 & a_4 & \cdots & 0 \\
0 & a_1 & a_3 & \cdots & 0 \\
0 & a_0 & a_2 & \cdots & 0 \\
0 & 0 & a_1 & \cdots & 0 \\
0 & 0 & a_0 & \cdots & 0 \\
 & & \cdots & &
\end{vmatrix}
$$

$$
\Delta_1=a_1,\quad \Delta_2=\begin{vmatrix} a_1 & a_3 \\ a_0 & a_2 \end{vmatrix},\quad \Delta_3=\begin{vmatrix} a_1 & a_3 & a_5 \\ a_0 & a_2 & a_4 \\ 0 & a_1 & a_3 \end{vmatrix}\quad \cdots
$$

【例 3-8】设线性系统特征方程为

$$D(s)=s^3+4s^2+60s+2=0$$

试判断系统的稳定性。

解：建立胡尔维茨行列式为

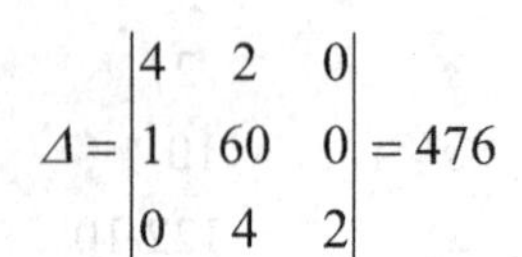

$$\Delta=\begin{vmatrix}4 & 2 & 0\\1 & 60 & 0\\0 & 4 & 2\end{vmatrix}=476$$

各阶顺序主子式分别为

$$\Delta_1=a_1=4>0\text{，}\quad \Delta_2=\begin{vmatrix}a_1 & a_3\\a_0 & a_2\end{vmatrix}=\begin{vmatrix}4 & 2\\1 & 60\end{vmatrix}=238>0$$

由于主行列式及各阶顺序主子式均大于 0，故系统是稳定的。

3.4　控制系统的稳态误差计算

稳态误差是系统控制精度及抗干扰能力的度量，是控制系统一项重要的性能指标。需要指出的是研究稳态误差的前提是系统必须是稳定的。

闭环控制系统形成稳态误差的原因很多，如由于检测元件不够精确等造成的测量误差，电源波动、负载突变等造成的扰动误差，系统本身的结构和参数造成的结构性误差。干扰误差和结构性误差统称为原理性误差，原理性误差可以通过改进系统设计加以消除和抑制。本节讨论的是原理性误差。

3.4.1　稳态误差的定义

控制系统的稳态误差是指系统稳态条件下输入信号加入后经过足够长的时间，输出响应的期望值与实际值之间的误差，即

$$e_{ss}=\lim_{t\to\infty}e(t) \tag{3-30}$$

稳态误差分为两种：①当系统只有输入信号作用而没有扰动作用时系统的稳态误差，称为给定稳态误差；②输入信号为 0，只在扰动量作用下引起的系统稳态误差，称为扰动稳态误差。当输入信号和扰动信号同时作用时，系统的稳态误差应为这两项误差之和。

典型闭环控制系统的结构图如图 3-16 所示，其稳态误差有两种定义方法。

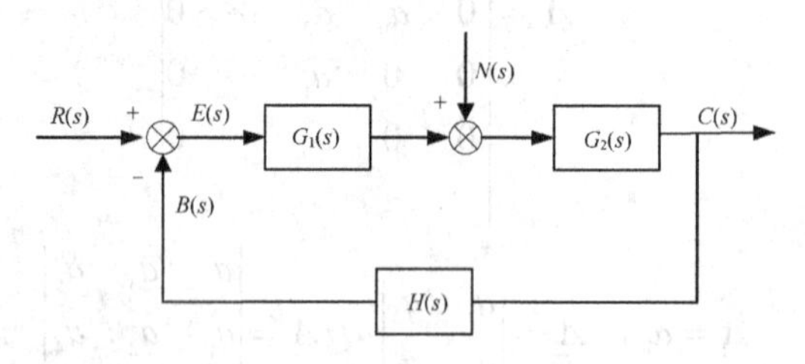

图 3-16　闭环控制系统结构图

(1)　从系统输入端定义，系统的输入信号 $r(t)$与反馈信号 $b(t)$之差称为误差函数，即

$$e(t)=r(t)-b(t)$$

稳态误差的定义为

$$e_{ss}=\lim_{t\to\infty}e(t)=\lim_{t\to\infty}[r(t)-b(t)]=r(\infty)-b(\infty) \tag{3-31}$$

(2) 从系统输出端定义，设系统在输入信号作用下输出期望值为 $c'(\infty)$，则稳态误差定义为

$$e'_{ss}=\lim_{t\to\infty}[c'(t)-c(t)]=c'(\infty)-c(\infty) \tag{3-32}$$

两种稳态误差的定义存在内在的联系，可以证明两者满足如下关系

$$e_{ss}=ae'_{ss} \tag{3-33}$$

式中，$a=\lim\limits_{s\to 0}H(s)$ 为反馈系数。

e_{ss} 具有输入信号的量纲，可间接反映稳态误差，计算公式中的输入信号和反馈信号在实际系统中均是可以量测的，便于分析计算。e_{ss}' 具有输出信号的量纲，直接反映系统的稳态误差，由于输出响应的期望值的并不已知，故不便于计算。

3.4.2　控制系统的型别

设系统的开环传递函数为

$$G(s)H(s)=\frac{K\prod\limits_{j=1}^{m}(\tau_j s+1)}{s^{\nu}\prod\limits_{i=1}^{n-\nu}(T_i s+1)} \tag{3-34}$$

式中，K 为系统开环增益；ν 为串联积分环节数目或表示在原点处有 ν 重极点。

根据开环传递函数中包含的积分环节数目将系统分别称为 0 型、Ⅰ型、Ⅱ型、…系统。

当 $\nu=0$ 时，不含积分环节，称为 0 型系统；

当 $\nu=1$ 时，含有一个积分环节，称为Ⅰ型系统；

当 $\nu=2$ 时，含有两个积分环节，称为Ⅱ型系统。

随着 ν 的数值增大，系统的稳态精度将得到改善，但系统型别增加会使系统的稳定性变差。一般，Ⅱ型以上的系统不作研究。

3.4.3　给定稳态误差及误差系数

如果不考虑扰动，即 $N(s)=0$，只在给定信号作用下，由图 3-16 可得，误差函数的拉普拉斯变换式为

$$\begin{aligned}E_{\rm r}(s)&=R(s)-B(s)=\frac{1}{1+G_1(s)G_2(s)H(s)}R(s)\\&=\frac{1}{1+G(s)H(s)}R(s)\end{aligned} \tag{3-35}$$

式中，$G(s)=G_1(s)G_2(s)$。

根据拉普拉斯变换的终值定理可得

$$e_{ssr}=\lim_{t\to\infty}e_{\rm r}(t)=\lim_{s\to 0}sE_{\rm r}(s)=\lim_{s\to 0}s\cdot\frac{1}{1+G(s)H(s)}R(s) \tag{3-36}$$

显然，式(3-36)表明给定稳态误差取决于参考输入的性质和系统的结构类型及参数。下面分析不同给定输入信号作用下稳态误差。

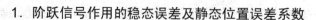

1．阶跃信号作用的稳态误差及静态位置误差系数

在阶跃信号($R(s)=A/s$)作用下的稳态误差可以表示为

$$\begin{aligned}e_{ssr}&=\lim_{s\to 0}s\cdot\frac{1}{1+G(s)H(s)}R(s)=\lim_{s\to 0}s\cdot\frac{1}{1+G(s)H(s)}\cdot\frac{A}{s}\\&=\frac{A}{1+\lim\limits_{s\to 0}G(s)H(s)}=\frac{A}{1+K_p}\end{aligned}\tag{3-37}$$

式中，$K_p=\lim\limits_{s\to 0}G(s)H(s)$，称为系统静态位置误差系数。

对于单位阶跃信号输入时，则有

$$e_{ssr}=\frac{1}{1+K_p}$$

0 型系统的静态位置误差系数为

$$K_p=\lim_{s\to 0}G(s)H(s)=\lim_{s\to 0}\frac{K\prod\limits_{j=1}^{m}(\tau_j s+1)}{\prod\limits_{i=1}^{n}(T_i s+1)}=K\tag{3-38}$$

则 0 型系统在阶跃信号作用下的稳态误差为

$$e_{ssr}=\frac{A}{1+K_p}=\frac{A}{1+K}\tag{3-39}$$

I 型系统的静态位置误差系数为

$$K_p=\lim_{s\to 0}G(s)H(s)=\lim_{s\to 0}\frac{K\prod\limits_{j=1}^{m}(\tau_j s+1)}{s\prod\limits_{i=1}^{n-1}(T_i s+1)}=\infty\tag{3-40}$$

则 I 型系统在阶跃信号作用下的稳态误差为

$$e_{ssr}=\frac{A}{1+K_p}=0\tag{3-41}$$

类似可得，II 型及 II 型以上系统的静态位置误差系数为 $K_p=\infty$，稳态误差为 $e_{ssr}=0$。可见，在阶跃信号作用时，0 型系统是有差的，I 型及 I 型以上系统是无差的。

2．斜坡信号作用下的稳态误差及静态速度误差系数

在斜坡信号($R(s)=A/s^2$)作用下的稳态误差可以表示为

$$\begin{aligned}e_{ssr}&=\lim_{s\to 0}s\cdot\frac{1}{1+G(s)H(s)}\cdot R(s)=\lim_{s\to 0}s\cdot\frac{1}{1+G(s)H(s)}\cdot\frac{A}{s^2}\\&=\frac{A}{\lim\limits_{s\to 0}sG(s)H(s)}=\frac{A}{K_v}\end{aligned}\tag{3-42}$$

式中，$K_v=\lim\limits_{s\to 0}sG(s)H(s)$，称为静态速度误差系数。

对于单位斜坡信号输入时，则有

$$e_{ssr} = \frac{1}{K_v}$$

按照类似的方法，可求得

对于 0 型系统：$K_v = 0$，$e_{ssr} = \infty$；

对于Ⅰ型系统：$K_v = K$，$e_{ssr} = A/K$；

对于Ⅱ型或Ⅱ型以上系统：$K_v = \infty$，$e_{ssr} = 0$。

可见，0 型系统在稳态时不能跟踪斜坡输入信号；Ⅰ型系统能够跟踪斜坡输入信号，但是存在稳态误差，如图 3-17 所示。也就是说，在稳态时，系统输出速度和输入速度恰好相同，但存在一个位置误差。该稳态误差和输入信号的斜率 A 成正比，和开环增益 K 成反比。Ⅱ型及Ⅱ型以上的系统能够很好地跟踪斜坡输入信号，且在稳态时无稳态误差。

3．抛物线信号作用下的稳态误差及静态加速度误差系数

在抛物线信号($R(s) = A/s^3$)作用下的稳态误差可以表示为

$$\begin{aligned} e_{ssr} &= \lim_{s \to 0} s \cdot \frac{1}{1+G(s)H(s)} \cdot R(s) = \lim_{s \to 0} s \cdot \frac{1}{1+G(s)H(s)} \cdot \frac{A}{s^3} \\ &= \frac{A}{\lim\limits_{s \to 0} s^2 G(s)H(s)} = \frac{A}{K_a} \end{aligned} \tag{3-43}$$

式中，$K_a = \lim\limits_{s \to 0} s^2 G(s)H(s)$，称为静态加速度误差系数。

对于单位抛物线信号输入时，则有

$$e_{ssr} = \frac{1}{K_a}$$

按照类似的方法，可求得

对于 0 型系统：$K_a = 0$，$e_{ssr} = \infty$；

对于Ⅰ型系统：$K_a = 0$，$e_{ssr} = \infty$；

对于Ⅱ型系统：$K_a = K$，$e_{ssr} = A/K$；

对于Ⅱ型以上的系统：$K_a = \infty$，$e_{ssr} = 0$。

可见，0 型和Ⅰ型系统稳态时都不能跟踪抛物线信号。Ⅱ型系统稳态时可以跟踪抛物线信号，但存在稳态误差，如图 3-18 所示。该稳态误差和输入的抛物线信号的变化率 A 成正比，而与系统的开环增益 K 成反比。Ⅱ型以上系统稳态输出能准确地跟踪抛物线输入信号，稳态误差为 0。

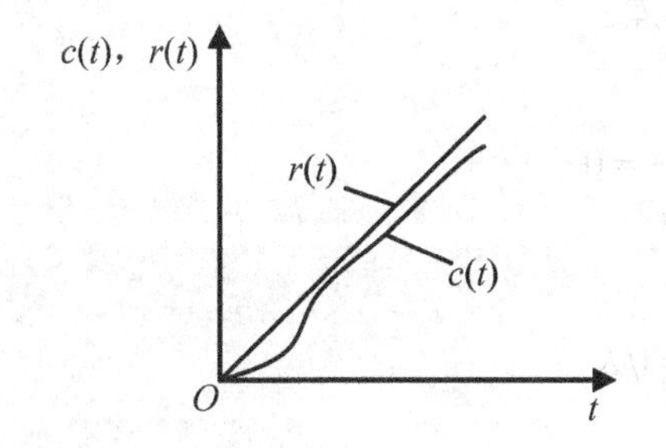

图 3-17　Ⅰ型系统跟踪斜坡信号的稳态误差

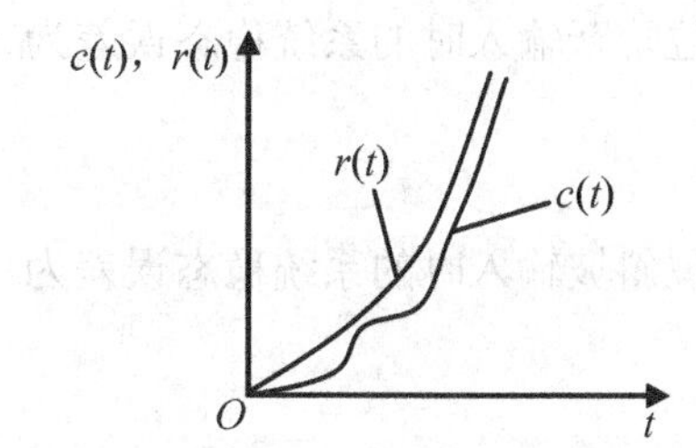

图 3-18　Ⅱ型系统跟踪抛物线信号的稳态误差

通过以上分析可知，利用静态误差系数可方便地计算不同输入信号作用下的稳态误差，误差系数越大，则给定稳态误差越小，控制精度越高。不同典型输入作用下的稳态误差如表 3-1 所示。

表 3-1　典型信号作用下的系统稳态误差

系统型别	静态误差系数			阶跃输入 $r(t)=A\cdot 1(t)$	斜坡输入 $r(t)=A\cdot t$	抛物线输入 $r(t)=1/2A\cdot t^2$
v	K_p	K_v	K_a	$e_{ssr}=\frac{A}{1+K_p}$	$e_{ssr}=\frac{A}{K_v}$	$e_{ssr}=\frac{A}{K_a}$
0	K	0	0	$\frac{A}{1+K}$	∞	∞
Ⅰ	∞	K	0	0	$\frac{A}{K}$	∞
Ⅱ	∞	∞	K	0	0	$\frac{A}{K}$

【例 3-9】 系统结构图如图 3-19 所示。当输入信号为 $r(t)=1(t)+t+\frac{1}{2}t^2$ 时，计算系统的稳态误差。

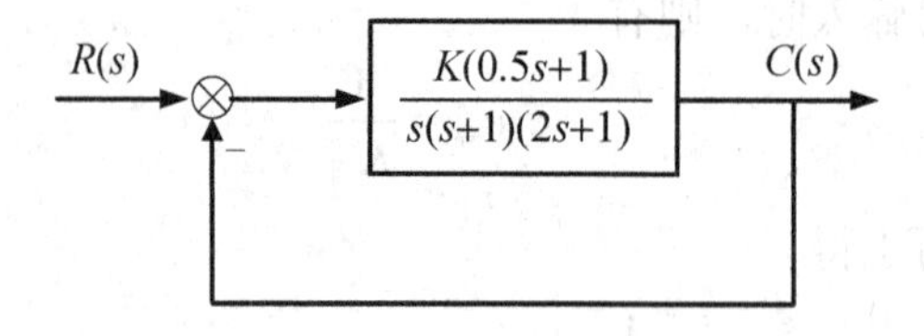

图 3-19　系统结构图

解：先利用劳斯稳定判据对系统进行判稳，可得 0<K<6 时系统稳定。利用误差系数方法求出系统的稳态误差。

$$K_p=\lim_{s\to 0}G(s)H(s)=\infty$$
$$K_v=\lim_{s\to 0}sG(s)H(s)=K$$
$$K_a=\lim_{s\to 0}s^2G(s)H(s)=0$$

可分别求出三种典型信号单独作用下的稳态误差。

单位阶跃输入时的系统稳态误差为

$$e_{ss1}=\frac{1}{1+K_p}=0$$

单位斜坡输入时的系统稳态误差为

$$e_{ss2}=\frac{1}{K_v}=1/K$$

单位抛物线输入时的系统稳态误差为

$$e_{ss3} = \frac{1}{K_a} = \infty$$

由叠加原理可得，总的稳态误差为

$$e_{ss} = e_{ss1} + e_{ss2} + e_{ss3} = \infty$$

由题解可知，系统的静态误差系数和系统的开环增益 K 有关。提高系统的开环增益 K 可减小稳态误差，但会使系统的相对稳定性变差，甚至导致系统不稳定。因此，通过增大 K 来提高系统稳态精度是有限度的。

3.4.4 扰动稳态误差的计算

除了给定信号作用外，一个实际系统往往还会受到各种扰动的作用，如负载改变、供电电源波动等，都可能影响系统的输出，使系统出现误差。扰动作用下误差的大小，反映了系统的抗干扰能力。

若不考虑给定输入($R(s)=0$)，仅考虑扰动信号 $N(s)$作用时，图 3-16 可变换为图 3-20。一般用 $e_d(t)$表示用扰动信号引起的误差，则其拉普拉斯变换为

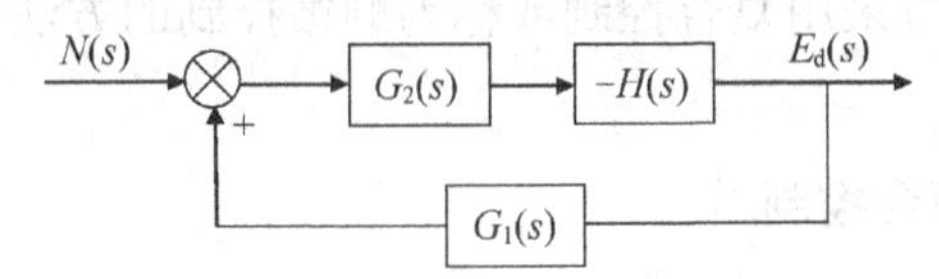

图 3-20 扰动信号作用下的系统结构

$$E_d(s) = \frac{-G_2(s)H(s)}{1 + G_1(s)G_2(s)H(s)} \cdot N(s) \tag{3-44}$$

由终值定理可得，扰动作用下的稳态误差为

$$e_{ssd} = \lim_{t\to\infty} e_d(t) = \lim_{s\to 0} sE_d(s) \tag{3-45}$$

可以证明，扰动稳态误差与扰动信号的形式和大小有关，还与 $E_d(s)$至扰动作用点之间的传递函数 $G_1(s)$的开环增益 K_1 及积分环节的个数 v_1 有关。若增加 K_1 可减少扰动引起的稳态误差；若 $G_1(s)$中引入积分环节，则阶跃扰动引起的稳态误差为 0，而斜坡扰动引起的稳态误差不为 0。若 $G_1(s)$中引入重积分环节，则斜坡扰动引起的稳态误差为 0。需要注意的是 $G_2(s)$(控制对象)的开环增益 K_2 及包含的积分环节数目对扰动稳态误差无影响。

【例 3-10】 已知系统的结构图如图 3-16 所示， 其中 $G_1(s) = \dfrac{10}{s+4}$， $G_2(s) = \dfrac{8}{4s+1}$，$H(s) = \dfrac{3}{s}$， 设 $r(t) = 3t$， $n(t) = 0.5 \cdot 1(t)$，求系统的稳态误差。

解：系统开环传递函数为

$$G_k(s) = G_1(s)G_2(s)H(s) = \frac{3\times 10\times 8}{s(s+4)(4s+1)} = \frac{60}{s(0.25s+1)(4s+1)}$$

显然，系统为 I 型系统，故在斜坡信号$\left(R(s) = \dfrac{3}{s^2}\right)$作用下的给定稳态误差为

$$e_{ssr}=\frac{3}{K}=\frac{3}{60}=0.05$$

在扰动信号$\left(N(s)=\frac{0.5}{s}\right)$作用下的扰动稳态误差为

$$e_{ssd}=\lim_{s\to 0}s\cdot\frac{-G_2(s)H(s)}{1+G_k(s)}N(s)=\lim_{s\to 0}s\cdot\frac{-\frac{8\times 3}{s(4s+1)}}{1+\frac{60}{s(0.25s+1)(4s+1)}}\cdot\frac{0.5}{s}=-0.2$$

因此，系统总的稳态误差为

$$e_{ss}=e_{ssr}+e_{ssd}=0.05-0.2=-0.15$$

3.4.5 减小系统稳态误差的方法

增大系统的开环增益 K 和增加系统开环积分环节的个数(即提高系统型别)可减少系统稳态误差，提高控制精度。但这两种方法一般都会使闭环系统的稳定性变差。所以，当控制系统既要求高的稳态精度又要求良好的动态性能时，单靠增加系统的开环增益或提高系统型别，往往难以满足。可采用复合控制或称为顺馈控制的方法对误差进行补偿。常用的复合控制结构有如下两种。

1. 按扰动量补偿的复合控制

若系统扰动是可测量的，同时它对系统的影响是明确的，则可通过引入扰动的补偿信号来提高稳态精度。对扰动进行补偿的系统结构图如图 3-21 所示。图中，$N(s)$为扰动，从$N(s)$到输出 $C(s)$为扰动作用通道，代表扰动对系统的影响。从 $N(s)$通过 $G_N(s)$加于系统的是扰动量的补偿通道，$G_N(s)$为补偿装置的传递函数。

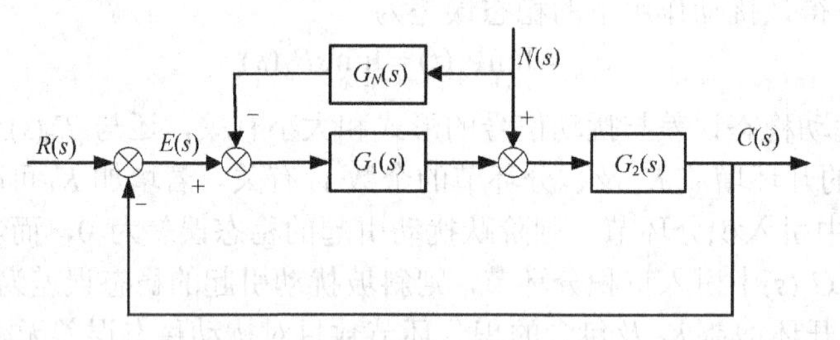

图 3-21 按扰动量补偿的复合控制

令输入信号为零，即 $R(s)=0$，可以求出在扰动作用下系统的输出为

$$C(s)=\frac{G_2(s)[1-G_1(s)G_N(s)]}{1+G_1(s)G_2(s)}N(s) \tag{3-46}$$

可见，引入扰动的补偿装置 $G_N(s)$后，系统的闭环特征方程没有发生任何改变，即不会影响系统的闭环稳定性。

为了补偿扰动对系统输出的影响，令 $G_2(s)-G_1(s)G_2(s)G_N(s)=0$，于是有

$$G_N(s)=\frac{1}{G_1(s)} \tag{3-47}$$

这表明引入扰动补偿后，在扰动作用点处干扰经两通道作用后相互抵消，不影响系统的输出，实现了对扰动的完全补偿。式(3-47)即为完全补偿的条件。

2．按给定量补偿的复合控制

为了减小给定信号引起的稳态误差，可从输入端引入一补偿装置 $G_c(s)$，如图 3-22 所示。由图可知，系统的输出为

$$\begin{aligned}C(s)&=\frac{G_2(s)[G_1(s)+G_c(s)]}{1+G_1(s)G_2(s)}R(s)\\&=\frac{G_1(s)G_2(s)}{1+G_1(s)G_2(s)}R(s)+\frac{G_2(s)G_c(s)}{1+G_1(s)G_2(s)}R(s)\end{aligned} \tag{3-48}$$

系统误差可表示为

$$E(s)=R(s)-C(s) \tag{3-49}$$

将式(3-48)代入式(3-49)，则有

$$E(s)=\frac{1-G_c(s)G_2(s)}{1+G_1(s)G_2(s)}R(s) \tag{3-50}$$

显然，要使 $E(s)=0$，则有

$$1-G_c(s)G_2(s)=0 \tag{3-51}$$

于是有

$$G_c(s)=\frac{1}{G_2(s)} \tag{3-52}$$

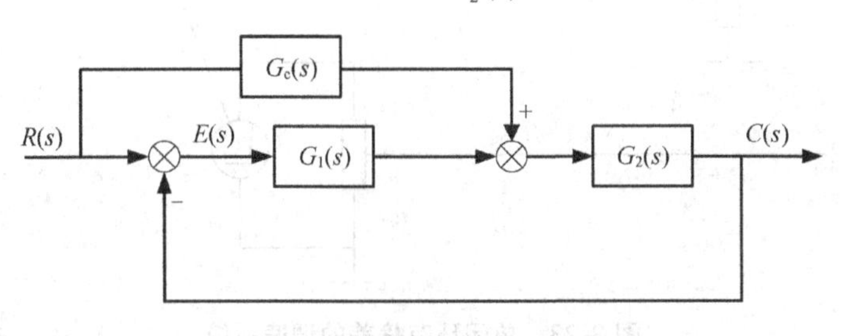

图 3-22　按给定量补偿的复合控制

这表明当输入补偿装置的传递函数 $G_c(s)$为被控对象的传递函数 $G_2(s)$的倒数时，系统的输出量能无误差地复现输入信号的变化规律。由于 $G_c(s)$在闭环回路之外，对系统闭环特征方程不会产生任何影响，即不会影响系统的闭环稳定性。

在工程实际中，由于补偿装置物理上实现困难。因此，上述两种完全补偿的条件难以满足，而只能近似地实现。虽然采用了近似补偿，但对于改善系统的稳态性能却是十分有效的。由于在反馈控制系统中引入了补偿控制，故称为复合控制。

3.5　应用实例

本节以单闭环直流调速系统为例，说明时域分析法在实际控制系统分析中的应用。

1. 系统组成及原理

系统只有一个速度反馈回路，且存在稳态误差的调速系统称为单闭环有静差调速系统。系统的原理图如图 3-23 所示。该系统由转速调节器、晶闸管整流电路、直流电动机和测速发电机组成。测速发动机 TG 与直流电动机 M 装在同一机械轴上，从测速发电机输出电压上引出转速负反馈电压 U_{nf}，与转速给定电压 U_n^*相比较后，得到偏差电压ΔU_n，经转速调节器(采用比例控制器)得到控制信号，用它去调节晶闸管整流电路的输出电压 U_d，从而控制电动机的转速 n。

调速系统对应的动态结构图如图 3-24 所示。图中，K_c—比例控制器的系数；K_s—晶闸管整流与触发装置的电压放大系数；T_s—晶闸管整流电路的延迟时间常数；T_d—电动机的电磁时间常数；T_m—机电时间常数；C_e—反电势系数；K_{sf}—速度反馈系数；R_d—电枢电阻。

由系统动态图可求得系统开环传递函数为

$$G(s)H(s)=\frac{K_c K_s K_{sf}/C_e}{(T_d T_m s^2+T_m s+1)(T_s s+1)}$$

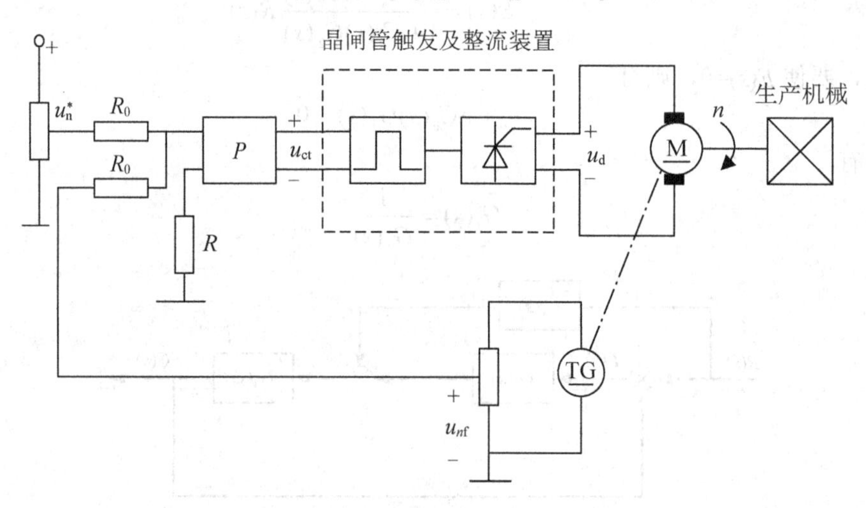

图 3-23 单闭环有静差的调速系统

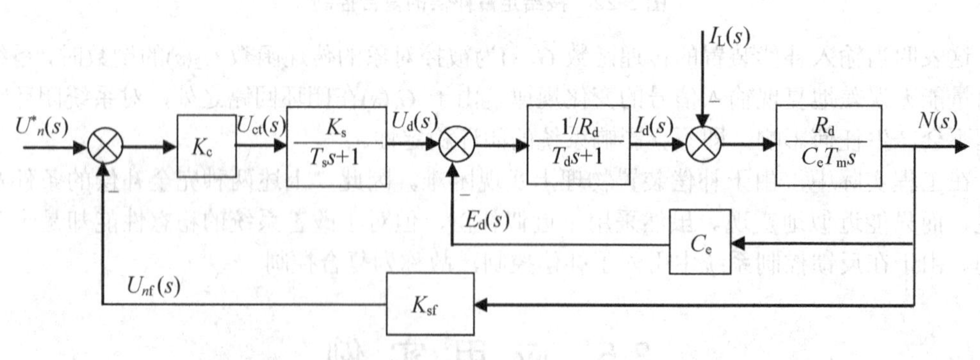

图 3-24 单闭环有静差调速系统的动态结构图

系统的闭环传递函数为

$$\Phi(s)=\frac{K_cK_s/C_e}{(T_dT_ms^2+T_ms+1)(T_ss+1)+K_cK_sK_{sf}/C_e}$$
$$=\frac{K_cK_s/C_e}{T_dT_mT_ss^3+(T_dT_m+T_mT_s)s^2+(T_m+T_s)s+K_cK_sK_{sf}/C_e+1}$$

2. 系统动态性能分析

若系统参数为 T_d=0.03s，T_m=0.2s，K_s=40，C_e=0.132V/r • min^{-1}，K_{sf}=0.07，T_s=0.00167s，R_d=0.5Ω，则系统闭环传递函数为

$$\Phi(s)=\frac{303.03K_c}{0.000\,01s^3+0.006\,33s^2+0.201\,67s+21.21K_c+1}$$

可见，系统为一个三阶系统，建立劳斯表如下判据可得

s^3	0.000 01	0.20167
s^2	0.006 33	$21.21K_c+1$
s^1	$[0.006\,33\times0.201\,67-0.000\,01\times(21.21K_c+1)]/0.006\,33$	
s^0	$21.21K_c+1$	

由劳斯判据可得

$$\begin{cases}0.006\,33\times0.201\,67-0.000\,01\times(21.21K_c+1)>0\\21.21K_c+1>0\end{cases}$$

则当 $0<K_c<5.97$ 时，系统稳定。

考虑由于 T_s 很小，可忽略，此时系统可近似为典型二阶系统，其时域动态性能指标可按典型二阶系统估算，系统闭环传递函数近似为

$$\Phi(s)=\frac{K_cK_s/C_e}{T_dT_ms^2+T_ms+K_cK_sK_{sf}/C_e+1}$$

代入参数后，则有

$$\Phi(s)=\frac{303.03K_c}{0.006s^2+0.2s+21.21K_c+1}$$

变换为标准形式为

$$\Phi(s)=\frac{50\,505K_c}{s^2+33.33s+3535K_c+166.67}$$

则有

$$\begin{cases}\omega_n^2=3535K_c+166.67\\2\xi\omega_n=33.33\end{cases}$$

按二阶最佳系统考虑，取 ξ=0.707，由上式可求得

$$\omega_n=\frac{33.33}{2\times0.707}=23.57\text{，}K_c=0.11$$

按二阶系统估算调节时间为

$$t_s=\frac{3}{\xi\omega_n}=0.18\text{ s}$$

3. 系统稳态性能分析

系统的动态结构图简化为如图 3-25 所示。令扰动信号作用为 0，即 $I_L(s)=0$，计算给定信号作用下的稳态误差。由图 3-25 可知系统是 0 型系统，则在单位阶跃输入时，系统存在稳态误差，即为

$$e_{ssr}=\frac{1}{1+K}=\frac{1}{1+K_cK_sK_{sf}/C_e}$$

取 K_c=0.11，则有

$$e_{ssr}=\frac{1}{1+0.11\times 40\times 0.07/0.132}=0.3$$

令给定信号作用为零，即 $U_n^*(s)=0$，计算扰动信号作用下的稳态误差。设扰动信号为单位阶跃扰动，即 $I_L(s)=1/s$，则系统稳态误差为

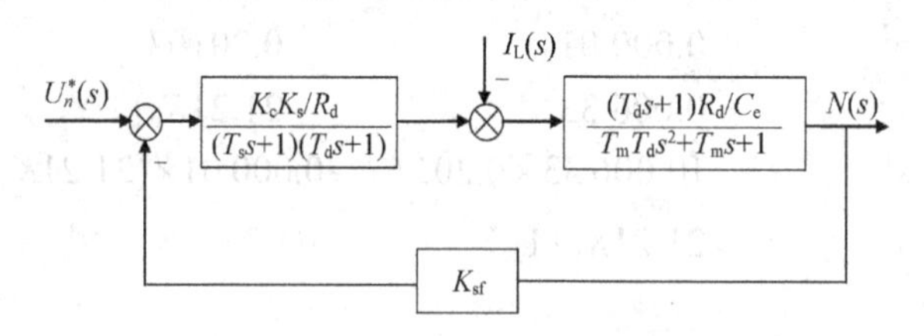

图 3-25　动态结构图的简化

$$e_{ssd}=\lim_{s\to 0}s\cdot E_d(s)=\lim_{s\to 0}s\cdot\frac{G_2(s)H(s)I_L(s)}{1+G_1(s)G_2(s)H(s)}$$

式中，$G_1(s)=\dfrac{K_cK_s/R_d}{(T_ss+1)(T_ds+1)}$，$G_2(s)=\dfrac{(T_ds+1)R_d/C_e}{T_mT_ds^2+T_ms+1}$，$H(s)=K_{sf}$

取 K_c=0.11，并代入参数，则有

$$e_{ssd}=\frac{0.5\times 0.07}{0.132+0.11\times 40\times 0.07}\approx 0.08$$

系统总的稳态误差为

$$e_{ss}=e_{ssr}+e_{ssd}=0.38$$

单闭环调速系统的时域分析表明：当比例控制器 K_c 满足一定条件下，系统可保持稳定，动态时域指标基本满足工程要求，但系统存在一定的稳态误差。一般可通过适当增大 K_c 来减小稳态误差，但这会导致平稳性变差。对于要求稳态精度很高，甚至要求无静差时，可考虑改进控制器，如采用比例积分控制器。

本 章 小 结

(1) 时域分析法是通过直接求解系统在典型输入信号作用下的时间响应来分析系统的控制性能的，通常以系统单位阶跃响应的超调量、调节时间和稳态误差等性能指标来评价系统性能的优劣。

(2) 一阶系统和二阶系统是时域分析法着重分析的两类系统。二阶系统在欠阻尼

$(0<\xi<1)$时的响应为衰减振荡波形，只要阻尼比ξ取值适当，既可保证响应的快速性，又可保证动态过程的平稳性。因此，控制系统中常把二阶系统设计为欠阻尼。高阶系统常常可降阶为二阶系统进行分析。

(3) 稳定性是自动控制系统能正常工作的前提条件。线性系统的稳定性是系统的固有特性，它取决于系统的结构和参数，与外加信号大小与形式无关。线性系统稳定的充要条件是系统闭环特征方程的全部特征根(即闭环极点)分布在s左半平面。直接判别系统稳定性的方法称为稳定判据。利用稳定判据可获得特征方程的根在s平面上的分布情况，但不能确定根的具体数值。

(4) 稳态误差是衡量系统控制精度的重要指标。稳态误差的大小取决于系统结构、参数和控制信号形式、大小及作用点两方面的因素。稳态误差的计算有定义法和静态误差系数法两种方法。可以通过提高系统型别，增大开环增益及改变系统结构的方法来减小系统稳态误差。

习　题

3-1　若温度计的特性用传递函数$G(s)=\dfrac{1}{Ts+1}$描述，设温度计对阶跃响应为在 lmin 内可指示出 98%的实际水温，试求其响应的时间常数T。如果将温度计放入水箱内，水箱的温度以 10℃/min 的速度线性变化，试求温度计的稳态误差。

3-2　一阶系统结构如图 3-26 所示。要求调节时间$t_s\leqslant 0.1\text{s}$，试求系统反馈系数K_f的值。

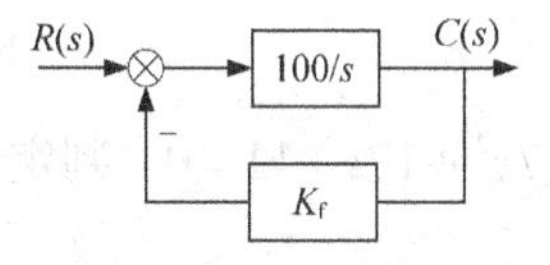

图 3-26　习题 3-2

3-3　闭环系统的传递函数为$\Phi(s)=\dfrac{s+1}{s^2+3s+2}$，试求系统的单位阶跃响应。

3-4　某系统在输入信号$r(t)=1+t$作用下，测得输出响应为

$$c(t)=(t+0.9)-0.9\mathrm{e}^{-10t}\qquad(t\geqslant 0)$$

已知初始条件为零，试求系统的传递函数$\Phi(s)$。

3-5　设典型二阶系统的单位阶跃响应曲线如图 3-27 所示，试确定系统的传递函数。

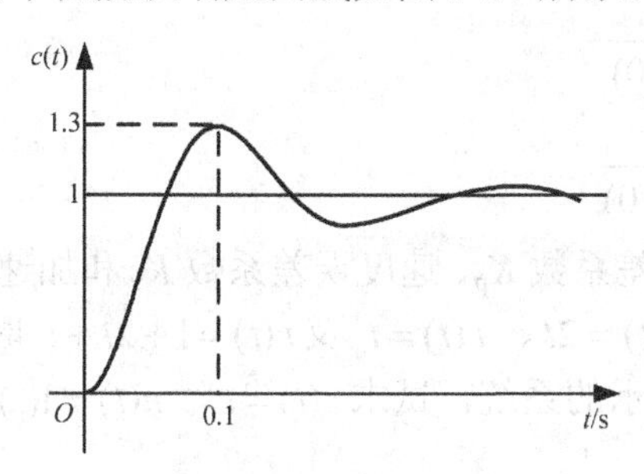

图 3-27　习题 3-5

3-6　已知单位反馈系统的开环传递函数为$G(s)=\dfrac{4}{s(s+2)}$，试求该系统的单位阶跃响应的上升时间、峰值时间、最大超调量和调节时间。

3-7　系统结构图如图 3-28 所示，要求单位阶跃响应无超调，调节时间不大于 1s，求开环增益K。

3-8　已知系统特征方程如下，用劳斯判据判定系统的稳定性。若系统不稳定，试确定系统在s右半平面的特征根数。

(1)　$s^3+20s^2+9s+100=0$

(2)　$3s^4+10s^3+5s^2+s+2=0$

(3)　$s^5+2s^4+s^3+3s^2+4s+5=0$

(4)　$s^4+8s^3+18s^2+16s+5=0$

3-9　设单位负反馈系统，开环传递函数为

$$G(s)=\frac{K}{s(0.05s^2+0.4s+1)}$$

试确定系统稳定时K的取值范围。

3-10　具有速度反馈的电动机控制系统如图 3-29 所示，试求使系统稳定的τ的取值范围。

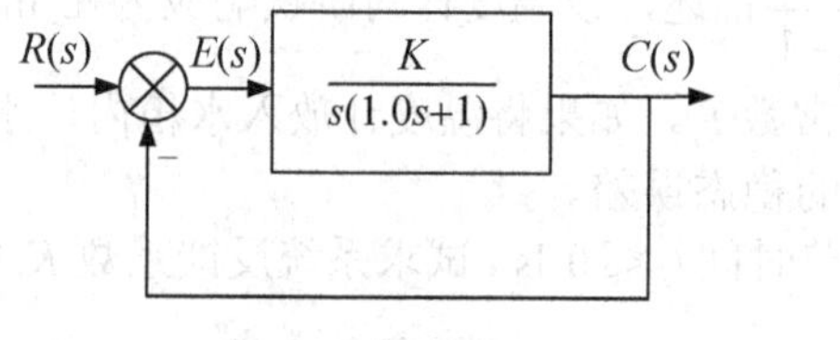

图 3-28　习题 3-7

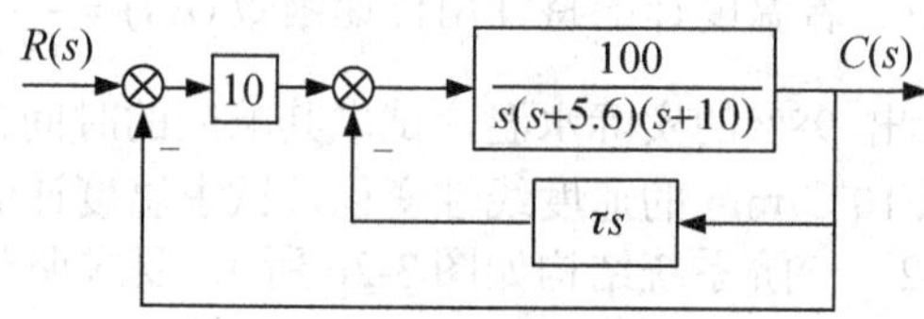

图 3-29　习题 3-10

3-11　设系统特征方程为$s^3+7s^2+17s+11=0$，判定系统的稳定性，并判定系统的特征根的实部是否都小于或等于−1。

3-12　设单位反馈系统的开环传递函数为$G(s)=\dfrac{1}{Ts}$，试求当$r(t)=1(t)$，$r(t)=t$，$r(t)=\dfrac{1}{2}t^2$时系统的稳态误差。

3-13　已知单位反馈控制系统的开环传递函数如下。

(1)　$G(s)=\dfrac{20}{(0.1s+1)(0.2s+1)}$

(2)　$G(s)=\dfrac{200}{s(s+2)(s+10)}$

(3)　$G(s)=\dfrac{10(2s+1)}{s^2(s^2+4s+10)}$

试求系统的静态位置误差系数K_p、速度误差系数K_v和加速度误差系数K_a，并确定当输入信号分别为$r(t)=1(t)$、$r(t)=2t$、$r(t)=t^2$及$r(t)=1+2t+t^2$时系统的稳态误差。

3-14　对于如图 3-30 所示的系统，试求$r(t)=t$，$n(t)=1(t)$时系统的稳态误差。

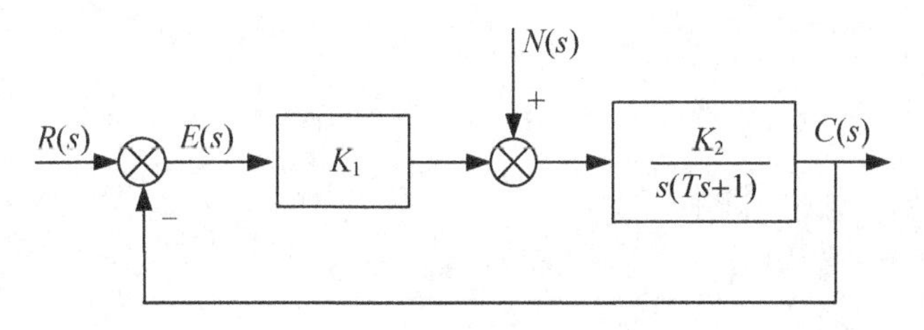

图 3-30　习题 3-14

3-15　已知系统结构如图 3-31 所示。已知 $R(s)=N_1(s)=N_2(s)=\dfrac{1}{s}$，试求 $R(s)$、$N_1(s)$、$N_2(s)$ 分别作用下，系统的稳态误差，并说明积分环节的位置对于减小输入和干扰作用下的稳态误差的影响。

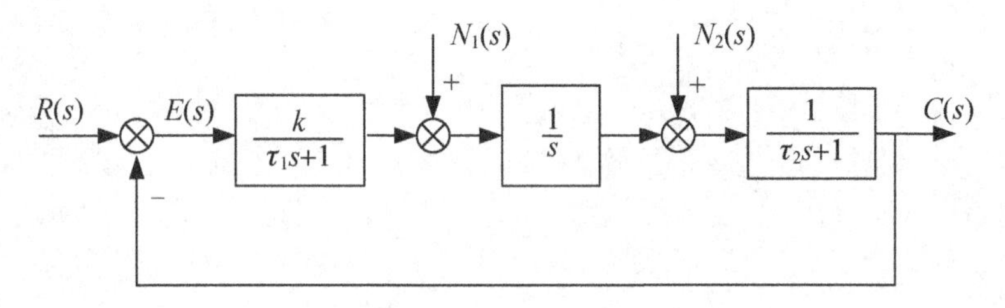

图 3-31　习题 3-15

3-16　设复合控制系统如图 3-32 所示。图中，$K_1=2K_2=1$，$T_2=0.25\text{s}$，$K_2K_3=1$，试求 $r(t)=1+t+t^2/2$ 时，系统的稳态误差。

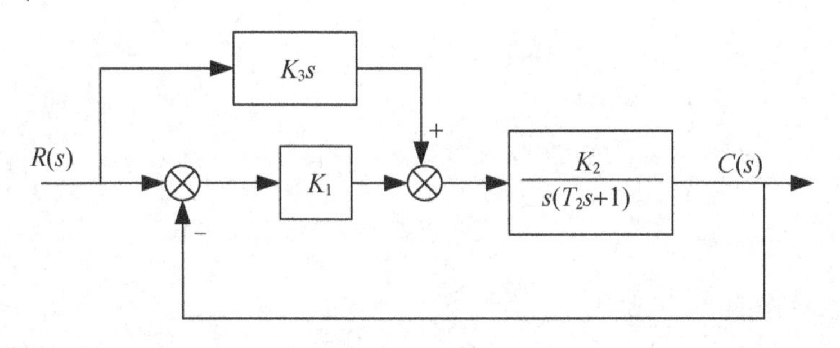

图 3-32　习题 3-16

3-17　已知系统的结构如图 3-33 所示。

(1)　要求系统动态性能指标 $\sigma\%=20\%$，$t_s=1\text{s}$，试求参数 k、τ 的值。

(2)　计算在上述 k、τ 值下，系统单位阶跃作用下的稳态误差。

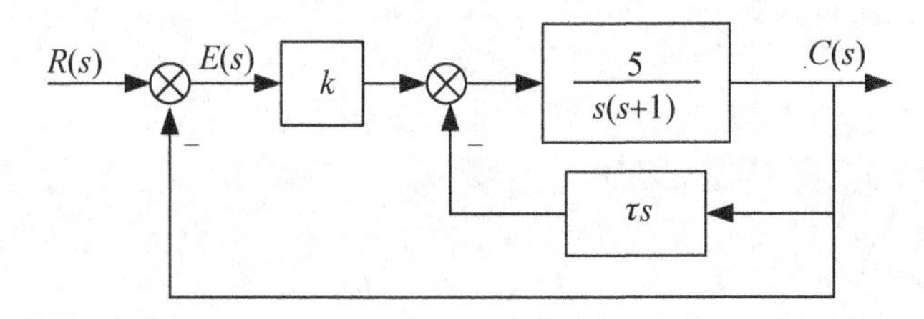

图 3-33　习题 3-17

第4章

控制系统的根轨迹分析方法

理解根轨迹的概念，掌握绘制根轨迹的基本法则，熟悉利用闭环主导极点法分析系统的性能，理解开环零、极点对系统性能的影响。

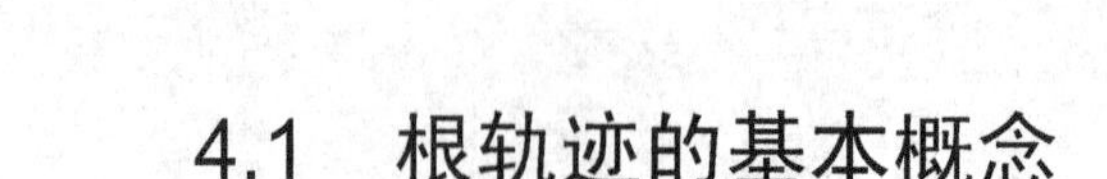

4.1 根轨迹的基本概念

由时域分析法可知，控制系统的稳定性及动态性能都与闭环特征根(闭环极点)在 s 平面上的具体分布有密切的关系。但对于高阶系统，求取闭环特征根比较困难。1948 年，伊万斯(W. R. Evans)首次提出了直接由开环传递函数判别闭环特征根的根轨迹分析法，从而很好地解决了高阶系统的性能分析问题。根轨迹法简单、实用，已成为经典控制理论的基本分析方法之一，在工程实践中也获得了广泛的应用。

4.1.1 根轨迹的概念

根轨迹是指当系统中某个参数从 0 变到无穷大时，系统闭环特征根在 s 平面上变化的轨迹。这里所说的某个参数，通常是指与开环增益 K 成比例的 K_g 而言，K_g 称为根轨迹增益。除 K_g 外，有时也可为其他可变的参数。下面举例说明根轨迹的概念。

一个二阶系统的结构如图 4-1 所示，其开环传递函数为

$$G(s)=\frac{K}{s(s+1)}$$

式中，K 为开环增益。

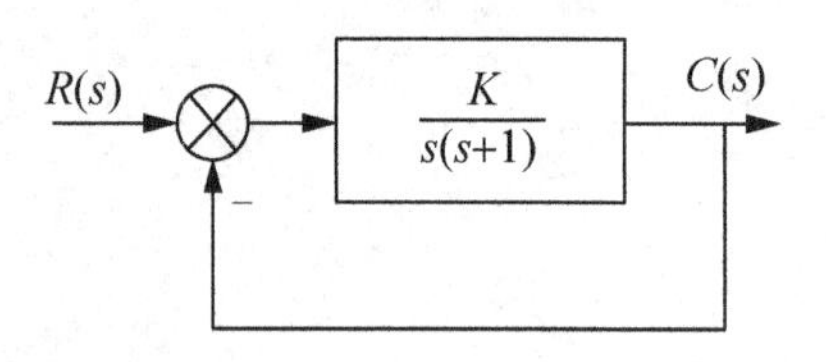

图 4-1 二阶系统框图

系统开环极点有两个，分别为 $p_1=0$，$p_2=-1$。

系统的闭环传递函数为

$$\Phi(s)=\frac{K}{s(s+1)+K}=\frac{K}{s^2+s+K}$$

于是，特征方程式为

$$s^2+s+K=0$$

特征根为

$$s_{1,2}=-\frac{1}{2}\pm\frac{1}{2}\sqrt{1-4K}$$

当 K 从 0 变化到无穷大时，将 $s_{1,2}$ 的数值分别列出，如表 4-1 所示。将这些数值标注在 s 平面上，用光滑的粗实线连接起来，即为系统的根轨迹，如图 4-2 所示。根轨迹上箭头表示随着 K 值的增加，根轨迹的变化趋势，而标出的数值则代表与闭环极点位置相对应的开环增益 K。

表 4-1　参数 K 与 $s_{1,2}$ 的对应关系

K	0	0.25	0.5	1	3	…	∞
s_1	0	−0.5	−0.5 + j0.5	−0.5 + j0.87	−0.5 + j1.33	…	$-0.5+\mathrm{j}\infty$
s_2	−1	−0.5	−0.5 − j0.5	−0.5 − j0.87	−0.5 − j1.33	…	$-0.5-\mathrm{j}\infty$

根轨迹图直观地反映了参数 K 与闭环特征根的分布关系，由图 4-2 可得如下分析结果。

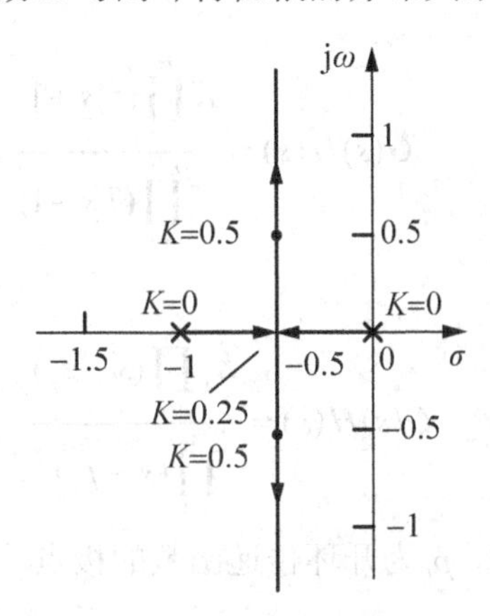

图 4-2　系统根轨迹图

(1)　当开环增益从零变到无穷大时，根轨迹不会越过虚轴进入 s 右半平面，因此，系统对所有 $K>0$ 的值是稳定的。

(2)　当 $0 \leqslant K < 0.25$ 时，闭环特征根为两个不相等的负实数根，系统呈过阻尼状态，阶跃响应无超调，具有单调非周期性；当 $K = 0.25$ 时，闭环特征根为两个相等的负实根，系统呈临界阻尼状态，其阶跃响应仍为单调非周期性过程；当 $0.25 < K < \infty$ 时，闭环特征根为一对共轭复根，其实部恒等于 -0.5，系统呈欠阻尼状态，阶跃响应具有振荡衰减特性。

(3)　系统为Ⅰ型系统，故根轨迹上的 K 值是静态速度误差系数。这样，如果给定稳态误差，则由根轨迹可确定闭环极点容许的范围。

以上分析表明，根轨迹和系统的性能之间有着密切的关系。然而，对于高阶系统，用解析法逐点绘制系统的根轨迹图是不现实的。根轨迹法是根据系统开环传递函数和闭环传递函数之间的关系，由开环传递函数直接绘制闭环根轨迹的总体规律的图解分析法。

4.1.2　根轨迹方程

设控制系统的一般结构如图 4-3 所示，其闭环传递函数为

$$\Phi(s)=\frac{G(s)}{1+G(s)H(s)}$$

式中，$G(s)H(s)$ 为系统的开环传递函数。

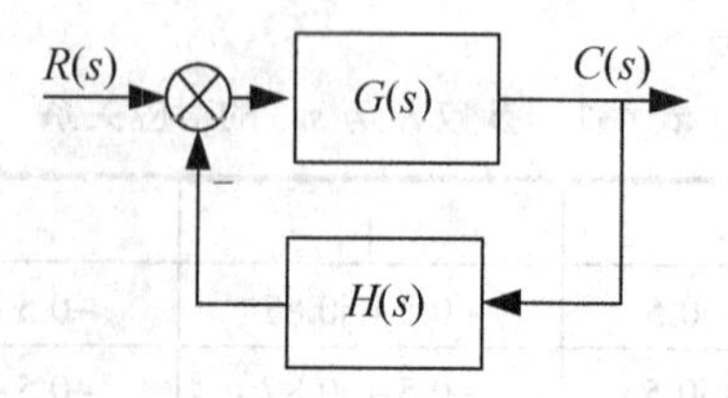

图 4-3　控制系统一般结构图

开环传递函数可表示为

$$G(s)H(s)=\frac{K\prod_{j=1}^{m}(\tau_j s+1)}{s^{v}\prod_{i=1}^{n-v}(T_i s+1)}$$

将其转换为零极点形式为

$$G(s)H(s)=\frac{K_{\mathrm{g}}\prod_{j=1}^{m}(s-z_j)}{\prod_{i=1}^{n}(s-p_i)}\qquad (m\leqslant n) \tag{4-1}$$

式中，z_j 为开环传递函数的零点，p_i 为开环传递函数的极点，K_{g} 为根轨迹增益，与开环增益 K 成正比，即有

$$K_{\mathrm{g}}=\frac{\prod_{j=1}^{m}\tau_j}{\prod_{i=1}^{n-v}T_i}K \tag{4-2}$$

式(4-1)称为开环传递函数的零极点表达式。

系统闭环特征方程为

$$1+G(s)H(s)=0 \tag{4-3}$$

由式(4-3)可知，满足开环传递函数 $G(s)H(s)=-1$ 的 s 即是闭环特征根。将式(4-1)代入式(4-3)，可得

$$\frac{K_{\mathrm{g}}\prod_{j=1}^{m}(s-z_j)}{\prod_{i=1}^{n}(s-p_i)}=-1 \tag{4-4}$$

式(4-4)称为根轨迹方程。由于 s 为复变量，因此根轨迹方程又可分解为如下两个方程描述：

$$\begin{cases}\dfrac{\prod_{j=1}^{m}|s-z_j|}{\prod_{i=1}^{n}|s-p_i|}=\dfrac{1}{K_{\mathrm{g}}} & (4\text{-}5)\\ \sum_{j=1}^{m}\angle(s-z_j)-\sum_{i=1}^{n}\angle(s-p_i)=(2k+1)\pi\quad k=0,\ \pm1,\ \pm2,\ \cdots & (4\text{-}6)\end{cases}$$

其中，式(4-5)称为幅值条件，式(4-6)称为相角条件。

根据这两个条件可以确定 s 平面上的根轨迹和根轨迹上对应的 K_g 值。当 s 满足相角条件时，必然可找到一个 K_g 值，使得该 s 满足幅值条件。因此，所有满足相角条件的 s 构成了闭环特征根的轨迹。或者说，相角条件是确定 s 平面上的根轨迹的充分必要条件。可根据相角条件绘制闭环根轨迹，同时，由幅值条件确定根轨迹上各点的 K_g 值。

4.2　根轨迹绘制的基本规则

利用根轨迹的一些性质，可以比较方便地绘制出根轨迹的大致图形。因此，这些性质可以作为绘制根轨迹的一般规则。下面介绍以开环根轨迹增益 K_g 为可变参数的常规根轨迹的绘制规则。

1. 根轨迹的起点和终点

根轨迹起点是指根轨迹增益 $K_g=0$ 的根轨迹点，当 $K_g=0$ 时，式(4-5)的等号右边为 ∞，左边仅当 $s_i=p_i$ 时为 ∞，因此，根轨迹起始于开环极点。而终点则是指 $K_g\to\infty$ 的根轨迹点，当 $K_g\to\infty$ 时，式(4-5)的等号右边为 0，左边仅当 $s_j=z_j$ 时为 0，因此，根轨迹终止于开环零点。

通常，开环传递函数有 n 个极点，m 个零点，且 $n\geqslant m$。这说明开环极点出发的 n 条根轨迹中，有 m 条根轨迹终止于开环零点，有 $(n-m)$ 条根轨迹终止于无穷远处。

2. 根轨迹的分支数

当 $K_g\to\infty$ 变化时，由起点移至终点的一条根轨迹称为一个分支。根轨迹的分支数等于系统开环传递函数的极点数 $n(n\geqslant m$ 时)，也等于系统开环传递函数的阶次。

3. 根轨迹的连续性和对称性

根轨迹的各条分支是连续的。这是因为当 K_g 连续变化时，闭环特征方程的系数是连续变化的，故其根的变化也是连续的，即根轨迹具有连续性。另外，闭环特征方程的根只有实根和成对出现的共轭复根两种，因此根轨迹必然对称于实轴。

4. 实轴上的根轨迹

在实轴上任取一点，若其右边的开环实数零、极点个数之和为奇数，则该点所在的区间必为实轴上的根轨迹。这一结论可由相位条件加以证明。依据该规则，可以方便地确定 s 平面的实轴上的根轨迹。

5. 根轨迹的渐近线

系统的开环极点数 n 大于零点数 m 时，有 $(n-m)$ 条根轨迹分支趋近于 s 平面的无穷远处，故需要确定这些根轨迹是按什么走向趋于无穷远的，而这取决于根轨迹的渐近线倾角和渐近线与实轴的交点。

渐近线的倾角是指根轨迹的渐近线与实轴正方向的夹角，用 φ_a 表示：

$$\varphi_a = \frac{(2k+1)\pi}{n-m} \quad (k=0,1,\cdots,n-m-1) \tag{4-7}$$

渐近线与实轴的交点，用σ_a表示：

$$\sigma_a = \frac{\sum_{i=1}^{n} p_i - \sum_{j=1}^{m} z_j}{n-m} \tag{4-8}$$

【例 4-1】 单位反馈系统开环传递函数$G(s)=\dfrac{K_g(s+1)}{s(s+4)(s^2+2s+2)}$，试绘制根轨迹的渐近线。

解：系统开环极点为$p_1=0$，$p_2=-4$，$p_{3,4}=-1\pm j1$，开环零点为$z_1=-1$。$n=4$，$m=1$，$n-m=3$，即系统有 3 条根轨迹趋于无穷远处，故系统应有 3 条渐近线。

渐近线与实轴的交点及夹角分别为

$$\sigma_a = \frac{(0-4-1+j1-1-j1)-(-1)}{4-1} = -\frac{5}{3}$$

$$\varphi_a = \frac{(2k+1)\pi}{4-1} = \begin{cases} \dfrac{\pi}{3} & (k=0) \\ \pi & (k=1) \\ -\dfrac{\pi}{3} & (k=-1) \end{cases}$$

绘制的 3 条渐近线如图 4-4 中的虚线所示。

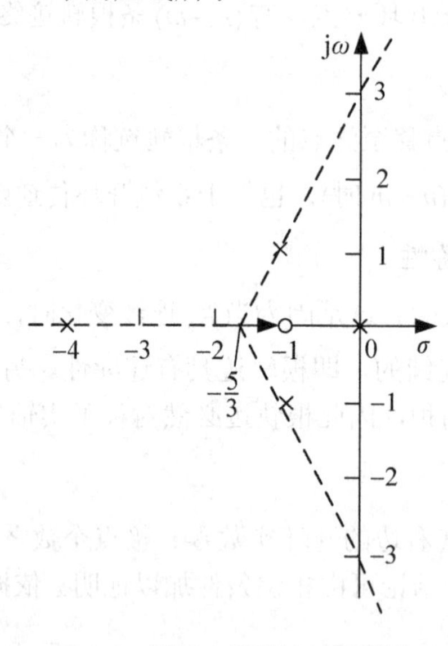

图 4-4 例 4-1 根轨迹的渐近线

6. 根轨迹上的分离点

两条或两条以上根轨迹分支在 s 平面上相遇又立即分开的点，称为根轨迹的分离点或会合点，分离点用 d 表示。大部分的分离点与会合点出现在实轴上，并将根轨迹离开实轴进入 s 平面的点称为分离点；根轨迹离开 s 平面进入实轴的点称为会合点。图 4-5 所示为两条根轨迹分支，其中 a 点为分离点，b 点为会合点。

一般情况下，如果根轨迹在两相邻开环极点或两相邻开环零点(其中一个可能为无穷远处零点)之间，则在此相邻极点或相邻零点之间至少存在一个分离点或会合点。

根轨迹的分离点或会合点实质上是闭环特征方程取得重根的点，可以此作为计算分离点的依据。分离点 d 的坐标可由下式求得：

$$\sum_{j=1}^{m}\frac{1}{d-z_j}=\sum_{i=1}^{n}\frac{1}{d-p_i} \tag{4-9}$$

式(4-9)的证明略。

【例 4-2】 已知系统的结构如图 4-6 所示。试求系统根轨迹的分离点，并绘制系统的根轨迹。

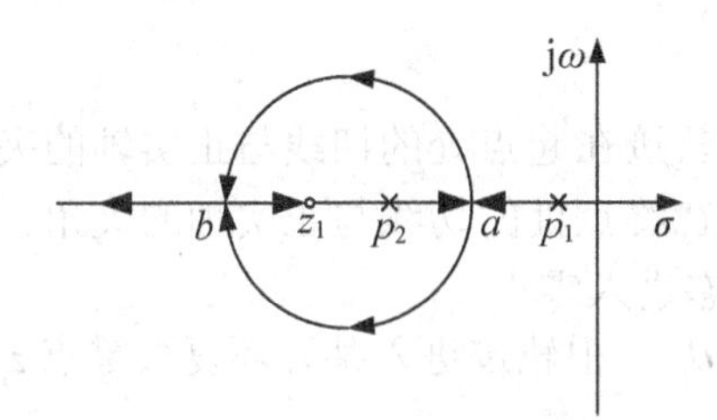

图 4-5　根轨迹的分离点

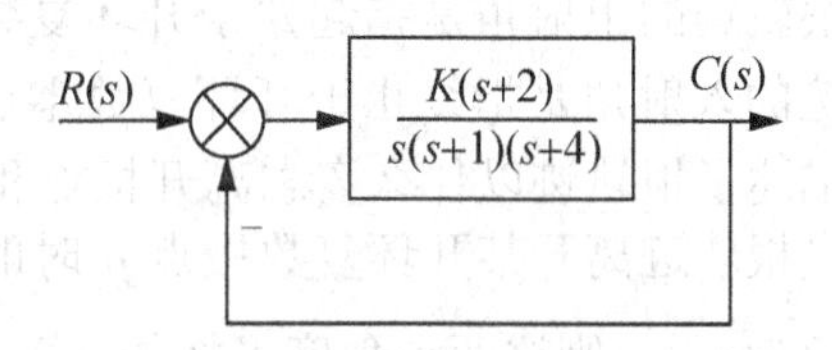

图 4-6　例 4-2 系统结构图

解：系统的开环传递函数为

$$G(s)=\frac{K(s+2)}{s(s+1)(s+4)}$$

系统开环传递函数为零极点表达式，则有 $K_g=K$。

系统开环极点为 $p_1=0$，$p_2=-1$，$p_3=-4$；开环零点为 $z_1=-2$。$n=3$，$m=1$，$n-m=2$，应有 3 条根轨迹，2 条渐近线，2 条根轨迹趋于无穷远处。

根据规则 4，实轴上的区间 $[-1,0]$ 和 $[-4,-2]$ 是根轨迹。

根据规则 5，根轨迹的渐近线与实轴的交点和夹角为

$$\sigma_a=\frac{(0-1-4)-(-2)}{3-1}=-\frac{3}{2}$$

$$\varphi_a=\frac{(2k+1)\pi}{3-1}=\pm\frac{\pi}{2}\qquad(k=0,1)$$

根据规则 6，分离点坐标为

$$\frac{1}{d}+\frac{1}{d+1}+\frac{1}{d+4}=\frac{1}{d+2}$$

整理得

$$(d+4)(d^2+4d+2)=0$$

解得 $d_1=-4$，$d_2=-3.4$，$d_3=-0.6$。

两个极点之间必有分离点，因此分离点位于实轴 $[-1,0]$ 区间，故分离点 $d=-0.6$。系统的根轨迹如图 4-7 所示。

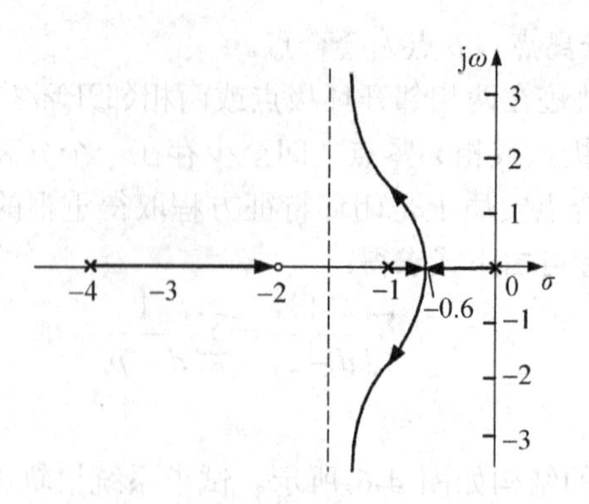

图 4-7　例 4-2 系统的根轨迹

7. 根轨迹的出射角和入射角

根轨迹的出射角是指起始于开环复数极点的根轨迹在起点处的切线与正实轴的夹角。根轨迹的入射角是指终止于开环复数零点的根轨迹在终点处的切线与正实轴的夹角。它们分别描述了根轨迹以什么姿态离开极点和以什么姿态进入零点。

设根轨迹离开某开环复数极点 p_i 时的出射角为 θ_{p_k}，根轨迹进入某开环复数零点 z_i 时的入射角为 φ_{z_k}，则这两个角度可按如下关系式求出：

$$\theta_{p_k} = \pm\pi + \sum_{j=1}^{m}\angle(p_k - z_j) - \sum_{\substack{i=1\\i\neq k}}^{n}\angle(p_k - p_i) \tag{4-10}$$

$$\varphi_{z_k} = \pm\pi + \sum_{i=1}^{n}\angle(z_k - p_i) - \sum_{\substack{j=1\\j\neq k}}^{m}\angle(z_k - z_j) \tag{4-11}$$

【例 4-3】 设系统开环传递函数零、极点分布如图 4-8 所示，确定根轨迹离开共轭极点 p_1、 p_2 的出射角。

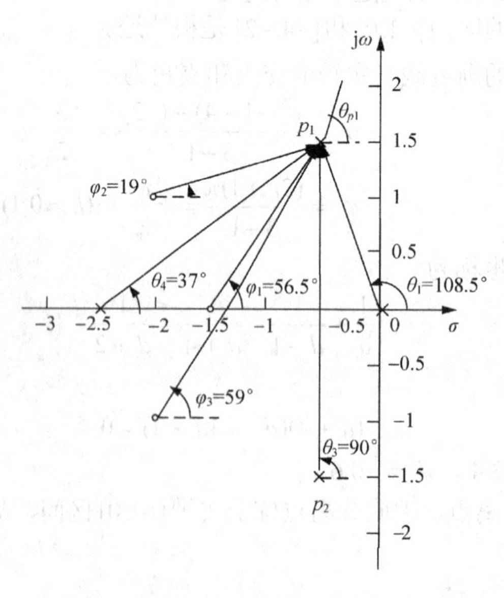

图 4-8　例 4-3 开环零、极点分布图

解：作各开环零、极点到复数极点 $p_1 = -0.5 + \mathrm{j}1.5$ 向量，并测出相应角度，如图 4-8 所示。按式(4-10)计算根轨迹在极点 p_1 的出射角为

$$\theta_{p_1} = 180^\circ + (\varphi_1 + \varphi_2 + \varphi_3) - (\theta_1 + \theta_3 + \theta_4) = 79^\circ$$

根据根轨迹的对称性，根轨迹离开 p_2 的出射角为-79°。

读者可自行求解根轨迹在共轭复数零点的入射角。

8. 根轨迹与虚轴的交点

若根轨迹与虚轴相交，则表示闭环特征方程出现纯虚根，其交点对应于系统处于临界稳定状态。这时有必要求出根轨迹与虚轴的交点及 K_g 的值。

设与虚轴相交的闭环极点为 $s = \mathrm{j}\omega$，代入闭环特征方程，则有

$$1 + G(\mathrm{j}\omega)H(\mathrm{j}\omega) = 0 \tag{4-12}$$

令式(4-12)的实部和虚部分别为 0，有

$$\mathrm{Re}[1 + G(\mathrm{j}\omega)H(\mathrm{j}\omega)] = 0 \tag{4-13}$$

$$\mathrm{Im}[1 + G(\mathrm{j}\omega)H(\mathrm{j}\omega)] = 0 \tag{4-14}$$

解方程组便可求出根轨迹与虚轴交点的坐标ω及其相应的 K_g 值。

9. 根之和

当$n - m \geqslant 2$时，系统n个开环极点之和等于n个闭环极点之和，即

$$\sum_{i=1}^{n} p_i = \sum_{i=1}^{n} s_i \tag{4-15}$$

式中，s_i 为闭环极点。

上式表明，对于一个给定系统，开环极点之和为一常数，故其闭环极点也将为一常数，即满足$n - m \geqslant 2$的反馈系统，当K_g变化使闭环某些极点在s平面上向左移动，则必有另一些闭环极点在s平面上向右移动，以保持极点和为常数，使根轨迹的重心不变。

根据以上的 9 条规则，不难绘出系统的概略根轨迹。

【例 4-4】 已知系统的开环传递函数为

$$G(s)H(s) = \frac{K}{s(s+1)(s+2)}$$

试绘制系统的根轨迹。

解：开环传递函数为零极点表达式，则有 $K_g = K$。绘制根轨迹的步骤如下所述。

(1) 系统开环极点为：$p_1=0$，$p_2=-1$，$p_3=-2$；开环无零点。$n=3$，$m=0$，$n-m=3$，因此，3 条根轨迹都趋向于无穷远处。

(2) 确定实轴上的根轨迹：实轴上$[-1,0]$和$(-\infty,-2]$的区间必为根轨迹。

(3) 确定根轨迹的渐近线：由于$n - m = 3$，故有 3 条渐近线。渐近线与实轴的交点及夹角分别为

$$\sigma_a = \frac{(0-1-2)}{3} = -1$$

$$\varphi_a = \frac{(2k+1)\pi}{3} = \begin{cases} \dfrac{\pi}{3} & (k=0) \\ \pi & (k=1) \\ -\dfrac{\pi}{3} & (k=2) \end{cases}$$

(4) 确定分离点 d：由于实轴 −1 和 0 两个开环极点之间存在根轨迹，故必有分离点，根据规则 6，可求得分离点 d=−0.42。

(5) 确定根轨迹与虚轴的交点：系统闭环特征方程为

$$s^3 + 3s^2 + 2s + K_g = 0$$

令 $s = j\omega$，代入特征方程式得

$$(j\omega)^3 + 3(j\omega)^2 + 2(j\omega) + K_g = 0$$

化为实部和虚部，并分别令其等于 0，则有

$$\begin{cases} K_g - 3\omega^2 = 0 \\ 2\omega - \omega^3 = 0 \end{cases}$$

解得 $\omega = 0$ 和 $\pm\sqrt{2}$，相应的 $K_g = 0$ 和 6。其中，$K_g = 0$ 不属于所讨论的根轨迹与虚轴的交点。当 $K_g = 6$ 时，根轨迹与虚轴相交，其交点坐标为 $\pm j\sqrt{2}$，$K_g = 6$ 为根轨迹的临界增益；当 $K_g > 6$ 时，系统将有两个闭环极点分布在 s 右半平面，此时系统不稳定。绘制系统的根轨迹如图 4-9 所示。

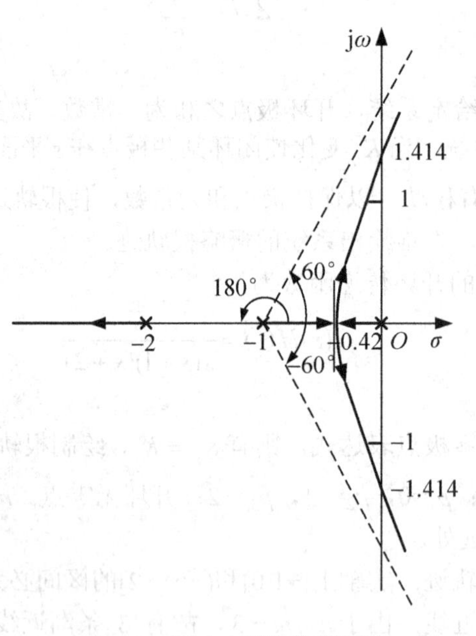

图 4-9 例 4-4 系统的根轨迹

4.3 利用根轨迹法分析控制系统的性能

系统根轨迹反映了闭环特征根(闭环极点)随根轨迹增益 K_g 的变化规律，而系统的闭环

极点与系统的稳定性及动态性能有密切的关系。因此，利用系统根轨迹可直观、方便地分析系统性能。

根轨迹分析法是一种图解的方法，与时域分析法相比，避免了烦琐的数学运算，更重要的是它适合于高阶系统的分析。

4.3.1　闭环零、极点分布与动态响应的关系

系统的性能取决于系统的闭环零、极点在 s 平面上如何分布。现将系统的闭环零、极点的位置与系统动态响应的定性关系归纳如下。

(1)　若所有闭环极点位于 s 左半平面，则系统的动态响应收敛，系统必定稳定。

(2)　若要提高系统快速性，闭环极点均应远离虚轴。

(3)　若要减小系统超调量，提高系统稳定性，闭环极点应靠近实轴，共轭复数极点应设置在 s 平面上与负实轴成±45°夹角线(称为最佳阻尼线)的附近。

例如，二阶系统在欠阻尼($0<\xi<1$)情况下，闭环极点为一对实部为负的共轭复数极点，即

$$s_{1,2}=-\xi\omega_{\mathrm{n}}\pm\mathrm{j}\omega_{\mathrm{n}}\sqrt{1-\xi^2}$$

复数极点的参数与系统阶跃响应及性能指标的关系为

$$c(t)=1-\frac{\mathrm{e}^{-\xi\omega_{\mathrm{n}}t}}{\sqrt{1-\xi^2}}\sin(\omega_{\mathrm{d}}t+\theta)$$

式中，$\omega_{\mathrm{d}}=\omega_{\mathrm{n}}\sqrt{1-\xi^2}$，$\theta=\arccos\xi$

$$\sigma\%=\mathrm{e}^{-\xi\pi/\sqrt{1-\xi^2}}\times100\%\text{，}\quad t_{\mathrm{s}}=\frac{3}{\xi\omega_{\mathrm{n}}}$$

可以看出，闭环极点与负实轴的夹角(θ)反映了系统的超调量，当闭环复数极点靠近 θ=±45°夹角线时，可使得 $\xi\approx0.707$(最佳阻尼比)，从而保证系统的平稳性和快速性。闭环极点的实部($-\xi\omega_{\mathrm{n}}$)反映了系统的调整时间，提高系统响应的快速性，即减小调节时间，应增大 $\xi\omega_{\mathrm{n}}$，也就是闭环极点 $s_{1,2}$ 应远离虚轴。

(4)　主导极点对系统动态性能起决定性作用。

在闭环极点中离虚轴最近且附近没有零点的闭环极点称为闭环主导极点。闭环主导极点对系统性能的影响最大，对系统性能起着主导作用。通常，其他极点离虚轴的距离比主导极点离虚轴的距离大 5 倍以上，而且附近也无闭环零点，是构成闭环主导极点的条件。利用闭环主导极点估算系统性能指标时，可只考虑暂态分量中主导极点所对应的分量。在实际工程中，可利用闭环主导极点将高阶系统降阶为典型一阶或二阶系统后，估算系统性能指标。

(5)　闭环零点可以削弱或抵消其附近闭环极点的作用。

当一对闭环零、极点相距很近的，它们便称为一对偶极子。一般情况下，偶极子对系统动态响应的影响可以忽略。但是，当偶极子的位置十分接近坐标原点时，其影响往往需要考虑，但这并不影响主导极点的地位。利用偶极子的概念，可在系统中适当设置零点，以抵消不利极点对系统动态性能的影响。

4.3.2 利用主导极点法分析系统性能

在工程计算中，采用主导极点代替全部闭环极点来估算系统性能指标的方法，称为主导极点法。采用主导极点法时，在全部闭环极点中，选择最靠近虚轴又不十分接近闭环零点的闭环极点作为闭环主导极点，略去不十分接近坐标原点的偶极子，以及比主导极点距虚轴远6倍以上的闭环零、极点。这样，大多数的高阶系统都可简化成为低阶系统进行分析。下面举例说明如何采用主导极点法分析系统的性能。

【例 4-5】 已知单位反馈控制系统的开环传递函数为

$$G(s)H(s)=\frac{K}{s(s+1)(s+2)}$$

试用根轨迹分析系统的稳定性，若主导极点具有阻尼比$\xi=0.5$，求系统的性能指标。

解:

(1) 绘制根轨迹。绘制步骤见例 4-4，根轨迹如图 4-10 所示。

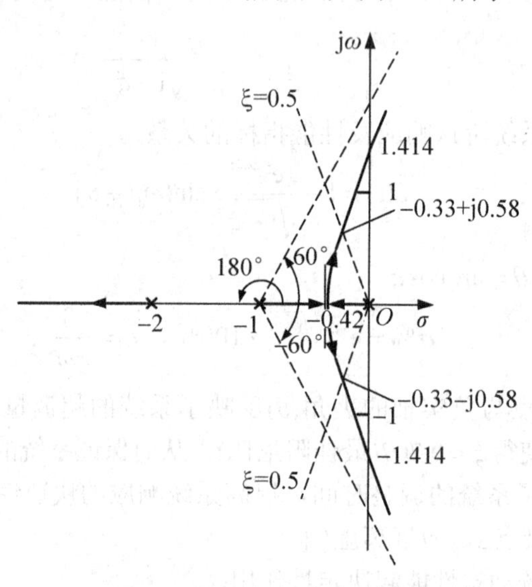

图 4-10 例 4-5 系统根轨迹图

(2) 分析系统的稳定性。由例 4-4 可知，根轨迹与虚轴相交时，$K=K_g=6$，为根轨迹的临界增益。因此，要使系统稳定，则开环增益K的范围为$0<K<6$。

(3) 根据阻尼比的要求确定主导极点的位置。

在根轨迹上做出$\xi=0.5$的阻尼线，使其与实轴负方向的夹角$\theta=\arccos\xi=60°$，阻尼线与根轨迹的交点为s_1。从根轨迹图上可得$s_1=-0.33+\mathrm{j}0.58$，$s_2=-0.33-\mathrm{j}0.58$。

应用幅值条件，可求出s_1点对应的开环增益K。

$$K=K_g=|s_1-p_1|\cdot|s_1-p_2|\cdot|s_1-p_3|=0.67\times0.89\times1.77=1.06$$

为了验证$s_{1,2}$是闭环的主导极点，必须求出$K_g=1.06$时第三个闭环极点s_3。根据闭环特征方程

$$s^3+3s^2+2s+K_g=0$$

由$K_g=1.06$，$s_{1,2}=-0.33\pm j0.58$，可求出$s_3=-2.33$。因为$2.33/0.33=7$，即s_3远离主导极点，可略去。故$s_{1,2}$是一对共轭主导极点，系统可近似为二阶系统。经计算可得$\xi=0.5$，$\omega_n=0.66\text{rad/s}$，则系统的闭环传递函数近似为

$$\varPhi(s)=\frac{0.436}{s^2+0.66s+0.436}$$

于是，系统的动态性能指标为$\sigma\%=16.3\%$，$t_s=9.1\text{s}$。

【例 4-6】 系统闭环传递函数

$$\varPhi(s)=\frac{(0.59s+1)}{(0.67s+1)(0.01s^2+0.08s+1)}$$

试估算系统的性能指标。

解：系统有 3 个极点：$p_1=-1.5$，$p_{2,3}=-4\pm j9.2$；有一个零点：$z_1=-1.7$。其零、极点分布如图 4-11 所示。

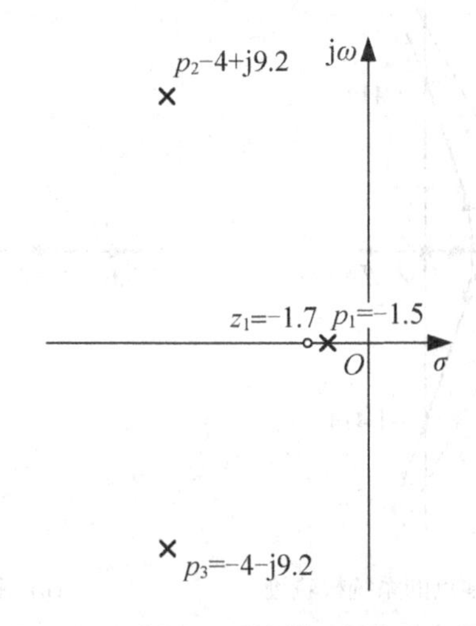

图 4-11　例 4-6 系统零、极点分布图

极点p_1与z_1十分接近，构成偶极子，故主导极点为$p_{2,3}$，则系统可近似为二阶系统，即

$$\varPhi(s)=\frac{1}{0.01s^2+0.08s+1}$$

计算可得，系统的阻尼比$\xi=0.4$，无阻尼自然振荡频率$\omega_n=10\text{ rad/s}$。系统的性能指标为$\sigma\%=25\%$，$t_s=0.75\text{s}$。

4.3.3　增加开环零、极点对系统性能的影响

根轨迹是由系统的开环零、极点决定的，那么在系统中增加开环零、极点或改变零、极点在 s 平面上的位置，都可以改变根轨迹的形状，从而改善系统的性能。

1. 增加开环零点对系统性能的影响

在开环传递函数中引入零点，对系统根轨迹将产生较大影响。下面举例加以说明。

设系统的开环传递函数为

$$G(s)H(s) = \frac{K_g}{s(s-p_1)(s-p_2)} \tag{4-16}$$

为了分析方便，取例 4-5 中的极点，$p_1=-1$，$p_2=-2$。根轨迹如图 4-12(a)所示。从图中可以看出，当系统开环增益取值超过临界值时，系统将变得不稳定。若在系统增加一个开环零点，系统的开环传递函数变为

$$G(s)H(s) = \frac{K_g(s-z)}{s(s-p_1)(s-p_2)} \tag{4-17}$$

当零点 z 分别取 −3.6 、 −1.6 、 −0.6 时，根轨迹如图 4-12(b)～(d)所示。

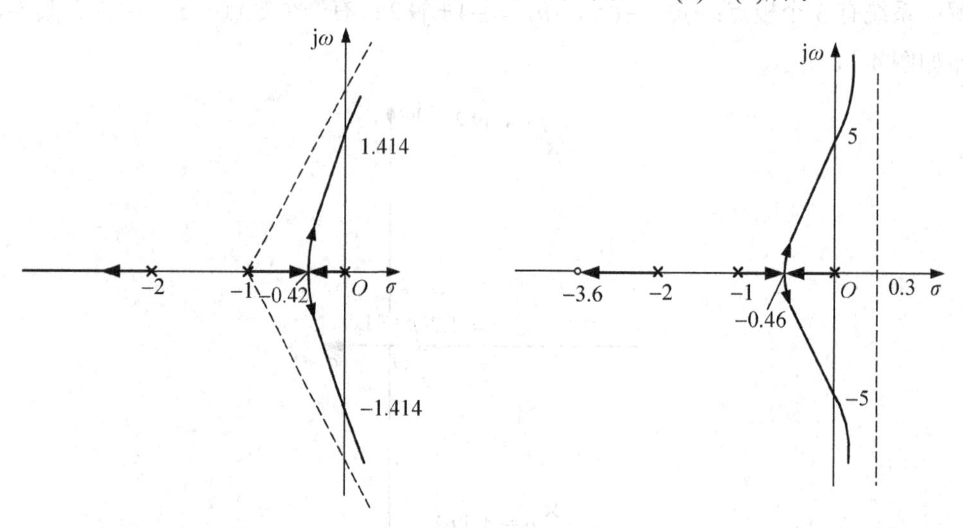

(a) 无开环零点的系统根轨迹　　(b) 附加−3.6开环零点的系统根轨迹

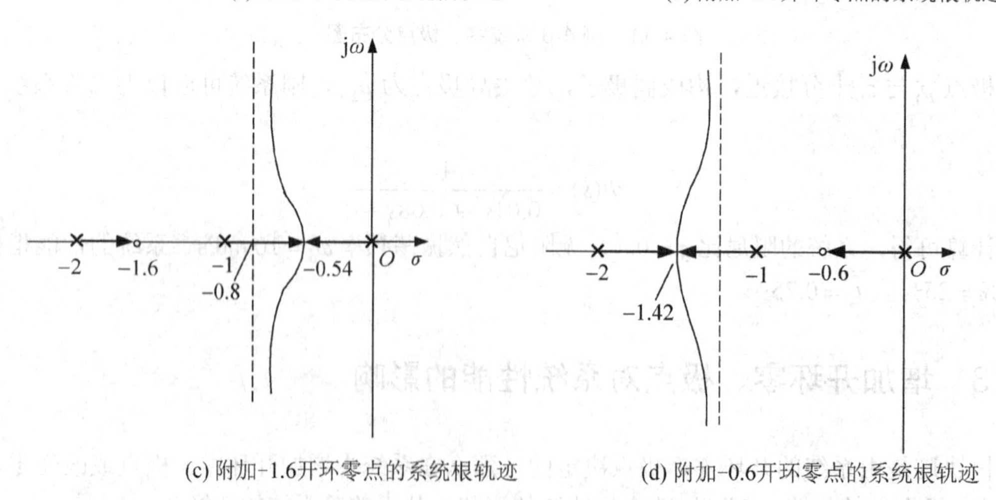

(c) 附加−1.6开环零点的系统根轨迹　　(d) 附加−0.6开环零点的系统根轨迹

图 4-12　附加不同开环零点对根轨迹的影响

由图 4-12 可见，增加零点后使得根轨迹向左偏移，偏移程度与增加的零点位置有关。零点越远离虚轴，根轨迹向左偏移的程度越小，越靠近虚轴偏移的程度越大，使得系统的稳定性发生了变化。从形状上看，图 4-12(b)的根轨迹与图 4-12(a)的根轨迹差异不大，系统的性能改善不明显，且当系统开环增益超过临界值时，系统仍将不稳定。而图 4-12(c)、(d)的根轨迹，从形状上看，无论开环增益取何值，系统根轨迹都在 s 左半平面变化，系统是稳定的，系统性能改善显著。因此，在工程中，常采用增加零点的方法对系统进行校正。

若增加一个开环零点，对系统根轨迹产生的影响如下。

(1) 将改变根轨迹在实轴上的分布。

(2) 将改变根轨迹渐近线的条数、渐近线与实轴的夹角及分离点。

(3) 使得根轨迹的曲线向左偏移，有利于改善系统的动态性能，且零点越靠近虚轴，对系统影响越明显。

(4) 适当选择附加开环零点在 s 平面的位置，使其与有损系统性能的极点构成一对开环偶极子，可抵消不利极点对系统动态性能的影响。

2. 增加开环极点对系统性能的影响

在开环传递函数中引入极点，对系统根轨迹也将产生较大影响。下面举例加以说明。设系统的开环传递函数为

$$G(s)H(s)=\frac{K_{\mathrm{g}}}{s(s-p_1)} \tag{4-18}$$

当系统开环极点 $p_1=-1$ 时，系统的根轨迹如图 4-13(a)所示。若增加一个稳定的开环极点，则系统的开环传递函数为

$$G(s)H(s)=\frac{K_{\mathrm{g}}}{s(s-p_1)(s-p_2)} \tag{4-19}$$

设增加的开环极点为 $p_2=-2$ 时，系统的根轨迹如图 4-13(b)所示。

由图可见，增加了开环极点后，系统的渐进线变为 3 条，实轴上的分离点也发生偏移，根轨迹向右弯曲。当开环增益 K_{g} 超过某一临界值时，系统就变得不稳定了。由于根轨迹向右弯曲，对应同一个 K_{g} 值，闭环复数的极点值减小(实数部分和虚数部分均变小)，将导致系统的调节时间加长。因此，增加开环极点对系统的动态性能是不利的，在一般情况下，不单独增加开环极点。

若增加一个开环极点，对系统根轨迹产生的影响如下。

(1) 将改变根轨迹在实轴上的分布。

(2) 将改变根轨迹渐近线的条数、渐近线与实轴的夹角及分离点。

(3) 将改变根轨迹的分支数。

(4) 根轨迹曲线将向 s 右半平面弯曲，不利于改善系统的动态性能，且当增加的极点越靠近虚轴时，这种影响就越大。

3. 增加开环偶极子对系统性能的影响

一对开环负实数零极点若满足：极点比零点更靠近坐标原点；零极点的间距很小，且非常靠近坐标原点，通常它们的中心到坐标原点的距离比闭环主导极点的负实部要小一个

数量级，则这样的零极点对被称为开环偶极子。

在系统中增加开环偶极子对系统的暂态性能影响微小，这是因为原系统的闭环主导极点到偶极子的极点和零点矢量基本相等，它们在幅值条件和相角条件中的作用相互抵消。系统增加开环偶极子前后的系统根轨迹如图 4-14 所示。由图可知，系统根轨迹向右略微偏移，具有相同阻尼比ξ=0.5 的闭环主导极点 s_1 和 s_1' 差异很小，即系统闭环主导极点改变不大。

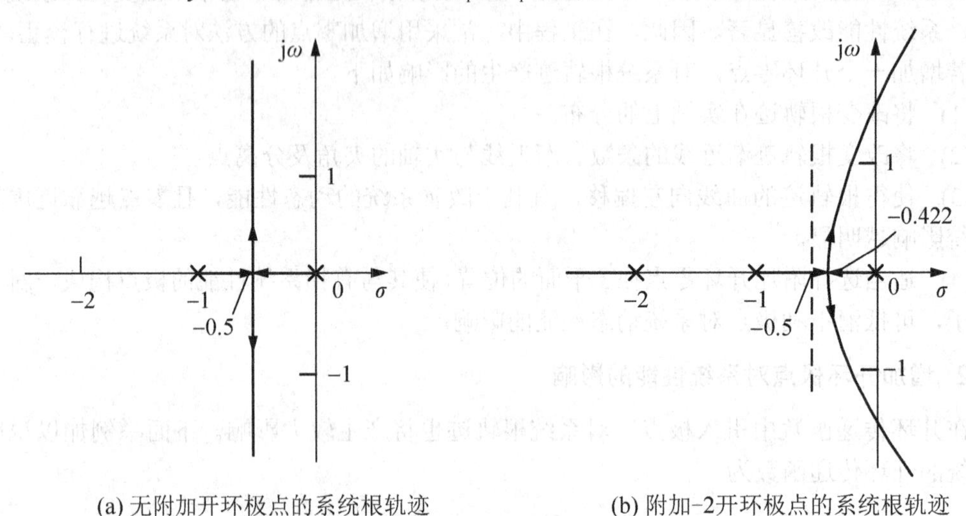

(a) 无附加开环极点的系统根轨迹　　(b) 附加−2开环极点的系统根轨迹

图 4-13　附加开环极点对系统根轨迹的影响

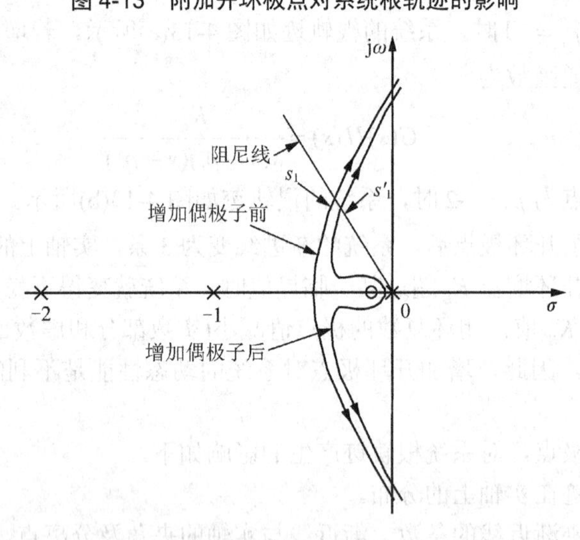

图 4-14　增加开环偶极子前后的系统根轨迹

但是，增加偶极子对减小稳态误差的作用非常显著。例如，系统开环传递函数为

$$G(s)=\frac{1}{s(s+1)(s+2)}$$

系统为Ⅰ型系统，系统开环增益为 K=0.5，则系统在单位斜坡响应作用下的稳态误差为

$$e_{ss}=\frac{1}{K_v}=\frac{1}{0.5}=2$$

若增加一对开环偶极子，如取零点为 $z=-0.1$，极点为 $p=-0.01$，则开环传递函数变为

$$G(s)=\frac{s+0.1}{s(s+1)(s+2)(s+0.01)}$$

可得系统开环增益为 $K=5$，则稳态误差为

$$e'_{ss}=\frac{1}{K_v}=\frac{1}{5}=0.2$$

可见，系统稳态误差减小为原来的 1/10。因此，增加一对开环偶极子，有减小系统稳态误差的作用。

4.4 应用实例

本节以激光操纵控制系统为例，说明系统的根轨迹分析法在实际工程中的应用。在医学领域激光常被应用于一些精密的外科手术。这种情况下，激光操纵控制系统必须具有高度精确的位置和速度响应。采用直流电动机操纵激光，其控制系统的动态结构如图 4-15 所示。利用根轨迹分析法确定系统稳定的开环增益 K 的范围，且选取 K 值，满足系统在单位斜坡输入($r(t)=t$)下，系统稳态误差 $e_{ss}\leqslant 0.1$mm。

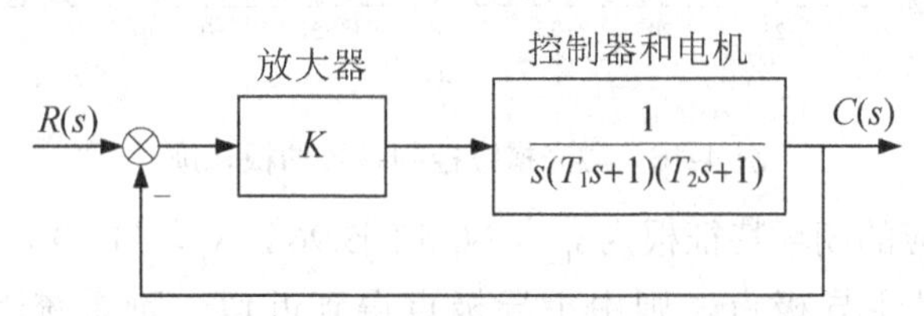

图 4-15 激光操纵控制系统的动态结构图

电动机和控制器参数选取为 $T_1=0.1\text{s}$，$T_2=0.2\text{s}$，则系统的开环传递函数为

$$G_0(s)=\frac{K}{s(T_1s+1)(T_2s+1)}=\frac{K}{s(0.1s+1)(0.2s+1)}$$

系统的闭环传递函数为

$$\Phi(s)=\frac{K}{s(T_1s+1)(T_2s+1)+K}=\frac{50K}{s^3+15s^2+50s+50K}$$

则系统闭环特征方程为

$$s^3+15s^2+50s+50K=0$$

对应的劳斯表为

$$\begin{array}{lll} s^3 & 1 & 50 \\ s^2 & 15 & 50K \\ s^1 & (750-50K)/15 & 0 \\ s^0 & 50K & \end{array}$$

为保证系统稳定，由劳斯稳定判据可得，系统稳定条件为

$$0<K\leqslant 15$$

绘制增益 K 从零到无穷变化的根轨迹如图 4-16 所示。由根轨迹曲线与虚轴的交点，同

样可得系统的稳定的增益 K 的取值范围。

在单位斜坡信号($R(s)=1/s^2$)作用下，系统的稳态误差为

$$e_{ss}=\frac{1}{K}$$

故要使系统稳态误差 $e_{ss}\leqslant 0.1$mm，则应有 $K\geqslant 10$。

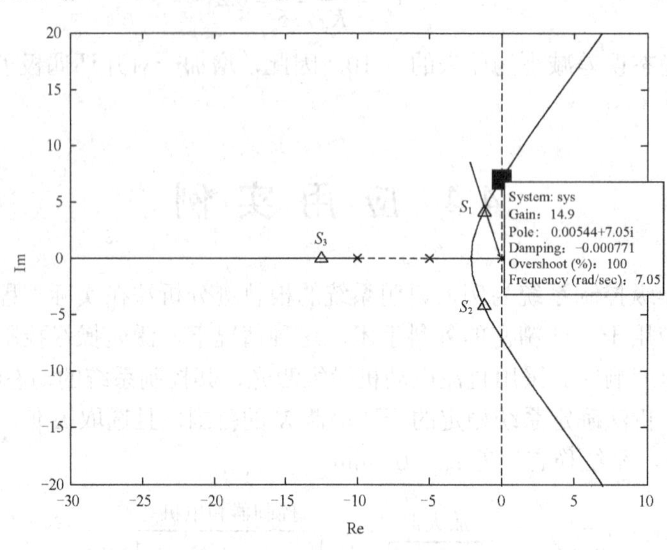

图 4-16 激光操纵控制系统的根轨迹

当 K=10 时，对应的闭环特征根为 $s_{1,2}=-0.5\pm \text{j}5.96$， $s_3=-13.9$， 由于 13.9/0.5=27.8，因此，可认为 $s_{1,2}$ 是主导极点，则由主导极点得到近似二阶系统阻尼比为 $\xi=0.084$，$\xi\omega_{\text{n}}=0.5$。可计算近似二阶系统的超调量为 76%，调节时间为 7.8s(按±2%的误差带)，而实际三阶系统的阶跃响应的超调量为 72%，调节时间为 7.2s，原系统和近似二阶系统的阶跃响应如图 4-17 所示。显然，它们的时域性能相差不大，且与理论计算值很接近。这说明利用根轨迹的主导极点分析法有利于简化系统的分析过程。

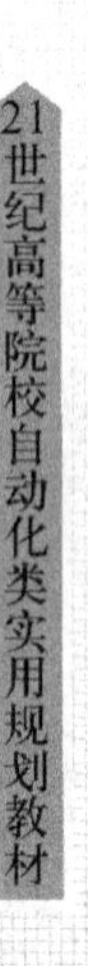

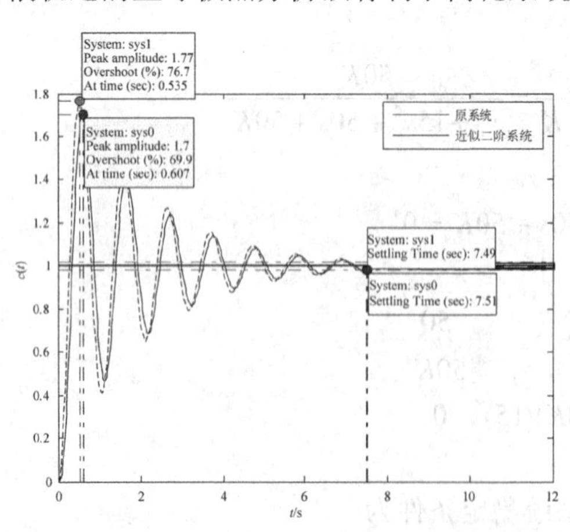

图 4-17 原系统和近似二阶系统的阶跃响应

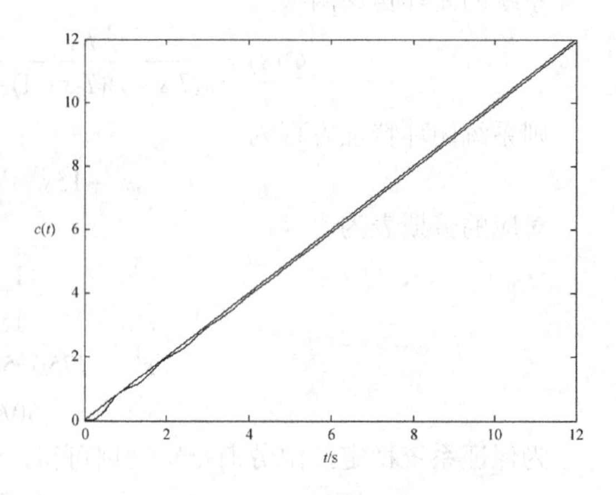

图 4-18 系统斜坡响应

由图 4-17 可知，阶跃输入作用下，系统响应呈高频振荡特性，不能用于外科手术，必须采用低速小斜坡信号作为手术指令信号，系统对斜坡信号的响应如图 4-18 所示，显然，系统可以快速、准确地跟踪斜坡信号。

本 章 小 结

根轨迹分析法是利用反馈系统中开、闭环之间的关系，由开环传递函数直接寻求闭环根轨迹的变化规律。根轨迹分析法是在 s 平面中进行，不需要求解时域响应，是一种图解分析方法，适合于高阶系统的分析。

(1) 根轨迹是指当系统中某个参数(一般为开环根轨迹增益)的数值从 0 变到无穷大时，闭环系统的特征根在 s 平面上变化的轨迹。

(2) 绘制根轨迹是控制系统性能分析的前提。掌握绘制根轨迹图的 9 条基本规则，就可以方便地绘制出根轨迹的大致形状。

(3) 利用系统根轨迹可确定系统闭环极点以及对系统动态性能的影响；若系统存在主导极点、偶极子，可采用主导极点法，将高阶系统降阶为一、二阶系统进行性能估算。

(4) 增加开环零点、极点及偶极子，可以改变根轨迹的形状，从而影响系统的性能。增加开环零点，有利于系统动态性能的改善；增加开环极点，不利于系统动态性能的改善；增加开环偶极子对系统动态性能影响甚微，但有减小系统稳态误差的作用。

习　　题

4-1　什么是根轨迹？s 平面根轨迹上的点应满足什么条件？

4-2　系统的根轨迹有几条？根据是什么？

4-3　从系统的根轨迹图中，如何确定系统稳定性的性能？

4-4　附加开环的零点、极点后，对系统的性能是否有改善？

4-5　系统的开环传递函数为 $G(s)=\dfrac{K_g}{(s+1)(s+2)(s+4)}$，试用相角条件判断点 $(-1,\sqrt{3})$ 是否在根轨迹上，如是，则采用幅值条件求出相应的 K_g 值。

4-6　已知单位反馈系统的开环传递函数，试概略绘出系统的根轨迹。

(1)　$G(s)=\dfrac{10K}{s(s+5)(s+2)}$

(2)　$G(s)=\dfrac{K}{s(s+1)(s+2)(s+5)}$

(3)　$G(s)=\dfrac{K(s+2)}{(s+1-\mathrm{j}2)(s+1+\mathrm{j}2)}$

4-7　已知单位反馈控制系统的开环传递函数为 $G(s)=\dfrac{K_g}{s(s+6)(s+3)}$，绘制系统的根轨迹，并求出系统临界稳定时的 K_g 值和系统的闭环极点。

4-8　已知负反馈控制系统的闭环特征方程为 $K_g+(s+14)(s^2+2s+2)=0$，$K_g>0$，试绘制系统的根轨迹，并确定复数闭环主导极点的阻尼系数 $\xi=0.5$ 时的 K_g 值。

4-9　已知单位反馈控制系统的开环传递函数为

(1)　$G(s)=\dfrac{K_g}{s(s^2+3s+9)}$

(2)　$G(s)=\dfrac{K_g(2s+1)}{(s+1)^2\left(\dfrac{4}{7}s-1\right)}$

采用根轨迹确定使系统稳定时的 K_g 的范围。

4-10　求 4-5 题中系统稳定时开环增益 K 的取值范围。

4-11　设单位反馈系统的开环传递函数为 $G(s)=\dfrac{K_g(-s+1)}{s(s+2)}$，绘制其根轨迹，并求出使系统产生重实根的 K_g 值。

4-12　设单位反馈系统的开环传递函数为 $G(s)=\dfrac{16K}{(s+2)^4}$，用根轨迹分析系统的稳定性，并估算 $\sigma\%=16.3\%$ 时的 K 值。

第5章

控制系统的频域分析法

了解系统频率特性的基本概念，掌握典型环节的频率特性，熟悉系统开环频率特性的绘制方法，掌握利用开环频率特性判定系统的稳定性，理解频率特性与系统性能的关系。

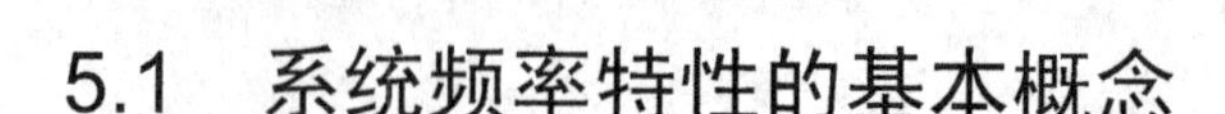

5.1 系统频率特性的基本概念

5.1.1 频率特性的定义

在正弦输入信号的作用下，系统输出的稳态分量称为频率响应，系统频率响应与正弦输入信号之间的关系称为频率特性。下面以 RC 电路为例分析系统频率特性。

RC 电路如图 5-1 所示。设 RC 电路的初始条件为 0，其传递函数为

$$G(s)=\frac{C(s)}{R(s)}=\frac{1}{Ts+1} \tag{5-1}$$

式中，$T=RC$，为电路的惯性时间常数。

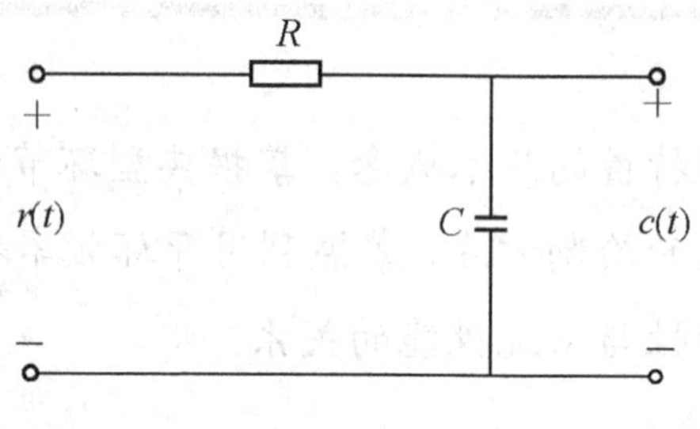

图 5-1　RC 电路

设输入为正弦电压信号，即

$$r(t)=A_{\text{im}}\sin(\omega t) \tag{5-2}$$

则式(5-2)对应的拉普拉斯变换为

$$R(s)=\frac{A_{\text{im}}\omega}{s^2+\omega^2} \tag{5-3}$$

将式(5-3)代入式(5-1)，则有

$$C(s)=\frac{1}{Ts+1}\cdot\frac{A_{\text{im}}\omega}{s^2+\omega^2} \tag{5-4}$$

对式(5-4)进行拉普拉斯逆变换，可得输出量的时域表达式为

$$c(t)=\frac{A_{\text{im}}\omega T}{1+\omega^2T^2}\mathrm{e}^{-\frac{t}{T}}+\frac{A_{\text{im}}}{\sqrt{1+\omega^2T^2}}\sin(\omega t+\varphi) \tag{5-5}$$

式中，$\varphi=-\arctan\omega T$。

显然，$c(t)$表达式中第一项是输出的暂态分量，当 $t\to\infty$ 时，暂态分量趋向于 0；第二项是输出的稳态分量。因此，RC 电路的稳态响应可表示为

$$\begin{aligned}c(\infty)=\lim_{t\to\infty}c(t)&=\frac{A_{\text{im}}}{\sqrt{1+\omega^2T^2}}\sin(\omega t+\varphi)\\&=A_{\text{im}}\left|\frac{1}{1+\mathrm{j}\omega T}\right|\sin\left(\omega t+\angle\frac{1}{1+\mathrm{j}\omega T}\right)\end{aligned} \tag{5-6}$$

可见，当电路输入为正弦信号时，输出电压的稳态响应(频率响应)仍是一个正弦信号，

其频率和输入信号相同，但幅值和相角发生了变化，幅值衰减为原来$1/\sqrt{1+\omega^2T^2}$，相位滞后了$\arctan\omega T$，且均为ω的函数。

将输出的稳态响应和输入正弦信号用复数向量表示，则有

$$\dot{C}=\frac{A_{\mathrm{im}}}{\sqrt{1+\omega^2T^2}}\mathrm{e}^{-\mathrm{j}\arctan\omega T}=\left|\frac{A_{\mathrm{im}}}{1+\mathrm{j}\omega T}\right|\mathrm{e}^{\mathrm{j}\angle\frac{1}{1+\mathrm{j}\omega T}}$$

$$\dot{R}=A_{\mathrm{im}}\mathrm{e}^{\mathrm{j}0}$$

则它们的比值为

$$G(\mathrm{j}\omega)=\frac{1}{1+\mathrm{j}\omega T}=A(\omega)\mathrm{e}^{\mathrm{j}\varphi(\omega)} \tag{5-7}$$

式中，$A(\omega)=\left|\frac{1}{1+\mathrm{j}\omega T}\right|=\frac{1}{\sqrt{1+\omega^2T^2}}$，$\varphi(\omega)=\angle\frac{1}{1+\mathrm{j}\omega T}=-\arctan\omega T$

由式(5-7)可以看出，输出信号与输入信号的比值不仅与电路参数T有关，而且与频率ω有关，称为RC电路的频率特性。其中，$A(\omega)$称为幅频特性，它是输出信号和输入信号的幅值之比，反映了频率特性的幅值与频率的关系；$\varphi(\omega)$称为相频特性，它是输出信号和输入信号的相角之差，反映了频率特性的相位与频率的关系。

在相应的坐标系下绘制幅频特性和相频特性，如图 5-2(a)、(b)所示。由图可见，当角频率ω较低时，输出幅值衰减的不大，相位滞后不多，但随着角频率ω的增加，输出幅值衰减加剧，直至趋近于零，相位滞后趋于−90°。

根据式(5-7)，系统的频率特性定义为：线性系统(或环节)在正弦输入信号的作用下，系统的稳态输出与输入之比。系统的频率特性分为幅频特性和相频特性，又称为幅相特性。

设n阶线性稳定系统的传递函数为

$$G(s)=\frac{C(s)}{R(s)}=\frac{N(s)}{D(s)}=\frac{N(s)}{(s-s_1)(s-s_2)\cdots(s-s_n)} \tag{5-8}$$

其中，$s_1, s_2, \cdots, s_n$为n个互异的闭环特征根。

当$r(t)=A_{\mathrm{m}}\sin\omega t$时，则有

$$R(s)=\frac{A_{\mathrm{m}}\omega}{s^2+\omega^2}$$

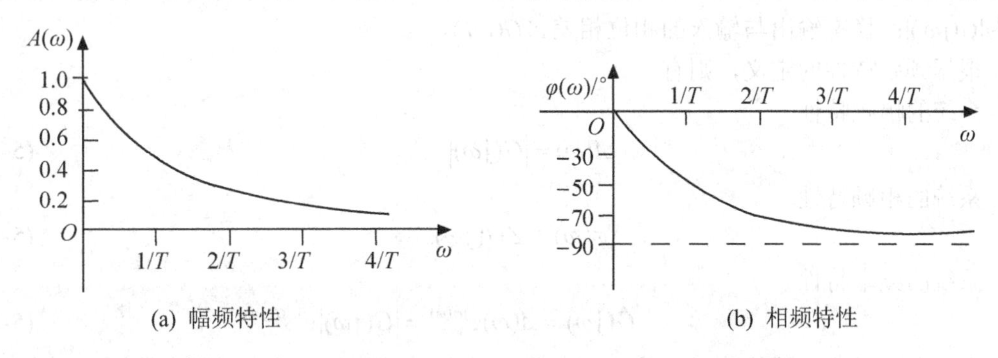

(a) 幅频特性　　(b) 相频特性

图 5-2　RC 电路的频率特性

系统输出响应为

$$
\begin{aligned}
C(s)=G(s)R(s)&=\frac{N(s)}{(s-s_1)(s-s_2)\cdots(s-s_n)}\cdot\frac{A_m\omega}{s^2+\omega^2}\\
&=\frac{a_1}{s+\mathrm{j}\omega}+\frac{a_2}{s-\mathrm{j}\omega}+\sum_{i=1}^{n}\frac{b_i}{s-s_i}
\end{aligned}
\tag{5-9}
$$

取式(5-9)的拉普拉斯逆变换得

$$
c(t)=\sum_{i=1}^{n}b_i\mathrm{e}^{s_it}+a_1\mathrm{e}^{-\mathrm{j}\omega t}+a_2\mathrm{e}^{\mathrm{j}\omega t}
\tag{5-10}
$$

由于系统是稳定的，闭环特征根 $s_1, s_2, \cdots, s_n$ 的均具有负实部，当 $t\to\infty$ 时，$c(t)$表达式中的第一项逐渐趋于0，即为系统暂态响应。系统最终的稳态输出为

$$
c(\infty)=\lim_{t\to\infty}c(t)=a_1\mathrm{e}^{-\mathrm{j}\omega t}+a_2\mathrm{e}^{\mathrm{j}\omega t}
\tag{5-11}
$$

式中，a_1，a_2 为待定系数。其中

$$
a_1=G(s)\frac{A_m\omega}{(s+\mathrm{j}\omega)(s-\mathrm{j}\omega)}(s+\mathrm{j}\omega)\Big|_{s=-\mathrm{j}\omega}=-\frac{A_mG(-\mathrm{j}\omega)}{2\mathrm{j}}
\tag{5-12}
$$

$$
a_2=G(s)\frac{A_m\omega}{(s+\mathrm{j}\omega)(s-\mathrm{j}\omega)}(s-\mathrm{j}\omega)\Big|_{s=\mathrm{j}\omega}=\frac{A_mG(\mathrm{j}\omega)}{2\mathrm{j}}
\tag{5-13}
$$

在极坐标下，$G(\mathrm{j}\omega)$ 和 $G(-\mathrm{j}\omega)$ 关于横轴对称，则有

$$
G(\mathrm{j}\omega)=|G(\mathrm{j}\omega)|\mathrm{e}^{\mathrm{j}\angle G(\mathrm{j}\omega)}
$$

$$
G(-\mathrm{j}\omega)=|G(-\mathrm{j}\omega)|\mathrm{e}^{\mathrm{j}\angle G(-\mathrm{j}\omega)}=|G(\mathrm{j}\omega)|\mathrm{e}^{-\mathrm{j}\angle G(\mathrm{j}\omega)}
$$

将式(5-12)和式(5-13)代入式(5-11)，则有

$$
\begin{aligned}
c(\infty)&=\frac{A_m|G(\mathrm{j}\omega)|\mathrm{e}^{-\mathrm{j}\angle G(\mathrm{j}\omega)}}{-2\mathrm{j}}\mathrm{e}^{-\mathrm{j}\omega t}+\frac{A_m|G(\mathrm{j}\omega)|\mathrm{e}^{\mathrm{j}\angle G(\mathrm{j}\omega)}}{2\mathrm{j}}\mathrm{e}^{\mathrm{j}\omega t}\\
&=A_m|G(\mathrm{j}\omega)|\frac{\mathrm{e}^{\mathrm{j}[\omega t+\angle G(\mathrm{j}\omega)]}-\mathrm{e}^{-\mathrm{j}[\omega t+\angle G(\mathrm{j}\omega)]}}{2\mathrm{j}}\\
&=A_m|G(\mathrm{j}\omega)|\sin[\omega t+\angle G(\mathrm{j}\omega)]
\end{aligned}
\tag{5-14}
$$

显然，式(5-14)表明：线性系统的输入端加一频率为ω正弦信号时，系统输出的稳态值是与输入同频率的正弦信号，其幅值和相位是频率ω的函数。稳态输出幅值与输入幅值之比为$|G(\mathrm{j}\omega)|$；稳态输出与输入的相位相差$\angle G(\mathrm{j}\omega)$。

根据频率特性的定义，则有

系统的幅频特性

$$
A(\omega)=|G(\mathrm{j}\omega)|
\tag{5-15}
$$

系统的相频特性

$$
\varphi(\omega)=\angle G(\mathrm{j}\omega)
\tag{5-16}
$$

系统的频率特性

$$
G(\mathrm{j}\omega)=A(\omega)\mathrm{e}^{\mathrm{j}\varphi(\omega)}=|G(\mathrm{j}\omega)|\mathrm{e}^{\mathrm{j}\angle G(\mathrm{j}\omega)}
\tag{5-17}
$$

事实上，只要将系统传递函数中的s用$\mathrm{j}\omega$代替，便可得到系统的频率特性，即有

$$
G(\mathrm{j}\omega)=G(s)\big|_{s=\mathrm{j}\omega}
\tag{5-18}
$$

可见，系统频率特性和系统传递函数之间存在直接的内在联系。频率特性$G(\mathrm{j}\omega)$是传递

函数 $G(s)$的一种特殊形式，它和系统的微分方程、传递函数一样都反映了系统的固有特性。因此，通过系统频率特性能够准确、直观地分析系统的性能。

频率特性 $G(j\omega)$是ω的复变函数，既可分解为幅频特性 $A(\omega)$和相频特性 $\varphi(\omega)$，也可分解为实频特性 $U(\omega)$和虚频特性 $V(\omega)$，即有

$$G(j\omega)=A(\omega)e^{j\varphi(\omega)}=U(\omega)+jV(\omega) \tag{5-19}$$

式中，$A(\omega)=\sqrt{U^2(\omega)+V^2(\omega)}$，$\varphi(\omega)=\arctan\dfrac{V(\omega)}{U(\omega)}$

5.1.2　频率特性的性质

频率特性的性质主要包括以下几个方面。

(1) 频率特性描述了系统的内在特性，与外界因素无关。当系统结构参数给定，则频率特性就完全确定。因此，频率特性也是控制系统的一种数学模型。

(2) 频率特性的定义为线性系统正弦输入作用下，输出稳态分量和输入的复数比。因此，频率特性是系统的稳态响应。

(3) $G(j\omega)$、$A(\omega)$和 $\varphi(\omega)$都是频率ω的函数，并随频率 ω 的改变而改变，与输入幅值无关。

(4) 频率特性反映了系统性能，不同的性能指标对系统频率特性提出不同的要求。反之，根据系统的频率特性可确定系统的性能指标。

(5) 大多数实际控制系统的输出幅值 $A(\omega)$随频率ω的升高而衰减，呈现低通滤波器的特性。

(6) 频率特性一般适用于线性系统(元件)的分析，但也可推广到某些非线性系统的分析。

5.1.3　频率特性的图形表示

频域分析法是一种图解分析，其最大的特点就是将系统的频率特性用曲线表示出来，避免了繁杂的计算，显示非常直观。常用的频率特性曲线有以下两种。

1. 幅相频率特性曲线

幅相频率特性曲线以ω为参变量，将幅频特性 $A(\omega)$和相频特性 $\varphi(\omega)$表示在复数平面上，复平面上的模值表示幅频值，幅角表示相频值，实轴正方向为相角零度线。逆时针旋转的角度为正角度，顺时针旋转的角度为负角度。幅相频率特性曲线也称奈奎斯特(Nyquist)图(简称奈氏图)或极坐标图。

在复平面上逐点描绘，可以绘制系统的幅相频率特性曲线。但是这种方法计算麻烦，一般不常用，实际中常采用概略绘图方法。其作图方法是：取起点(ω=0)，终点(ω=∞)两点及 $0<\omega<\infty$之间的一些特殊点，如转折频率(ω=1/T)处及与负实轴的交点，计算这些点处的幅频值和相频值，在幅相平面上找出这些点，并用光滑的曲线将它们连接起来。当频率ω从零变到无穷大时，幅相频率特性向量终端的运动轨迹，即为幅相频率特性曲线。

例如，RC 电路的频率特性为

$$G(\mathrm{j}\omega)=\frac{1}{1+\mathrm{j}\omega T}=\frac{1}{\sqrt{1+\omega^2T^2}}\mathrm{e}^{-\mathrm{j}\arctan\omega T}$$

取ω=0、$\omega=\infty$及$\omega=1/T$点，分别计算这三点处的幅频值和相频值如下：

当ω=0 时，$A(\omega)=\dfrac{1}{\sqrt{1+\omega^2T^2}}=1$， $\varphi(\omega)=-\arctan\omega T=0$

当$\omega=\infty$时，$A(\omega)=\dfrac{1}{\sqrt{1+\omega^2T^2}}=0$，$\varphi(\omega)=-\arctan\omega T=-90^\circ$

当$\omega=1/T$时，$A(\omega)=\dfrac{1}{\sqrt{1+\omega^2T^2}}=\dfrac{1}{\sqrt{2}}=0.707$，$\varphi(\omega)=-\arctan\omega T=-45^\circ$

绘制的幅相频率特性曲线如图 5-3 所示。图中，$|OA|$=0.707，φ=−45°。

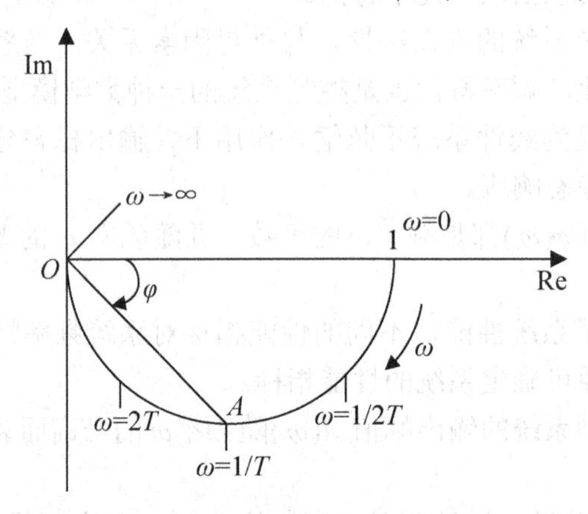

图 5-3　RC 电路的幅相频率特性曲线

2．对数频率特性曲线

在工程实际中，通常将频率特性画成对数坐标图的形式，这种对数频率特性曲线又称伯德(Bode)图，包括对数幅频特性和对数相频特性两幅图。

对数幅频特性的横坐标表示频率ω，按ω的对数($\lg\omega$)分度，称为对数分度，单位为弧度/秒(rad/s)。频率ω每变化 10 倍，称为 10 倍频程，记作 dec。纵坐标表示幅频特性 $A(\omega)$的对数值，按线性分度，单位为分贝(dB)，记作 $L(\omega)$，有

$$L(\omega)=20\lg A(\omega)=20\lg|G(\omega)|\ \mathrm{dB} \tag{5-20}$$

其坐标如图 5-4 所示。图中的横坐标采用对数分度，为了读数方便，仍以角频率ω的真值标注。ω每变化 10 倍，横坐标就增加一个单位长度。这个单位长度代表 10 倍频的距离。频率ω每变化 1 倍(称为一倍频程)，横坐标变化 0.301 单位长度，如ω=1, $\lg\omega$=0；ω=2, $\lg\omega$=0.301；ω=4，$\lg\omega$=0.602。可见，横坐标采用对数分度后，对ω而言是不均匀的，但对 $\lg\omega$ 而言却是均匀的。由于横轴以对数分度，故其零频率在线性分度的负无穷处。图中的纵坐标采用线性分度，$A(\omega)$每变化 10 倍，$L(\omega)$变化 20dB。

对数相频特性的横坐标和对数幅频特性的横坐标相同，其纵坐标表示相角变化 $\varphi(\omega)$，按线性分度，单位是度(°)。

在绘制对数幅频特性时，常用渐近线(分段直线)来近似精确曲线，大大简化了频率特性的计算和绘制。为了分析系统方便，一般可将对数幅频特性和对数相频特性绘在一张半对数坐标纸上，采用同一频率轴，如 RC 电路的对数频率特性曲线如图 5-5 所示。

实际工程中采用对数坐标图的优点主要有以下几个方面。

(1) 对数幅频特性采用频率ω的对数分度实现了横坐标的非线性压缩，可在一张图纸上清楚地画出频率特性的低、中、高频段的特性。

(2) 采用对数幅频特性将幅值的乘除运算转化为加减运算，可以简化图形的处理和分析计算。

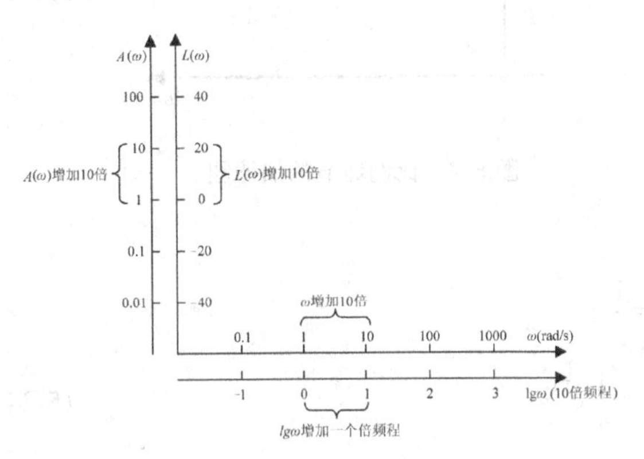

图 5-4　对数坐标图

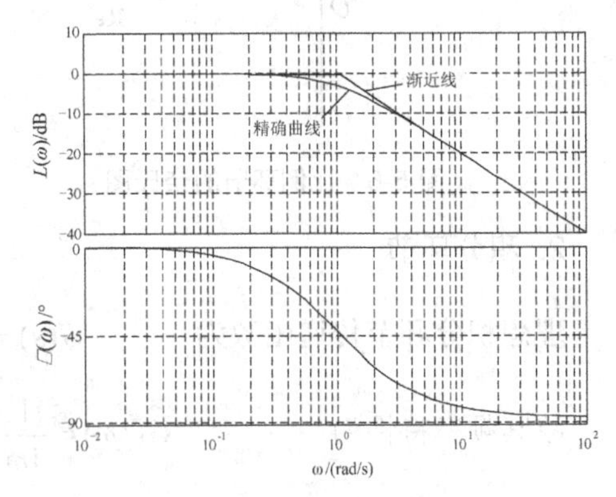

图 5-5　RC 电路网络的对数频率特性曲线

(3) 对数幅频率特性曲线是建立在渐近线基础上的，可以利用简便的方法来绘制近似的幅频特性曲线。

5.2　典型环节的频率特性

一个控制系统的频率特性通常由若干典型环节的频率特性组成，利用频域分析法研究控制系统的性能，必须掌握几种典型环节的幅相频率特性和对数频率特性的绘制方法及其特点。

1. 比例(放大)环节

比例环节的传递函数为　$G(s)=K$

故其频率特性为　$G(\mathrm{j}\omega)=K$　(5-21)

其幅频特性和相频特性分别为

$$\begin{cases}A(\omega)=K\\ \varphi(\omega)=0^\circ\end{cases} \tag{5-22}$$

其对数幅频特性和对数相频特性分别为

$$\begin{cases}L(\omega)=20\lg K\\ \varphi(\omega)=0^\circ\end{cases} \tag{5-23}$$

显然，频率特性与频率ω无关。幅相频率特性是实轴上的一个 K 点，奈氏图如图 5-6 所示。对数幅频特性是一条高度为 20lg$K$ 且平行于横轴的直线，当 $K>1$ 时，$L(\omega)$的值为正，当 $K<1$ 时，$L(\omega)$的值为负。对数相频特性 $\varphi(\omega)$ 是与 0° 线(横轴)重合，伯德图如图 5-7 所示。

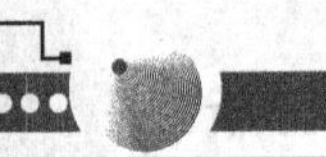

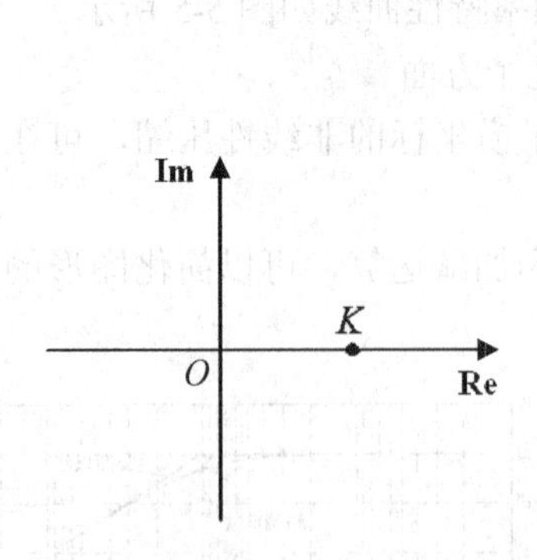

图 5-6　比例环节的奈氏图

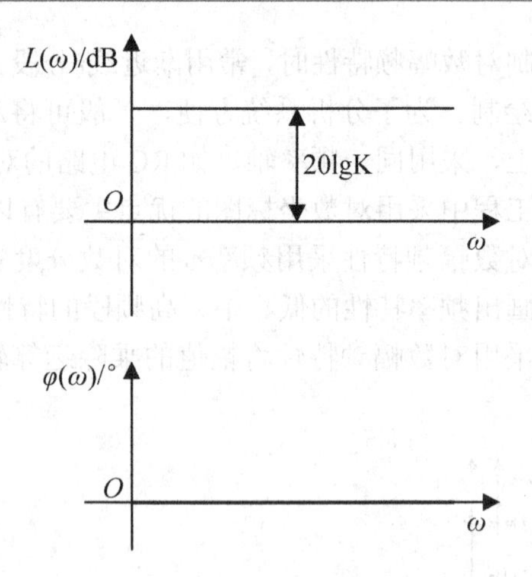

图 5-7　比例环节的伯德图

2. 积分环节

理想积分环节传递函数为　　$G(s)=\dfrac{1}{s}$

故其频率特性为　　$G(\mathrm{j}\omega)=\dfrac{1}{\mathrm{j}\omega}=\dfrac{1}{\omega}\mathrm{e}^{-\mathrm{j}\frac{\pi}{2}}$　　(5-24)

其幅频特性和相频特性分别为　　$\begin{cases}A(\omega)=\dfrac{1}{\omega}\\ \varphi(\omega)=-90^\circ\end{cases}$　　(5-25)

其对数幅频特性和对数相频特性分别为　　$\begin{cases}L(\omega)=-20\lg\omega\\ \varphi(\omega)=-90^\circ\end{cases}$　　(5-26)

显然，理想积分环节的幅相频率特性的特点是$A(\omega)$与频率ω成反比，而$\varphi(\omega)$恒为-90°。奈氏图如图 5-8 所示，当ω从 0→∞时，幅频特性由负虚轴的无穷远处趋于原点。理想积分环节的对数幅频特性 $L(\omega)$是在ω=1 处穿过 0dB 线(横轴)，斜率为-20dB/dec 的直线。对数相频特性是一条平行与横轴的直线，其纵坐标为-90°。伯德图如图 5-9 所示。

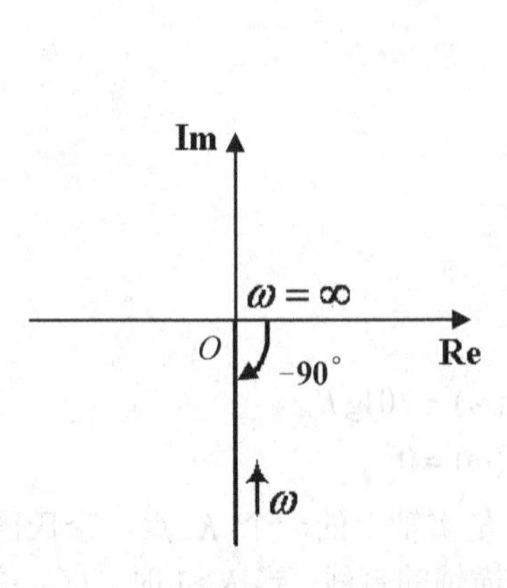

图 5-8　理想积分环节的奈氏图

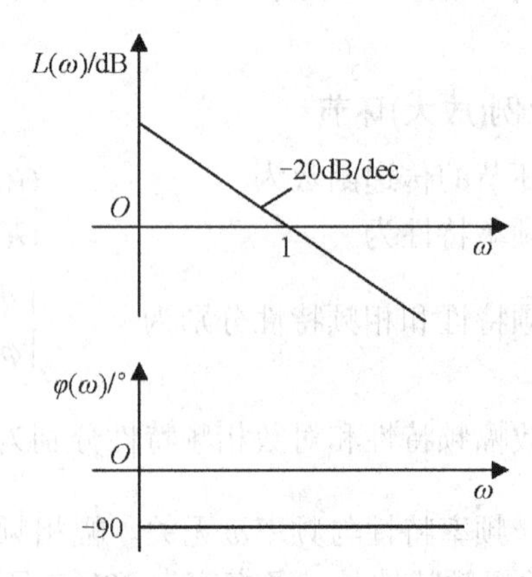

图 5-9　理想积分环节的伯德图

若积分环节的传递函数为　$G(s)=\dfrac{1}{T_i s}$

故其频率特性为　$G(\mathrm{j}\omega)=\dfrac{1}{\mathrm{j}T_i\omega}=\dfrac{1}{T_i\omega}\mathrm{e}^{-\mathrm{j}\frac{\pi}{2}}$

则其对数幅频特性和对数相频特性分别为　$\begin{cases}L(\omega)=-20\lg T_i\omega\\ \varphi(\omega)=-90^\circ\end{cases}$

由 $L(\omega)=-20\lg T_i\omega=20\lg\dfrac{1}{T_i}-20\lg\omega$，可知，对数幅频特性 $L(\omega)$是一条斜率为每 10 倍频程下降 20dB 的直线。当 T_i=1，即为理想积分环节时，$L(\omega)$直线过横轴ω=1 点，当 $T_i\neq1$ 时，$L(\omega)$直线过横轴 $\omega=1/T_i$ 点。对数相频特性与理想积分环节相同。对数幅频特性如图 5-10 所示。

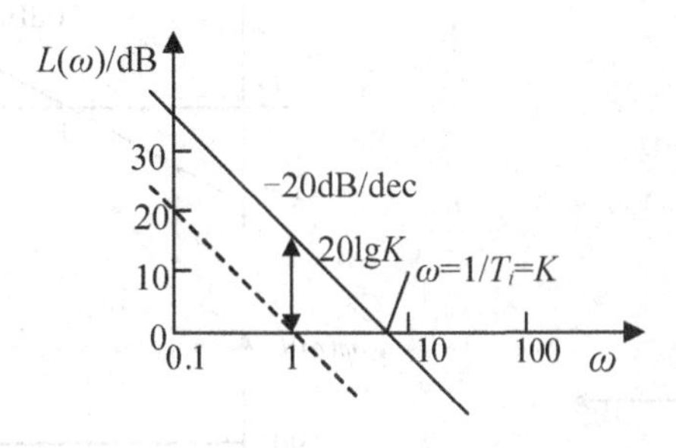

图 5-10　积分环节对数幅频特性

若有 v 个积分环节串联在一起，即

$$G(s)=\frac{1}{s^v}$$

故其频率特性为 $G(\mathrm{j}\omega)=\dfrac{1}{(\mathrm{j}\omega)^v}$，

则其对数幅频特性和对数相频特性分别为

$$\begin{cases}L(\omega)=20\lg\dfrac{1}{(\omega)^v}=-v20\lg\omega\\ \varphi(\omega)=-v90^\circ\end{cases}$$

显然，其对数幅频特性 $L(\omega)$是一条在ω=1 处穿过 0dB 线(横轴)，斜率为$-v$20dB/dec 的直线，对数相频特性是通过$-v\,90^\circ$ 且平行于横轴的直线。

3．微分环节

理想微分环节传递函数为　$G(s)=s$

故其频率特性为

$$G(\mathrm{j}\omega)=\mathrm{j}\omega=\omega\mathrm{e}^{\mathrm{j}\frac{\pi}{2}}\tag{5-27}$$

其幅频特性和相频特性分别为

$$
\begin{cases} A(\omega)=\omega \\ \varphi(\omega)=90^\circ \end{cases} \tag{5-28}
$$

对数幅频特性和对数相频特性分别为

$$
\begin{cases} L(\omega)=20\lg\omega \\ \varphi(\omega)=90^\circ \end{cases} \tag{5-29}
$$

显然，理想微分环节的幅相频率特性的特点是$A(\omega)$与频率ω成正比，而$\varphi(\omega)$恒为90°。奈氏图如图 5-11 所示，当ω从 $0\to\infty$时，幅频特性与正虚轴重合。理想微分环节的对数幅频特性$L(\omega)$是一条在$\omega=1$处穿过 0dB 线(横轴)，斜率为 20dB/dec 的直线。对数相频特性是一条平行与横轴的直线，其纵坐标为90°。伯德图如图 5-12 所示。

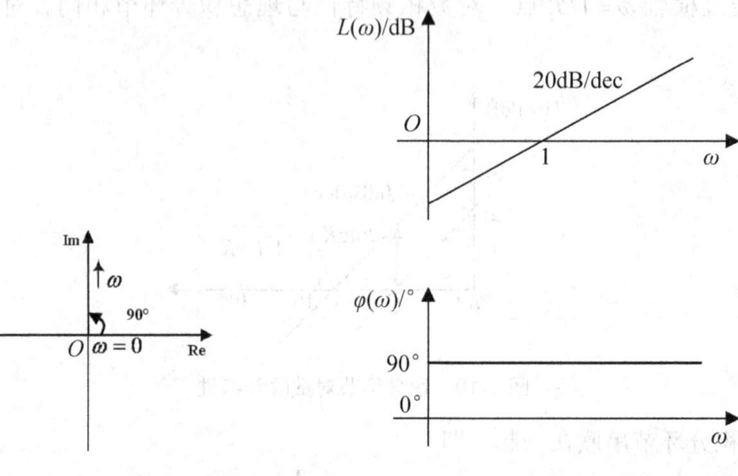

图 5-11　微分环节的奈氏图　　图 5-12　微分环节的伯德图

若微分环节的传递函数为　$G(s)=T_d s$

故其频率特性为　$G(j\omega)=jT_d\omega=T_d\omega e^{j\frac{\pi}{2}}$

则对数幅频特性和对数相频特性分别为

$$
\begin{cases} L(\omega)=20\lg T_d\omega \\ \varphi(\omega)=90^\circ \end{cases}
$$

比较微分环节和积分环节的对数频率特性可知，两者之间仅差一个负号。因此，它们的伯德图对称于横轴。对数幅频特性$L(\omega)$是一条斜率为 20dB/dec 的直线。当$T_d=1$，即为理想微分环节时，$L(\omega)$直线过横轴$\omega=1$点；当$T_d\neq1$时，$L(\omega)$直线过横轴$\omega=1/T_d$点。对数相频特性与理想微分相同。对数幅频特性如图 5-13 所示。

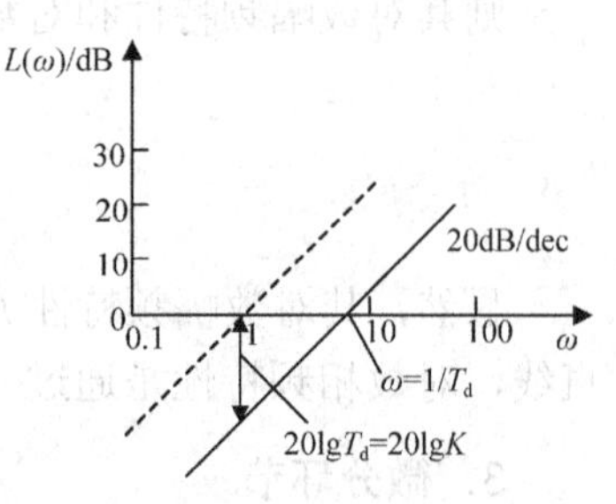

图 5-13　微分环节对数幅频特性

4．一阶惯性环节

一阶惯性环节传递函数为　$G(s)=\dfrac{1}{1+Ts}$

其频率特性为

$$G(\mathrm{j}\omega)=\frac{1}{1+\mathrm{j}\omega T}=\frac{1}{\sqrt{1+\omega^2T^2}}\mathrm{e}^{-\arctan\omega T} \tag{5-30}$$

其幅频特性和相频特性分别为

$$\begin{cases}A(\omega)=\dfrac{1}{\sqrt{1+\omega^2T^2}}\\ \varphi(\omega)=-\arctan\omega T\end{cases} \tag{5-31}$$

其对数幅频特性和对数相频特性分别为

$$\begin{cases}L(\omega)=-20\lg\sqrt{1+\omega^2T^2}\\ \varphi(\omega)=-\arctan\omega T\end{cases} \tag{5-32}$$

由式(5-31)可知，当$\omega=0$时，$A(\omega)=1$，$\varphi(\omega)=0°$，ω逐渐增大，$A(\omega)$逐渐单调减小，$\varphi(\omega)$沿滞后方向逐渐增大。当$\omega\to\infty$时，$A(\omega)=0$，$\varphi(\omega)=-90°$，在$\omega=1/T$处，$A(\omega)=1/\sqrt{2}$，$\varphi(\omega)=-45°$。经过简单运算可将一阶惯性环节表示为圆的方程，即有

$$[U(\omega)-0.5]^2+V^2(\omega)=0.5^2 \tag{5-33}$$

式中，$U(\omega)=\dfrac{1}{1+\omega^2T^2}$为实频特性；$V(\omega)=-\dfrac{\omega T}{1+\omega^2T^2}$为虚频特性。

可见，惯性环节的幅相频率特性的特点是一个以(0.5, j0)为圆心，0.5 为半径，位于第四象限的半圆，奈氏图如图 5-14 所示。一阶惯性环节的幅值随ω的增加而减小，具有低通滤波特性，一阶惯性环节的相位随ω的增加而相位滞后增大，最大可达-90°，是一个相位滞后环节。

采用渐近线近似表示一阶惯性环节的对数幅频特性。在低频段时，即$\omega T<<1$，可近似认为$\omega T=0$，则$L(\omega)\approx20\lg1=0\mathrm{dB}$，是一条 0dB 的水平线，称为低频渐近线。在高频段时，即$\omega T>>1$，可近似取$L(\omega)\approx20\lg1-20\lg\omega T=-20\lg\omega T$，是在$\omega=1/T$处穿过 0dB 线，斜率为-20dB/dec 的直线，称为高频渐近线。

两条渐近线在$\omega=1/T$处相交，交点频率为$\omega=1/T$，称为转折频率或交接频率。它是绘制一阶惯性环节的对数幅频特性的重要参数。

上述分析表明，一阶惯性环节的对数幅频特性可用渐近线近似。采用渐近线表示对数幅频特性曲线和精确曲线必然存在一定的误差，其误差如表 5-1 所示。由表可知，在转折频率$\omega=1/T$处误差达到最大值为-3dB。就工程计算而言，渐近线已经够用，如需要精确曲线，可按表 5-1，在$\omega=0.1/T\sim10/T$范围内加以修正。

绘制对数相频特性时，可给定若干ω值，逐点求出$\varphi(\omega)$的值，再用光滑曲线连接即可。如取$\omega=0$时，则$\varphi(\omega)=0°$，取$\omega=1/T$时，则$\varphi(\omega)=-45°$，当$\omega\to\infty$时，$\varphi(\omega)=-90°$。惯性环节对数频率特性的伯德图如图 5-15 所示。对数相频特性$\varphi(\omega)$关于$\omega=1/T$，$\varphi(\omega)=-45°$点中心对称，如表 5-2 所示。

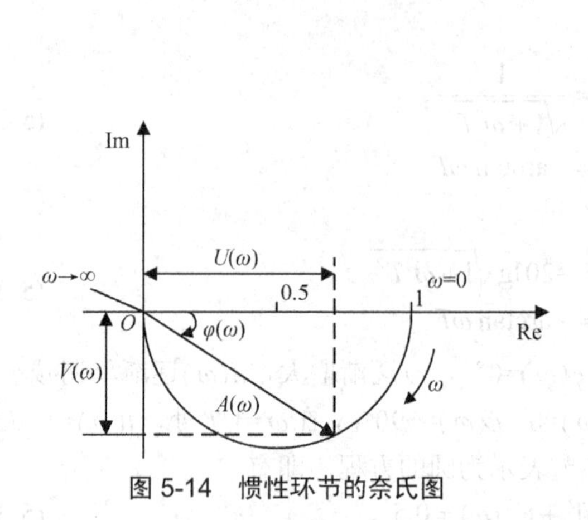

图 5-14 惯性环节的奈氏图

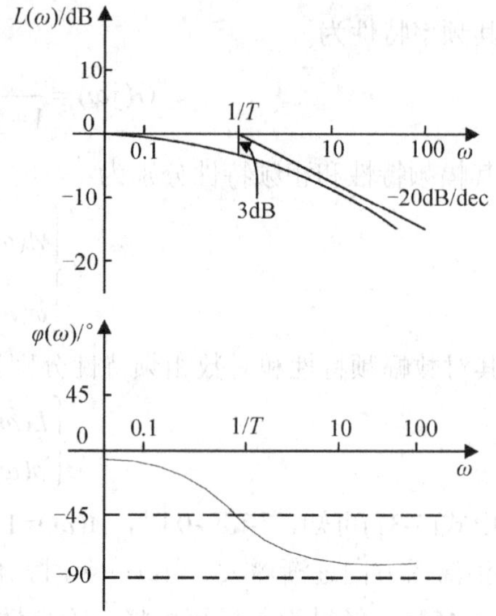

图 5-15 惯性环节的伯德图

表 5-1 渐近线对数幅频特性曲线和精确曲线的误差

ωT	0.1	0.2	0.5	1	2	5	10
$\Delta L(\omega)$/dB	−0.04	−0.17	−0.97	−3.01	−0.97	−0.17	−0.04

表 5-2 $\varphi(\omega)$关于 $\varphi(\omega)$=−45° 点中心对称

ωT	0.1	0.2	0.25	0.33	0.5	1	2	3	4	5	10
$\varphi(\omega)$/°	−6	−11	−14	−18	−27	−45	−63	−72	−76	−79	−84

5. 一阶微分环节

一阶微分环节传递函数为$G(s)=1+Ts$

其频率特性为

$$G(\mathrm{j}\omega)=1+\mathrm{j}\omega T=\sqrt{1+\omega^2T^2}\,\mathrm{e}^{\mathrm{j}\arctan\omega T} \tag{5-34}$$

其幅频特性和相频特性分别为

$$\begin{cases} A(\omega)=\sqrt{1+\omega^2T^2} \\ \varphi(\omega)=\arctan\omega T \end{cases} \tag{5-35}$$

其对数幅频特性和对数相频特性分别为

$$\begin{cases} L(\omega)=20\lg\sqrt{1+\omega^2T^2} \\ \varphi(\omega)=\arctan\omega T \end{cases} \tag{5-36}$$

由式(5-35)可知，当ω由 0→∞时，$A(\omega)$由 1→∞，$\varphi(\omega)$由 0° →+90° ，即一阶微分环节是一个相位超前环节，其幅相频率特性是在复平面中第一象限由(1, j0)点出发，平行于正虚轴的一条直线，奈氏图如图 5-16 所示。

比较式(5-30)和式(5-34)可知，一阶微分环节的频率特性和一阶惯性环节的频率特性互为倒数。因此，它们的对数幅频特性关于 0dB 线互为镜像对称，相频特性关于 0° 线互为镜像对称，一阶惯性环节的结论可类推于一阶微分环节。一阶微分环节的对数频率特性的伯德图如图 5-17 所示，其对数幅频特性曲线也用渐近线表示，由低频段 0dB 水平线折为斜率 +20dB/dec 的高频段，转折频率为$\omega=1/T$。

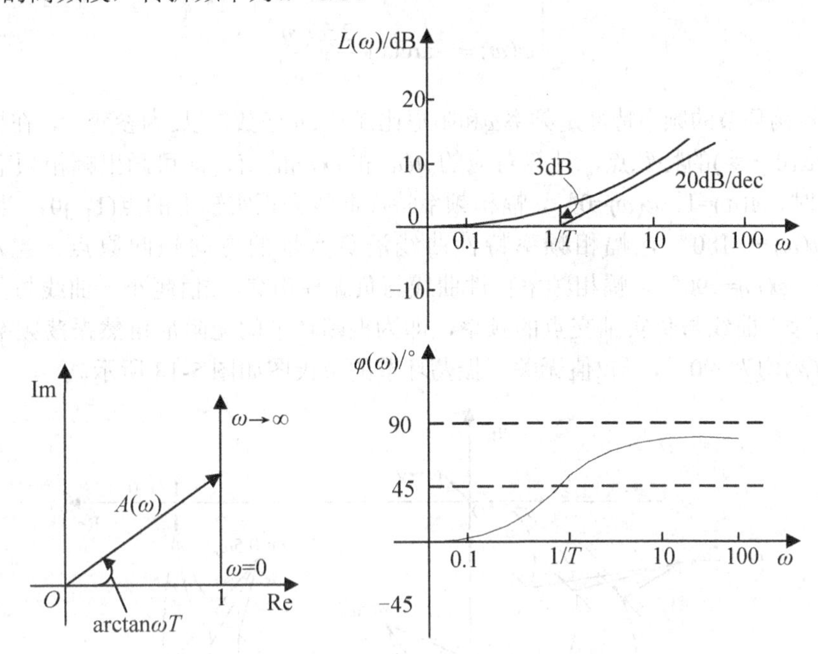

图 5-16　一阶微分环节的奈氏图　　　图 5-17　一阶微分环节的伯德图

6．振荡环节

振荡环节传递函数为

$$G(s)=\frac{\omega_{\rm n}^2}{s^2+2\xi\omega_{\rm n}s+\omega_{\rm n}^2}$$

故其频率特性为

$$G({\rm j}\omega)=\frac{\omega_{\rm n}^2}{({\rm j}\omega)^2+2\xi\omega_{\rm n}({\rm j}\omega)+\omega_{\rm n}^2}=\frac{\omega_{\rm n}^2}{(\omega_{\rm n}^2-\omega^2)+{\rm j}2\xi\omega_{\rm n}\omega} \tag{5-37}$$

其幅频特性和相频特性分别为

$$A(\omega)=\frac{\omega_{\rm n}^2}{\sqrt{(\omega_{\rm n}^2-\omega^2)^2+(2\xi\omega_{\rm n}\omega)^2}}=\frac{1}{\sqrt{\left(1-\frac{\omega^2}{\omega_{\rm n}^2}\right)^2+\left(\frac{2\xi\omega}{\omega_{\rm n}}\right)^2}}$$

$$\varphi(\omega)=-\arctan\frac{2\xi\omega_{\rm n}\omega}{\omega_{\rm n}^2-\omega^2} \tag{5-38}$$

其对数幅频特性和对数相频特性分别为

$$\begin{cases} L(\omega)=20\lg\dfrac{1}{\sqrt{(1-\dfrac{\omega^2}{\omega_n^2})^2+(\dfrac{2\xi\omega}{\omega_n})^2}} \\ \varphi(\omega)=-\arctan\dfrac{2\xi\omega_n\omega}{\omega_n^2-\omega^2} \end{cases} \tag{5-39}$$

可见，振荡环节的频率特性是频率ω和阻尼比ξ的二元函数。以ξ为参变量，在幅相频率特性上取若干$\omega(0\to\infty)$的特殊点，计算对应的$A(\omega)$和$\varphi(\omega)$的值，即可画出幅相频率特性。

当ω=0 时，$A(\omega)$=1，$\varphi(\omega)$=0°，幅相频率特性曲线为正实轴上的点(1，j0)；当$\omega\to\infty$时，$A(\omega)\to0$，$\varphi(\omega)\to-180°$，幅相频率特性曲线沿负实轴的方向趋向原点；当$\omega=\omega_n$时，$A(\omega)=1/(2\xi)$，$\varphi(\omega)=-90°$，幅相频率特性曲线与负虚轴相交，ξ值越小，曲线与负虚轴交点距离原点越远。曲线与负实轴交点的频率，即为振荡环节的无阻尼自然振荡频率ω_n，此处的相频值$\varphi(\omega)$均为-90°，与ξ值无关。振荡环节的奈氏图如图 5-18 所示。

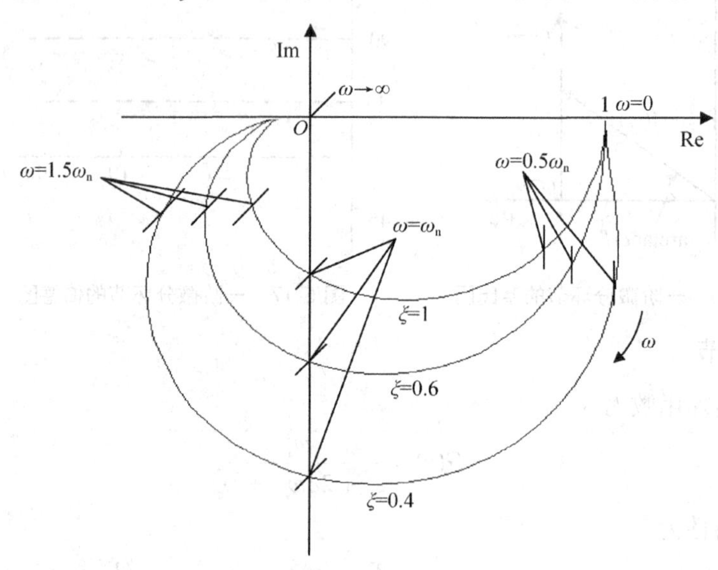

图 5-18　振荡环节的奈氏图

振荡环节的对数幅频特性可由渐近线近似表示。由式(5-39)可知，在低频段，即当$\omega<<\omega_n=1/T$时，式(5-39)中可略去ω/ω_n，有$L(\omega)\approx-20\lg1=0$dB，则振荡环节对数幅频特性的低频渐近线是 0dB 水平线；在高频段，即当$\omega>>\omega_n=1/T$时，式(5-39)中可略去 1 和$2\xi(\omega/\omega_n)$，有$L(\omega)\approx-20\lg\omega^2/\omega_n^2=-40\lg\omega T$，则振荡环节对数幅频特性的高频渐近线是一条在$\omega=\omega_n=1/T$处穿过 0dB 线，斜率为-40dB/dec 的直线。两条渐近线直线在$\omega=\omega_n=1/T$处相交，构成了振荡环节的渐近线对数幅频特性，转折频率为振荡环节的无阻尼自然振荡频率ω_n，渐近线对数幅频特性与ξ无关。振荡环节的伯德图如图 5-19 所示。

在转折频率$\omega=\omega_n=1/T$附近，精确对数幅频特性与渐近线对数幅频特性必然存在一定的误差，其值取决于阻尼比ξ的值，阻尼比ξ越小，则误差越大。当$\omega=1/T$时，渐近线对数幅频特性与精确曲线的误差为

$$L(\omega)=-20\lg\sqrt{(2\xi)^2}=-20\lg(2\xi) \tag{5-40}$$

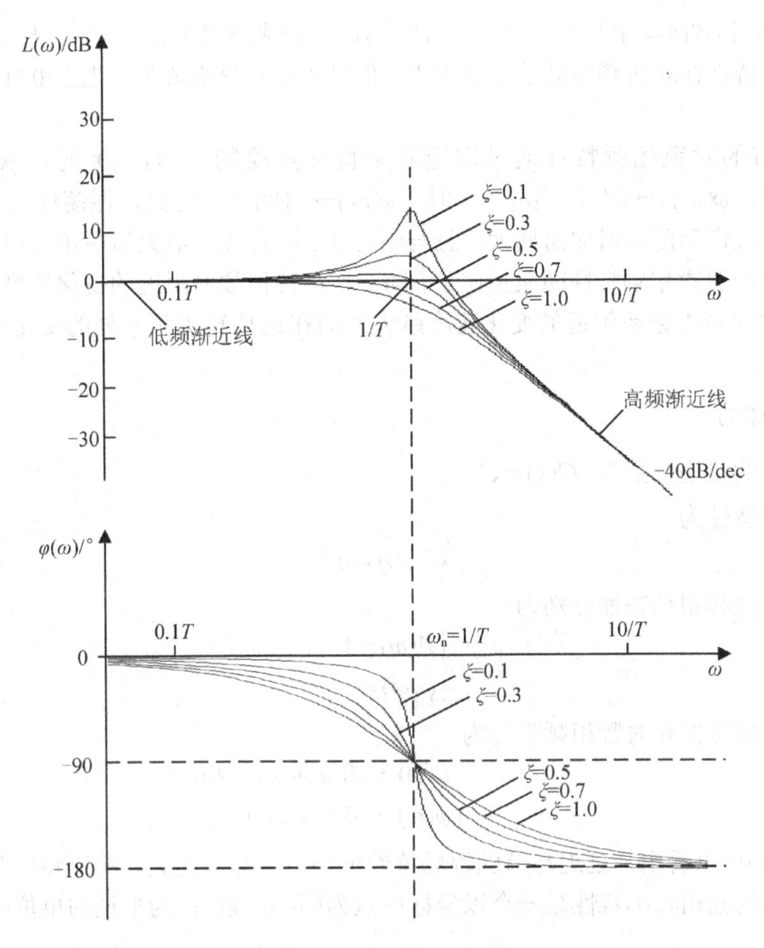

图 5-19　振荡环节的伯德图

对于不同ξ值，上述误差值如表 5-3 所示。

表 5-3　振荡环节对数幅频特性渐近线最大误差修正值

ξ	0.1	0.15	0.2	0.25	0.3	0.4	0.5	0.6	0.7	0.8	0.9
$\Delta L(\omega)$/dB	14.0	10.4	8.0	6.0	4.4	2.0	0	−1.6	−3.0	−4.0	−6.0

显然，当ξ在 0.4～0.7 之间取值，误差较小(<3dB)，可不用修正渐近线对数幅频特性。当ξ过小或过大时(ξ<0.4 或ξ>0.7)，则应作适当修正。当ξ<0.707 时，对数幅频特性上出现“突起”峰值，称为谐振峰值 M_r，对应的频率称为谐振频率ω_r。

由$\dfrac{dA(\omega)}{d\omega}=0$，可求得谐振频率为

$$\omega_r=\omega_n\sqrt{1-2\xi^2}\qquad (0\leqslant\xi\leqslant 0.707) \tag{5-41}$$

则谐振峰值 M_r 为

$$M_r=A(\omega_r)=\frac{1}{2\xi\sqrt{1-\xi^2}} \tag{5-42}$$

由式(5-41)和式(5-42)可知，ξ减小，M_r上升，当ξ趋于零时，M_r趋于无穷大；当ξ=0.5时，尽管频率特性在转折频率处的误差为零，但是仍存在谐振峰值；当ξ>0.707时，则无谐振峰值。

振荡环节的对数相频特性通过取定若干特殊点绘制。当ω=0时，$\varphi(\omega)$=0°；当$\omega=\omega_n=1/T$时，$\varphi(\omega)$=-90°；当$\omega\to\infty$时，$\varphi(\omega)\to$-180°。可见，振荡环节也是一个相位滞后环节，相位滞后随ω增加而增大，且与阻尼比ξ值有关，最大滞后角为-180°。

振荡环节的对数相频特性随阻尼比ξ不同，其在转折频率附近的变化速度也不同。ξ越小，相频特性在转折频率附近的变化速度越大，而在远离转折频率处的变化速度越小，如图5-19所示。

7. 延迟环节

延迟环节的传递函数为 $G(s)=\mathrm{e}^{-\tau s}$

故其频率特性为

$$G(\mathrm{j}\omega)=\mathrm{e}^{-\mathrm{j}\omega\tau} \tag{5-43}$$

其幅频特性和相频特性分别为

$$\begin{cases}A(\omega)=1\\ \varphi(\omega)=-\omega\tau\end{cases} \tag{5-44}$$

其对数幅频特性和对数相频特性为

$$\begin{cases}L(\omega)=20\lg A(\omega)=20\lg 1=0\\ \varphi(\omega)=-57.3\omega\tau(^\circ)\end{cases} \tag{5-45}$$

由式(5-44)可以看出，延迟环节的幅频特性恒为1，与ω无关，相频特性是与ω成正比的负相移。它的幅相频率特性是一个以坐标原点为圆心，以1为半径的单位圆。奈氏图如图5-20所示。

由式(5-45)可以看出，延迟环节的对数幅频特性是一条与0dB线(横轴)重合的直线，与τ和ω都无关；对数相频特性是一条随ω增大而相角滞后增大的曲线。因此，延迟环节对系统的稳定性非常不利。延迟环节的伯德图如图5-21所示。

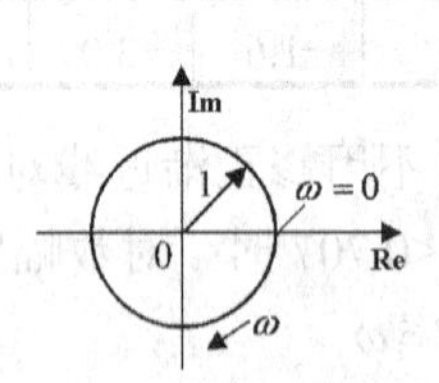

图5-20　延迟环节的奈氏图

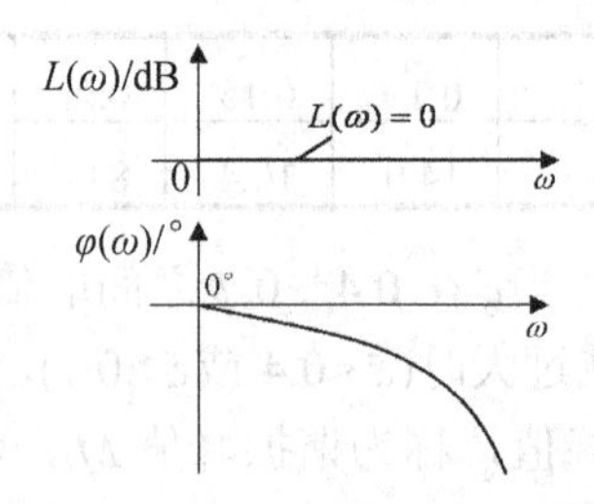

图5-21　延迟环节的伯德图

由于 $\mathrm{e}^{-\mathrm{j}\omega\tau}=\dfrac{1}{1+\mathrm{j}\omega\tau+\dfrac{1}{2!}(\mathrm{j}\omega\tau)^2+\cdots}$

当$\omega\tau$<<1时，有 $\mathrm{e}^{-\mathrm{j}\omega\tau}\approx\dfrac{1}{1+\mathrm{j}\omega\tau}$，即当$\omega$<<$1/\tau$时，可用惯性环节近似表示延迟环节。

8．非最小相位系统

在开环传递函数中不含有 s 右半平面的极点或零点且无延迟环节的系统，则称为最小相位系统。由于延迟环节按幂级数分解后，各项系数有正有负，必定含有 s 右半平面的极点，故延迟环节属于非最小相位系统。下面以一阶不稳定惯性环节为例加以说明。

不稳定惯性环节的传递函数为 $G(s)=\dfrac{1}{Ts-1}$

故其频率特性为

$$G(\mathrm{j}\omega)=\frac{1}{\mathrm{j}\omega T-1} \tag{5-46}$$

其幅频特性和相频特性分别为

$$\begin{cases}A(\omega)=\dfrac{1}{\sqrt{1+\omega^2T^2}}\\ \varphi(\omega)=-180^\circ+\arctan\omega T\end{cases} \tag{5-47}$$

其对数幅频特性和对数相频特性分别为

$$\begin{cases}L(\omega)=-20\lg\sqrt{1+\omega^2T^2}\\ \varphi(\omega)=-180^\circ+\arctan\omega T\end{cases} \tag{5-48}$$

比较式(5-31)和式(5-47)可知，不稳定惯性环节的幅频特性与惯性环节的幅频特性完全相同，而相频特性却大不一样。当ω从 0→∞变化时，惯性环节相角变化为 0°→-90°，而不稳定惯性环节相角变化为-180°→-90°。不稳定惯性环节相移的绝对值(90°～180°)大于惯性环节相移的绝对值(0°～90°)，即对于任一频率ω，惯性环节的滞后相移最小，故称其为最小相位系统。不稳定惯性环节称为非最小相位系统，奈氏图如图 5-22 所示。显然，不稳定惯性环节的奈氏曲线与惯性环节的奈氏曲线关于虚轴对称。

不稳定惯性环节的对数幅频特性与惯性环节的对数幅频特性完全相同，而对数相频特性则关于-90°线成镜像对称。不稳定惯性环节的伯德图如图 5-23 所示。

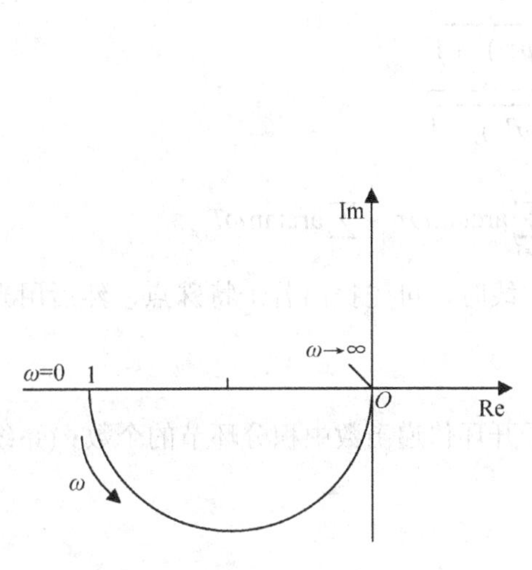

图 5-22　不稳定惯性环节的奈氏图

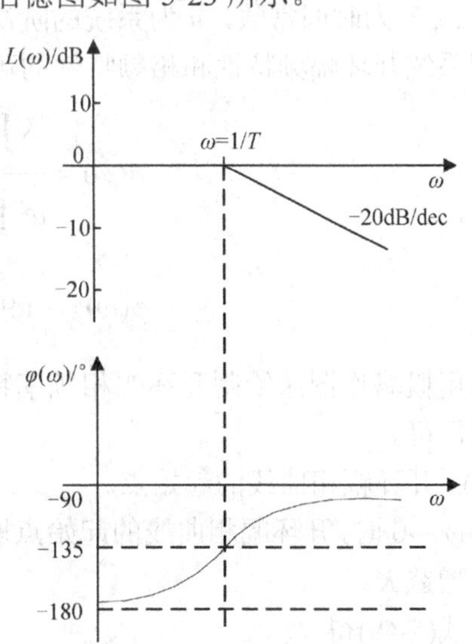

图 5-23　不稳定惯性环节的伯德图

与此类似，一阶微分环节 $Ts+1$ 和有右零点的一阶微分环节 $Ts-1$，两者也有相同的幅频特性，但一阶微分环节的相移的绝对值小于有右零点的一阶微分环节，即 $Ts+1$ 是最小相位系统，而 $Ts-1$ 是非最小相位系统。

最小相位系统有一个重要性质是其幅频特性与相频特性之间有唯一的对应关系，即如果确定了它的幅频特性，则其对应的相频特性也就被唯一地确定。这对于系统分析及设计有很重要的意义。

5.3 系统开环频率特性曲线的绘制

利用系统的开环频率特性曲线分析系统闭环性能是频域分析法的特点之一。因此，绘制系统的开环频率特性曲线显得尤为重要。

5.3.1 系统开环幅相频率特性曲线的绘制

系统开环传递函数一般可表示为

$$G(s)=\frac{K\prod_{i=1}^{m}(\tau_i s+1)}{s^{\nu}\prod_{j=1}^{n-\nu}(T_j s+1)}\quad (n>m)$$

故系统频率特性为

$$G(\mathrm{j}\omega)=\frac{K\prod_{i=1}^{m}(\tau_i \mathrm{j}\omega+1)}{(\mathrm{j}\omega)^{\nu}\prod_{j=1}^{n-\nu}(T_j \mathrm{j}\omega+1)} \tag{5-49}$$

式中，τ_i, T_j 为时间常数，n 为系统的阶次，v 为积分环节的个数，K 为开环增益。

则系统开环幅频特性和相频特性的可表示为

$$A(\omega)=\frac{K\prod_{i=1}^{m}\sqrt{(\omega\tau_i)^2+1}}{\omega^{\nu}\prod_{j=1}^{n-\nu}\sqrt{(\omega T_j)^2+1}} \tag{5-50}$$

$$\varphi(\omega)=-\nu 90^{\circ}+\sum_{i=1}^{m}\arctan\omega\tau_i-\sum_{j=1}^{n-\nu}\arctan\omega T_j \tag{5-51}$$

采用概略作图法绘制开环幅相频率特性曲线时，可先找出若干特殊点，然后用光滑曲线连接即可。

(1) 开环幅相曲线的起始点。

当 $\omega\to 0$ 时，开环幅相曲线的起始点取决于开环传递函数中积分环节的个数 ν (系统型数)和开环增益 K。

由式(5-49)得

$$\lim_{\omega \to 0} G(\mathrm{j}\omega) = \lim_{\omega \to 0} \frac{K}{\omega^{\nu}} \mathrm{e}^{\mathrm{j}(-\nu 90^{\circ})} = \lim_{\omega \to 0} \frac{K}{\omega^{\nu}} \angle -\nu 90^{\circ} \tag{5-52}$$

当ν=0(0 型系统)时，开环幅相曲线在ω=0 时始于复平面上(K，j0)点；

当ν=1(Ⅰ型系统)时，开环幅相曲线始于无穷远处，曲线趋于与负虚轴平行的一条渐近线，渐近线与虚轴的距离为$L_x = \lim_{\omega \to 0} \mathrm{Re}[G(\mathrm{j}\omega)]$；

当ν=2(Ⅱ型系统)时，开环幅相曲线始于以负实轴为渐近线的无穷远处。奈氏图的起点情况如图 5-24 所示。

(2) 开环幅相曲线终止点。

由式(5-49)得，当$\omega \to \infty$时，有

$$\lim_{\omega \to \infty} G(\mathrm{j}\omega) = 0\mathrm{e}^{\mathrm{j}[-(n-m)90^{\circ}]} = 0\angle -(n-m)90^{\circ} \qquad (n>m) \tag{5-53}$$

开环幅相曲线以$-(n-m)\times 90^{\circ}$方向终止于坐标原点，且曲线与某坐标轴相切。奈氏图的终点情况如图 5-25 所示。

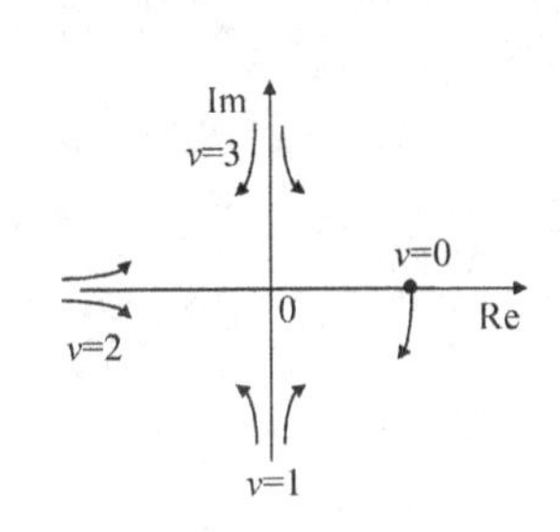

图 5-24　奈氏图的起点

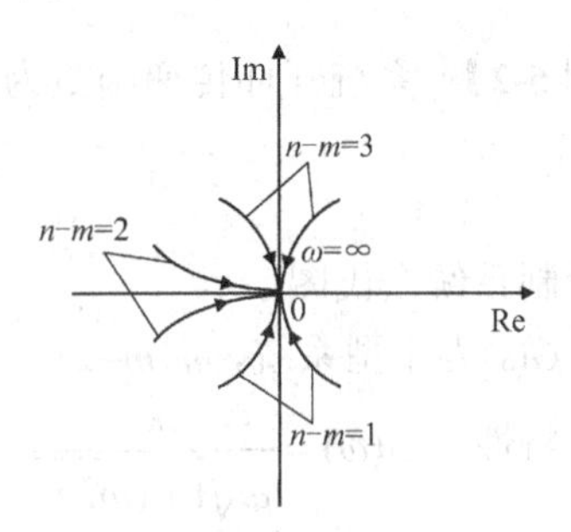

图 5-25　奈氏图的终点

(3) 开环幅相曲线与负实轴的交点。

开环幅相曲线与负实轴的交点频率及交点处的幅值，可由$\mathrm{Im}[G(\mathrm{j}\omega)] = 0$求出交点频率，再代入$\mathrm{Re}[G(\mathrm{j}\omega)]$，计算出交点处幅值。

(4) 开环幅相曲线与负虚轴的交点。

开环幅相曲线与负虚轴的交点频率及交点处的幅值，可由$\mathrm{Re}[G(\mathrm{j}\omega)] = 0$求出交点频率，再代入$\mathrm{Im}[G(\mathrm{j}\omega)]$，计算出交点处幅值。

(5) 若 ν=0，n=m，则开环幅相曲线将始于实轴上某一有限点而止于实轴上另一有限点。

【例 5-1】 系统的开环传递函数为

$$G(s) = \frac{10}{(2s+1)(s+1)}$$

试绘制系统奈氏图。

解：$G(s)$为 0 型系统，$n-m$=2

幅频特性 $A(\omega) = \dfrac{10}{\sqrt{1+(2\omega)^2}\sqrt{1+\omega^2}}$

相频特性 $\varphi(\omega) = -\arctan 2\omega - \arctan \omega$

起始点：$\omega = 0$，$A(\omega) = 10$，$\varphi(\omega) = 0^{\circ}$；

终止点：$\omega = \infty$，$A(\omega) = 0$，$\varphi(\omega) = -180^{\circ}$。

令 $\mathrm{Re}[G(\mathrm{j}\omega)]=0$ 得，$1-2\omega^2=0$，求得 $\omega=\dfrac{\sqrt{2}}{2}$

则 $\mathrm{Im}[G(\mathrm{j}\omega)]\big|_{\omega=\sqrt{2}/2}=-4.71$

所以，曲线与虚轴交于(0, −4.71)，交点的频率值为 $\omega=\sqrt{2}/2$。系统的奈氏图如图 5-26 所示。

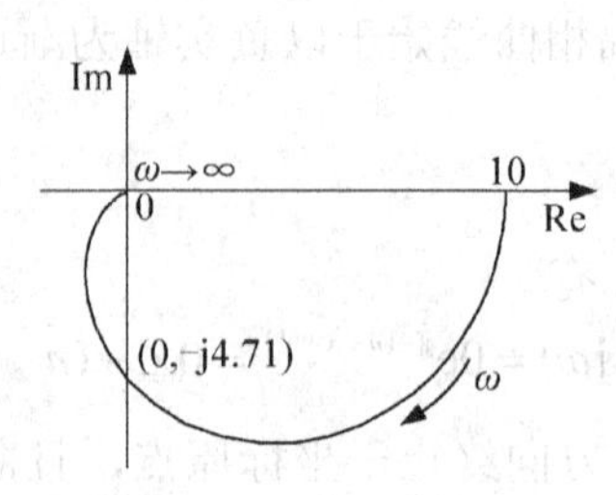

图 5-26　例 5-1 系统奈氏图

【例 5-2】 系统开环传递函数为

$$G(s)=\frac{k}{s(Ts+1)}$$

试绘制系统奈氏图。

解：$G(s)$为 I 型系统，n-m=2

幅频特性　$A(\omega)=\dfrac{k}{\omega\sqrt{1+(\omega T)^2}}$

相频特性　$\varphi(\omega)=-90^\circ-\arctan\omega T$

起始点：$\omega=0$，$A(\omega)=\infty$，$\varphi(\omega)=-90^\circ$；

终止点：$\omega=\infty$，$A(\omega)=0$，$\varphi(\omega)=-180^\circ$。

因为

$$G(\mathrm{j}\omega)=k\frac{1}{\mathrm{j}\omega}\frac{1}{\mathrm{j}\omega T+1}=\frac{-kT}{1+T^2\omega^2}-\mathrm{j}\frac{k}{\omega(1+T^2\omega^2)}$$

则低频开环幅频曲线渐近线与虚轴的距离为

$$L_x=\lim_{\omega\to 0}\mathrm{Re}[G(\mathrm{j}\omega)]=\left.\frac{-kT}{1+T^2\omega^2}\right|_{\omega=0}=-kT$$

系统奈氏图如图 5-27 所示。

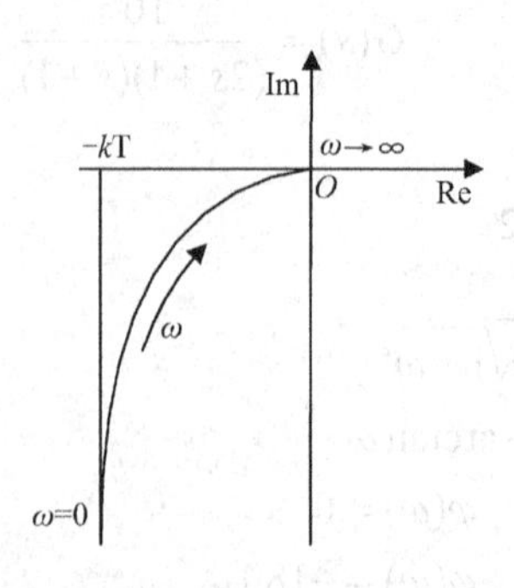

图 5-27　例 5-2 系统奈氏图

【例 5-3】 系统开环传递函数为

$$G(s)=\frac{K(\tau s+1)}{Ts+1}$$

试绘制系统奈氏图。

解：$G(s)$为 0 型系统，$n=m$。

幅频特性 $A(\omega)=\dfrac{K\sqrt{(\omega\tau)^2+1}}{\sqrt{(\omega T)^2+1}}$

相频特性 $\varphi(\omega)=\arctan\omega\tau-\arctan\omega T$

(1) 若$\tau>T$，

起始点：$\omega=0$，$A(\omega)=K$，$\varphi(\omega)=0^\circ$

$\omega>0$，$A(\omega)>K$，$\varphi(\omega)>0^\circ$

终止点：$\omega=\infty$，$A(\omega)=\dfrac{\tau}{T}K>K$，$\varphi(\omega)=0^\circ$

系统奈氏图如图 5-28 所示。

(2) 若$\tau<T$

起始点：$\omega=0$，$A(\omega)=K$，$\varphi(\omega)=0^\circ$

$\omega>0$，$A(\omega)<K$，$\varphi(\omega)<0^\circ$

终止点：$\omega=\infty$，$A(\omega)=\dfrac{\tau}{T}K<K$，$\varphi(\omega)=0^\circ$

系统奈氏图如图 5-29 所示。

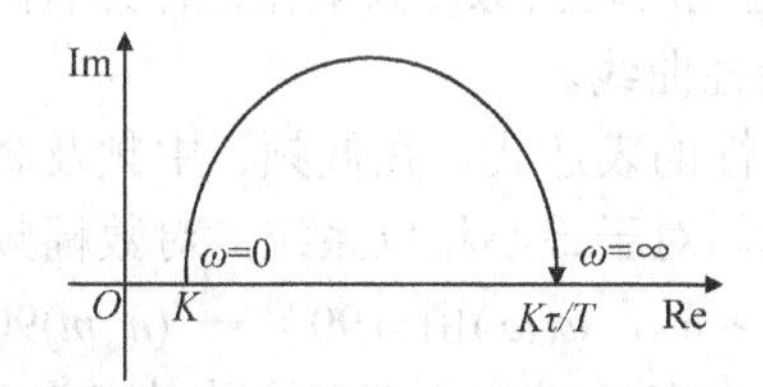

图 5-28 例 5-3 系统($\tau>T$)奈氏图

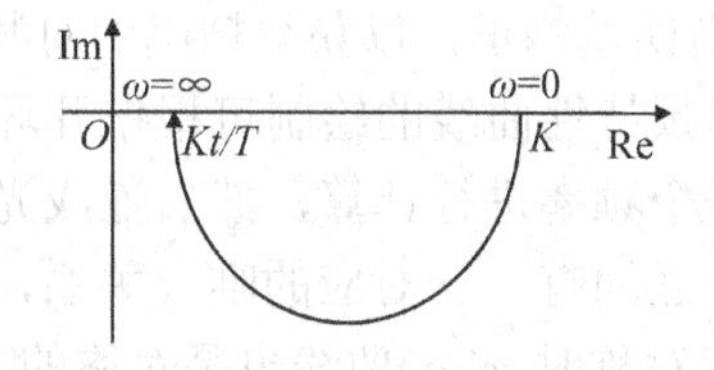

图 5-29 例 5-3 系统($\tau<T$)奈氏图

5.3.2 系统开环对数频率特性曲线的绘制

系统开环传递函数通常可表示为若干典型环节的串联形式，即

$$G(s)=G_1(s)G_2(s)\cdots G_n(s)$$

则系统的频率特性为

$$G(j\omega)=G_1(j\omega)G_2(j\omega)\cdots G_n(j\omega)=\prod_{i=1}^{n}A_i(\omega)e^{j\sum_{i=1}^{n}\varphi_i(\omega)} \tag{5-54}$$

那么，系统对数幅频特性和对数相频特性为

$$L(\omega)=20\lg A(\omega)=20\lg\prod_{i=1}^{n}A_i(\omega)=\sum_{i=1}^{n}20\lg A_i(\omega)=\sum_{i=1}^{n}L_i(\omega) \tag{5-55}$$

$$\varphi(\omega)=\sum_{i=1}^{n}\varphi_i(\omega) \tag{5-56}$$

可见，系统开环对数幅频特性和相频特性分别由各串联典型环节对数幅频特性和相频特性叠加而成。典型环节的对数幅频特性可用其渐近线代替。因此，叠加后的开环幅频特性是由不同斜率的线段组成的折线。

绘制系统开环对数频率特性的一般步骤如下所述。

(1) 将开环传递函数写为各环节串联的标准形式，并确定开环增益 K。

(2) 确定各环节的转折频率，并由小到大依次标注在频率轴上。注意，由于比例环节和积分环节没有转折频率，可以排在最左边。

(3) 绘制开环对数幅频特性的渐近线。渐近线由若干条分段直线所组成，在低频段 $(\omega \to 0)$时，$L(\omega) = 20\lg K - v20\lg\omega$，其中，$v$ 为积分环节数。故 $L(\omega)$的低频段斜率为 $-v20$dB/dec 的直线，其位置确定方法为：

① 过$\omega=1$，高度为 $L(\omega)=20\lg K$ 的点作斜率为$-v20$dB/dec 的直线；

② 当 $v\geqslant1$ 时，令 $L(\omega) = 20\lg\dfrac{K}{\omega^v} = 0$，则 $L(\omega)$的低频段或其延长线与 0dB 线交点频率为 $\omega_0 = \sqrt[v]{K}$。点($\omega=1, 20\lg K$)和点($\omega = \omega_0 = \sqrt[v]{K}$,0dB)的连线，即为斜率$-v20$dB/dec 的直线。

以低频段作为分段直线的起始段向中、高频段延伸，每遇到一个环节的转折频率就改变一次分段直线的斜率。例如，遇到惯性环节，其转折频率为 $1/T_1$，当$\omega \geqslant 1/T_1$时，分段直线斜率的变化量为−20dB/dec；遇到比例微分环节，其转折频率为 $1/T_2$，当$\omega \geqslant 1/T_2$ 时，分段直线斜率的变化量为+20dB/dec。当$\omega \geqslant \omega_{\max}$(最大转折频率)时，斜率达到$-(n-m)20$dB/dec，至此就绘出了开环对数幅频特性渐近线。

(4) 如有必要，可对绘出的对数幅频特性渐近线的转折频率及其附近(两侧各 10 倍频程内)进行适当误差修正，以获得精确的对数幅频特性曲线。

(5) 相频特性曲线的绘制可根据开环相频特性的表达式，在低频、中频及高频区域中各选择若干个频率进行计算，然后连成光滑曲线。对于最小相位系统，对数幅频特性与对数相频特性之间有一一对应的唯一关系，当$\omega\to\infty$时，$\varphi(\omega)$由$-v90°\to-(n-m)90°$，且当 $L(\omega)$的斜率对称时 $\varphi(\omega)$曲线也是对称的。非最小相位系统则不存在这种对应关系。在实际工程中，对于相频特性除了解相频特性的大致的变化趋势外，更关心的是 $L(\omega)$和 0dB 线交点频率ω_c(称为截止频率、穿越频率或剪切频率)处的相角。

在绘制系统开环对数频率特性时，也可先画出各个典型环节的伯德图(幅频特性用渐近线表示)，然后在同一个横坐标下，分别将各环节的对数幅频特性和对数相频特性相叠加得到。下面按系统型别举例说明系统开环对数频率特性的绘制。

1. 0 型系统

对于 0 型系统 $$G(\mathrm{j}\omega) = \frac{K(\mathrm{j}\omega\tau_1+1)\cdots}{(\mathrm{j}\omega T_1+1)(\mathrm{j}\omega T_2+1)\cdots}$$

在低频起始段时，ω很小，有 $G(\mathrm{j}\omega)\approx K$，则 $L(\omega) = 20\lg K$，即 0 型系统幅频特性曲线起始段的高度为 $20\lg K$ dB。0 型系统低频起始段的伯德图如图 5-30 所示。

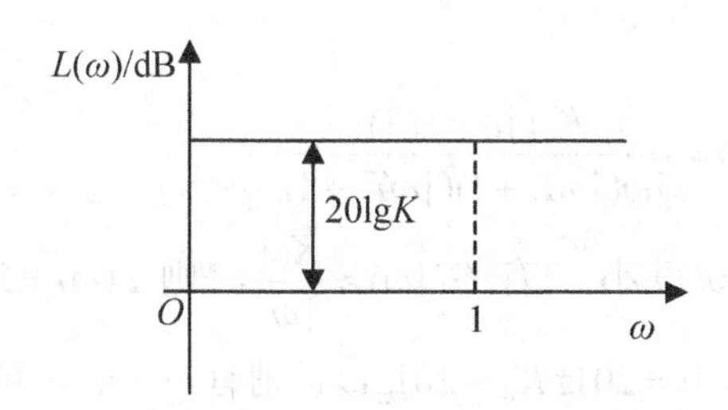

图 5-30　0 型系统低频起始段的伯德图

【例 5-4】 0 型的系统开环传递函数为

$$G(s)=\frac{K}{(s+1)(10s+1)}$$

绘制系统的伯德图。

解：

(1)　系统由一个比例环节、两个惯性环节组成。系统开环对数幅频特性和相频特性分别为

$$\begin{cases}L(\omega)=L_1(\omega)+L_2(\omega)+L_2(\omega)=20\lg K-20\lg\sqrt{1+\omega^2}-20\lg\sqrt{1+10\omega^2}\\ \varphi(\omega)=\varphi_1(\omega)+\varphi_2(\omega)+\varphi_2(\omega)=0-\arctan\omega-\arctan 10\omega\end{cases}$$

(2)　系统为 0 型，故低频起始段为高度 20lg$K$ dB 的水平线。

(3)　在横坐标上标出各环节的转折频率，即ω_1=0.1rad/s，ω_2=1rad/s。

(4)　在ω=1 处，作高度为 20lg$K$ dB 的水平线；在ω_1=0.1rad/s 处，曲线斜率由 0 变为−20dB/dec；在ω_2=1rad/s 处，曲线斜率由−20dB/dec 变为−40dB/dec，绘制出系统的开环对数幅频特性渐近线。

(5)　分别画出各典型环节的对数相频特性曲线，并将各典型环节的对数相频特性曲线沿纵轴方向叠加，便可得到系统的对数相频特性曲线。系统伯德图如图 5-31 所示。

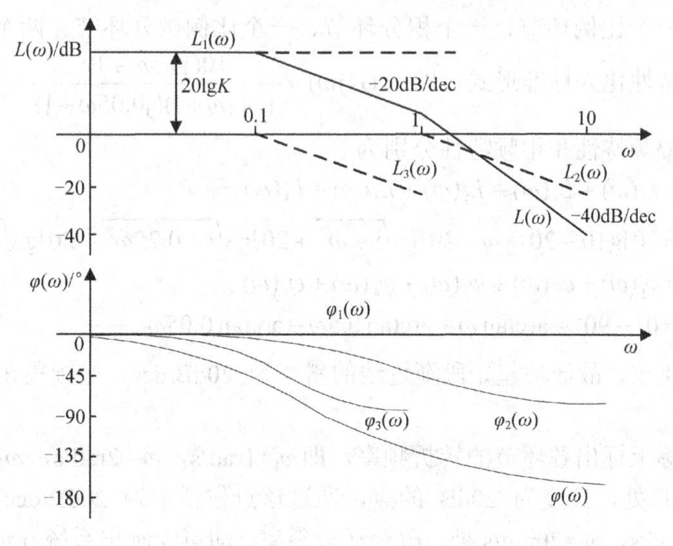

图 5-31　例 5-4 系统伯德图

2. Ⅰ型系统

对于Ⅰ型系统 $G(\mathrm{j}\omega)=\dfrac{K_v(\mathrm{j}\omega\tau_1+1)\cdots}{\mathrm{j}\omega(\mathrm{j}\omega T_1+1)(\mathrm{j}\omega T_2+1)\cdots}$

在低频起始段时，ω 很小，有 $G(\mathrm{j}\omega)\approx\dfrac{K_v}{\mathrm{j}\omega}$，则 $L(\omega)=20\lg K_v-20\lg\omega$。因此，$L(1)=20\lg K_v$，又由 $L(\omega)=0=20\lg K_v-20\lg\omega$，则有 $\omega=K_v$。可见，Ⅰ型系统幅频特性曲线的低频起始段渐近线的斜率为-20dB/dec，且低频段或低频段渐近线的延长线在 ω=1 时的高度为 20lgK_v dB；低频段或低频段渐近线的延长线与横轴相交，交点处的频率 ω=K_v，如图 5-32 所示。

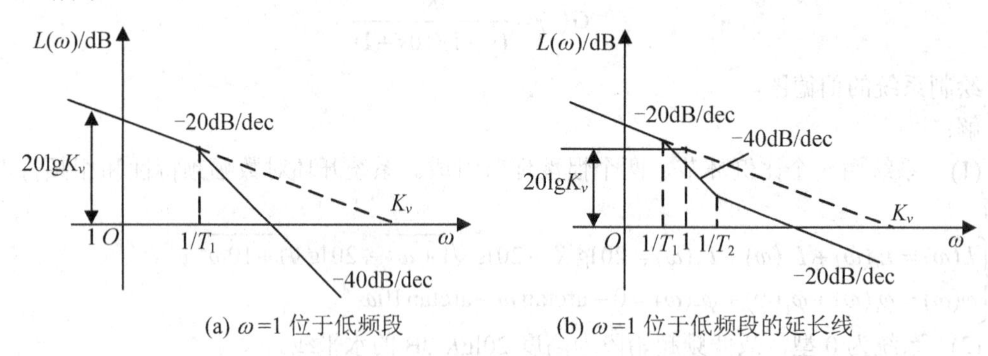

(a) ω=1 位于低频段　　(b) ω=1 位于低频段的延长线

图 5-32　Ⅰ型系统低频起始段的伯德图

【例 5-5】 Ⅰ型的系统开环传递函数为

$$G(s)=\frac{100(s+2)}{s(s+1)(s+20)}$$

绘制系统的伯德图。

解：

(1) 系统由一个比例环节、一个积分环节、一个比例微分环节、两个惯性环节组成。将系统开环频率特性化为标准形式，即 $G(\mathrm{j}\omega)=\dfrac{10(\mathrm{j}0.5\omega+1)}{\mathrm{j}\omega(\mathrm{j}\omega+1)(\mathrm{j}0.05\omega+1)}$

则系统开环对数幅频特性和相频特性分别为

$$\begin{cases}L(\omega)=L_1(\omega)+L_2(\omega)+L_3(\omega)+L_4(\omega)+L_5(\omega)\\ \qquad=20\lg10-20\lg\omega-20\lg\sqrt{1+\omega^2}+20\lg\sqrt{1+0.25\omega^2}-20\lg\sqrt{1+0.0025\omega^2}\\ \varphi(\omega)=\varphi_1(\omega)+\varphi_2(\omega)+\varphi_3(\omega)+\varphi_4(\omega)+\varphi_5(\omega)\\ \qquad=0^\circ-90^\circ-\arctan\omega+\arctan0.5\omega-\arctan0.05\omega\end{cases}$$

(2) 系统为Ⅰ型，故低频起始段渐近线的斜率为-20dB/dec，低频段在 ω=1 时的高度为 20lg10=20dB。

(3) 在横坐标上标出各环节的转折频率，即 ω_1=1rad/s，ω_2=2rad/s，ω_3=20rad/s。

(4) 找到 ω=1 处，高度为 20dB 的点，通过该点作斜率为-20dB/dec 的直线，并且在 ω_1=1rad/s、ω_2=2rad/s、ω_3=20rad/s 处，改变线段斜率，即可绘制出系统开环对数幅频特性渐近线。

(5) 分别画出各典型环节的对数相频特性曲线，并将各典型环节的对数相频特性曲线沿纵轴方向叠加，便可得到系统的对数相频特性曲线。系统伯德图如图 5-33 所示。

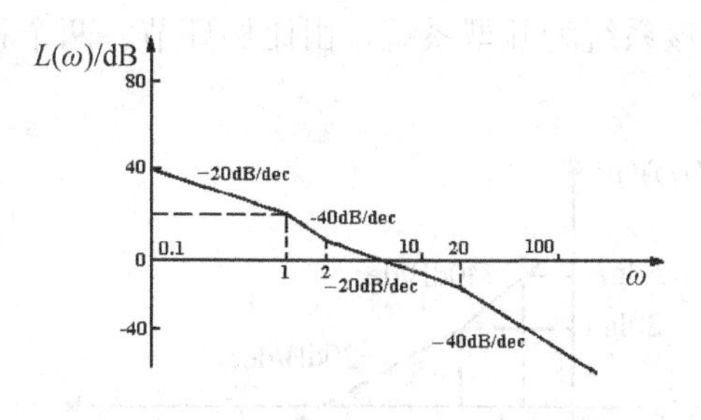

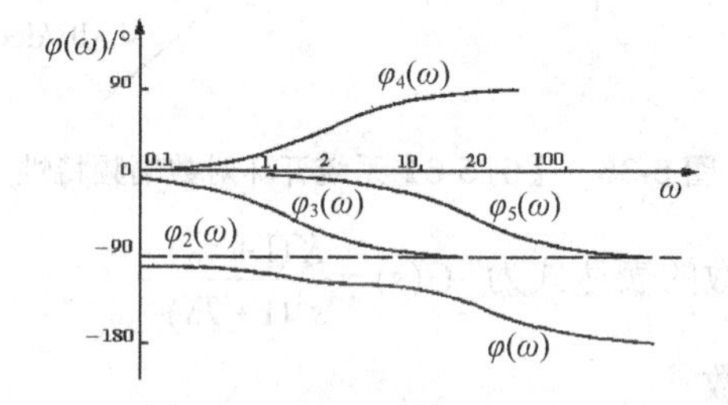

图 5-33　例 5-5 系统伯德图

3. Ⅱ型系统

对于Ⅱ型系统　$G(\mathrm{j}\omega)=\dfrac{K_a(\mathrm{j}\omega\tau_1+1)\cdots}{(\mathrm{j}\omega)^2(\mathrm{j}\omega T_1+1)(\mathrm{j}\omega T_2+1)\cdots}$

在低频起始段时，ω 很小，有 $G(\mathrm{j}\omega)\approx\dfrac{K_a}{(\mathrm{j}\omega)^2}$，则 $L(\omega)=20\lg K_a-40\lg\omega$。因此，$L(1)=20\lg K_a$，又由 $L(\omega)=0=20\lg K_a-40\lg\omega$，则有 $\omega=\sqrt{K_a}$。可见，Ⅱ型系统幅频特性曲线的低频起始段渐近线的斜率为-40dB/dec，且低频段或低频段渐近线的延长线在 ω=1 时的高度为 $20\lg K_a$ dB；低频段或低频段渐近线的延长线与横轴相交，交点处的频率 $\omega=\sqrt{K_a}$，如图 5-34 所示。

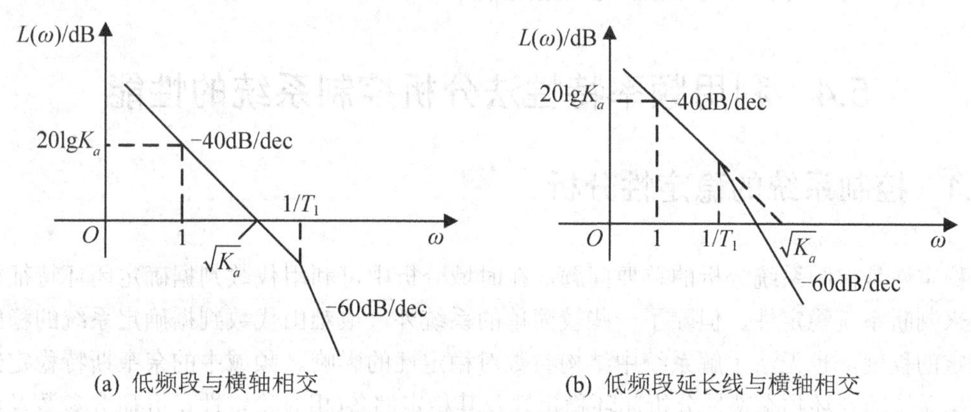

(a) 低频段与横轴相交　　(b) 低频段延长线与横轴相交

图 5-34　Ⅱ型系统低频起始段的伯德图

【例 5-6】 某一最小相位系统的开环对数幅频特性的渐近线曲线如图 5-35 所示。若已知 a、ω_1、ω_2 参数，试分别写出系统开环传递函数 $G(s)$和$\omega=\omega_c$时相角 $\varphi(\omega_c)$的表达式。

解：(1) 由图可知，该系统为Ⅱ型系统，由比例环节、两个积分环节、一个比例微分环节和一个惯性环节组成。

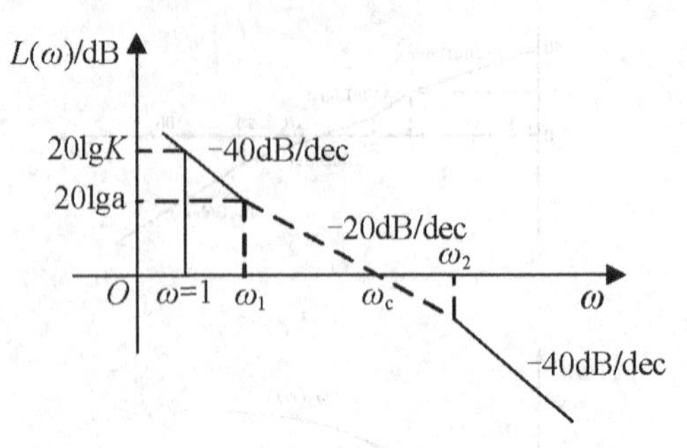

图 5-35 【例 5-6】系统开环对数幅频特性

(2) 写出开环传递函数的表达式为 $G(s)=\dfrac{K(1+\tau s)}{s^2(1+Ts)}$

(3) 计算各环节的参数

由于 $L(\omega_1)=20\lg K-40\lg\omega_1$，而 $L(\omega_1)=20\lg a$ 。

则有 $20\lg K-40\lg\omega_1=20\lg a$

解得 $K=a\omega_1^2$，于是系统开环传递函数为

$$G(s)=\frac{a\omega_1^2(1+s/\omega_1)}{s^2(1+s/\omega_2)}$$

(4) 求剪切频率ω_c和 $\varphi(\omega_c)$

由于 $L(\omega_c)=20\lg K-40\lg\omega_c+20\lg\omega_c/\omega_1$，而 $L(\omega_c)=0\text{dB}$

则有 $20\lg K-40\lg\omega_c+20\lg\omega_c/\omega_1=0$

解得 $\omega_c=a\omega_1$

所以 $\varphi(\omega_c)=-180^\circ+\arctan\omega_c/\omega_1-\arctan\omega_c/\omega_2$

$$=-180^\circ+\arctan\alpha-\arctan\alpha\omega_1/\omega_2$$

5.4 利用频率特性法分析控制系统的性能

5.4.1 控制系统的稳定性分析

稳定性是控制系统分析的首要问题，在时域分析中可利用代数判据确定闭环特征根的分布来判断系统稳定性，但除了一些较简单的系统外，很难由代数判据确定系统的稳定或不稳定的程度，也无法了解系统中结构参数对稳定性的影响。频域中的奈奎斯特稳定判据可根据系统的开环频率特性分析闭环稳定性及其稳定储备(相对稳定性)，并研究参数及结构变化对系统稳定性的影响，进而揭示改善系统稳定性的途径。频域中的对数频率稳定判据

是建立在幅相频率特性基础之上的，它实际上是奈奎斯特稳定判据在伯德图上的应用。

1. 奈奎斯特稳定判据

奈奎斯特稳定判据(简称奈氏判据)为：闭环系统稳定的充要条件是

$$z = p - 2N = 0 \tag{5-57}$$

式中，z 为闭环系统在 s 右半平面的极点数；p 为开环系统在 s 右半平面的极点数；N 为当 ω 从 0～∞变化时，开环幅相特性曲线围绕(−1, j0)点转过的圈数(以逆时针方向为正)。

判据说明：

(1) 若开环系统稳定(p=0)，则闭环系统稳定的充要条件是 N=0，即奈奎斯特曲线不包围(−1, j0)点。

(2) 若开环系统不稳定($p\neq 0$)，则闭环系统稳定的充要条件是 $N=p/2$。

(3) 开环系统含有积分环节时，式(5-57)不变，只需将奈奎斯特曲线相应频率从 $\omega=0$ 到 $\omega=0^+$顺时针补充半径为∞，角度为 $v\times 90°$ 的大圆弧(v 所含积分环节的个数)。

设开环系统稳定(p=0)，系统开环幅相频率特性的三种情况如图 5-36 所示。图 5-36(a)所示奈奎斯特曲线不包围(−1, j0)点，闭环系统稳定；图 5-36(b)所示奈奎斯特曲线包围(−1,j0)点的圈数为 N=−1，则 $z=p-2N=0-2\times(-1)=2$，不满足奈氏判据的条件，闭环系统不稳定；图 5-36(c)所示奈奎斯特曲线正好通过(−1, j0)点，闭环系统临界稳定。

开环不稳定($p\neq 0$)和开环系统含有积分环节的开环幅相频率特性如图 5-37 所示，其中，p 为开环不稳定极点的个数，v 为所含积分环节的个数。

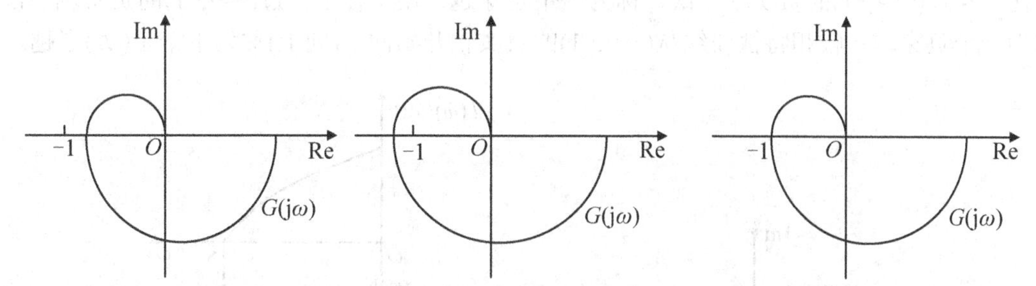

(a) 奈奎斯特曲线不包围(−1,j0)点　(b) 奈奎斯特曲线包围(−1,j0)点　(c) 奈奎斯特曲线过(−1,j0)点

图 5-36　系统开环幅相频率特性的 3 种情况

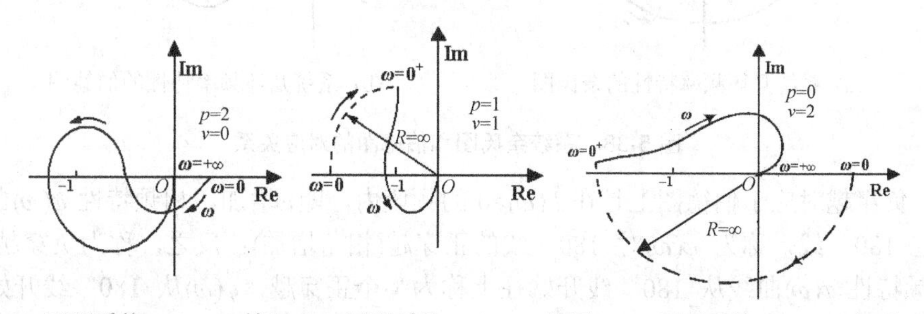

(a) 开环系统 p=2, v=0 情况　(b) 开环系统 p=1, v=1 情况　(c) 开环系统 p=0, v=2 情况

图 5-37　系统开环幅相频率特性

图 5-37(a)的开环系统不稳定(p=2)，不含有积分环节(v=0)，奈奎斯特曲线包围(−1, j0)点

的圈数为 N=1，则 z=p−2N=2−2×1=0，闭环系统稳定；图 5-37(b)的开环系统不稳定(p=1)，含一个有积分环节(ν=1)，从ω=0 到ω=0^+顺时针补充半径为∞，角度为 90° 的大圆弧，奈奎斯特曲线包围(−1，j0)点的圈数为 N=1/2，则 z=p−2N=1−2×(1/2)=0，闭环系统稳定；图 5-37(c)的开环系统稳定(p=0)，含两个有积分环节(ν-2)，从ω-0 到ω-0^+顺时针补充半径为∞，角度为 180° 的大圆弧，奈奎斯特曲线包围(−1, j0)点的圈数为 N=−1，则 z=p−2N=0−2×(−1)=2，不满足奈氏判据的条件，闭环系统不稳定。

2. 对数频率稳定判据

由于系统开环频率特性的奈氏图和伯德图之间存在一定的对应关系，故可以利用开环系统的伯德图来判别闭环系统的稳定性，称之为对数频率稳定判据，它实际上是奈氏稳定判据的另一种表述形式。

系统开环频率特性的奈氏图和伯德图之间的对应关系如图 5-38 所示，由图可知：

奈氏图上$|G_k(j\omega)|$=1 的单位圆对应伯德图对数幅频特性 0dB 线；

奈氏图上单位圆以外对应伯德图对数幅频特性 $L(\omega)$>0 的部分；

奈氏图上单位圆内部对应伯德图对数幅频特性 $L(\omega)$<0 的部分；

奈氏图上的负实轴对应伯德图上相频特性的−180° 线。

奈氏稳定判据是根据奈奎斯特曲线包围(−1,j0)点的圈数 N 与开环不稳定极点数 p 的关系来判断闭环系统稳定性的，而奈奎斯特曲线沿ω增加方向包围(−1,j0)点的圈数可以根据奈奎斯特曲线在(−∞,−1)的负实轴的穿越次数确定。若规定开环幅相特性曲线沿ω增加方向，由上往下穿过(−∞,−1)的负实轴一次，称为一个正穿越；由下往上穿过(−∞,−1)的负实轴一次，称为一个负穿越；幅相特性曲线从(−∞,−1)的负实轴开始向下(向上)称为半个正(负)穿越。

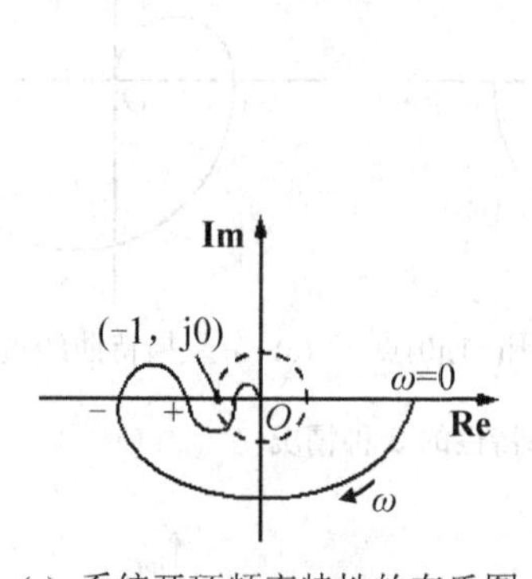

(a) 系统开环频率特性的奈氏图

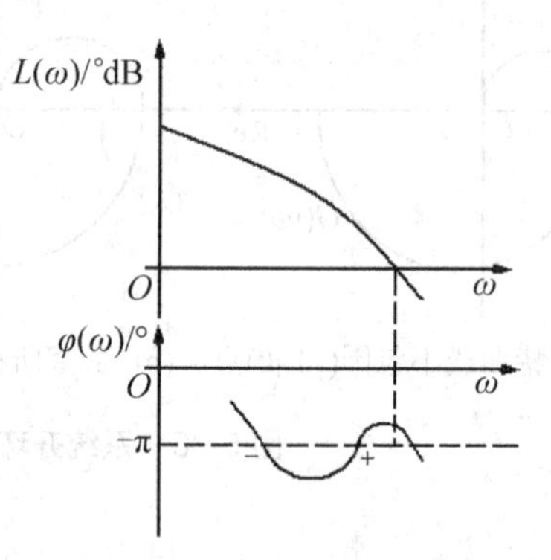

(b) 系统开环频率特性的伯德图

图 5-38 系统奈氏图和伯德图的对应关系

正、负穿越对应于伯德图上是在 $L(\omega)$>0 的频段内，随ω增加，相频特性 $\varphi(\omega)$曲线从下往上穿过−180° 线，称为 $\varphi(\omega)$对−180° 线的正穿越(相角增加)；反之，称为负穿越(相角减少)。相频特性 $\varphi(\omega)$曲线从−180° 线开始往上称为半个正穿越，$\varphi(\omega)$从−180° 线开始往下称为半个负穿越。

对数频率稳定判据表述为：当ω由 0→∞时，在开环对数幅频特性 $L(\omega)$≥0 的频段内，相频特性 $\varphi(\omega)$穿越−180° 线的次数 N 为 p/2(N=N^+−N^-)。p 为 s 右半平面开环极点数，N^+为正穿越次数，N^-为负穿越次数。对于开环稳定的系统，则 N 等于 0 或者 $\varphi(\omega)$不穿越$-180°$线。对于 $v\geqslant1$(v 为开环系统含积分环节的个数)的系统，应将对数相频特性 $\varphi(\omega)$在$\omega=0$ 处附加一段从上而下、变化范围为$-v90°$ 的直线与相频特性曲线在$\omega=0^+$相连，再使用对数频率稳定稳定性判据。

【例 5-7】 系统的开环传递函数为

$$G(s)=\frac{K}{s(s+1)(0.1s+1)}$$

试画出 $K=2$，$K=50$ 时的伯德图，并判断其稳定性。

解：系统的伯德图如图 5-39 所示。图中(1)、(2)分别为 $K=2$ 和 $K=50$ 的对数幅频特性曲线，因 $v=1$，故应在 $\varphi(\omega)$的$\omega=0^+$ 处补充一段从上而下、变化范围为$-90°$ 的直线，如图中虚线所示。当 $K=2$ 时，系统对数幅频特性在 $L(\omega)\geqslant0$ 的频段内，$\varphi(\omega)$不穿越$-180°$ 线，故系统稳定。当 $K=50$ 时，系统对数幅频特性在 $L(\omega)\geqslant0$ 的频段内，$N^+=0$，$N^-=1$，$N=N^+-N^-=-1\neq0$，故系统不稳定。说明随开环增益增大 K，系统的稳定性下降。

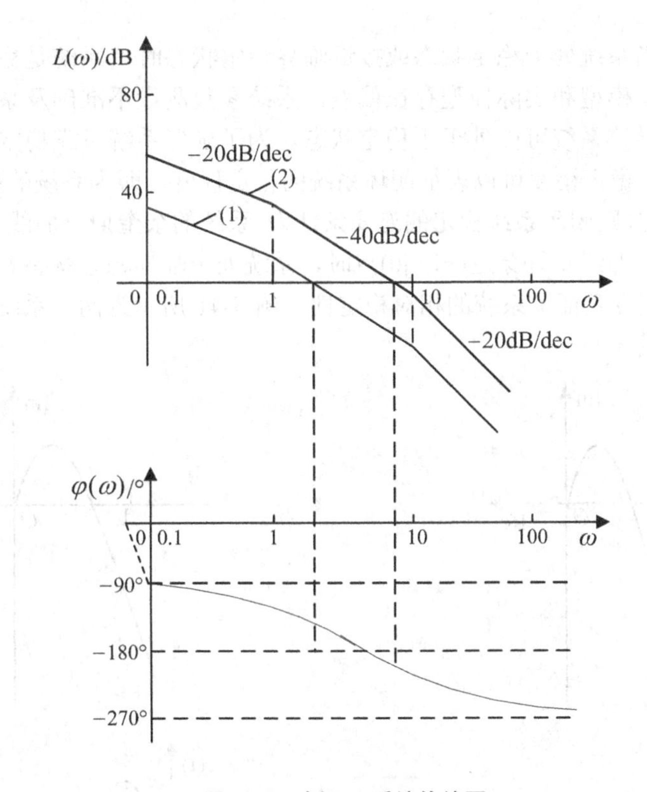

图 5-39　例 5-7 系统伯德图

【例 5-8】 系统开环对数相频特性曲线如图 5-40 所示。ω_c 为开环对数相频特性 $20\lg|G(j\omega_c)|=0$ 的频率。在穿越频率之前的频率范围，都有 $L(\omega)\geqslant0$，试判断闭环系统的稳定性。

解：由图 5-40(a)可知，开环系统不稳定($p=1$)，在 $L(\omega)\geqslant0$ 的频段内，$\varphi(\omega)$只有半次正穿越($N^+=1/2$)，$N=N^+-N^-=1/2=p/2$，故系统稳定。由图 5-40(b)可知，开环系统稳定($p=0$)，含

4 个有积分环节(v=4)，故应在$\omega=0^+$处补充一段从上而下、变化范围为-360°的直线，如图中虚线所示。在$L(\omega)\geqslant 0$的频段内，$\varphi(\omega)$对-180°线的正、负穿越次数为正穿越$N^+=1$，负穿越$N^-=1$，有$N=N^+-N^-=0$，故系统稳定。

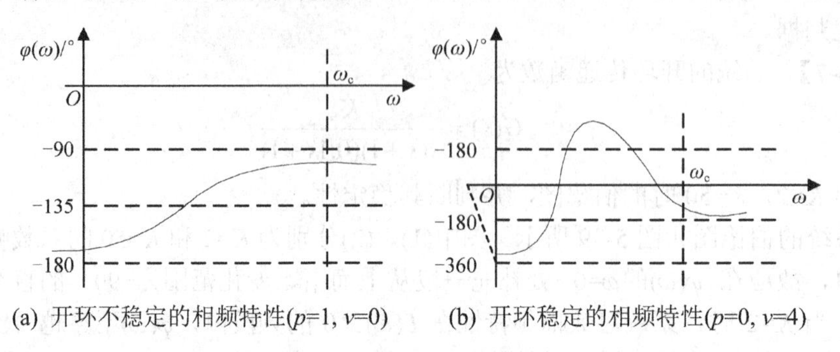

(a) 开环不稳定的相频特性(p=1, v=0)　(b) 开环稳定的相频特性(p=0, v=4)

图 5-40　例 5-8 系统开环对数相频特性曲线

3. 稳定裕度

从理论上讲，当系统处于稳定状态或接近临界稳定状态时，系统是稳定的，但实际应用中，由于系统数学模型和实际模型存在偏差，系统参数测量不准确及系统参数在工作中发生变化等因素，导致系统可能处于不稳定状态。为了确保系统可靠稳定，必须给系统留有足够的稳定裕度。稳定裕度可以表征闭环系统的稳定程度，即为系统的相对稳定性。

若开环系统稳定，则闭环系统稳定的充要条件为：系统的奈奎斯特曲线$G(j\omega)$不包围(-1, j0)点，而当奈奎斯特曲线正好穿过(-1, j0)点时，系统处于临界稳定状态。因此，奈奎斯特曲线靠近(-1, j0)点程度表征了系统的相对稳定性。图 5-41 所示为两个系统的频率特性和其对应的阶跃响应曲线。

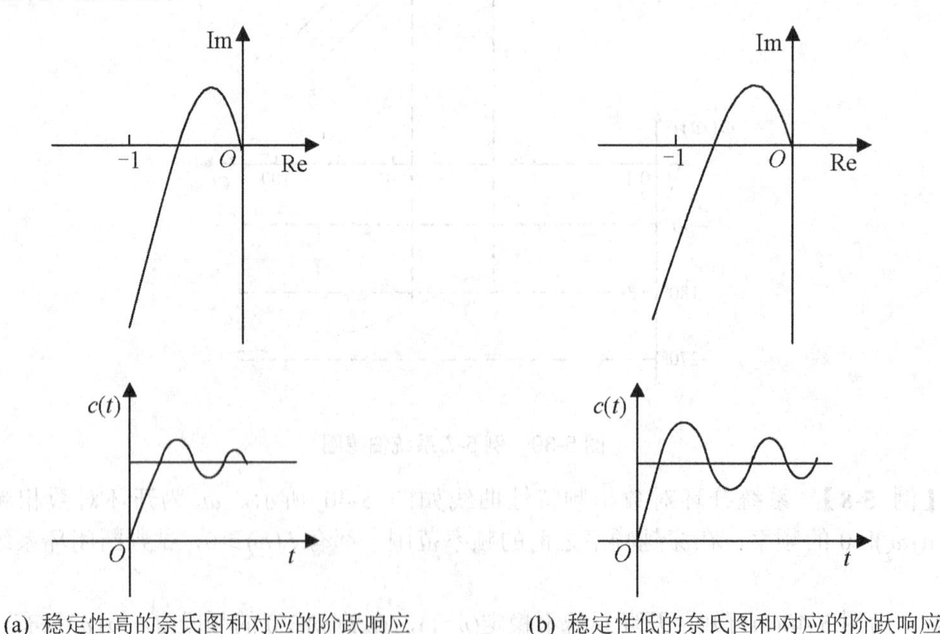

(a) 稳定性高的奈氏图和对应的阶跃响应　(b) 稳定性低的奈氏图和对应的阶跃响应

图 5-41　系统频率特性与阶跃响应的对应关系

图 5-41(a)和图 5-41(b)对应的闭环系统均是稳定的，但图 5-41(a)系统的奈奎斯特曲线距离(-1, j0)点远，系统的相对稳定性高，图中的系统阶跃响应也说明了这一点。

规定以稳定裕度——相角裕度γ和幅值裕度K_g，作为衡量闭环系统相对稳定性的定量指标。γ和K_g在频率特性上的图示如图 5-42 所示。对应于幅值$A(\omega)=1$(即$L(\omega)=0$)的角频率称为剪切频率ω_c，在剪切频率处，相频特性距-180°线的相位差γ称为相角裕度，即

$$\gamma=\varphi(\omega_c)-(-180^\circ)=180^\circ+\varphi(\omega_c) \tag{5-58}$$

对应于$\varphi(\omega)$等于-180°的频率ω_g处，开环幅频特性$A(\omega_g)$的倒数K_g称为幅值裕度，即

$$K_g=\frac{1}{A(\omega_g)} \tag{5-59}$$

在伯德图上，幅值裕度以分贝(dB)表示。

$$K_g(\text{dB})=20\lg K_g=-20\lg A(\omega_g) \tag{5-60}$$

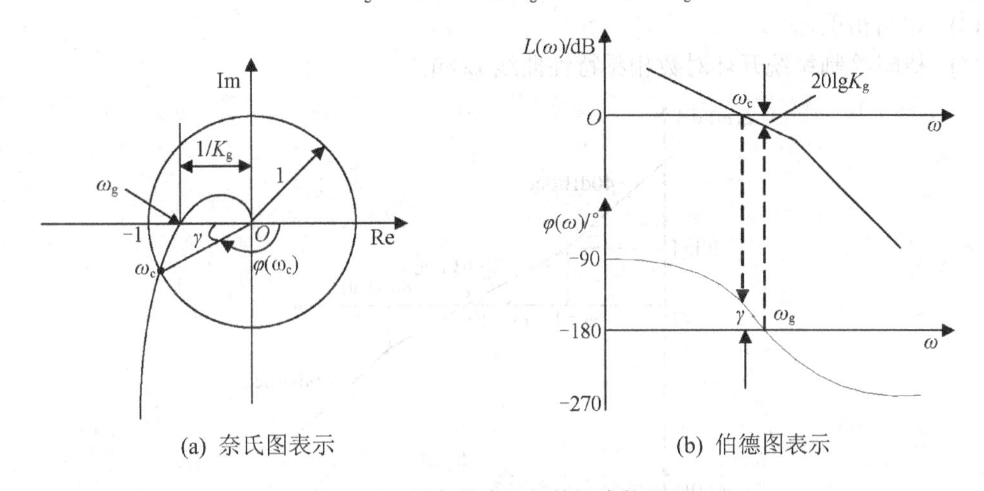

(a) 奈氏图表示　　(b) 伯德图表示

图 5-42　相角裕度和幅值裕度的图示

当系统稳定时，$\gamma>0^\circ$ 称为正相角裕度，$K_g>1$ 或 $20\lg K_g>0$，称为正幅值裕度；当系统不稳定时，$\gamma<0^\circ$ 称为负相角裕度，$K_g<1$ 或 $20\lg K_g<0$ 称为负幅值裕度，如图 5-43 所示。

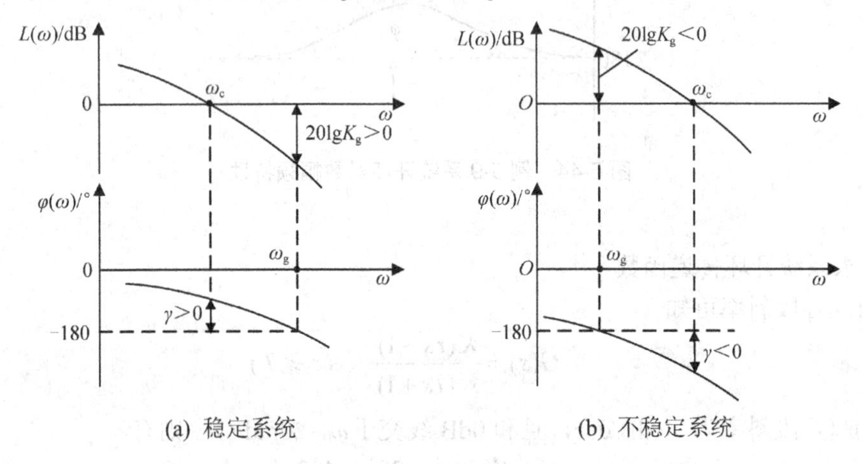

(a) 稳定系统　　(b) 不稳定系统

图 5-43　系统的相角裕度和幅值裕度

为确定系统的相对稳定性，描述系统的稳定程度，必须同时给出幅值裕度和相角裕度，但在初步估算系统性能时，往往主要对相角裕度提出要求。对于最小相位系统只有当相角裕度$\gamma>0°$、幅值裕度$K_g\geqslant1$，即$K_g(\mathrm{dB})\geqslant0\mathrm{dB}$时，闭环系统才稳定。为使闭环系统具有良好的动态性能，通常要求γ=40°～65°，$K_g\geqslant2$，即$K_g(\mathrm{dB})\geqslant6\mathrm{dB}$。

最小相位系统的$L(\omega)$的斜率与相移$\varphi(\omega)$之间有唯一对应关系，为了保证足够的相角裕度，在开环截止频率ω_c处$L(\omega)$的斜率应大于-40dB/dec。因此，校正时总是使$L(\omega)$在开环剪切频率ω_c附近足够宽的频率范围内斜率为-20dB/dec，以保证闭环系统稳定性和系统动态性能。

【例 5-9】 已知某最小相位系统开环对数幅频特性如图 5-44 所示，试求

(1) 开环传递函数；

(2) 开环剪切频率ω_c；

(3) 相角裕度γ；

(4) 概略绘制系统开环对数相频特性曲线$\varphi(\omega)$。

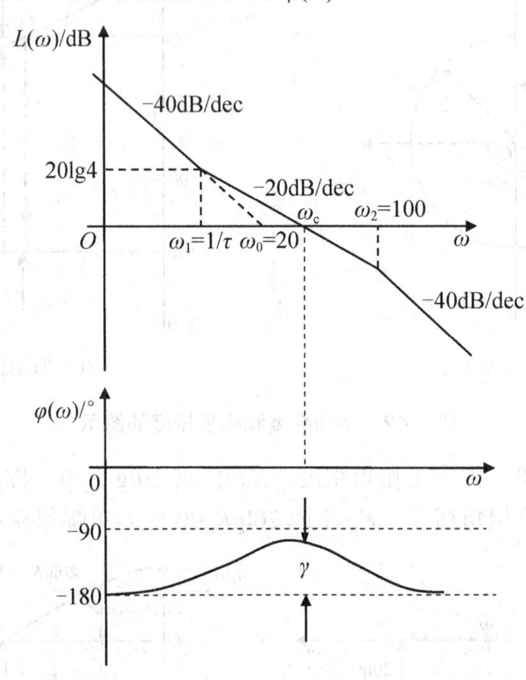

图 5-44 例 5-9 系统开环对数幅频特性

解：

(1) 求系统开环传递函数。

由$L(\omega)$各段斜率可知

$$G(s)=\frac{K(\tau s+1)}{s^2(Ts+1)}\qquad(\tau\geqslant T)$$

$L(\omega)$起始段斜率为-40dB/dec，且和 0dB 线交于ω_0=20rad/s，则有

$$K=\omega_0^2=20^2=400$$

当$\omega=\omega_1$时，$L(\omega)$起始段为 20lg4，则有 $20\lg 4 = 20\lg\dfrac{K}{\omega_1^2} = 20\lg\dfrac{400}{\omega_1^2}$

得　ω_1=10rad/s，$\tau=1/\omega_1$=0.1s

由图可得，$T=1/\omega_2$=0.01s

因此，系统开环传递函数为

$$G(s)=\frac{400(0.1s+1)}{s^2(0.01s+1)}$$

(2) 计算ω_c。

由　$L(\omega_c)=20\lg K-40\lg\omega_c+20\lg 0.1\omega_c=0$

可得　ω_c=40rad/s

(3) 计算相角裕度。

$$\begin{aligned}\gamma&=180^\circ+\varphi(\omega_c)=180^\circ+(-2\times 90^\circ+\arctan 0.1\omega_c-\arctan 0.01\omega_c)\\&=\arctan 0.1\times 40-\arctan 0.01\times 40=54.2^\circ\end{aligned}$$

(4) 作$\varphi(\omega)$曲线如图 5-44 所示。

由图可知，当$\omega\to\infty$时，$\varphi(\omega)\to 180^\circ$，所以，$K_g=\infty$，该系统具有很好的相对稳定性。

5.4.2　控制系统的性能分析

1. 三频段与系统性能的关系

系统的时域指标具有直观、准确、易于理解等优点。但对于控制系统的分析与校正，往往采用频率特性法比较方便，这就需要进一步分析时域响应和频域响应之间的关系。由于系统开环频率特性曲线易于绘制，因而工程上常使用系统的开环频率特性来分析控制系统性能。利用开环频率特性来分析闭环控制系统性能时，通常将开环频率特性分成低、中、高三个频率段，称为三频段。一般来说，开环频率特性的第一个转折频率之前的部分称为低频段，剪切(穿越)频率ω_c附近的区段为中频段，中频段以后的部分($\omega>10\omega_c$)为高频段。开环频率特性的三频段划分如图 5-45 所示。下面分析各频段与系统性能之间的关系。

1) 低频段

低频段特性完全取决于系统开环增益 K 和系统型别(开环积分环节的数目 v)。开环增益确定了曲线的高度，系统型别确定了低频起始段的斜率。系统的型别和开环增益又与系统的稳态误差有关。因此，低频段反映了系统的稳态性能。

低频段对应的开环传递函数可近似为

$$G(s)\approx\frac{K}{s^v}\tag{5-61}$$

其对数幅频特性为 $L(\omega)=20\lg\dfrac{K}{\omega^v}=20\lg K-v20\lg\omega$

显然，低频段的$L(\omega)$的渐近线是以斜率为$-v$20dB/dec 的直线，如图 5-46 所示。由式(5-61)可知，低频渐近线(或其延长线)在$\omega=1$ 处，有 $L(1)=20\lg K$；数值上，低频渐近线或其延长线交于 0dB 线的频率ω_0和开环增益 K 的关系为 $K=\omega_0^v$。因此，可以从低频段的对数频率特

性上确定开环增益 K 的值。对 0 型系统由低频段水平线高度求出静态位置误差系数 K_p=K，Ⅰ型系统的静态速度误差系数 K_v，既可由 ω=1 处 $L(\omega)$的起始段或其延长线位置 20lg$K$(dB)求得，也可由 $L(\omega)$起始段或其延长线与 0dB 线交点的频率 ω_0 确定，即 K_v=K=ω_0；同理可确定Ⅱ型系统静态加速度误差系数 $K_a=K=\omega_0^2$，进而可求出系统的稳态误差。

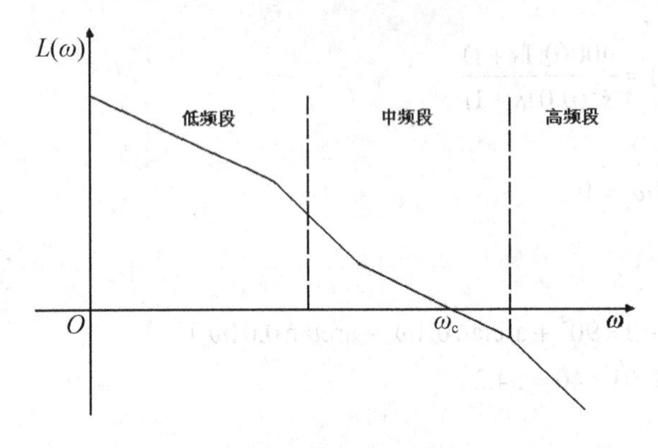

图 5-45　典型开环频率特性的三段频

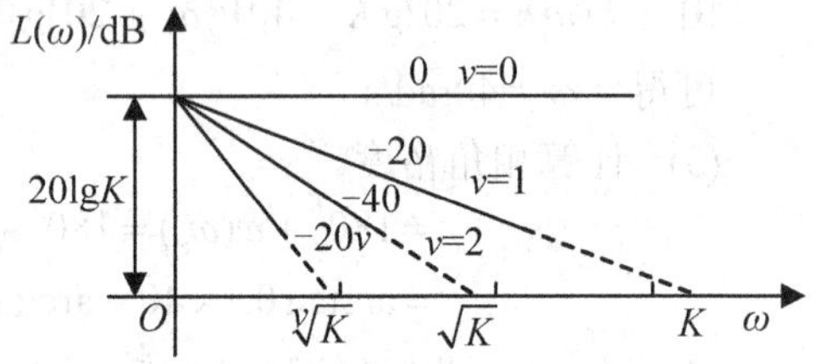

图 5-46　低频段频率特性

在阶跃输入时，0 型系统是有差系统，K_p=K，则其稳态误差为 $e_{ss}=\dfrac{A}{1+K_p}=\dfrac{A}{1+K}$，其中，$A$ 为阶跃输入信号的幅值；Ⅰ型以上系统，K_p=∞，e_{ss}=0，即稳态误差为 0。

在斜坡输入时，Ⅰ型系统为有差系统，K_v=K，则其稳态误差为 $e_{ss}=\dfrac{A}{K_v}=\dfrac{A}{K}$，其中，$A$ 为斜坡输入信号的幅值；0 型系统，K_v=0，e_{ss}=∞；Ⅱ型以上系统，K_v=∞，e_{ss}=0。

在抛物线输入时，Ⅱ型系统为有差系统，K_a=K，则其稳态误差为 $e_{ss}=\dfrac{A}{K_a}=\dfrac{A}{K}$，其中，$A$ 为抛物线输入信号的幅值。0 型、Ⅰ型系统，K_a=0，e_{ss}=∞；Ⅲ型以上系统，K_v=∞，e_{ss}=0。

2)　中频段

中频段是指 $L(\omega)$在剪切频率 ω_c 附近的频段，其斜率及宽度集中反映了系统动态响应的平稳性和快速性。

若系统开环对数幅频特性的中频段斜率为−20dB/dec，且占有一定的频程宽度，可近似认为开环整个曲线为一条斜率为−20dB/dec 的直线，如图 5-47 所示。其对应的开环传递函数为

$$G(s)\approx\frac{K}{s}=\frac{\omega_c}{s}$$

对于单位反馈，闭环传递函数为

$$\Phi(s)=\frac{G(s)}{1+G(s)}=\frac{1}{\dfrac{1}{\omega_c}s+1}$$

这相当于一阶系统，其阶跃响应按指数规律变化，无超调。调节时间 $t_s\approx 3T=\dfrac{3}{\omega_c}$。

在一定条件下，ω_c 越大，t_s 就越小，系统响应就越快，即剪切频率 ω_c 反映了系统响应

的快速性。

类似地，若系统开环对数幅频特性的中频段斜率为-40dB/dec，且占有一定的频程宽度，可近似认为开环整个曲线为一条斜率为-40dB/dec 的直线，如图 5-48 所示。其对应的开环传递函数为

$$G(s) \approx \frac{K}{s^2} = \frac{\omega_c^2}{s^2}$$

对于单位反馈，闭环传递函数为

$$\Phi(S) = \frac{G(s)}{1+G(s)} = \frac{\omega_c^2}{s^2+\omega_c^2}$$

这相当于无阻尼的二阶系统，其动态响应持续振荡，系统处于临界稳定状态。

若系统开环对数幅频特性的中频段斜率为小于-40dB/dec，闭环系统将难以稳定。因此，中频段的斜率反映了系统响应的平稳性。通常，应取中频段的斜率为-20dB/dec，且需占有一定的频程宽度。

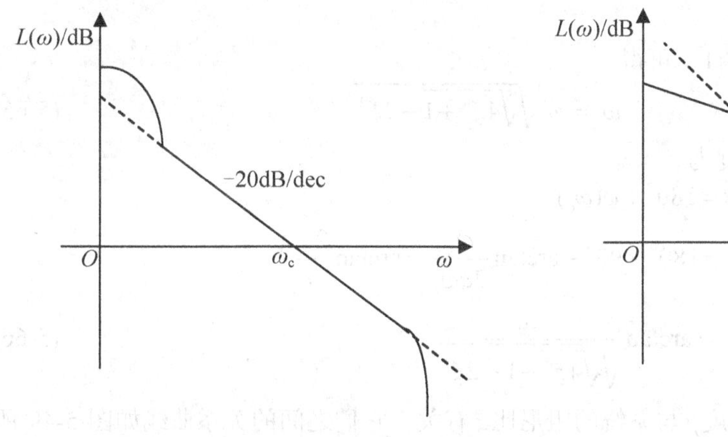

图 5-47　中频段对数幅频特性(1)

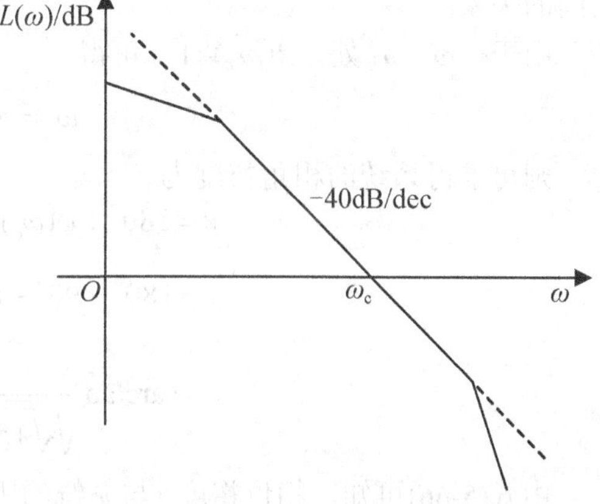

图 5-48　中频段对数幅频特性(2)

3)　高频段

高频段特性主要由系统中小时间常数的环节决定，其转折频率和剪切频率ω_c相距较远，且分贝值较小。因此，对系统的动态性能影响不大。但高频段系统的开环对数幅频特性的幅值大小，却反映了系统对输入端高频干扰的抑止能力，高频段分贝值越低，系统抗高频干扰的能力越强。

总之，在开环对数幅频特性的三个频段中，低频段决定了系统的稳态精度；中频段决定了系统的平稳性和快速性；高频段决定了系统的抗干扰能力。三频段的划分界限没有严格地确定准则，也没有给出具体的设计指标，但是三频段的概念为直接运用开环频率特性判别、估计系统的性能和设计控制系统指出了原则和方向。

2. 频率特性与系统性能指标的关系

频率特性法是通过系统的开环或闭环频率特性的一些特征量间接地表征系统动态响应的性能，这些特征量称为频域性能指标。常用的开环频域性能指标包括相角裕度γ、增益裕度K_g、剪切频率ω_c；闭环频域性能指标包括谐振峰值M_r、频带宽度BW和谐振频率ω_r等。

对于二阶系统而言，频域性能指标和时域性能指标间有着确定的对应关系；在高阶系统中，只要存在一对闭环主导极点，则它们也有着近似的对应关系。

1) 二阶系统开环频域指标与时域指标的关系

典型二阶系统的开环频率特性为

$$G(j\omega)=\frac{\omega_n^2}{j\omega(j\omega+2\xi\omega_n)} \tag{5-62}$$

则其幅频特性和相频特性分别为

$$A(\omega)=\frac{\omega_n^2}{\omega\sqrt{\omega^2+(2\xi\omega_n)^2}} \tag{5-63}$$

$$\varphi(\omega)=-90^\circ-\arctan\frac{\omega}{2\xi\omega_n} \tag{5-64}$$

在时域分析中，表征系统稳定性和快速性的性能指标主要是超调量$\sigma\%$和调节时间t_s。而在频域分析中，常用相角裕度γ和剪切频率ω_c反映系统稳定性和快速性。下面分析它们之间的关系。

由于在$\omega=\omega_c$处，$A(\omega_c)=1$，可得

$$\omega_c=\omega_n\sqrt{\sqrt{4\xi^4+1}-2\xi^2} \tag{5-65}$$

则可求得系统的相角裕度为

$$\begin{aligned}\gamma&=180^\circ+\varphi(\omega_c)\\&=180^\circ-90^\circ-\arctan\frac{\omega_c}{2\xi\omega_n}=\arctan\frac{2\xi\omega_n}{\omega_c}\\&=\arctan\frac{2\xi}{\sqrt{\sqrt{4\xi^4+1}-2\xi^2}}\end{aligned} \tag{5-66}$$

由式(5-66)可知，相位裕度γ与系统的阻尼比ξ有关，它们之间的关系曲线如图 5-49 所示。当$0<\xi<0.707$时，其关系近似表示为

$$\gamma=100\xi \tag{5-67}$$

即可近似视为ξ每增加 0.1，γ增加 10°。

在时域分析中，超调量$\sigma\%$和ξ的关系为

$$\sigma\%=e^{-\xi\pi/\sqrt{1-\xi^2}}\times100\%$$

$\sigma\%$和ξ的关系曲线如图 5-49 所示。比较后可以看出，γ越大，$\sigma\%$越小；γ越小，$\sigma\%$越大。

根据给定的相角裕度γ由图 5-49 直接得到时域特性的最大超调量$\sigma\%$。反之，当要求超调量$\sigma\%$不超过某一允许的值时，也可从图 5-49 中求得应有的相角裕度γ。

在时域分析中，当$0<\xi<1$时，

$$\begin{cases}t_s\approx\dfrac{3}{\xi\omega_n} & (\Delta=\pm5\%)\\[2ex] t_s\approx\dfrac{4}{\xi\omega_n} & (\Delta=\pm2\%)\end{cases}$$

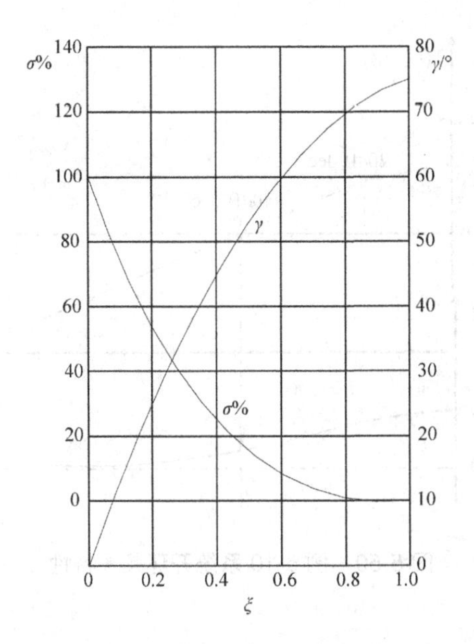

图 5-49　二阶系统σ%、γ与ξ的关系

将式(5-65)代入上式，得

$$\begin{cases} t_s\omega_c = \dfrac{3}{\xi}\sqrt{\sqrt{4\xi^4+1}-2\xi^2} & (\varDelta = \pm 5\%) \\ t_s\omega_c = \dfrac{4}{\xi}\sqrt{\sqrt{4\xi^4+1}-2\xi^2} & (\varDelta = \pm 2\%) \end{cases} \tag{5-68}$$

将式(5-66)代入式(5-68)，得

$$\begin{cases} t_s\omega_c = \dfrac{6}{\tan\gamma} & (\varDelta = \pm 5\%) \\ t_s\omega_c = \dfrac{8}{\tan\gamma} & (\varDelta = \pm 2\%) \end{cases} \tag{5-69}$$

由式(5-69)可知，调节时间 t_s 与γ、ω_c 都有关。在γ不变时，ω_c 越大，则 t_s 越短。若两二阶系统的γ相同，则它们的超调量σ%大致相同，但其调节时间 t_s 不同，ω_c 较大的系统，t_s 较短。因此，剪切频率ω_c 在频率特性中是一个十分特殊的重要参数，它不仅影响系统的相位裕度，还影响动态过程的调节时间。

【例 5-10】已知二阶系统的开环传递函数为

$$G(s) = \frac{18}{s(0.5s+1)}$$

采用频率特性法分析系统的性能，求出系统的频域指标ω_c、γ和时域指标σ%、t_s。

解：绘制开环频率特性曲线如图 5-50 所示。

由开环对数幅频特性的渐近线可得

$$L(\omega_c) = 20\lg 18 - 20\lg\omega_c - 20\lg 0.5\omega_c \approx 0$$

解得 $\omega_c = 6\text{rad/s}$

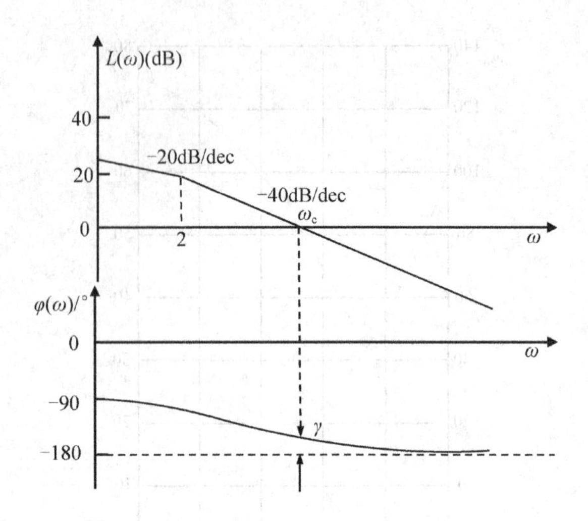

图 5-50　例 5-10 系统开环频率特性

相角裕度为

$$\begin{aligned}\gamma &= 180^\circ + \varphi(\omega_c) \\ &= 180^\circ - 90^\circ - \arctan(0.5 \times 6) \\ &= 18.43^\circ\end{aligned}$$

由式(5-67)得　　$\xi = \gamma / 100 = 0.184$

由式(5-65)得　　$\omega_n = \dfrac{\omega_c}{\sqrt{\sqrt{4\xi^4 + 1} - 2\xi^2}} = 6.2\ \text{rad/s}$

超调量　　$\sigma\% = e^{-\xi\pi / \sqrt{1-\xi^2}} = 56\%$

调节时间　　$t_s = \dfrac{6}{\omega_c \tan\gamma} = 3\ \text{s}$　　$(\Delta = \pm 5\%)$

对于高阶系统来说，开环频域指标和时域指标没有准确的对应关系式。在工程中，有如下的近似关系式：

$$\sigma\% = 0.16 + 0.4\left(\frac{1}{\sin\gamma} - 1\right) \quad (35^\circ \leqslant \gamma \leqslant 90^\circ) \tag{5-70}$$

$$t_s = \frac{\pi}{\omega_c}\left[2 + 1.5\left(\frac{1}{\sin\gamma} - 1\right) + 2.5\left(\frac{1}{\sin\gamma} - 1\right)^2\right] \quad (35^\circ \leqslant \gamma \leqslant 90^\circ) \tag{5-71}$$

对于高阶系统如果存在一对闭环主导极点，可将其简化为二阶系统，再利用二阶系统的频域指标与时域指标的一些定量关系，进行系统分析。

2)　闭环频率特性及其性能指标

在工程实际中，有时需要了解闭环频率特性，并以此分析和设计系统。由于开环和闭环频率特性间有着确定的关系，因而可以通过开环频率特性求取系统的闭环频率特性。

对于单位反馈系统，其闭环传递函数为

$$\Phi(s) = \frac{G(s)}{1 + G(s)}$$

对应的闭环频率特性为

$$\Phi(\mathrm{j}\omega)=\frac{G(\mathrm{j}\omega)}{1+G(\mathrm{j}\omega)}=M(\omega)\mathrm{e}^{-\mathrm{j}\alpha(\omega)} \tag{5-72}$$

若已知开环频率特性曲线 $G(\mathrm{j}\omega)$上的一点，就可由式(5-72)确定闭环频率特性曲线$\Phi(\mathrm{j}\omega)$上对应点，用这种方法即可逐点绘制出闭环频率特性曲线。在工程上，常用等 M 圆、等 N 圆和 Nicoles 图线来表示闭环系统的频率特性。显然，闭环频率特性的作图不方便，随着计算机技术的发展，这些烦琐绘图工作可由计算机软件实现。本节仅仅分析闭环频率特性与时域性能指标间的关系。

控制系统典型闭环幅频特性曲线如图 5-51 所示。衡量系统性能的闭环频率指标主要如下。

(1) 零频幅值 M_0 。

闭环幅频特性在ω=0 时的值称为零频幅值 M_0，即 $M_0=20\lg|\Phi(\mathrm{j}0)|$，它反映了系统的稳态精度。

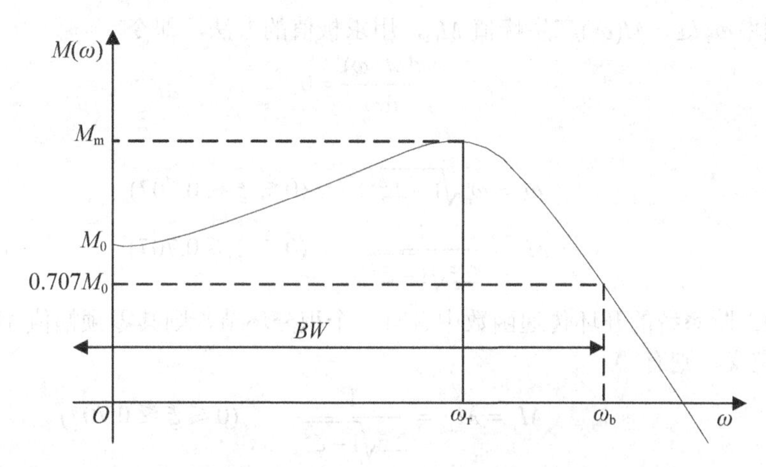

图 5-51　控制系统的典型闭环幅频特性

(2) 谐振峰值 M_r。

闭环幅频特性的最大值和零频幅值的比值称为谐振峰值 M_r。对于 I 型及以上的开环系统，M_0=1，谐振峰值 M_r 就是幅频特性的最大值。谐振峰值反映了系统的相对稳定性。一般而言，M_r 值越大，则系统阶跃响应的超调量也越大。通常希望系统的谐振峰值在 1.1～1.4 之间，相当于二阶系统的ξ为 $0.4<\xi<0.7$。

(3) 谐振频率ω_r。

产生谐振峰值对应的频率称为谐振频率ω_r。它在一定程度上反映了系统动态响应的速度。ω_r 越大，则动态响应越快。

(4) 截止频率ω_b。

闭环幅频特性下降到 0.707 M_0 或零频幅值以下 3dB 时所对应的频率称为截止频率ω_b。当$\omega>\omega_b$时，有

$$20\lg|\Phi(\mathrm{j}\omega)|<20\lg(0.707|\Phi(\mathrm{j}0)|)=20\lg|\Phi(\mathrm{j}0)|-3$$

(5) 频带宽度 BW。

频率范围 $0<\omega<\omega_b$ 称为频带宽度 BW，它反映了系统对噪声的滤波特性，同时也反映了系统的响应速度。BW 越大，响应速度越快。反之，BW 越小，只有较低频率的信号才易通过，则动态响应往往比较缓慢。

典型二阶系统的时域响应与频域响应之间有着确定的对应关系。二阶系统的闭环频率特性为

$$\Phi(\mathrm{j}\omega)=\frac{\omega_n^2}{(\mathrm{j}\omega)^2+2\xi\omega_n(\mathrm{j}\omega)+\omega_n^2}\qquad(0<\xi<1)$$

$$=\frac{\omega_n^2}{(\omega_n^2-\omega^2)+\mathrm{j}2\xi\omega_n\omega}=M(\omega)\mathrm{e}^{\mathrm{j}\alpha(\omega)}\tag{5-73}$$

则闭环幅频特性为

$$M(\omega)=\frac{\omega_n^2}{\sqrt{(\omega_n^2-\omega^2)^2+(2\xi\omega_n\omega)^2}}\tag{5-74}$$

在谐振频率ω_r处，$M(\omega)$产生峰值 M_m，用求极值的方法，即令

$$\frac{\mathrm{d}M(\omega)}{\mathrm{d}\omega}=0$$

可求得

$$\omega_r=\omega_n\sqrt{1-2\xi^2}\qquad(0\leqslant\xi\leqslant0.707)\tag{5-75}$$

$$M_m=\frac{1}{2\xi\sqrt{1-\xi^2}}\qquad(0\leqslant\xi\leqslant0.707)\tag{5-76}$$

由于典型二阶系统的开环传递函数中含有一个积分环节，则其零频幅值 $M_0=1$。根据谐振峰值 M_r 的定义，则有

$$M_r=M_m=\frac{1}{2\xi\sqrt{1-\xi^2}}\qquad(0\leqslant\xi\leqslant0.707)\tag{5-77}$$

显然，二阶系统在 $0<\xi<0.707$ 时，幅频特性的谐振峰值 M_r 和系统阻尼比ξ之间有确定数学关系，故谐振峰值 M_r 反映了系统稳定性。在给定ξ下，谐振频率ω_r反映了无阻尼自然振荡频率ω_n，又因为调节时间 $t_s=3/(\xi\omega_n)$，故谐振频率ω_r反映了系统的快速性。

在带宽频率ω_b处，典型二阶系统闭环频率特性的幅值为 $M(\omega_b)=\sqrt{2}/2$，由式(5-74)解出ω_b与ω_n、ξ的关系式为

$$\omega_b=\omega_n\sqrt{(1-2\xi^2)+\sqrt{2-4\xi^2+4\xi^4}}\tag{5-78}$$

可见，在给定ξ下，带宽频率ω_b和无阻尼自然振荡频率ω_n有关，ω_b越大，则ω_n越大，调节时间 t_s 越小，系统响应的速度就越快，故带宽频率ω_b可反映系统的快速性。

5.4.3 典型控制系统的频域分析

0 型系统在稳态时是有静差的，而III型以上的系统很难稳定。因此，通常在保证系统稳定性和一定的稳态精度的情况下，控制系统多采用典型 I 型和II型系统。

1. 典型Ⅰ型系统频域分析

典型Ⅰ型系统的开环传递函数为

$$G(s)=\frac{K}{s(Ts+1)}$$

开环对数频率特性如图 5-52 所示。可见，对数幅频特性的中频段以-20dB/dec 的斜率穿越 0dB 线。因此，适当选取参数保证系统中频段有一定的宽度，则系统必定稳定，且有足够的稳定裕量。

Ⅰ型系统的开环传递函数中有两个参数，即开环增益 K 和时间常数 T。实际上，时间常数 T 往往是控制对象本身固有的，能够由调节器改变的只有开环增益 K。K 改变的对数幅频特性如图 5-53 所示。由图可以看出，典型Ⅰ型系统开环对数幅频特性随着 K 值的变化而上下平移。

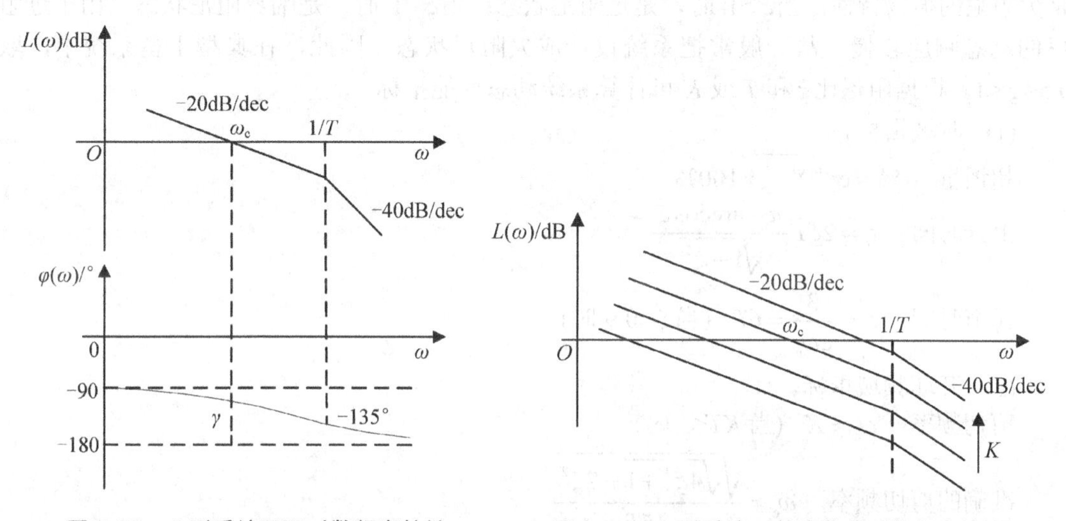

图 5-52　Ⅰ型系统开环对数频率特性　　图 5-53　Ⅰ型系统 K 值变化的对数频率特性

要使系统中频段的斜率为-20dB/dec，应有$\omega_c<1/T$，又因为有$\omega_c=K$，所以，$K<1/T$ 或 $KT<1$，否则，中频段的穿越斜率为-40dB/dec，对系统稳定很不利。

由$\omega_c=K$ 可知，典型Ⅰ型系统开环增益 K 越大，则剪切频率ω_c也越大，系统响应越快。而系统的相角裕度为 $\gamma=90^\circ-\arctan\omega_c T$，当$\omega_c$增大时，$\gamma$将降低，说明快速性与稳定性之间的是相互矛盾的。在选择参数时，应折中考虑。

1)　典型Ⅰ型系统稳态性能

典型Ⅰ型系统的稳态性能可用不同输入信号作用下的稳态误差来表示。由Ⅰ型系统低频段分析可求得系统的开环增益 K，而对于典型Ⅰ型系统有 $K_v=K$，$K_p=\infty$、$K_a=0$。所以，在不同输入信号作用下的稳态误差如表 5-4 所示。

表 5-4　Ⅰ型系统在不同输入信号作用下的稳态误差

输入信号	阶跃输入 $r(t)=A(t)$	斜坡输入 $r(t)=At$	抛物线输入 $r(t)=At^2/2$
稳态误差	0	A/K	∞

可见，在阶跃输入下Ⅰ型系统在稳态时是无差的，但在斜坡输入下，则存在恒值稳态误差，且与K值成反比，在抛物线(加速度)输入下稳态误差是∞，故Ⅰ型系统不能用于具有加速度输入的随动系统。

2)　典型Ⅰ型系统动态性能

典型Ⅰ型系统单位反馈的闭环传递函数为

$$\Phi(s)=\frac{K/T}{s^2+\frac{1}{T}s+\frac{K}{T}}=\frac{\omega_n^2}{s^2+2\xi\omega_n s+\omega_n^2}$$

式中，$\omega_n=\sqrt{\frac{K}{T}}$，$\xi=\frac{1}{2}\sqrt{\frac{1}{KT}}$，且有$\xi\omega_n=\frac{1}{2T}$。

在Ⅰ型系统中KT<1，故ξ>0.5。由二阶系统的性质可知，当ξ<1时，系统的动态响应是欠阻尼的振荡特性；当ξ>1时，是过阻尼状态；当ξ=1时，是临界阻尼状态。由于过阻尼的动态响应较慢，故一般常把系统设计成欠阻尼状态。因此，在典型Ⅰ型系统中，取0.5<ξ<1。根据阻尼比ξ和T或K可计算系统动态性能指标。

(1)　时域指标。

超调量　$\sigma\%=\mathrm{e}^{-\xi\pi/\sqrt{1-\xi^2}}\times100\%$

上升时间　$t_r=2\xi T\frac{\pi-\arccos\xi}{\sqrt{1-\xi^2}}$

调节时间　$t_s\approx\frac{3}{\xi\omega_n}=6T$　(当ξ<0.9时)

(2)　开环频域指标。

剪切频率　$\omega_c\approx K$　(当KT<1时)

准确的剪切频率　$\omega_c=\frac{\sqrt{\sqrt{4\xi^4+1}-2\xi^2}}{2\xi T}$

相角裕度　$\gamma=\arctan\frac{2\xi}{\sqrt{\sqrt{4\xi^4+1}-2\xi^2}}$

ξ在0.5～1范围的性能指标的计算结果如表5-5所示。

表5-5　Ⅰ型系统的动态性能指标与参数的关系

参数关系 KT	0.25	0.39	0.5	0.69	1.0
阻尼比ξ	1.0	0.8	0.707	0.6	0.5
上升时间 t_r	∞	6.67T	4.72T	3.34T	2.41T
调节时间 t_s	9.4T	6T	6T	6T	6T
超调量σ%	0	1.5	4.3	9.5	16.3
剪切频率ω_c	0.24/T	0.37/T	0.46/T	0.59/T	0.79/T
相角裕度γ	76.3°	69.9°	65.3°	59.2°	51.8°

从表5-5中可以看出，若KT值较大，即ξ为0.5～0.6，系统的动态响应快；若KT值较

小，即ξ为 0.8～1，系统的动态超调小；当 KT=0.5 时，即ξ=0.707，此时，$2\omega_c=1/T$，动态响应略有超调，称为二阶开环最优模型。

2. 典型Ⅱ型系统频域分析

典型Ⅱ型系统的开环传递函数为

$$G(s)=\frac{K(\tau s+1)}{s^2(Ts+1)}$$

开环对数频率特性如图 5-54 所示。可见，对数幅频特性的中频段以-20dB/dec 的斜率穿越 0dB 线。系统含有一个重积分环节和一个惯性环节，系统分子上添加一个比例微分环节，将系统的相频特性抬到-180° 线以上，保证系统稳定。

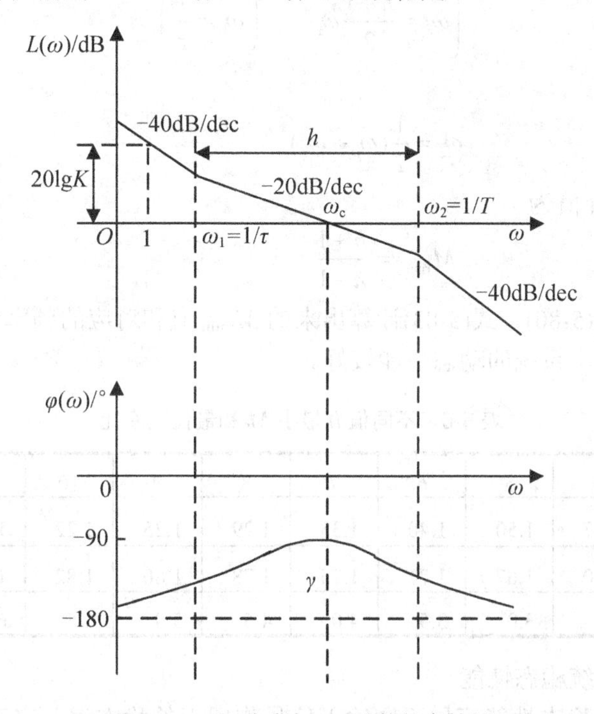

图 5-54 Ⅱ型系统开环对数频率特性

显然，有$1/\tau<\omega_c<1/T$，则相角裕度为

$$\gamma=180^\circ-180^\circ+\arctan\omega_c\tau-\arctan\omega_c T$$
$$=\arctan\omega_c\tau-\arctan\omega_c T$$

可见，τ比 T 大得越多，则系统稳定裕度越大。

在Ⅱ型系统的开环传递函数中，时间常数 T 是控制对象固有的，而 K 和τ是待定参数，为了分析方便，引入一个新的变量，令

$$h=\frac{\tau}{T}=\frac{\omega_2}{\omega_1} \tag{5-79}$$

h 是斜率为-20dB/dec 的中频段的宽度，称为中频宽。由于控制系统的动态品质取决于中频段的状况，因此 h 值是一个关键的参数。

由图 5-54 可以看出，$20\lg K - 20\lg \omega_c^2 + 20\lg \dfrac{\omega_c}{\omega_1} = 0$，则有

$$K = \omega_c \omega_1 \tag{5-80}$$

由于 T 是系统固有的时间常数，可改变τ调整中频宽 h，若中频宽 h 给定，改变 K 可使开环对数幅频特性上下平移，从而改变了剪切频率ω_c。工程上采用闭环幅频特性峰值 M_r 最小准则，来找出 h 和ω_c两个参数之间较好的配合关系。对于一定的 h 值，只有一个确定的ω_c或 K，可以得到最小的闭环幅频特性峰值 M_r，它们之间的关系为

$$\begin{cases} \omega_c = \dfrac{h+1}{2h}\omega_2 & \left(\omega_2 = \dfrac{1}{T}\right) \\ \omega_c = \dfrac{h+1}{2}\omega_1 & \left(\omega_1 = \dfrac{1}{\tau}\right) \end{cases} \tag{5-81}$$

易推出

$$\omega_c = \frac{1}{2}(\omega_1 + \omega_2) \tag{5-82}$$

对应的最小 M_r 峰值为

$$M_{\text{rmin}} = \frac{h+1}{h-1} \tag{5-83}$$

不同值 h 时由式(5-80)～式(5-83)计算出来的 M_{rmin} 值和对应的频率比如表 5-6 所示。一般取 h 在 7～12 之间，系统的动态性能较好。

表 5-6　不同值 h 最小 M_r 和最佳频率比

h	3	4	5	6	7	8	9	10	12	15	18
M_{rmin}	2.00	1.67	1.50	1.40	1.33	1.29	1.25	1.22	1.18	1.14	1.12
ω_2/ω_c	1.50	1.60	1.67	1.71	1.75	1.78	1.80	1.82	1.85	1.87	1.90
ω_c/ω_1	2.0	2.5	3.0	3.5	4.0	4.5	5.0	5.5	6.5	8.0	9.5

1)　典型 II 型系统稳态性能

典型 II 型系统的稳态性能可用不同输入信号作用下的稳态误差来表示。II 型系统对数幅频特性曲线低频段或其延长线在ω=1 处的高度为 20lg$K$，K 值就是系统的稳态加速度误差系数 K_a。所以，在不同输入信号作用下的稳态误差如表 5-7 所示。

表 5-7　II 型系统在不同输入信号作用下的稳态误差

输入信号	阶跃输入 $r(t)=A(t)$	斜坡输入 $r(t)=At$	抛物线输入 $r(t)=At^2/2$
稳态误差	0	0	A/K

可见，在阶跃和斜坡输入下，II 型系统在稳态时都是无差的。在抛物线(加速度)输入下，稳态误差的大小与开环增益 K 成反比。

2)　典型 II 型系统动态性能

按 M_r 最小原则设计参数，可得出时域和频域指标的关系。

将式(5-81)代入式(5-80)得

$$K = \omega_c \omega_1 = \omega_1^2 \frac{h+1}{2}$$

由式(5-79)可得 $\tau = hT$ ，则有

$$K = \left(\frac{1}{hT}\right)^2 \frac{h+1}{2} = \frac{h+1}{2h^2T^2} \tag{5-84}$$

将式(5-79)和式(5-84)代入典型Ⅱ型系统的开环传递函数，则有

$$G(s) = \frac{K(\tau s+1)}{s^2(Ts+1)} = \frac{h+1}{2h^2T^2}\frac{hTs+1}{s^2(Ts+1)}$$

若系统为单位反馈，则可求得系统闭环传递函数为

$$\Phi(s) = \frac{hTs+1}{\frac{2h^2}{h+1}T^3s^3 + \frac{2h^2}{h+1}T^2s^2 + hTs + 1}$$

这样，可求出单位阶跃作用下的系统输出，从而求出各指标的关系。典型Ⅱ型系统的阶跃输入的闭环时域指标如表 5-8 所示。

表 5-8　典型Ⅱ型系统的阶跃输入的闭环时域指标

h	3	4	5	6	7	8	9	10
σ/%	52.6	43.6	37.6	33.2	29.8	27.2	25.0	23.3
t_r/T	2.4	2.65	2.85	3.0	3.1	3.2	3.3	3.25
t_s/T	12.15	11.65	9.55	10.45	11.30	12.25	13.25	14.25
N	3	2	2	1	1	1	1	1

显然，调节时间随 h 的变化不是单调的，h=5 时的调节时间最短，且 h 越大则超调量越小。如果要使σ%<25%，则应取 h>9。但中频宽过大会使扰动作用下的恢复时间增长，应按具体要求选取。总的来看，典型Ⅱ型系统的超调量比典型Ⅰ型系统大。

5.5　应用实例

本节以双闭环直流调速系统为例，说明频域分析法在实际控制系统分析中的应用。

1. 系统组成及原理

双闭环直流调速系统由转速调节器、电流调节器、晶闸管整流装置、直流电动机及测速发电动机组成，系统原理图如图 5-55 所示。在系统中两个调节器分别调节转速和电流，二者之间实行串级连接，为了获得良好的静、动态性能，双闭环调速系统的两个调节器一般都采用 PI 调节器。

在图 5-55 中，ASR 是转速调节器，ACR 是电流调节器。考虑到滤波等因素，实际的直流电动机双闭环调速系统的动态结构图如图 5-56 所示。系统参数的含义如下：K_s——晶闸管整流器和触发装置的电压放大系数；T_s——晶闸管整流电路的延迟时间常数；T_d——电动机的电磁时间常数；R_d——电枢回路电阻；T_m——机电时间常数；C_e——反电势系数；β——电流反馈系数；T_{oi}——电流滤波时间常数；α——转速反馈系数；T_{on}——转速滤波时间常数。

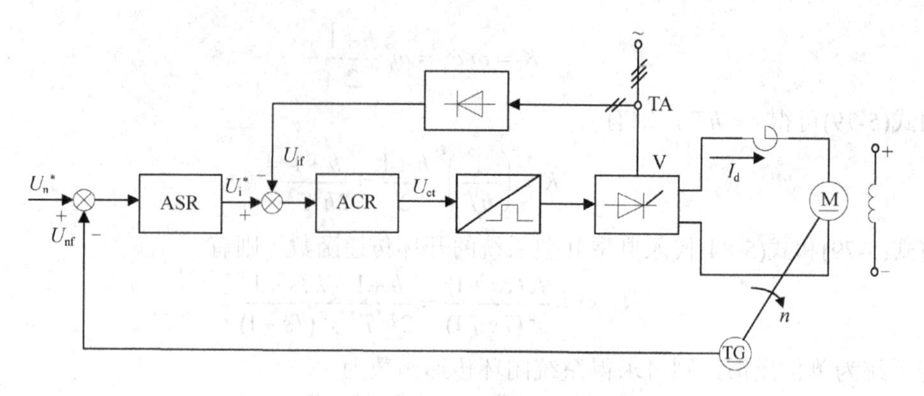

图 5-55　双闭环直流调速系统原理图

设系统参数为：K_s=30，T_s=0.001 67s，T_d=0.012 8s，R_d=0.4Ω，T_m=0.062s，C_e=0.136V/(r/min)，β=0.072V/A，T_{oi}=0.002s，α=0.006 7V/(r/min)，T_{on}=0.01s。

需要指出的是，该动态结构图是在忽略系统主要部件的一些次要因素及非线性特性的条件下给出的。例如，额定励磁下的直流电动机，忽略磁化曲线的非线性；忽略晶闸管整流器和触发装置的非线性，并将其滞后特性近似为惯性环节等。

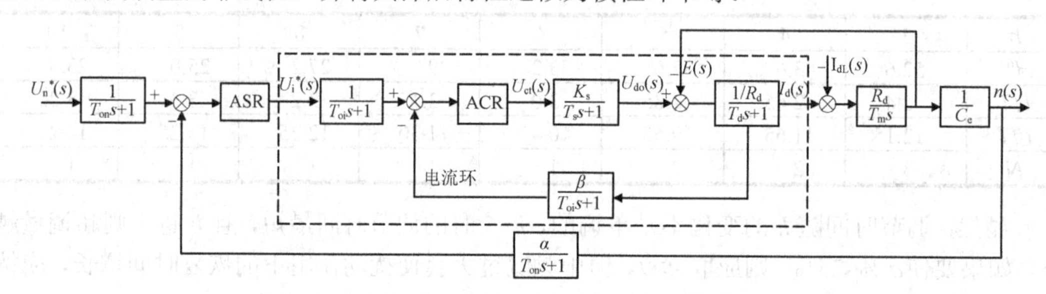

图 5-56　双闭环调速系统的动态结构图

2. 电流环的频域分析

电流环是双环系统中的负反馈内环，如图 5-57 所示。它是从转速调节器 ASR 的输出信号开始算起到电动机电枢传递函数的方框的电枢电流 I_d 输出信号为止，即电流负反馈闭环控制。电流环的控制对象为双惯性型，电流环按典型 I 型系统设计。

根据图 5-57 的动态结构图，求出电流环的开环传递函数，由于反电势信号不在环内，不考虑反电势的动态作用。

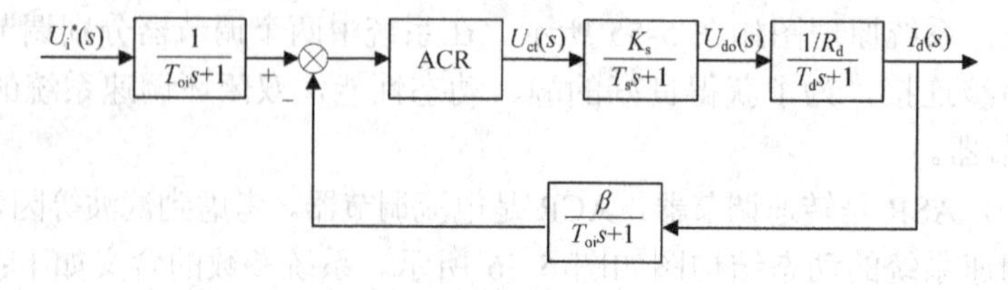

图 5-57　电流环的动态结构图

设电流调节器为

$$G_{\mathrm{LT}}(s)=\frac{K_{\mathrm{i}}(\tau_{\mathrm{i}}s+1)}{\tau_{\mathrm{i}}s}=\frac{0.32(0.012\,8s+1)}{0.012\,8s}$$

其中，取$\tau_{\mathrm{i}}=T_{\mathrm{d}}=0.0128\mathrm{s}$，$K_{\mathrm{i}}=0.32$

电流环的开环传递函数为

$$G_{\mathrm{ki}}(s)=\frac{K_{\mathrm{i}}K_{\mathrm{s}}\beta(\tau_{\mathrm{i}}s+1)/\tau_{\mathrm{i}}R_{\mathrm{d}}}{s(T_{\mathrm{s}}s+1)(T_{\mathrm{d}}s+1)(T_{\mathrm{oi}}s+1)^2}$$

代入参数，可得

$$G_{\mathrm{ki}}(s)=\frac{135(0.012\,8s+1)}{s(0.001\,67s+1)(0.012\,8s+1)(0.002s+1)^2}$$

电流环的对数频率特性如图 5-58 所示。图中，$L(1)=20\lg K=20\lg 135=42.6\mathrm{dB}$，转折频率为$\omega_1$=1/0.002=500rad/s，$\omega_2$=1/0.00167=598.8rad/s。

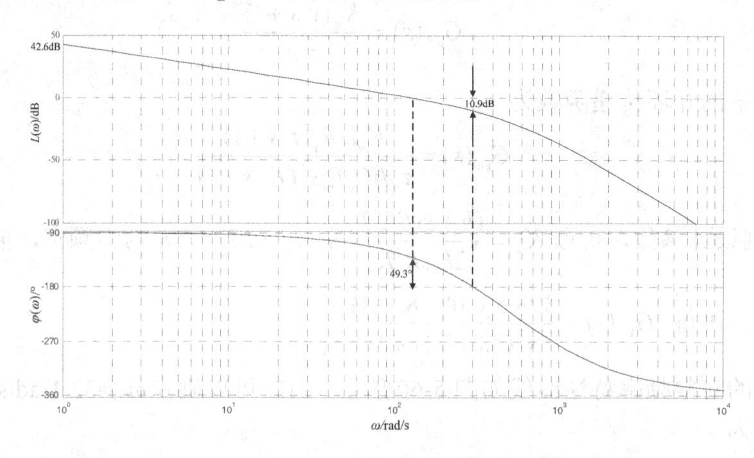

图 5-58　电流环的对数频率特性曲线

由图 5-58 可以确定ω_{ci}=124rad/s，则系统相角裕度为

$$\gamma_{\mathrm{i}}=180^\circ-90^\circ-2\arctan\omega_{\mathrm{ci}}T_{\mathrm{oi}}-\arctan\omega_{\mathrm{ci}}T_{\mathrm{s}}=49.3^\circ$$

3. 转速-电流双环的频域分析

在转速-电流双环系统的分析中，可将电流环看作是转速调节系统的一个环节，由给定动态结构图，求出其等效的闭环传递函数为

$$G_{\mathrm{bi}}(s)=\frac{1}{\dfrac{T_{\Sigma i}}{K_{\mathrm{I}}}s^2+\dfrac{1}{K_{\mathrm{I}}}s+1}$$

式中，$K_{\mathrm{I}}=\dfrac{K_{\mathrm{i}}K_{\mathrm{s}}\beta}{\tau_{\mathrm{i}}R_{\mathrm{d}}}$，由于 T_{s} 和 T_{oi} 一般都比 T_{d} 小得多，可当作小惯性环节处理，取 $T_{\Sigma i}=T_{\mathrm{s}}+T_{\mathrm{oi}}$。

显然，电流环是一个二阶振荡环节，在满足一定条件下，将其近似为一阶惯性环节，即电流环的等效闭环传递函数为

$$G_{\mathrm{bi}}(s)=\frac{1/\beta}{2T_{\Sigma i}s+1}$$

则转速环的等效动态结构图如图 5-59 所示，转速外环是按典型Ⅱ型系统设计的，把小时间常数 T_{on} 和 $2T_{\Sigma i}$ 合并，近似为一阶时间常数 $T_{\Sigma n}=T_{on}+2T_{\Sigma i}$。

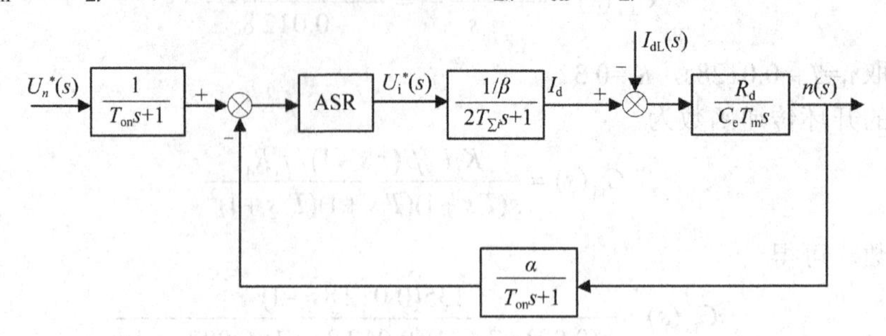

图 5-59　转速环的等效动态结构图

设转速调节器为

$$G_{ST}(s)=\frac{K_n(\tau_n s+1)}{\tau_n s}$$

则调速系统的开环传递函数为

$$G_{kn}(s)=\frac{K_n\alpha R_d(\tau_n s+1)}{\tau_n\beta C_e T_m s^2(T_{\Sigma_n}s+1)}$$

按 M_r 最小原则设计参数，可取 $K_n=\dfrac{(h+1)\beta C_e T_m}{2h\alpha R_d T_{\Sigma n}}$，$\tau_n=hT_{\Sigma n}$，$h$ 为中频宽，取为 5。

代入参数，可得 $G_{kn}(s)=\dfrac{398.5(0.086\,8s+1)}{s^2(0.017\,4s+1)}$

转速外环的对数频率特性曲线如图 5-60 所示。由图可以确定 ω_{cn}=32.1rad/s，计算相应的系统相角裕度为

$$\gamma_n=180^\circ-180^\circ+\arctan\omega_{cn}\tau_n-\arctan\omega_{cn}T_{\Sigma n}=41.1^\circ$$

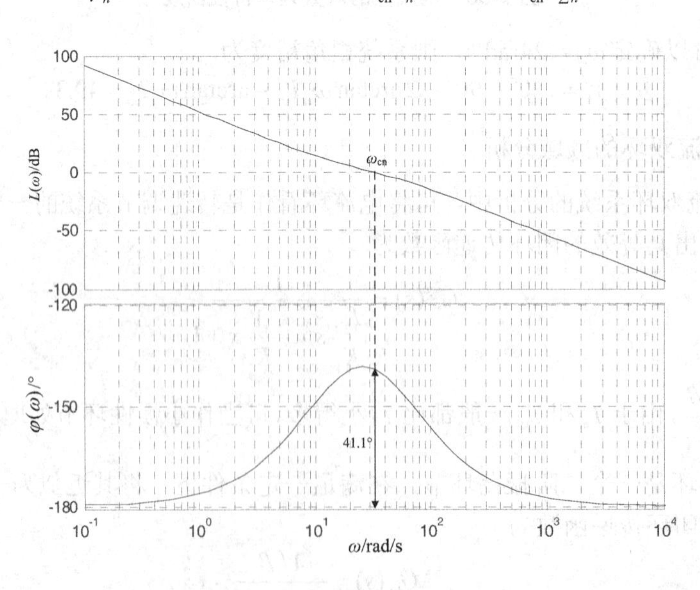

图 5-60　转速外环的对数频率特性

由上述频域分析可知，转速-电流双闭环直流调速系统不仅稳定，而且有很大的稳定裕度，频域性能指标优良。

本章小结

控制系统的频域分析法是自动控制理论的重要组成部分，它可根据系统的开环频率特性去判断闭环系统的性能，并能较方便地分析系统参量对时域响应的影响，从而指出改善系统性能的途径。

(1) 频率特性是线性定常系统在正弦输入信号作用下的稳态输出与输入之比。它和传递函数、微分方程一样能反映系统的动态性能，因而它是线性定常系统的又一形式的数学模型，可由 $\mathrm{j}\omega$ 直接替换传递函数中的 s 得到，即 $G(\mathrm{j}\omega)=G(s)|_{s=\mathrm{j}\omega}$。

(2) 频域分析法是在频域内应用图解法分析控制性能的一种工程方法。频率特性可由实验方法测定，对于难以用解析方法确定系统特性的情况，具有重要的工程应用价值。

(3) 频率特性曲线包括幅相频率特性曲线(又称奈奎斯特图)和对数频率特性曲线(又称伯德图)。对于最小相位系统，幅频特性和相频特性之间存在着唯一的对应关系，即根据对数幅频特性，可以唯一地确定相应的相频特性和传递函数，而对非最小相位系统则不然。

(4) 奈氏稳定判据是频率响应法的核心，它是根据开环频率特性曲线围绕点(−1,j0)的情况和开环传递函数在 s 右半平面的极点数 p 来判别对应闭环系统的稳定性。在对数频率特性上，可采用对数频率稳定判据。

(5) 依据开环频率特性不仅能够定性地判断闭环系统的稳定性，而且可以定量地反映系统的相对稳定性，即稳定裕度。系统的稳定裕度通常用相角裕度γ和增益裕度 K_g 来表征。在控制工程中，通常要求系统的相角裕度γ在 30°～60°范围内。

(6) 开环系统的对数幅频特性曲线是控制系统分析和设计的重要工具。一般可将开环系统的对数幅频特性曲线分为低频段、中频段、高频段三频段。其中，低频段表征了系统的稳态特性；中频段表征了系统的动态特性，即稳定性和快速性；高频段则表征了系统抗高频干扰的能力。

(7) 系统频域性能指标是间接的性能指标，包括开环频域指标(主要有ω_c、γ)和闭环频域指标(主要有 M_r、ω_r、ω_b)，二阶系统的开环频域指标、闭环频域指标与时域指标之间有确定的关系。

(8) 典型Ⅰ和典型Ⅱ系统是工程设计中常用的期望模型，其频域分析有很重要的工程实际意义。

习　题

5-1　设单位反馈控制系统的开环传递函数 $G(s)=\dfrac{1}{s+1}$，试依据频率特性的物理意义，求下列输入信号作用时，系统的稳态输出。

(1) $r(t)=\sin 2t$

(2) $r(t)=\sin(t+30^{\circ})$

5-2 试求图 5-61 所示的 RC 超前网络的频率特性，并绘制幅相频率特性曲线。

5-3 试求下列函数幅频特性 $A(\omega)$，相频特性 $\varphi(\omega)$，实频特性 $U(\omega)$，虚频特性 $V(\omega)$。

(1) $G(s)=\dfrac{5}{30s+1}$

(2) $G(s)=\dfrac{1}{s(0.1s+1)}$

(3) $G(s)=\dfrac{K(\tau s+1)}{Ts+1}$ $(K>1,\tau>T)$

5-4 已知在正弦信号 $r(t)=2\sin t$ 作用下，系统的稳态响应 $c_{ss}(t)=4\sin(t-45^{\circ})$，系统如图 5-62 所示，计算参数 ξ 、ω_n，并概略绘制系统开环幅相频率特性曲线。

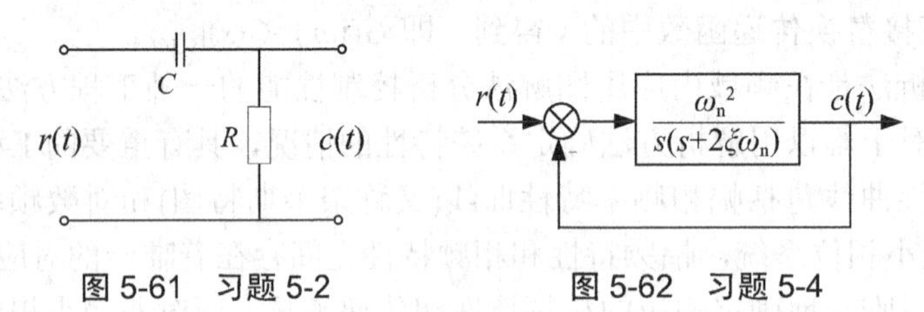

图 5-61 习题 5-2　　图 5-62 习题 5-4

5-5 绘制下列传递函数的对数幅频特性渐近线曲线和相频特性曲线。

(1) $G(s)=\dfrac{4}{(2s+1)(8s+1)}$　　(2) $G(s)=\dfrac{20}{s(0.5s+1)(0.1s+1)}$

(3) $G(s)=\dfrac{10(s+0.4)}{s^2(s+0.1)}$　　(4) $G(s)=\dfrac{7.5(0.2s+1)(s+1)}{s(s^2+16s+100)}$

(5) $G(s)=\dfrac{10s+1}{3s+1}$　　(6) $G(s)=\dfrac{10s-1}{3s+1}$

5-6 最小相位系统的开环对数幅频特性渐近线如图 5-63 所示，试写出其传递函数。

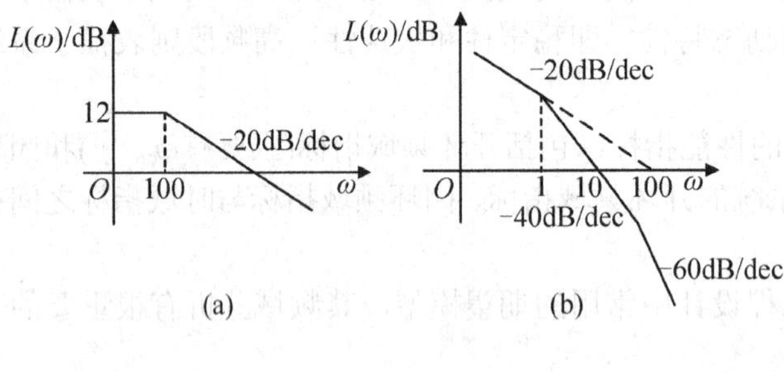

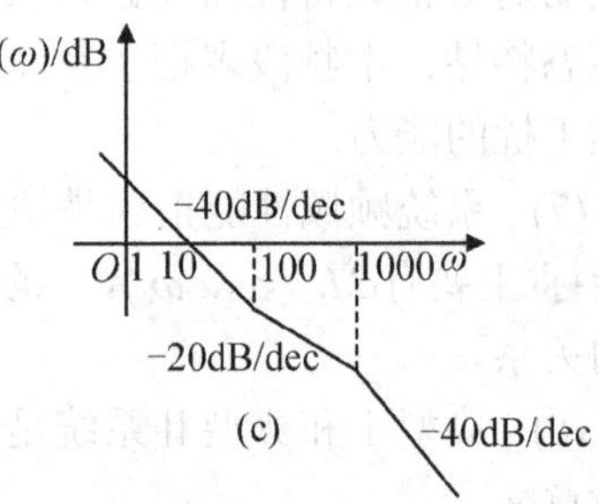

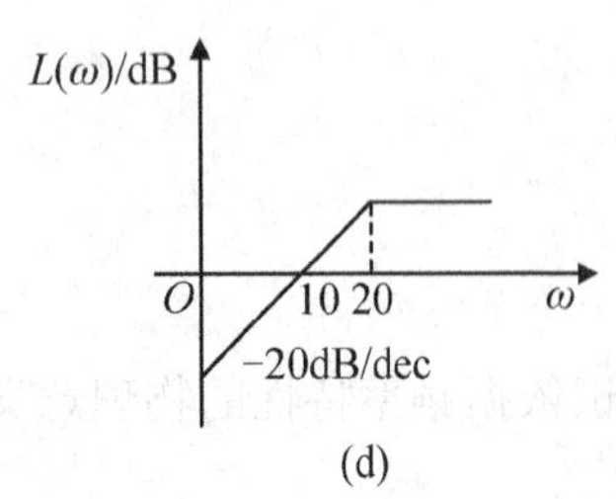

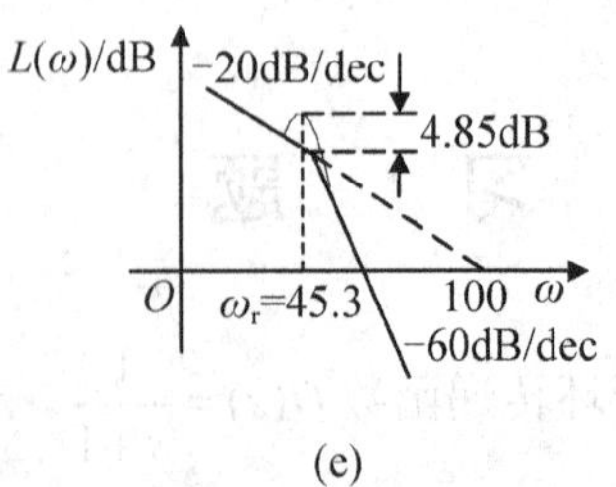

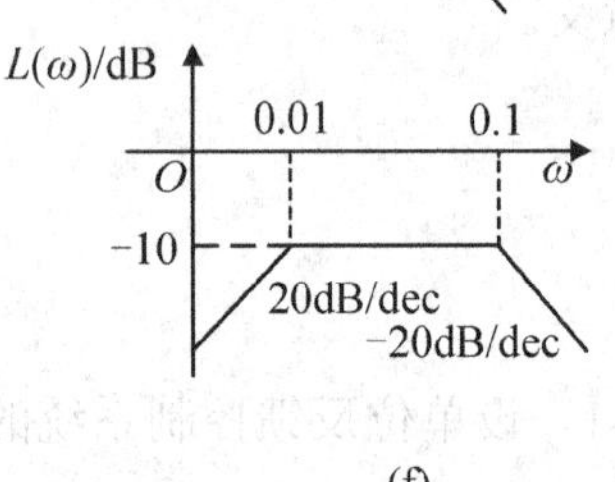

图 5-63 习题 5-6

5-7　设开环系统的奈氏曲线如图 5-64 所示，试判别系统的稳定性，其中 p 为开环传函数在 s 右半平面极点数，v 为开环积分环节的个数。

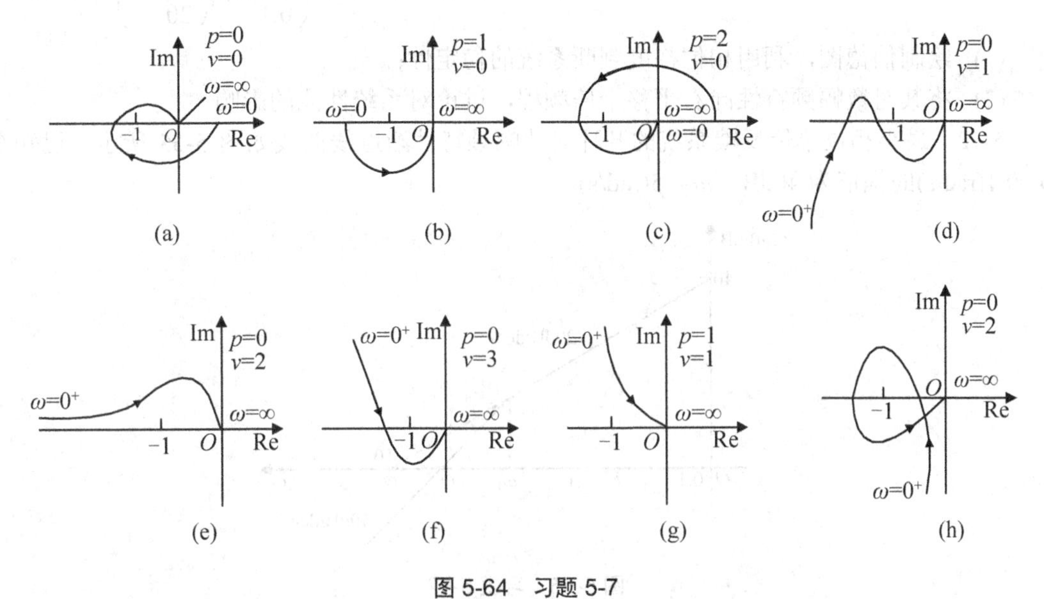

图 5-64　习题 5-7

5-8　系统的开环传递函数如下，试绘制各系统的开环伯德图，并求出各系统的剪切频率 ω_c 及对应的相角。

(1)　$G(s)=\dfrac{100}{s(0.2s+1)}$

(2)　$G(s)=\dfrac{100}{s(2s+1)(0.2s+1)}$

5-9　设系统开环传递函数如下，试绘制各系统的伯德图，求出相角裕度和幅值裕度，并判别系统的稳定性。

(1)　$G(s)=\dfrac{10}{s(0.1s+1)(0.25s+1)}$

(2)　$G(s)=\dfrac{100\left(\dfrac{s}{2}+1\right)}{s(s+1)\left(\dfrac{s}{10}+1\right)\left(\dfrac{s}{20}+1\right)}$

5-10　设单位负反馈系统开环传递函数

(1)　$G(s)=\dfrac{as+1}{s^2}$，试确定使相角裕度等于 45° 的 a 值。

(2)　$G(s)=\dfrac{K}{s(s+1)\left(\dfrac{s}{0.5}+1\right)}$，试确定使相角裕度等于 4° 的 K 值。

(3)　$G(s)=\dfrac{K}{(s+1)(3s+1)(7s+1)}$ 试确定使幅值裕度等于 20dB 的 K 值。

5-11　已知单位负反馈控制系统的开环传递函数为$G(s)=\dfrac{10}{s\left(\dfrac{s}{0.1}+1\right)\left(\dfrac{s}{20}+1\right)}$，要求

(1) 绘制伯德图，利用相位裕度判断系统的稳定性；

(2) 将其对数幅频特性向右平移十倍频程，讨论对系统性能的影响。

5-12　最小相位单位反馈系统的开环对数幅频特性渐近线曲线如图 5-65 所示。已知在ω=0.1(rad/s)的幅值为 40dB，ω_2=5(rad/s)。

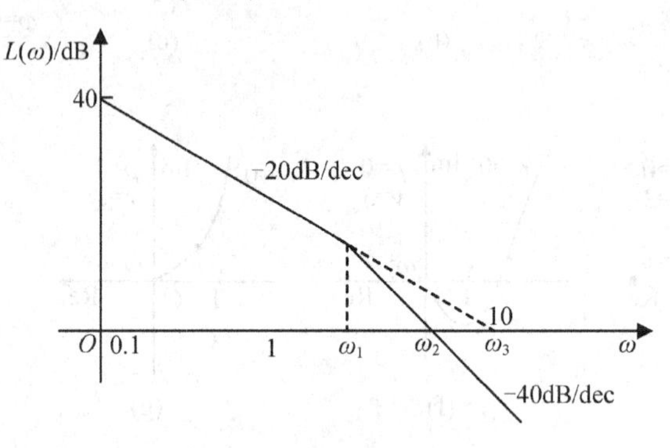

图 5-65　习题 5-12

(1) 证明$\dfrac{\omega_3}{\omega_2}=\dfrac{\omega_2}{\omega_1}$；

(2) 求系统的开环增益 K；

(3) 求系统相角裕度γ。

5-13　最小相位系统的开环对数幅频特性渐近线曲线如图 5-66 所示。试求该系统在$r(t)=\dfrac{1}{2}t^2$作用下的稳态误差和相角裕度。

5-14　最小相位系统的开环对数幅频特性渐近线曲线如图 5-67 所示。ω_c位于两个转折频率的几何中心，试估算系统的稳态误差、超调量及调整时间。

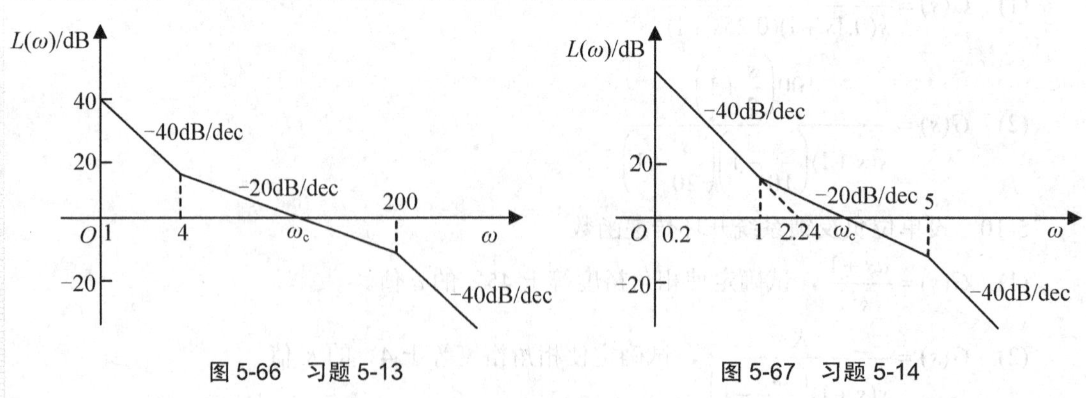

图 5-66　习题 5-13　　　图 5-67　习题 5-14

5-15　已知系统的开环传递函数为$G(s)=\dfrac{K}{s(s+1)(2s+1)(0.5s+1)}$，求闭环系统稳定时的增益 K 的范围。

5-16　单位负反馈系统的开环传递函数为

$$G(s)=\frac{80.5}{s(s+11.5)}$$

试用频域和时域关系求系统超调量σ%和调节时间t_s。

5-17　已知单位负反馈系统的开环传递函数$G(s)=\dfrac{K}{s(s+a)}$，试求：

(1) 满足$M_r=1.04$，$\omega_c=11.5\text{rad/s}$的$K$和$a$的值；

(2) 求出系统在单位阶跃函数作用下的调节时间t_s和频带宽度ω_b。

5-18　若要求系统响应斜坡信号时的稳态误差为零，那么对系统低频段有何要求？

5-19　为了使系统具有较好的动态性能指标，对系统中频段有何要求？

5-20　已知一直流调速系统如图 5-68 所示，其电动机机电时间常数 $T_m=\dfrac{JR}{K_mC_e}=0.5\text{s}$，反电势系数 C_e=0.1Vs/rad，K_m=0.1Nm/A，R=4Ω，功率放大器$G(s)=\dfrac{10}{0.05s+1}$，速度反馈系数α=0.1V·s/rad，T_{on}=0.012 5s，$G_c(s)$为系统调节器。

(1) 当 $G_c(s)$=10 时，试绘出系统开环传递函数的对数幅频特性，求出剪切频率、相角裕度，并判断闭环的稳定性；

(2) 当$G_c(s)=\dfrac{0.5s+1}{s}$时，试绘出系统开环传递函数的对数幅频特性，求出剪切频率、相角裕度，并判断闭环的稳定性。

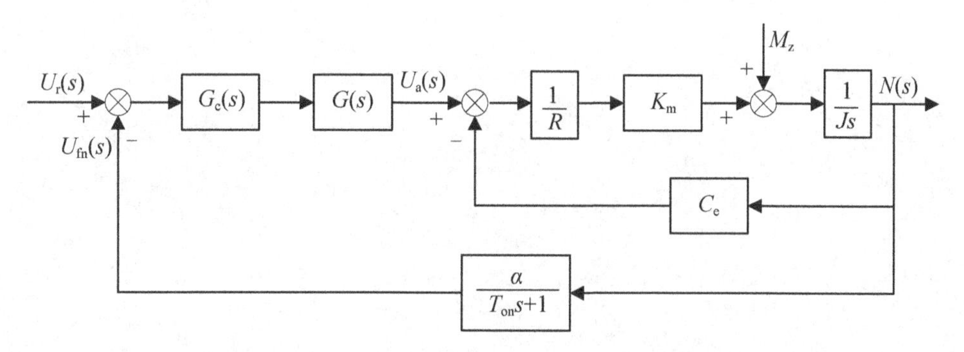

图 5-68　习题 5-20

第6章

控制系统的校正方法

了解控制系统校正的基本概念及校正的基本规律，掌握控制系统的串联校正方法，理解控制系统的反馈校正方法的原理，熟悉控制系统的工程设计方法。

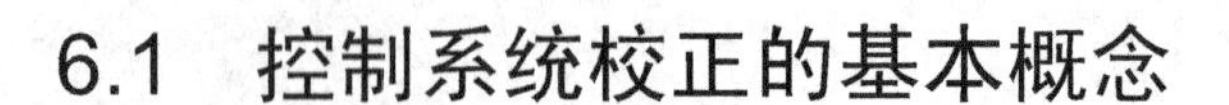

6.1 控制系统校正的基本概念

当调整系统的参数(如增益、时间常数等)不能同时满足系统的各项性能指标要求时，就需要在系统中引入一些参数及特性可按需要改变的附加装置，人为地改变系统的结构和性能，从而满足所要求的各项性能指标，我们把这一过程称为“系统校正”。所引入的附加装置称为校正装置，用 $G_c(s)$ 表示。除去附加装置的原有的系统部分称为“固有部分”，用 $G_0(s)$ 表示。一般情况下，仅由固有部分构成系统，系统性能较差，难以满足对系统提出的各项技术要求，甚至是不稳定的。因此，控制系统校正一般是必需的。

6.1.1 校正方式

校正方式就是指校正装置在系统中的连接方式，控制系统一般有串联校正、反馈校正和复合校正三种。

1. 串联校正

将校正装置 $G_c(s)$ 与系统的固有部分相串联，称为串联校正，如图 6-1(a)所示。通常串联校正装置设置在系统前向通道的前端，具体来说就是反馈比较环节的输出端。这样设置的主要原因是前向通道的前端一般有较小的传输功率，便于用小功率器件和计算机控制来实现。

2. 反馈校正

将校正装置 $G_c(s)$ 与被控对象进行反馈连接，构成局部负反馈回路，称为反馈校正，如图 6-1(b)所示。反馈校正装置设置在局部反馈通道中，它能改造系统中某环节的特性，减小系统中某些参数变化及非线性因素对系统性能的影响。反馈校正的信号通常是从高功率点向低功率点传递，故一般无须附加放大器。

3. 复合校正

复合校正是在反馈控制基础上，引入输入补偿或扰动补偿构成的一种“复合控制”方式。它在系统中有两种连接形式，一种是给定输入补偿的复合控制形式，如图 6-1(c)所示，其校正装置设置在系统给定值与主反馈作用点之间；另一种是扰动补偿的复合控制形式，如图 6-1(d)所示，其校正装置设置在系统可测扰动作用点与偏差测量点之间。在保证系统稳定的前提下，采用复合控制可极大减小甚至消除系统的稳态误差，几乎可抑制所有可测量的扰动。在高精度控制系统中，复合校正得到了广泛应用。

在控制系统设计中，串联校正和反馈校正是两种常用的校正方式。究竟选用哪种校正方式，取决于系统结构的特点、信号的性质、选择的元件、抗干扰的要求、设计者的经验等因素。一般来说，串联校正设计简单且易于实现，反馈校正设计往往需要一定的实践经验。在复杂控制系统中，串联校正和反馈校正常常同时使用，以便系统获得更好的性能。

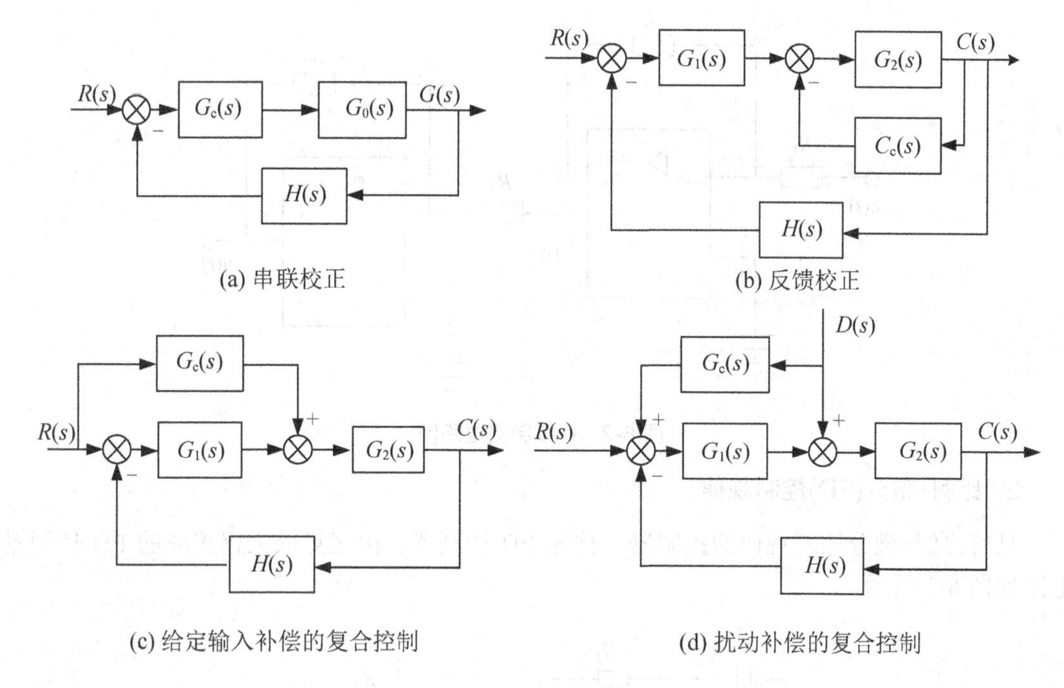

图 6-1　系统校正方式

6.1.2　基本控制规律

在设计控制系统的校正装置之前，需要了解校正装置的控制规律，即经它们传输的信号输出量与输入量之间满足什么关系。包含校正装置在内的控制器常采用 PID 控制规律。PID 控制是比例-积分-微分控制，在很多情况下，PID 控制并不一定需要全部的三项控制作用，而是可以方便灵活地改变控制策略，实现比例、比例-积分、比例-微分或比例-积分-微分控制。

1. 比例(P)控制规律

具有比例控制规律的控制器，称为 P 控制器。由运算放大器构成的 P 控制器电路如图 6-2 所示。P 控制器的传递函数为

$$G_c(s)=\frac{R_2}{R_1}=K_P \tag{6-1}$$

式中，K_P 为比例系数。

P 控制器实质上是一个具有可调增益的放大器。在信号的变换过程中，只改变信号的大小，而不改变信号的相位。在串联校正中采用具有比例控制规律的校正装置，加大其比例系数，可增大校正后整个系统的开环增益，从而有减小系统稳态误差，提高控制精度的作用。但过大的开环增益会导致系统的相对稳定性降低，甚至造成系统不稳定。在一些情况下，仅靠具有比例控制规律的校正装置或控制器来改善系统的性能，是无法满足系统的各项性能指标的。因此，一般较少单独使用比例控制规律。

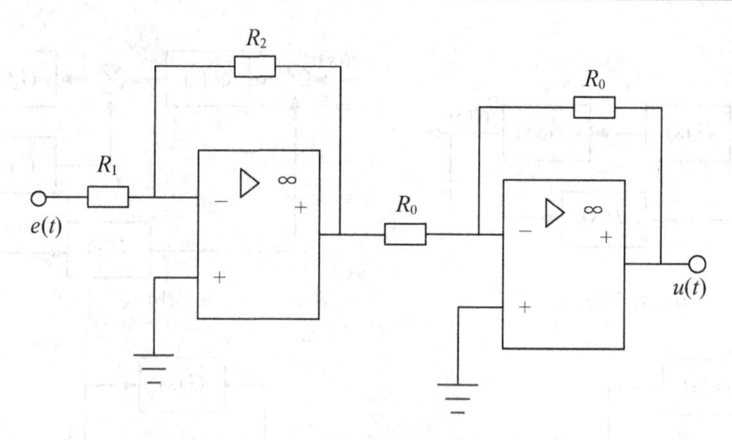

图 6-2　P 控制器电路图

2. 比例-微分(PD)控制规律

具有比例-微分控制规律的控制器，称为 PD 控制器。由运算放大器构成的 PD 控制器电路如图 6-3 所示。

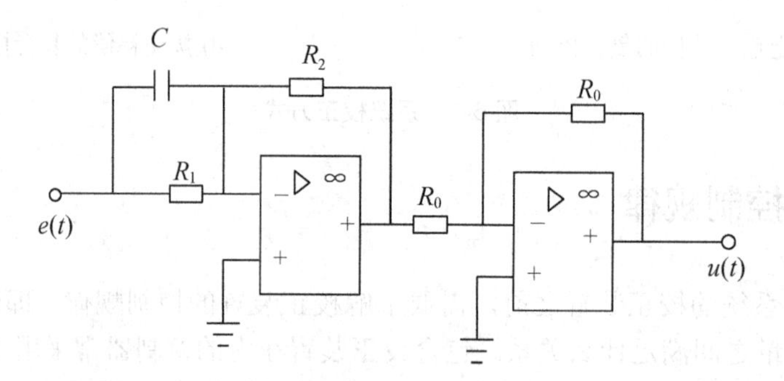

图 6-3　PD 控制器电路

PD 控制器的传递函数为

$$G_c(s)=\frac{R_2}{R_1}(1+R_1Cs)=K_P+K_Ds \tag{6-2}$$

式中，$K_P=R_2/R_1$ 为比例系数；$K_D=R_2C$ 为微分系数。

PD 控制器的伯德图如图 6-4 所示。从图中可看出，PD 控制器具有正的相位，幅频特性有正的斜率段。PD 控制器中的微分控制规律，能反映误差信号的变化趋势，对于抑制阶跃响应的超调、缩短调节时间有一定的效果。在串联校正时，可使校正后系统增加一个开环零点，使系统的相位裕量提高，有助于动态性能的改善。

需要指出的是，因为微分控制作用只对动态过程起作用，对稳态过程没有任何影响，且对噪声很敏感。所以，单独的微分控制规律很少使用，它总是和比例控制、比例-积分控制规律组合在一起使用。

3. 比例-积分(PI)控制规律

具有比例-积分控制规律的控制器，称为 PI 控制器。由运算放大器构成的 PI 控制器电路如图 6-5 所示。

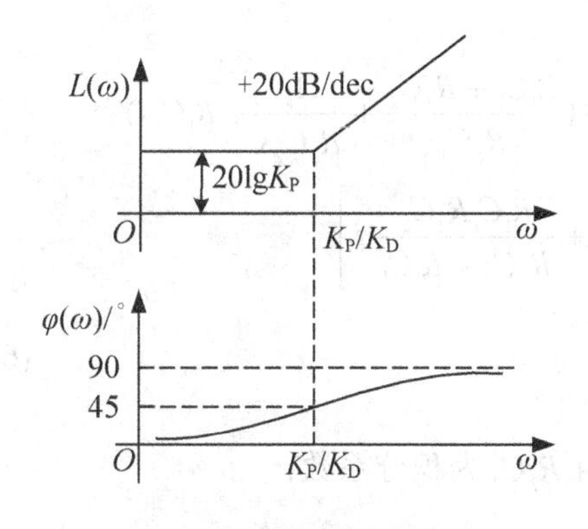

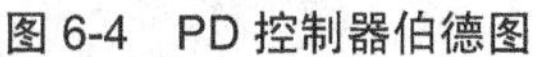
图 6-4　PD 控制器伯德图

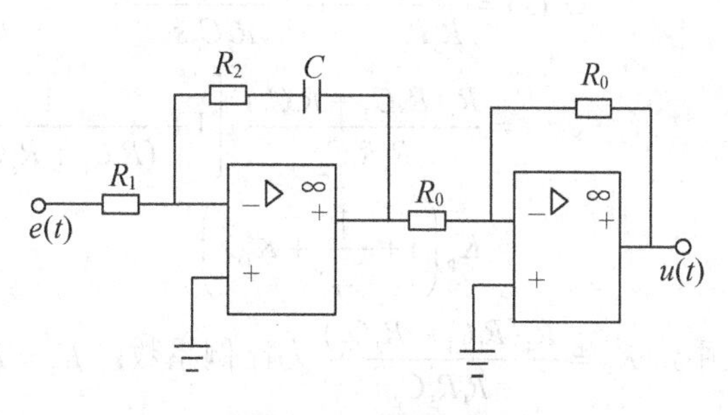

图 6-5　PI 控制器电路

PI 控制器的传递函数为

$$G_c(s)=\frac{1+R_2Cs}{R_1Cs}=\frac{R_2}{R_1}\cdot\frac{1+R_2Cs}{R_2Cs}=K_P(1+\frac{1}{K_Is})\tag{6-3}$$

式中，$K_P=R_2/R_1$ 为比例系数；$K_I=R_2C$ 为积分时间常数。

PI 控制器的伯德图如图 6-6 所示。从图中可看出，PI 控制器具有负的相位，幅频特性有负的斜率段。在串联校正时，采用 PI 控制规律的校正装置，会使校正后系统增加一个积分环节和一个位于 s 左半平面的稳定的开环零点。引入积分环节可提高系统的型别，有利于改善系统的稳态性能，但由于同时引入了一个 -90° 的相角，这对系统的稳定性是不利的；增加的负实数零点会减小系统的阻尼程度，对改善系统的稳定性和快速性有利。在控制工程中，PI 控制器主要用来改善系统的稳态性能，提高系统的控制精度。

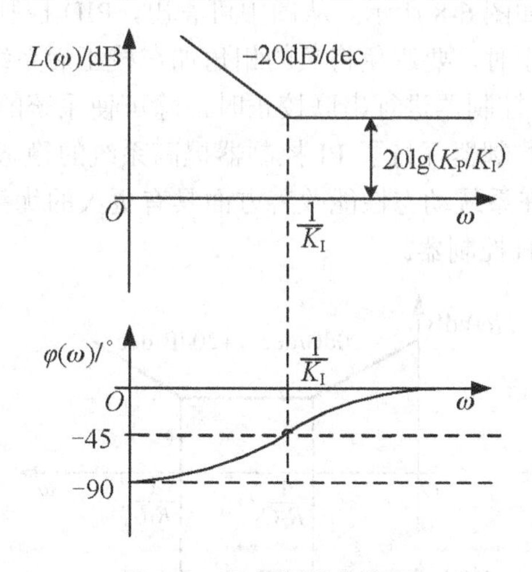

图 6-6　PI 控制器伯德图

一般地，积分控制规律很少单独使用。这主要是因为在串联校正时，采用单独的积分控制器(Ⅰ)，会使校正后系统的型别提高，虽有利于改善系统的稳态性能，但其引入的 -90° 相移可能导致系统不稳定。所以，积分控制规律也常常和其他控制规律结合起来使用。

4. 比例-积分-微分(PID)控制规律

具有比例-积分-微分控制规律的控制器，称为 PID 控制器。由运算放大器构成的 PID

控制电路如图 6-7 所示。PID 控制器传递函数为

$$
\begin{aligned}
G_c(s) &= \frac{R_4R_2}{R_3R_1}\cdot\frac{(1+R_2C_2s)(1+R_1C_1s)}{R_2C_2s}=\frac{R_2R_4}{R_1R_3}\cdot(\frac{R_1C_1+R_2C_2}{R_2C_2}+\frac{1}{R_2C_2s}+R_1C_1s) \\
&= \frac{R_4(R_2C_2+R_1C_1)}{R_3R_1C_2}\cdot\left[1+\frac{1}{(R_1C_1+R_2C_2)s}+\frac{R_1C_1R_2C_2}{R_2C_2+R_1C_1}s\right] \\
&= K_p\left(1+\frac{1}{K_Is}+K_Ds\right)
\end{aligned}
\tag{6-4}
$$

式中，$K_P=\dfrac{R_4(R_1C_1+R_2C_2)}{R_1R_3C_2}$ 为比例系数；$K_I=R_1C_1+R_2C_2$ 为积分系数；

$K_D=\dfrac{R_1C_1R_2C_2}{R_1C_1+R_2C_2}$ 为微分系数。

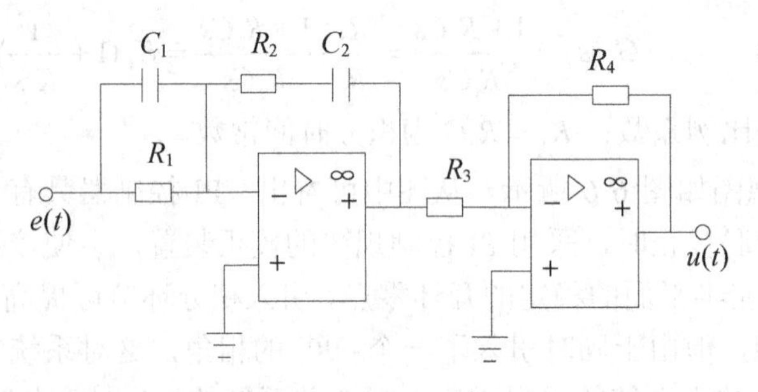

图 6-7　PID 控制器电路图

PID 控制器的伯德图如图 6-8 所示。从图中可看出，PID 控制器既有正的相角，又有负的相角。因此，在系统校正时，要避免将负的相角加在校正后系统的穿越(剪切)频率处。从式(6-4)可看出，利用 PID 控制器进行串联校正时，除可使系统的型别提高一级外，还将引入两个负实数零点。PID 控制器保持了 PI 控制器提高系统的稳态性能的优点，由于多提供一个负实数零点，因此其在系统动态性能改善方面具有更大的优势。PID 控制器是实际控制系统中应用非常广泛的一种控制器。

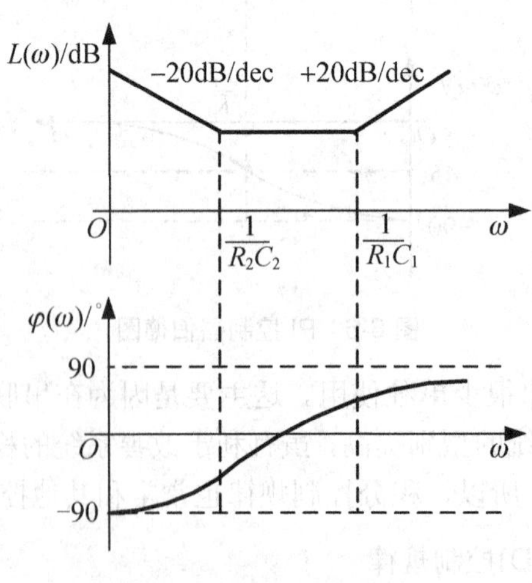

图 6-8　PID 控制器伯德图

6.2 串联校正

串联校正的结构如图 6-9 所示。图中，$G_c(s)$为校正装置，校正装置也称校正控制器(或调节器)，是由实际的物理装置来实现的。这些物理装置可以是电子的、电气的、液压的、机械的或混合的，常用的电气校正装置又可分为无源和有源两种。

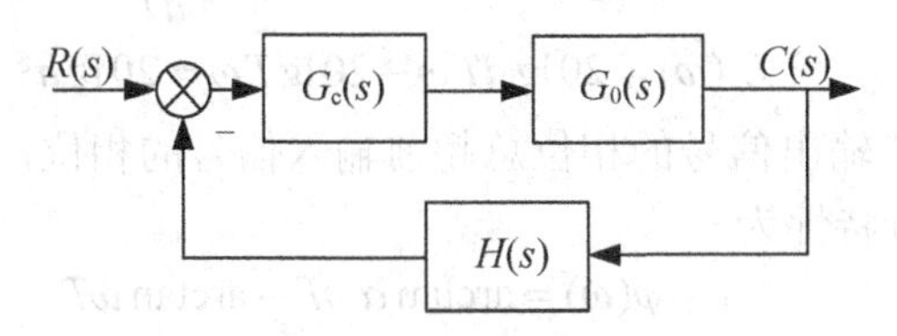

图 6-9 串联校正结构图

无源校正装置是用电阻、电容两种元件组成，结构简单，实现方便，但可实现的特性有限。有源校正装置通常是指由运算放大器、电阻、电容所组成的各种调节器，参数易于调整，一般能与系统中的其他部件较好地实现阻抗匹配，用起来更加方便。

串联校正根据所用的校正装置的频率特性不同，分为串联超前、串联滞后和串联滞后-超前校正三种方式。本节主要以频率特性法为例来介绍系统的串联校正。基于频率特性法的串联校正的实质是利用校正装置改变系统的开环对数频率特性，使之符合三频段的要求，从而达到改善系统性能的目的。这种方法的校正装置设计主要是通过系统开环伯德图进行的，因此，它是一种简单且实用的方法。

6.2.1 串联超前校正

1. 超前校正装置

1) 无源超前校正

图 6-10 所示为由 R、C 组成的无源超前校正装置，其传递函数为

$$G_c(s)=\frac{1+\alpha Ts}{\alpha(1+Ts)} \tag{6-5}$$

式中，$T=\dfrac{R_1R_2}{R_1+R_2}C,\alpha=\dfrac{R_1+R_2}{R_2}>1$

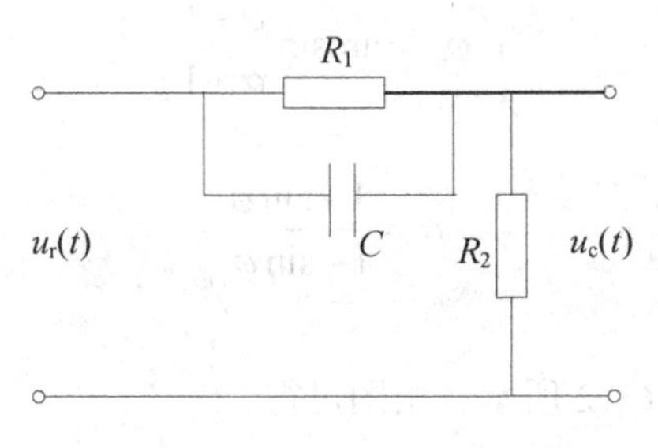

图 6-10 无源超前校正装置

由式(6-5)可见，采用无源超前校正装置进行串联校正时，整个系统的开环增益要下降α倍，这将会影响系统的稳态精度，因而需增加一个放大倍数为α的放大环节，则校正装置的传递函数为

$$G_c(s)=\frac{1+\alpha Ts}{\alpha(1+Ts)}\times\alpha=\frac{1+\alpha Ts}{1+Ts} \tag{6-6}$$

$G_c(s)$的伯德图如图 6-11 所示。两个转折频率为$\omega_1=\frac{1}{aT}$，$\omega_2=\frac{1}{T}$。当$\omega>\omega_2$时，有

$$L_c(\omega)=20\lg aT\omega-20\lg T\omega=20\lg a$$

从图 6-11 可以看出，输出信号的相位总超前输入信号的相位，故称其为超前校正装置。

超前校正装置的相频特性为

$$\varphi(\omega)=\arctan\alpha\omega T-\arctan\omega T \tag{6-7}$$

由图 6-11 可知，当$\omega=\omega_m$时，超前校正装置有最大超前角。将式(6-7)对ω求导并令其为 0，可得最大超前角频率为

$$\omega_m=\frac{1}{T\sqrt{\alpha}}=\sqrt{\frac{1}{T}\cdot\frac{1}{aT}} \tag{6-8}$$

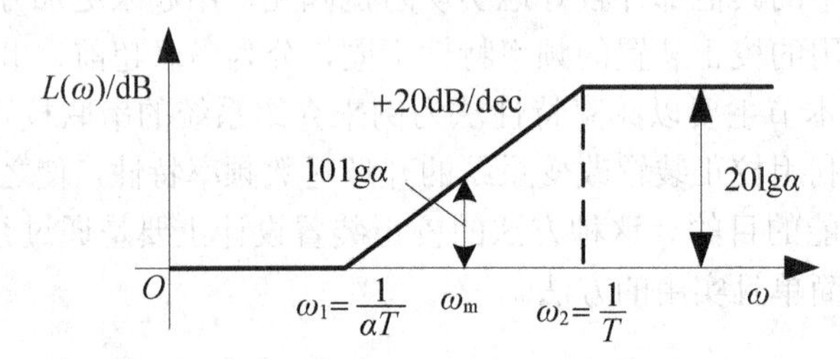

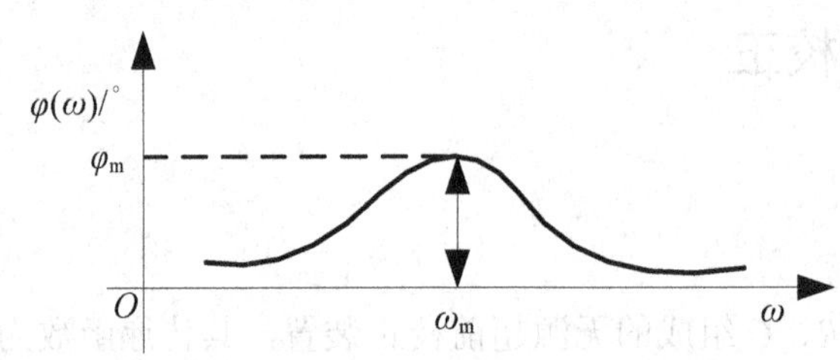

图 6-11　无源超前校正装置的伯德图

显然，式(6-8)表示ω_m正好处于频率$1/\alpha T$和$1/T$的几何中心，且有$L_c(\omega_m)=20\lg\alpha T\omega_m=10\lg\alpha$。将式(6-8)代入式(6-7)，可得最大超前角为

$$\varphi_m=\arcsin\frac{\alpha-1}{\alpha+1} \tag{6-9}$$

或写为

$$\alpha=\frac{1+\sin\varphi_m}{1-\sin\varphi_m} \tag{6-10}$$

2)　有源超前校正

有源超前校正装置如图 6-12 所示。由图可得

$$\frac{-U_B(s)}{U_r(s)}=K_c\frac{\alpha Ts+1}{Ts+1}$$

式中，$K_c=\dfrac{R_2+R_3}{R_1}$，$\alpha=\dfrac{R_2R_3}{R_4(R_2+R_3)}+1>1$，$T=R_4C$。

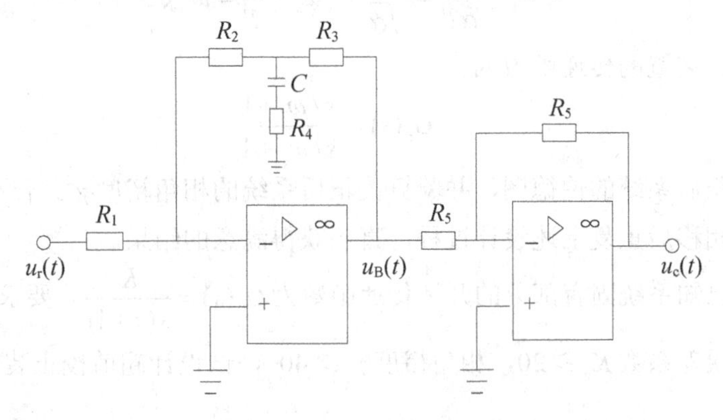

图 6-12　有源超前校正装置

由于反相器将信号反相后得到输出信号，故校正装置的传递函数为

$$G_c(s)=K_c\frac{1+\alpha Ts}{1+Ts}$$

使 $K_c=1$，则有

$$G_c(s)=\frac{1+\alpha Ts}{1+Ts} \tag{6-11}$$

将式(6-11)与式(6-6)比较，二者的形式完全相同。因此，无源超前校正装置的频率特性及 ω_m、φ_m 的计算完全适用于有源超前校正装置。

2. 超前校正装置的设计

串联超前校正的基本原理是利用超前校正装置的相位超前特性来增大系统的相角裕度，以改善系统的动态性能。具体来说，只要正确地将校正装置的两个转折频率 $1/\alpha T$ 和 $1/T$ 选在待校正系统穿越(剪切)频率的两边，并适当选择参数 α 和 T，就可以满足系统动态性能的要求。至于系统的稳态性能，可通过选择校正系统的开环增益来保证。

超前校正装置设计的一般步骤如下。

(1) 根据系统稳态误差的要求，确定开环增益 K。

(2) 利用求得的开环增益 K，画出未校正系统的伯德图，并计算出系统相角裕度 γ。

(3) 根据性能指标要求的相角裕度 γ' 和实际系统的相角裕度 γ 确定最大超前相位角 φ_m，即

$$\varphi_m=\gamma'-\gamma+\varDelta \tag{6-12}$$

式中，$\varDelta$ 为附加相移，可取 5°～12°。用于补偿因超前校正装置的引入，使系统的穿越频率增大而带来的相角滞后量。

(4) 根据所确定的 φ_m，按式(6-10)计算 α 值。

(5) 确定校正后系统的穿越频率 ω_c'。为了最大限度利用超前校正装置的相位超前角，

应使ω_c'与ω_m重合。由于在ω_m处 $L_c(\omega)$的值为$10\lg\alpha$，故ω_c'应选在未校正系统的对数幅频特性曲线$L(\omega)=-10\lg\alpha$处。

(6) 确定校正装置的传递函数。根据选定的ω_m确定校正装置的转折频率，即有

$$\omega_1=\frac{1}{\alpha T}=\frac{\omega_m}{\sqrt{\alpha}},\quad \omega_2=\frac{1}{T}=\omega_m\sqrt{\alpha}$$

由此可得校正装置的传递函数为

$$G_c(s)=\frac{s/\omega_1+1}{s/\omega_2+1}$$

(7) 绘制校正后系统的伯德图，并验算校正后系统的相角裕度γ。若不满足性能指标，可适当增大附加相移后重复上述设计过程，直到获得满意的结果。

【例 6-1】 已知系统固有部分的开环传递函数为$G_0(s)=\dfrac{K}{s(s+1)}$，要求系统在单位斜坡输入时静态速度误差系数$K_v\geqslant 20$，相角裕度$\gamma'\geqslant 40^\circ$，试设计超前校正装置。

解：

(1) 根据稳态指标要求确定K。

$$K=K_v=20$$

则未校正系统的开环传递函数为

$$G_0(s)=\frac{20}{s(s+1)}$$

(2) 绘制未校正系统的伯德图如图 6-13 中的$L_0(\omega)$和$\varphi_0(\omega)$所示。图中，$L_0(\omega)$曲线从$\omega=1\text{rad/s}$开始以-40dB/dec的斜率与 0dB 线相交于ω_c，则

$$\frac{20\lg 20}{\lg\omega_c-\lg\omega}=40$$

因为$\omega=1\text{rad/s}$，所以$\omega_c=4.47\text{rad/s}$。

于是未校正系统的相角裕度$\gamma=12.6^\circ<40^\circ$，不满足性能指标要求。

(3) 根据性能指标确定φ_m。

$$\varphi_m=\gamma'-\gamma+\varDelta=40^\circ-12.61^\circ+6.61^\circ=34^\circ$$

式中，$\varDelta$取6.61°。

(4) 计算α。

$$\alpha=\frac{1+\sin\varphi_m}{1-\sin\varphi_m}=3.53$$

(5) 超前校正装置在ω_m处的对数幅频值

$$L_c(\omega_m)=10\lg\alpha=10\lg 3.53=5.48\text{dB}$$

在未校正系统$L_0(\omega)$曲线上找到-5.48dB处，选定对应的频率$\omega=\omega_m=6.13\text{rad/s}$，即为$\omega_c'$。

(6) 计算校正装置的转折频率。

$$\omega_1=\frac{1}{\alpha T}=\frac{\omega_m}{\sqrt{\alpha}}=3.26\text{rad/s}$$

$$\omega_2 = \frac{1}{T} = \omega_m \sqrt{\alpha} = 11.53\text{rad/s}$$

则校正装置的传递函数为

$$G_c(s) = \frac{s/3.26+1}{s/11.53+1}$$

绘制校正装置的伯德图如图 6-13 中的 $L_c(\omega)$ 及 $\varphi_c(\omega)$ 所示。

(7) 校正后系统的开环传递函数为

$$G(s) = G_0(s)G_c(s) = \frac{20(s/3.26+1)}{s(s+1)(s/11.52+1)}$$

绘制校正后的系统伯德图如图 6-13 中的 $L(\omega)$ 及 $\varphi(\omega)$ 所示。校正后系统相角裕度 $\gamma' = 43.3°$，满足设计性能指标要求。

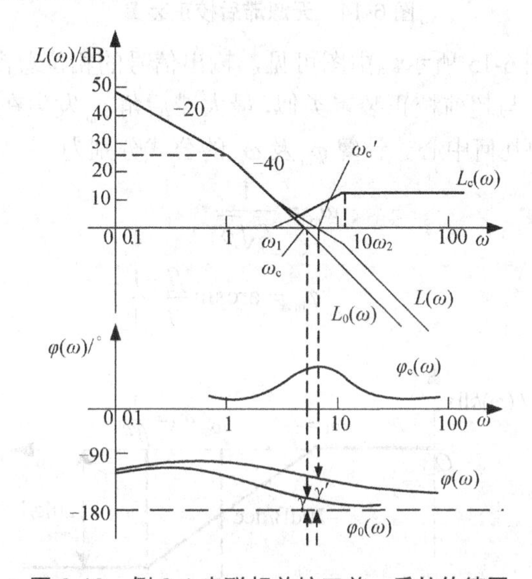

图 6-13　例 6-1 串联超前校正前、后的伯德图

综上所述，串联超前校正装置增大了系统的相角裕度，动态过程的系统超调量降低。与此同时，系统的穿越频率增大，使系统的带宽增大，响应速度提高。

超前校正在应用时也存在一些限制。当在穿越频率处系统对数幅频特性斜率小于或等于−60dB/dec 时，一般不采用超前校正；当在穿越频率处对数相频特性下降很快时，超前校正的效果往往不好；当期望的带宽比未校正系统窄时，不能采用超前校正；当未校正系统不稳定时，采用超前校正可能由于 α 取值过大，造成校正后系统带宽过大，降低了系统的抗干扰能力，造成系统失控，一般 α 很少取值大于 15。

6.2.2　串联滞后校正

1. 滞后校正装置

1)　无源滞后校正

无源滞后校正装置的电路如图 6-14 所示，其传递函数为

$$G_c(s)=\frac{1+\beta Ts}{1+Ts} \tag{6-13}$$

式中，$\beta=\frac{R_2}{R_1+R_2}<1$，$T=(R_1+R_2)C$。

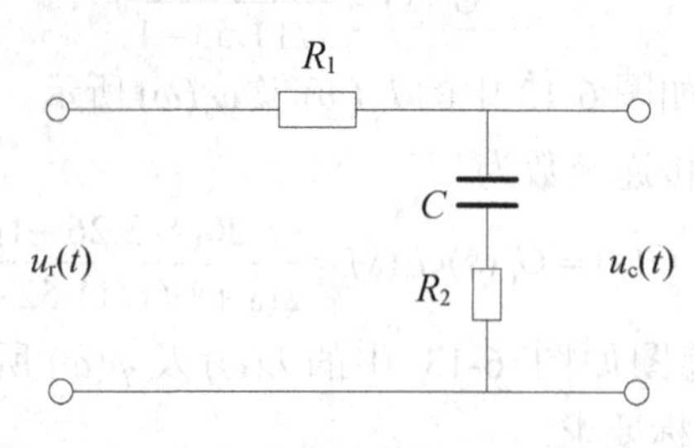

图 6-14　无源滞后校正装置

$G_c(s)$ 的伯德图如图 6-15 所示。由图可见，输出信号的相位总滞后于输入信号的相位，故称其为滞后校正装置。与超前校正装置类似，最大滞后角 φ_m 发生在最大滞后角频率 ω_m 处，且正好为 1/T 和 $1/\beta T$ 的几何中心。计算 φ_m 及 ω_m 的公式分别为

$$\omega_m=\frac{1}{T\sqrt{\beta}} \tag{6-14}$$

$$\varphi_m=\arcsin\frac{\beta-1}{\beta+1} \tag{6-15}$$

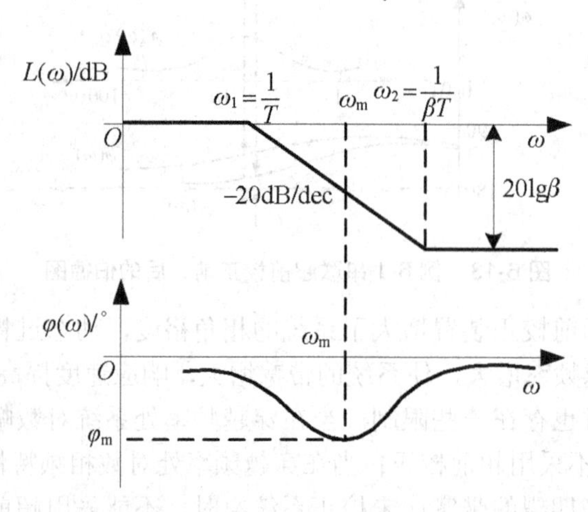

图 6-15　无源滞后校正装置的伯德图

因此，采用滞后校正装置进行串联校正时，应力求避免最大滞后角 φ_m 发生在开环幅值穿越频率 ω_c' 附近。

2)　有源滞后校正

有源滞后校正装置如图 6-16 所示。由图可得

$$G_c(s)=K_c\frac{1+\beta Ts}{1+Ts}$$

式中，$K_c=\frac{R_2+R_3}{R_1}$，$T=R_3C$，$\beta=\frac{R_2}{R_2+R_3}<1$。

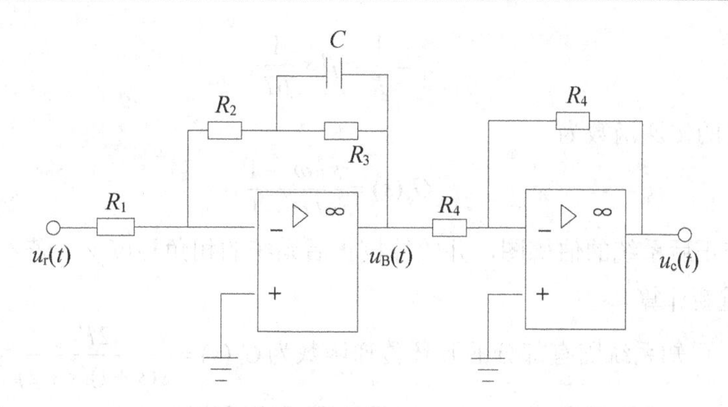

图 6-16 有源滞后校正装置

使 $K_c=1$，则有

$$G_c(s)=\frac{1+\beta Ts}{1+Ts} \tag{6-16}$$

将式(6-16)与式(6-13)比较，二者的形式完全相同。因此，无源滞后校正装置的频率特性及 ω_m、φ_m 的计算完全适用于有源滞后校正装置。

2. 滞后校正装置的设计

串联滞后校正的基本原理是利用其幅值的高频衰减特性，使得系统幅频特性曲线的中频段和高频段降低，穿越频率减小，从而使系统获得较大的相角裕度，以改善系统的稳定性，但系统快速性变差。为了基本保持系统的动态性能，可在引入滞后校正的同时增大系统增益，使得系统的对数幅频特性曲线向上平移。这样，既保持了相角裕度和穿越频率基本不变，又有改善系统稳态精度的作用。

滞后校正装置设计的一般步骤如下。

(1) 根据稳态指标要求确定开环增益 K。

(2) 利用确定的开环增益 K，绘制未校正系统的伯德图，并计算其相角裕度 γ。

(3) 确定校正后系统的穿越频率 ω_c'。选择频率 ω_c'，使得 $\omega=\omega_c'$ 时，未校正系统的相角为

$$\varphi(\omega_c')=-180^\circ+\gamma'+\varDelta \tag{6-17}$$

式中，γ' 为系统期望相位裕度；$\varDelta$ 为附加相移，可取 $5^\circ\sim12^\circ$，用于补偿滞后校正装置在 ω_c' 处引起的相角滞后。

(4) 确定滞后校正装置的参数 β。为了使校正后系统的幅频特性曲线的穿越频率为 ω_c'，必须把未校正系统的 $L(\omega_c')$ 衰减到 0dB，即

$$L(\omega_c')=-20\lg\beta \tag{6-18}$$

由此可计算出 β 值。

(5) 确定校正装置的传递函数，并绘制其伯德图。为避免最大滞后角 φ_m 出现在 ω_c' 附近而影响系统的相角裕度，应使校正装置的转折频率远小于 ω_c'。一般选取转折频率为

$$\omega_2=\frac{1}{\beta T}=(0.1\sim0.2)\omega_c' \tag{6-19}$$

$$\omega_1 = \frac{1}{T} = \beta \times \frac{1}{\beta T} \tag{6-20}$$

则校正装置的传递函数为

$$G_c(s) = \frac{s/\omega_2 + 1}{s/\omega_1 + 1}$$

(6) 绘制校正后系统的伯德图，并验算校正后系统的相角裕度γ。若不满足性能指标，则需从步骤(3)重新计算。

【例 6-2】 已知系统固有部分的开环传递函数为$G_0(s) = \dfrac{2K}{s(s+1)(s+2)}$。要求系统的速度误差系数$K_v \geqslant 5$，相位裕度$\gamma' \geqslant 40^\circ$，试设计滞后校正装置。

解：

(1) 根据稳态性能指标确定K。

$$K = K_v = 5$$

未校正系统开环传递函数为

$$G_c(s) = \frac{10}{s(s+1)(s+2)}$$

(2) 未校正系统的伯德图如图 6-17 中的$L_0(\omega)$及$\varphi_0(\omega)$所示。未校正系统的相角裕度$\gamma = -20^\circ$，不满足要求，且系统不稳定。

(3) 确定校正后系统的穿越频率ω_c'。由于要求$\gamma' \geqslant 40^\circ$，并考虑一定的余量$\varDelta$，则有

$$\varphi = -180^\circ + \gamma' + \varDelta = -180^\circ + 40^\circ + 12^\circ = -128^\circ$$

在未校正系统的相频特性曲线上找到对应于该相角的频率为 0.5rad/s，取其作为ω_c'。

(4) 由于$L_0(\omega_c') = 20\text{dB}$，于是有

$$L_0(\omega_c') = 20\text{dB} = -20\lg\beta$$

求得$\beta = 0.1$。

(5) 确定校正装置的转折频率。

取$\omega_2 = \dfrac{1}{\beta T} = 0.2\omega_c' = 0.1\text{rad/s}$，则$\omega_1 = \dfrac{1}{T} = \beta \times \dfrac{1}{\beta T} = 0.01\text{rad/s}$。

校正装置传递函数为

$$G_c(s) = \frac{10s+1}{100s+1}$$

绘制校正装置的伯德图如图 6-17 中的$L_c(\omega)$及$\varphi_c(\omega)$所示。

(6) 校正后系统的开环传递函数为

$$G(s) = G_0(s)G_c(s) = \frac{5(10s+1)}{s(s+1)(0.5s+1)(100s+1)}$$

校正后系统的伯德图如图 6-17 中的$L(\omega)$及$\varphi(\omega)$所示。校正后系统的相位裕量$\gamma' = 40^\circ$，满足设计要求。

综上所述，滞后校正使系统的穿越频率变小，降低了系统的带宽，因此，它是以快速性为代价来换取系统稳定性的改善的；滞后校正没有改变原系统最低频段的特性，往往还允许增加系统的开环增益，从而改善系统的稳态精度；由于滞后校正使得系统的高频幅值

衰减，其抗高频干扰的能力增强；在有些应用中，采用滞后校正可能会由于求出的时间常数太大而不易实现，这种情况下，可考虑采用串联滞后-超前校正。

6.2.3　串联滞后-超前校正

1. 滞后-超前校正装置

1)　无源滞后-超前校正装置

无源滞后-超前校正装置的电路如图 6-18 所示，其传递函数为

$$G_c(s)=\frac{(1+T_1s)(1+T_2s)}{T_1T_2s^2+(T_1+T_2+T_3)s+1} \tag{6-21}$$

式中，$T_1=R_1C_1$，$T_2=R_2C_2$，$T_3=R_1C_2$。

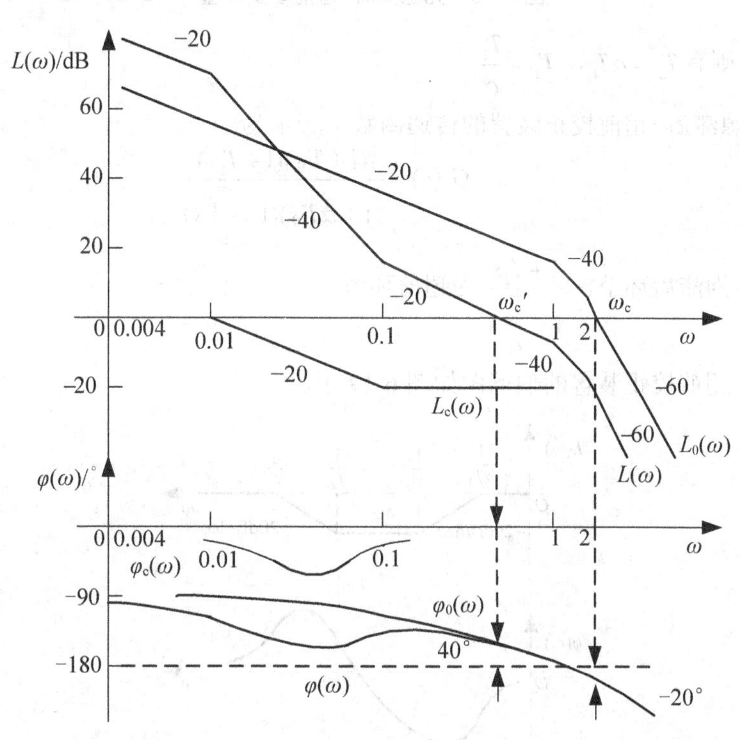

图 6-17　例 6-2 串联滞后校正前、后系统的伯德图

将式(6-21)的分母分解为两个因式相乘的形式，则可写为

$$G_c(s)=\frac{(1+T_1s)(1+T_2s)}{(1+T_as)(1+T_bs)} \tag{6-22}$$

比较式(6-21)与式(6-22)可得

$$T_aT_b=T_1T_2$$

$$T_a+T_b=T_1+T_2+T_3$$

设

$$T_a > T_1,\ \frac{T_1}{T_a} = \frac{T_b}{T_2} = \frac{1}{\alpha}$$

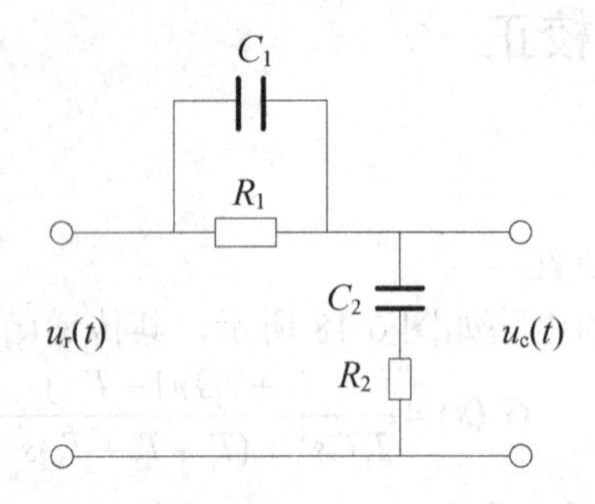

图 6-18　无源滞后-超前校正装置

其中，$\alpha > 1$，则有 $T_a = \alpha T_1$，$T_b = \frac{T_2}{\alpha}$

于是，无源滞后-超前校正装置的传递函数可表示为

$$G_c(s) = \frac{(1+T_1 s)(1+T_2 s)}{(1+\alpha T_1 s)(1+\frac{T_2}{\alpha}s)} \tag{6-23}$$

式中，$\frac{1+T_1 s}{1+\alpha T_1 s}$ 为滞后环节，$\frac{1+T_2 s}{1+\frac{T_2}{\alpha}s}$ 为超前环节。

无源滞后-超前校正装置的伯德图如图 6-19 示。

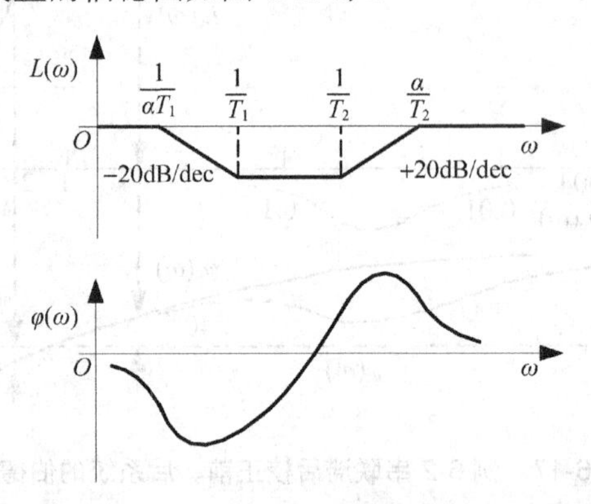

图 6-19　无源滞后-超前校正装置的伯德图

2)　有源滞后-超前校正装置

有源滞后-超前校正装置的电路如图 6-20 所示，其传递函数与无源滞后-超前校正装置的传递函数形式相同，计算过程略去。

2. 滞后-超前校正装置的设计

当未校正系统不稳定且要求校正后系统的响应速度、相角裕度和稳态精度较高时，则宜采用串联滞后-超前校正。其基本原理是利用校正装置的超前部分改善系统的动态性能，利用滞后部分提高系统的稳态精度。下面举例说明这种校正方法。

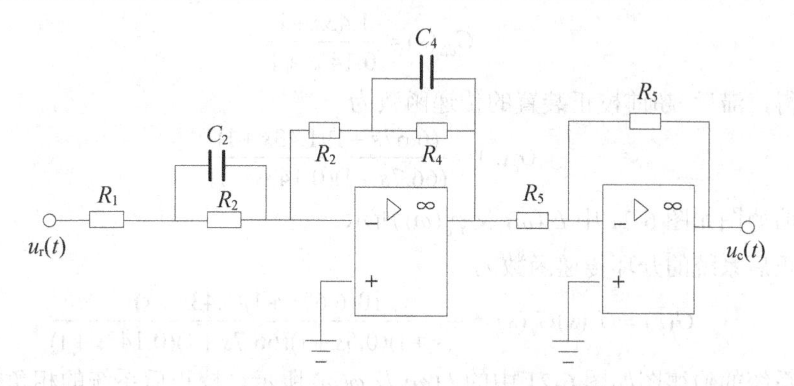

图 6-20　有源滞后-超前校正装置

【例 6-3】 已知系统固有部分开环传递函数 $G_0(s)=\dfrac{K}{s(0.5s+1)(s+1)}$，试确定滞后-超前校正装置，使系统满足下列指标，静态速度误差系数 $K_v \geqslant 10$，相角裕度 $\gamma' \geqslant 50^\circ$，幅值裕度不低于 10dB。

解：

(1) 根据稳态速度误差系数的要求，可得

$$K=K_v=10$$

则系统开环传递函数为

$$G_0(s)=\frac{10}{s(s+1)(0.5s+1)}$$

(2) 未校正系统的伯德图如图 6-21 中的 $L_0(\omega)$ 及 $\varphi_0(\omega)$ 所示。未校正系统的相角裕度 $\gamma=-32^\circ$，则系统不稳定。

(3) 确定校正后系统的穿越频率 ω_c'。选择 $\omega_c'=1.5\text{rad/s}$，从图 6-21 的 $\varphi_0(\omega)$ 曲线可知该点的相角为 -180°，则通过超前环节提供 50° 相位超前角是完全可能的。

(4) 确定校正装置滞后环节的传递函数。为了减小滞后环节的相角滞后的不利影响，可将滞后环节的第二个转折频率选在穿越频率 ω_c' 的十分之一处，即有

$$\omega_2=\frac{1}{T}=0.15\text{rad/s}$$

选择 $\alpha=10$，则 $\omega_1=\dfrac{1}{\alpha T}=0.015\text{rad/s}$。

故滞后环节的传递函数为

$$G_{c1}(\omega)=\frac{1+6.67s}{1+66.7s}$$

(5) 确定校正装置超前环节的传递函数。从图 6-21 的 $L_0(\omega)$ 曲线可知，当 $\omega=1.5\text{rad/s}$ 时，其幅频值为 13dB，要使这一频率作为校正后系统的穿越频率，则校正装置在此频率处的幅频值应为 -13dB。故通过点 $(-13\text{dB}, 1.5\text{rad/s})$ 画出一条斜率为 20dB/dec 的直线，由该直线与 0dB 线及 -20dB 水平线的交点，即可确定校正装置超前环节的转折频率。由图可得，两个转折频率分别为 $\omega_3=0.7\text{rad/s}$，$\omega_4=7\text{rad/s}$。

则超前环节的传递函数为

$$G_{c2}(s)=\frac{1.43s+1}{0.143s+1}$$

由此可得，滞后-超前校正装置的传递函数为

$$G_c(s)=\frac{(6.67s+1)(1.43s+1)}{(66.7s+1)(0.143s+1)}$$

对应的伯德图如图 6-21 中 $L_c(\omega)$ 及 $\varphi_c(\omega)$ 所示。

(6) 校正后系统的开环传递函数为

$$G(s)=G_0(s)G_c(s)=\frac{10(6.67s+1)(1.43s+1)}{s(s+1)(0.5s+1)(66.7s+1)(0.143s+1)}$$

校正后系统的伯德图如图 6-21 中的 $L(\omega)$ 及 $\varphi(\omega)$ 所示。校正后系统的相角裕度为50°，幅值裕度为16dB，$K_v=10$，满足设计要求。

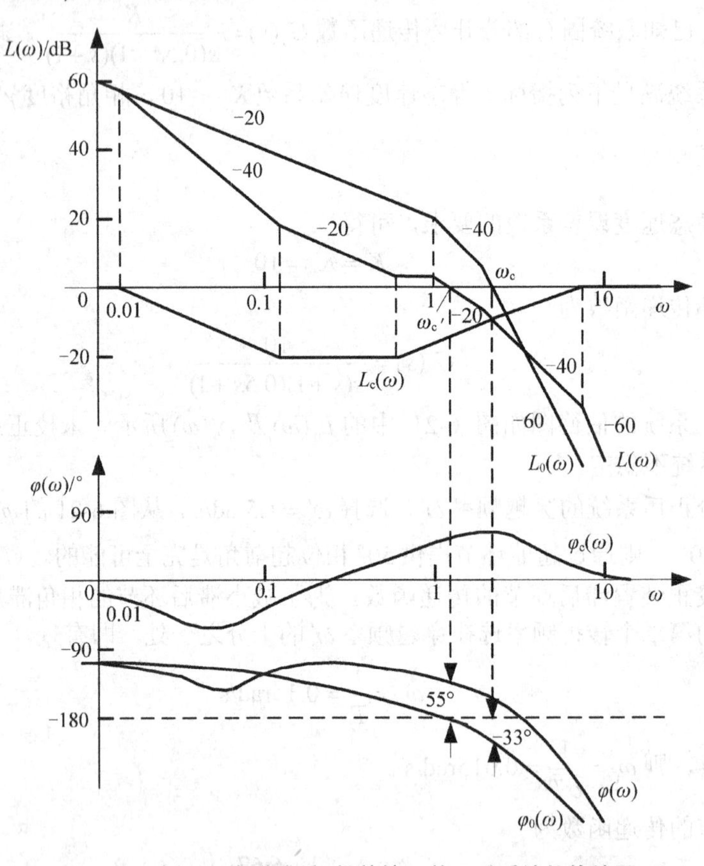

图 6-21　例 6-3 串联滞后-超前校正前、后系统的伯德图

在工业自动化生产中，PID 控制器是常用的一种串联校正装置。对于不同形式的 PID 控制器的频率特性分析可知，PD 控制器为串联超前校正装置，PI 控制器为串联滞后校正装置，PID 控制器为串联滞后-超前校正装置。下面以 PID 控制器为例说明 PID 校正对系统性能的影响。

【例 6-4】 设控制系统的开环传递函数为

$$G_0(s)=\frac{20}{s(0.2s+1)(0.01s+1)}$$

采用 PID 控制器对系统进行串联校正，试分析其对系统性能的影响。

解：

(1)　校正前系统的性能分析。

系统开环传递函数为 I 型系统，故其斜坡响应是有静差的。校正前系统的对数幅频特性曲线如图 6-22 中的 $L_0(\omega)$ 所示。由图可知，$\omega_c=10\text{rad/s}$，则相角裕度为

$$\begin{aligned}\gamma&=180°-90°-\arctan\omega_c T_1-\arctan\omega_c T_2\\&=90°-\arctan 10\times 0.2-\arctan 10\times 0.01=20.9°\end{aligned}$$

可见，系统相角裕度相对较小，稳定性较差。

(2)　校正后系统的性能分析。

若要求系统的斜坡响应是无静差的，则应将系统校正为 II 型系统。考虑采用 PID 控制器校正。设 PID 控制器的传递函数为

$$G_c(s)=\frac{K_p(T_i s+1)(T_d s+1)}{T_i s}$$

取 $T_i=0.2\text{s}$，$K_p=2$，为使校正后系统有足够的相角裕度，取中频段的宽度为 $h=10$，则 $T_d=hT_2=0.1\text{s}$。校正后系统开环增益 $K=\frac{K_p K_1}{T_i}=\frac{2\times 20}{0.2}=200$，代入参数后可得系统的开环传递函数为

$$G(\text{s})=G_c(\text{s})G_0(\text{s})=\frac{200(0.1s+1)}{s^2(0.01s+1)}$$

校正后系统的穿越频率 $\omega_c'=20\text{rad/s}$，则相角裕度为

$$\gamma'=180°-180°+\arctan 20\times 0.1-\arctan 20\times 0.01=74.7°$$

校正后系统的对数幅频特性如图 6-22 中的 $L(\omega)$ 所示。由图可见，在低频段，PID 控制器的积分环节起主要作用，$L(\omega)$ 的斜率增加了-20dB/dec，从而明显地改善了系统的稳态性能；在中频段，PID 控制器的微分环节的相位超前作用，增加了系统的相位裕度，从而改善了系统的动态性能；高频段的增益有所增大，使得系统的抗干扰能力降低，但可通过选择结构适当的 PID 控制器克服这一缺点。

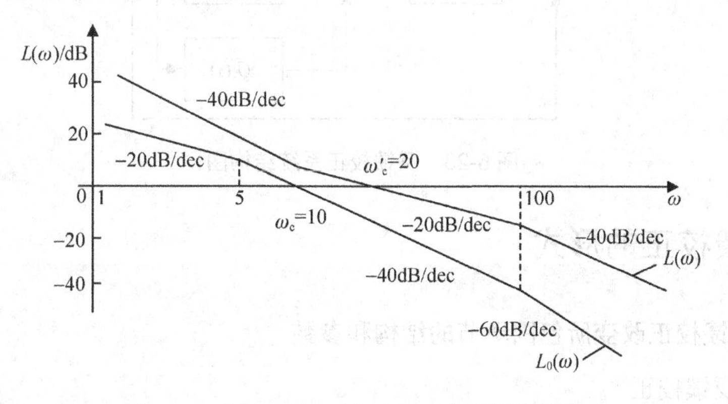

图 6-22　例 6-4 PID 校正前、后系统的伯德图

可见，PID控制器可兼顾系统稳态性能和动态性能的要求。因此，在许多控制性能要求较高的控制系统中被广泛采用。

6.3 反馈校正

改善控制系统的性能，除了采用串联校正以外，反馈校正也是一种常用的校正方法。采用反馈校正后，除了可以得到与串联校正相同的校正效果外，还可以减弱被包围环节特性参数变化对系统性能的不利影响。反馈校正需要的元件多，线路相对复杂，计算也较为复杂，本节对反馈校正的基本原理和常用形式做简单介绍。

6.3.1 反馈校正的基本原理

设反馈校正系统如图6-23所示，系统的开环传递函数

$$G(s)=G_1(s)\frac{G_2(s)}{1+G_2(s)G_c(s)} \tag{6-24}$$

当满足$|G_2(s)G_c(s)|>>1$时，则式(6-24)可表示为

$$G(s)\approx\frac{G_1(s)}{G_c(s)} \tag{6-25}$$

显然，式(6-25)表明反馈校正后系统的特性几乎与被反馈校正装置所包围的系统环节无关。

当满足$|G_2(s)G_c(s)|<<1$时，则式(6-24)又可表示为

$$G(s)\approx G_1(s)G_2(s) \tag{6-26}$$

显然，式(6-26)表明校正后系统与未校正系统的特性一致。

因此，适当选取反馈校正装置$G_c(s)$的参数，可以使校正后系统的特性发生期望的变化，从而达到系统所要求的性能指标。

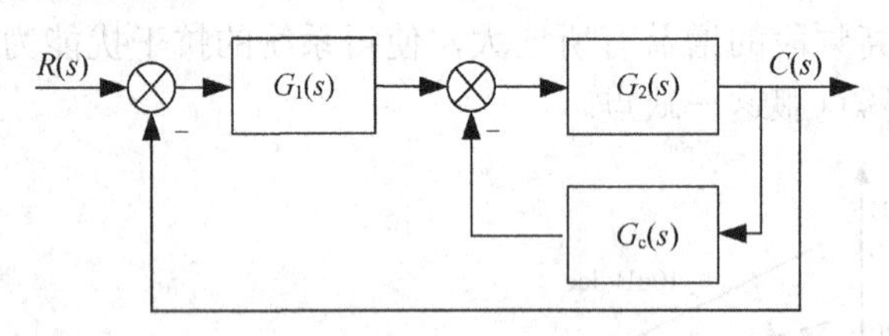

图6-23　反馈校正系统结构图

6.3.2 反馈校正的形式

1. 利用反馈校正改变所包围环节的结构和参数

1)　比例反馈校正

比例负反馈校正可以减小被包围环节的时间常数，提高系统的快速性。引入比例反馈

后会降低等效环节的增益，但这可以通过其他放大装置的增益进行补偿。

例如，比例反馈包围惯性环节如图 6-24 所示，其闭环传递函数为

$$G(s)=\frac{K}{Ts+1+KK_{\mathrm{p}}}=\frac{\dfrac{K}{1+KK_{\mathrm{p}}}}{\dfrac{T}{1+KK_{\mathrm{p}}}s+1} \tag{6-27}$$

从式(6-27)中可看出，校正后惯性环节的时间常数减小了，即惯性变小。从而使环节或系统的动态过程缩短，系统响应的快速性提高，这是反馈校正的一个主要特性。

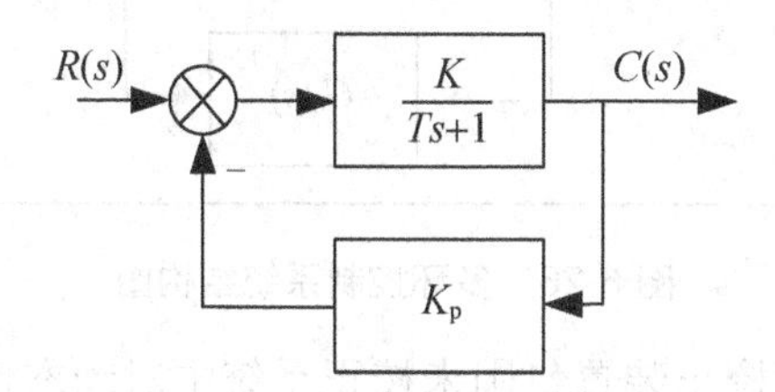

图 6-24　比例反馈包围惯性环节

2)　微分反馈校正

这种反馈在不改变所包围环节性质的条件下，可以增大时间常数，也可以用来增加所包围环节的阻尼比，以改善系统的动态平稳性。

例如，微分反馈包围振荡环节如图 6-25 所示，其闭环传递函数为

$$G(s)=\frac{K}{T^2s^2+(2\xi T+KK_{\mathrm{d}})s+1} \tag{6-28}$$

从式(6-28)中可看出，系统结构仍为振荡环节，增益和时间常数未改变，但阻尼比增加了，从而改善了系统的平稳性。

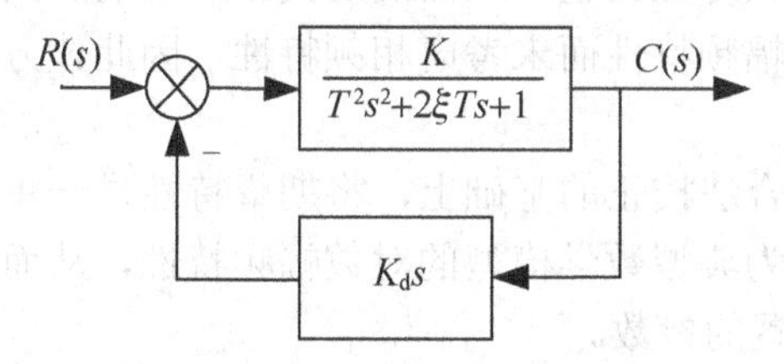

图 6-25　微分反馈包围振荡环节

2. 利用反馈校正消除固有部分中不希望有的特性

多环控制系统的结构如图 6-26 所示。原系统中 $G_2(s)$ 的存在影响了系统的性能，是一个不希望有的特性。在这种情况下，采用局部反馈 $G_{\mathrm{c}}(s)$ 将 $G_2(s)$ 包围起来，就可抑制其对系统的不良影响。

系统局部反馈回路的频率响应为

$$\frac{Y(\mathrm{j}\omega)}{X(\mathrm{j}\omega)}=\frac{G_2(\mathrm{j}\omega)}{1+G_2(\mathrm{j}\omega)G_{\mathrm{c}}(\mathrm{j}\omega)} \tag{6-29}$$

当$\left|G_2(\mathrm{j}\omega)G_{\mathrm{c}}(\mathrm{j}\omega)\right|>>1$时，则式(6-29)可近似表示为

$$\frac{Y(\mathrm{j}\omega)}{X(\mathrm{j}\omega)}=\frac{1}{G_{\mathrm{c}}(\mathrm{j}\omega)} \tag{6-30}$$

可见，局部反馈的特性取决于反馈的校正装置，几乎与被校正环节$G_2(s)$无关。这表明了反馈校正可以消除系统固有部分中不希望有的特性，从而改善系统的性能。

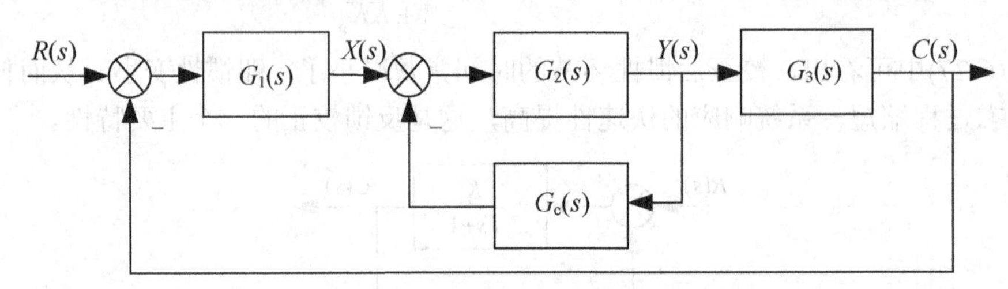

图 6-26　多环控制系统结构图

综上所述，可利用反馈校正装置包围未校正系统中对动态性能改善十分不利的某些环节，形成局部反馈回路，在局部反馈回路的开环增益远大于 1 的条件下，局部反馈回路的特性主要取决于反馈校正装置，而与被包围部分无关。只要选取适当的反馈校正装置的形式和参数，就能改变系统的特性，满足期望的性能指标。

6.4　自动控制系统的工程设计方法

在工程实践中，通常采用期望频率特性法进行系统校正，这一方法也称为综合法校正。按期望频率特性法校正是指将系统的性能指标要求转化为期望的开环对数幅频特性，再与待校正系统的开环对数幅频特性比较，从而确定校正装置的形式和参数。由于期望的对数频率特性仅考虑开环对数幅频特性而未考虑相频特性，因此该方法仅适用于最小相位系统的设计。

工程设计方法是在综合法校正的基础上，将期望特性进一步规范化和简单化，使系统期望开环对数幅频特性成为典型数学模型的对数幅频特性，从而根据典型数学模型能取得的最佳性能来确定校正装置的参数。

6.4.1　串联校正的期望频率特性法原理

串联校正系统的结构如图 6-9 所示。设系统期望的开环频率特性为$G(\mathrm{j}\omega)$，未校正系统(固有部分)的开环频率特性为$G_0(\mathrm{j}\omega)$，串联校正装置的频率特性为$G_{\mathrm{c}}(\mathrm{j}\omega)$，则有

$$G(\mathrm{j}\omega)=G_0(\mathrm{j}\omega)G_{\mathrm{c}}(\mathrm{j}\omega)$$

即

$$G_{\mathrm{c}}(\mathrm{j}\omega)=\frac{G(\mathrm{j}\omega)}{G_0(\mathrm{j}\omega)} \tag{6-31}$$

则串联校正装置的对数幅频特性为

$$L_c(\omega)=L(\omega)-L_0(\omega) \tag{6-32}$$

式中，$L_0(\omega)$为系统固有部分的对数幅频特性；$L_c(\omega)$为串联校正装置的对数幅频特性；$L(\omega)$为系统校正后期望的对数幅频特性。式(6-32)表明，对于已知的待校正系统，当确定了期望的对数幅频特性之后，即可得到校正装置的对数幅频特性。

6.4.2 系统期望开环对数频率特性的建立

在5.4节利用开环频率特性的三频段概念分析了闭环控制系统性能，系统的期望对数频率特性可按三频段理论进行设置。

1) 低频段

低频段反映了系统的稳态性能，由系统的型别和开环增益确定。系统期望的对数频率特性低频段斜率应取为-20dB/dec或-40dB/dec，并具有适当的增益。

2) 中频段

中频段反映了系统的稳定性和快速性。系统期望的对数频率特性中频段在穿越频率处的斜率应取为-20dB/dec，且要有一定的宽度，以满足系统的相角裕度和快速性要求。

3) 高频段

高频段反映了系统的抗干扰能力，主要由系统的小时间常数的环节确定。系统期望的对数频率特性高频段的增益要小，幅频特性曲线斜率要陡，应取为-40dB/dec或-60dB/dec，以保证有效抑制高频干扰。

通常，以上几个方面的要求往往是相互矛盾的，在进行校正装置设计时应从全局出发，先要保证系统的稳定性和稳态误差要求，再进一步满足其他动态性能要求。在工程设计中，根据控制系统的性能要求，在系统固有部分的频率特性的基础上，通常将系统校正为典型Ⅰ系统(又称为典型二阶系统)或典型Ⅱ系统(又称为典型三阶系统)。在5.4节分析了典型Ⅰ系统和典型Ⅱ系统的期望频率特性。

典型Ⅰ系统的开环传递函数为

$$G(s)=G_c(s)G_0(s)=\frac{K}{s(Ts+1)}=\frac{\omega_n^2}{s(s+2\xi\omega_n)}=\frac{\dfrac{\omega_n}{2\xi}}{s\left(\dfrac{1}{2\xi\omega_n}s+1\right)} \tag{6-33}$$

式中，$T=\dfrac{1}{2\xi\omega_n}$为时间常数，一般为固有参数；$K=\dfrac{\omega_n}{2\xi}$为开环增益，是系统可变参数。

由典型Ⅰ系统的期望频率特性可知，其转折频率为$\omega_1=\dfrac{1}{T}=2\xi\omega_n$，穿越频率为$\omega_c=K=\dfrac{\omega_n}{2\xi}$。若将系统校正为典型Ⅰ系统，即使$L(\omega)$曲线以−20dB/dec的斜率穿越0dB线，则应满足$\omega_c<1/T$，即有$KT<1$。

典型Ⅰ系统的结构比较简单，设计时，若要求动态响应速度快，可取$\xi=0.5\sim0.6$；若要求超调量小，可取$\xi=0.8\sim1.0$；若兼顾超调量和快速性，可取$\xi=0.707$。工程上常以$\xi=0.707$，$KT=0.5$的二阶期望特性作为“二阶工程最佳特性”。此时，系统的各项性能指标为$\sigma\% = 4.3\%$，$\gamma = 63^\circ$，$t_s = 6T$。

典型II系统的开环传递函数为

$$G(s) = G_c(s)G_0(s) = \frac{K(\tau s+1)}{s^2(Ts+1)} \tag{6-34}$$

式中，T为系统时间常数，一般为固有参数；K和τ为可变参数。

由典型II系统的期望频率特性可知，若将系统校正为典型II系统，即使$L(\omega)$曲线以-20dB/dec的斜率穿越0dB线，则应满足$\frac{1}{\tau} < \omega_c < \frac{1}{T}$，即有$\tau > T$。

典型II系统需要确定K和τ两个参数，选择较为麻烦，故引入了中频宽h作为参变量，一般h的取值在7～12之间。系统的动态品质决定于中频段的状况，因此h值是一个关键的参数。在工程上，常采用闭环谐振峰值M_r最小准则来选择参数，在h一定的情况下，可按如下关系选择参数：

$$\omega_1 = \frac{2}{h+1}\omega_c \tag{6-35}$$

$$\omega_2 = h\omega_1 = \frac{2h}{h+1}\omega_c \tag{6-36}$$

$$\tau = hT \tag{6-37}$$

$$K = \omega_1\omega_c = \frac{h+1}{2h^2T^2} \tag{6-38}$$

总的来说，典型I型系统的超调量较小，但抗干扰性能较差；典型II型系统的超调量相对较大，但抗干扰性能较好。因此，应根据对控制系统的不同要求来确定。

6.4.3 校正装置的工程设计法

工程设计法的基本思想是：根据对系统性能指标的要求，选择期望的典型数学模型，根据式(6-31)，确定校正装置的形式和部分参数，再由固有部分的对数频率特性，求出未校正系统的频域性能指标，由校正后系统的对数频率特性，得到相应的频域性能指标，据此判断设计是否满足要求。下面举例说明校正装置的工程设计方法。

【例 6-5】 已知系统的固有部分的开环传递函数为

$$G_0(s) = \frac{175}{s(s+5)(0.01s+1)}$$

使用校正装置的工程设计方法，将系统校正成典型I型系统。

解：将$G_0(s)$标准化为

$$G_0(s) = \frac{35}{s(0.2s+1)(0.01s+1)}$$

固有部分的伯德图如图6-27中的$L_0(\omega)$和$\varphi_0(\omega)$所示。

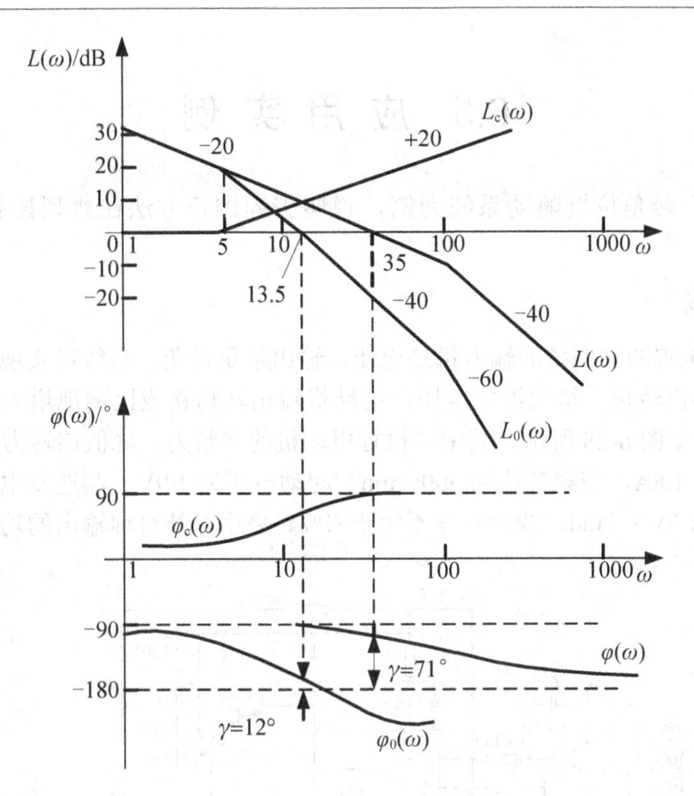

图 6-27 例 6-5 系统校正前、后的伯德图

典型Ⅰ型系统的传递函数为

$$G(s)=\frac{K}{s(Ts+1)}$$

为了将系统校正成典型Ⅰ型系统，选择比例微分环节作为校正装置，即

$$G_c(s)=\tau s+1$$

时间常数τ选取 0.2 还是 0.01，要根据典型Ⅰ系统的对数幅频特性曲线而定，为了满足中频段是以−20dB/dec 的斜率穿越 0dB 线，τ应选取 0.2，即

$$G_c(s)=0.2s+1$$

校正装置的伯德图如图 6-27 中的$L_c(\omega)$和$\varphi_c(\omega)$所示。校正后系统的传递函数为

$$G_0(s)=\frac{35}{s(0.2s+1)(0.01s+1)}\times(0.2s+1)=\frac{35}{s(0.01s+1)}$$

校正后系统的伯德图如图 6-27 中的$L(\omega)$和$\varphi(\omega)$所示。从图 6-27 中可以看出，校正前、后系统的穿越频率和相角裕度分别为

校正前：$\omega_c=13.5\text{rad/s}$，$\gamma=12.6^\circ$。

校正后：$\omega_c'=35\text{rad/s}$，$\gamma'=70.7^\circ$。

校正后系统的穿越频率和相角裕度都增加了，使得系统的响应速度和稳定性都得到了显著的改善。

6.5 应用实例

本节以电压-转角位置随动系统为例，说明工程校正方法在典型控制系统设计中的应用。

1. 系统组成

电压-转角位置随动系统的输入量是电压，输出量是转角。系统可实现由电压量来控制电动机设备的输出转角。增大给定电压，电动机输出转角将成比例地增大。采用模拟电路实现的系统电路如图 6-28 所示。其中，执行电动机的参数为：峰值堵转力矩为 50N·cm，峰值堵转电流为 1.8A，空载转速为 500r/min，起动电压为 1.9V。测速发电机的参数为：输出斜率为 1.1～1.5V·s/rad，线性误差不大于 1%。采用互补对称输出的功率放大器，输出幅度为±22V。

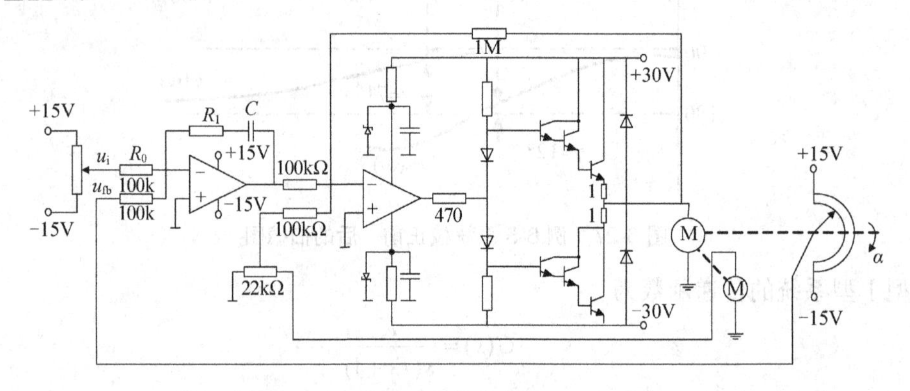

图 6-28 电压-转角位置随动系统原理图

电压-转角位置随动系统的动态结构如图 6-29 所示。图中，K_2 为功率放大器增益，K_2=10；K_3 为电动机的传递系数，K_3=2.83rad/V·s；T_m 为电动机机电时间常数，T_m=0.1s；T_d 为电动机机电时间常数，T_d=0.004s；K_c 为测速发电机的传递系数，K_c=1.15V·s/rad；β 为测速反馈系数，β=0～1；K_a 为位置反馈的传递系数，K_a=4.7V/rad。U_i 为输入给定电压；U_{fb} 为位置反馈电压；U_{in} 为速度环输入电压；U_{fn} 为速度反馈电压；U_d 为电动机输入电压；n 为电动机输出转速；α为系统输出位置转角。

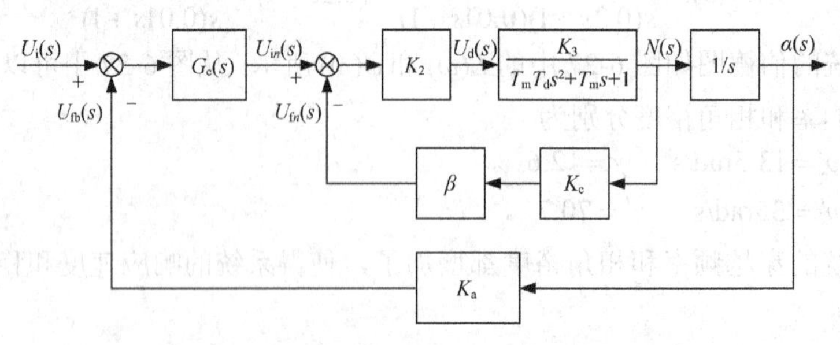

图 6-29 电压-转角位置随动系统动态结构图

2. 系统调速环分析

在伺服系统中，一般都加入测速反馈，其目的是改善电动机正反转时的传递特性的对称性，减少死区，增加系统阻尼，改善传递特性的线性度。由系统的动态结构图可得调速环的闭环传递函数为

$$G_{bn}(s)=\frac{N(s)}{U_{in}(s)}=\frac{K_2K_3/(1+K_2K_3\beta K_c)}{\dfrac{T_mT_d}{1+K_2K_3\beta K_c}s^2+\dfrac{T_m}{1+K_2K_3\beta K_c}s+1} \tag{6-39}$$

显然，调速环为二阶振荡环节，选取β=0.6，为使其阶跃响应的超调量小于 20%，取二阶振荡环节的阻尼比ξ=0.55，代入相关参数，则有

$$G_{bn}(s)=1.38\cdot\frac{230^2}{s^2+2\times0.55\times230s+230^2}$$

则可知，调速环的无阻尼自然振荡角频率为ω_n=230rad/s。利用时域响应的公式可得调速环的超调量和峰值时间为

$$\sigma\%=\mathrm{e}^{-\xi\pi/\sqrt{1-\xi^2}}=12.6\%$$

$$t_p=\frac{\pi}{\omega_n\sqrt{1-\xi^2}}=0.016\mathrm{s}$$

阶跃响应的仿真实验如图 6-30 所示，由图可得，调速环的超调量和峰值时间为σ%=12.6%，t_p=0.0161s，和理论值很接近。

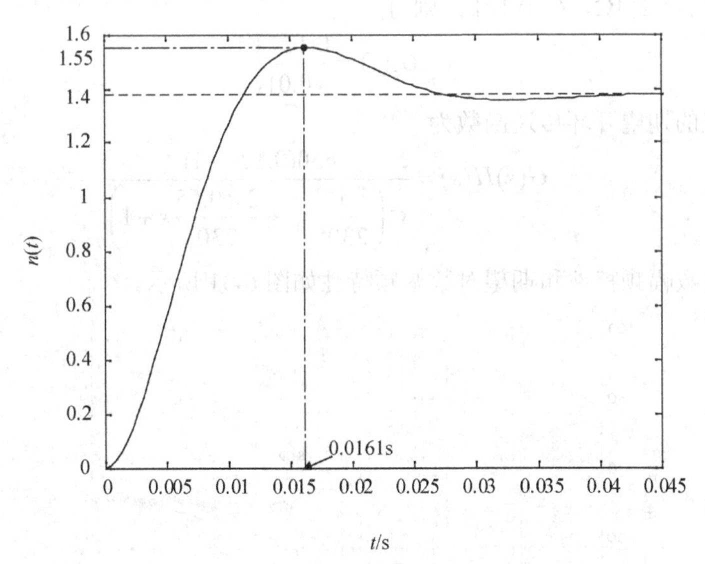

图 6-30　系统速度环的阶跃响应曲线

3. 系统校正装置的设计

将调速环视为一个已知环节，可求出随动系统的开环传递函数为

$$G(s)H(s)=\frac{1.38\times K_a\times G_c(s)}{s\left(\frac{1}{230^2}s^2+\frac{2\times 0.55}{230}s+1\right)}=\frac{6.5\times G_c(s)}{s\left(\frac{1}{230^2}s^2+\frac{2\times 0.55}{230}s+1\right)} \tag{6-40}$$

式中，$K_a=4.7\text{V/rad}$，$G_c(s)$为校正环节的传递函数。

典型Ⅱ型系统模型的优点是既可保证快速性、稳定性，又可保证复现带宽大，静态误差小。因此，考虑将系统校正为典型Ⅱ型系统。按 M_r 最小原则选择最优参数ω_c、h。一般来说，可按$\omega_c=1/(2T_\Sigma)$，式中，T_Σ表示高频段小惯性环节时间常数之和，可满足M_r最小原则，这里$T_\Sigma=2/\omega_n$。由于二阶振荡环节的相频特性在ω_n处变化剧烈，故ω_c可初选为

$$\omega_c=\frac{1}{3}\omega_n=77\text{rad/s}$$

这样，校正放大器放大倍数应提高到$\omega_c/6.5=77/6.5=12$，为了进一步提高低频增益，降低误差，这里采用PI控制器作为校正装置，则有

$$G_c(s)=\frac{R_1+1/Cs}{R_0} \tag{6-41}$$

因为$\omega_2=\omega_n=230\text{rad/s}$，考虑增大稳定裕度，取$h$=18，则有$\omega_1=\frac{2}{h+1}\omega_c=8.1\text{rad/s}$，故取$R_0$=100kΩ，$R_1$=1.2MΩ，$C$=0.1μF，则有

$$G_c(s)=\frac{0.12s+1}{0.01s}$$

因此，系统的期望开环传递函数为

$$G(s)H(s)=\frac{650(0.12s+1)}{s^2\left(\frac{1}{230^2}s^2+\frac{2\times 0.55}{230}s+1\right)}$$

系统固有对数幅频特性和期望对数幅频特性如图6-31所示。

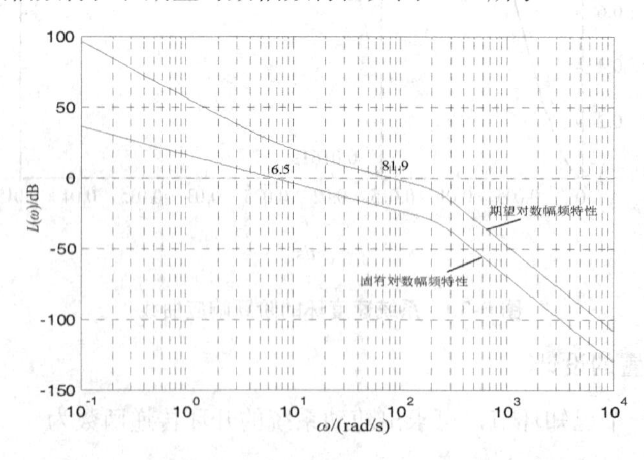

图6-31　系统固有对数幅频特性和期望对数幅频特性

可计算系统的相角裕度为

$$\gamma = 180^\circ - 2\times 90^\circ + \arctan 0.12\times 77 - \arctan\left(\frac{2\times 0.55\times 77/230}{1-77^2/230^2}\right) = 61^\circ$$

系统校正后的对数相频特性如图 6-32 所示。

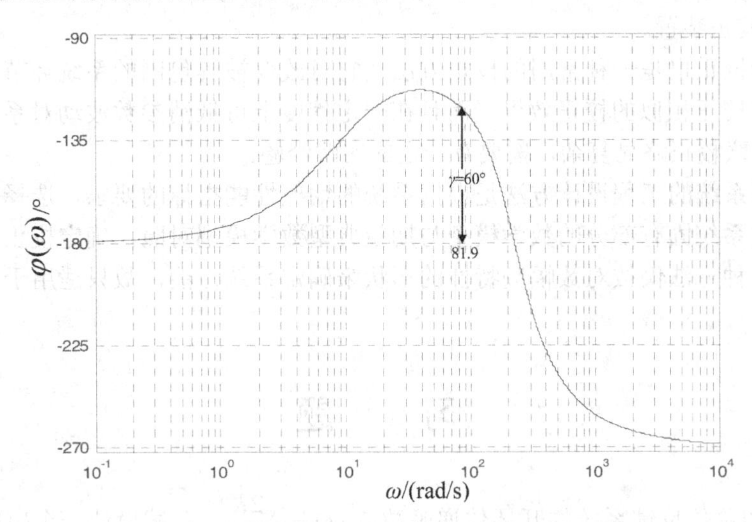

图 6-32　系统校正后的对数相频特性

显然，相角裕度的理论计算值和仿真实验结果很接近。通过上述分析可以看出，在电压-转角位置随动系统中采用 PI 控制器，将系统校正为典型Ⅱ系统，保证了系统具有较大的稳定裕度，可消除常值扰动产生的静态误差，满足随动系统准确复现输入信号的要求。

本章小结

(1) 在控制系统中往往需要通过增加附加装置来改善系统性能，这种措施称为控制系统的校正，所增加的附加装置称为校正装置。控制系统的校正实际上就是根据系统固有部分和对性能指标的要求，确定合适的校正装置结构和参数。控制系统通常来源于生产实际的各个领域，因此，控制系统的校正问题是关系到能否很好地解决实际控制问题的关键。

(2) 根据校正装置在系统中的连接方式不同，分为串联校正、反馈校正和复合校正。其中，串联校正是应用最为广泛的校正方法。串联校正的设计方法较多，但最常用的方法是频率特性法。根据校正原理不同，串联校正又可分为超前校正、滞后校正及滞后-超前校正。

(3) 串联超前校正是利用超前校正装置的相位超前特性，提高系统的相对稳定性和响应速度，但超前校正可能降低系统抗高频干扰的能力。当在对数幅频特性的穿越频率附近，相位曲线下降陡峭时，超前校正一般难以获得较好的效果。PD 控制器是一种超前校正装置。串联滞后校正是利用滞后校正装置的高频幅值衰减特性，以降低系统穿越频率为代价使系统的相角裕度增加，从而改善系统的稳定性；滞后校正还有利于增强系统抗高频干扰的能

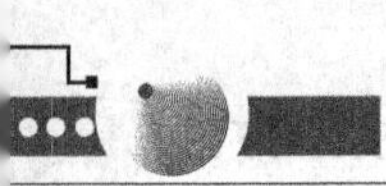

力。另外，由于滞后校正未改变系统的低频段的特性，通常允许通过增加开环增益来改善系统的稳态性能。PI 控制器是一种滞后校正装置。滞后-超前校正综合了滞后和超前校正的优点，其中校正装置的超前环节可改善系统的动态性能，滞后环节可改善系统的稳态性能，从而使得系统的稳定性、准确性、快速性三方面的性能都得以改善。PID 控制器是一种常用的滞后-超前校正装置。

(4) 反馈校正也是一种常用的校正方法，它可改变被其包围的系统环节的特性，不仅能获得与串联校正相似的校正效果，而且在一定程度上可抵消参数波动对系统的影响，但反馈校正比串联校正略显复杂，需要有一定的实践经验。

(5) 控制系统的工程设计方法是根据系统的期望性能指标的要求，选择期望的典型数学模型，通过系统固有部分的数学模型与期望典型数学模型对照，确定校正装置的结构和参数。由于这种方法仅按对数幅频特性的形状来确定系统性能，故只适用于最小相位系统的设计。

习　　题

6-1　已知单位反馈系统的开环传递函数 $G_0(s)=\dfrac{2K}{s(s+1)}$，试设计一个串联超前校正装置，使校正后系统在斜坡信号作用下 $e_{ss}<\dfrac{1}{15}$，穿越频率 $\omega_c'\geqslant 7.5\text{rad/s}$，相角裕度 $\gamma'\geqslant 45^\circ$。

6-2　已知单位反馈系统的开环传递函数 $G_0(s)=\dfrac{2K}{s(0.5s+1)}$，试设计一个串联超前校正装置，使校正后系统的静态速度误差系数 $K_v=20$，相角裕度 $\gamma'\geqslant 50^\circ$，幅值裕度不小于 10dB。

6-3　某系统的开环传递函数 $G_0(s)=\dfrac{K}{s(s+1)(s+5)}$，试设计串联滞后校正装置，使校正后系统的静态速度误差系数 $K_v=10$，相角裕度 $\gamma'\geqslant 35^\circ$。

6-4　设某系统的开环传递函数 $G_0(s)=\dfrac{200K}{s(s+10)(s+20)}$，试确定串联校正装置，使校正后系统的静态速度误差系数 $K_v\geqslant 20$，相角裕度 $\gamma'\geqslant 30^\circ$。

6-5　已知某系统的开环传递函数 $G_0(s)=\dfrac{800}{(s+20)(s+4)}$，试确定串联校正装置，使校正后系统的 $M_r=1.4$，$\omega_r'>10\text{rad/s}$。

6-6　已知单位反馈系统的开环传递函数 $G_0(s)=\dfrac{4K}{s(s+1)(0.25s+1)}$，试设计一个串联滞后-超前校正装置，使校正后系统 $K_v\geqslant 5$，$\omega_c\geqslant 2$，$\gamma\geqslant 45^\circ$。

6-7　试为图 6-33 所示系统设计一个超前校正装置，使校正后的系统满足下列指标：阻尼比 $\xi=0.7$，调节时间 $t_s=1.4\text{s}$，静态速度误差系数 $K_v=2$。

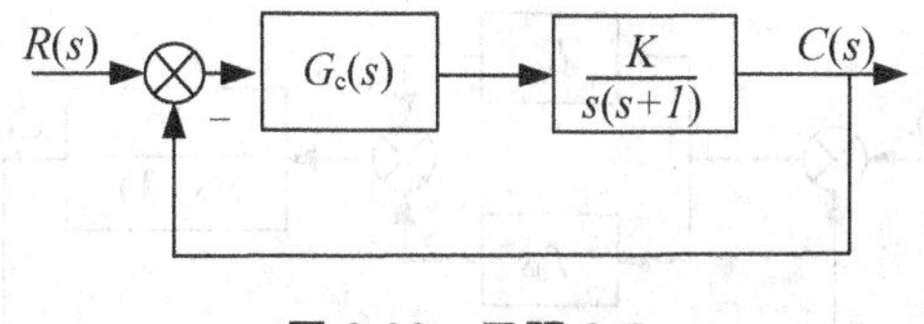

图 6-33　习题 6-7

6-8　已知系统的开环传递函数 $G_0(s)=\dfrac{1}{s(s+5)(s+2)}$，试分别采用串联超前校正和串联滞后校正两种方法，使校正后系统的相角裕度 $\gamma=45^\circ$，幅值裕度 $K_g=6\text{dB}$。

6-9　设以单位反馈开环传递函数 $G_0(s)=\dfrac{400}{s^2(0.01s+1)}$，现有 3 种串联校正装置，均为最小相位环节，它们的对数幅频特性渐近线如图 6-34 所示。

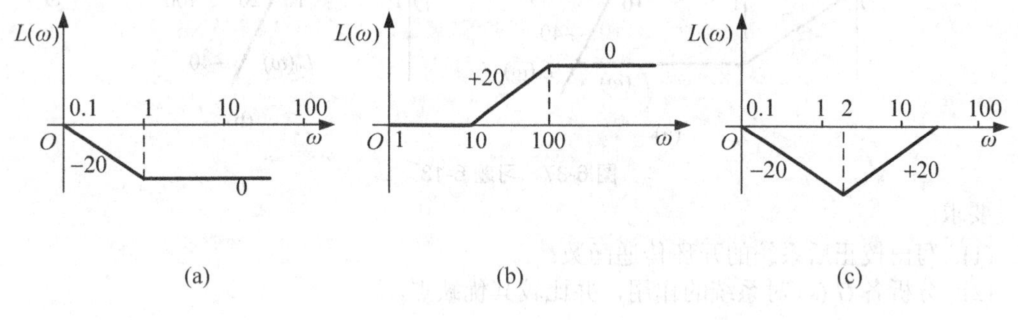

图 6-34　习题 6-9

(1)　在这些网络特性中，哪些校正程度最好？

(2)　为了将 12Hz 的正弦噪声削弱 10 倍左右，应采用哪种校正网络特性？

6-10　已知系统的开环传递函数 $G_0(s)=\dfrac{K}{s(0.12s+1)(0.02s+1)}$，试用期望频率特性法确定串联校正装置，使系统满足：$K_v\geqslant 70$，$t_s\leqslant 1$，$\sigma\%\leqslant 40\%$。

6-11　已知系统的结构如图 6-35 所示。采用工程设计方法，设计校正装置，使得校正后系统在斜坡信号作用下无静差，相角裕度 $\gamma\geqslant 50^\circ$。

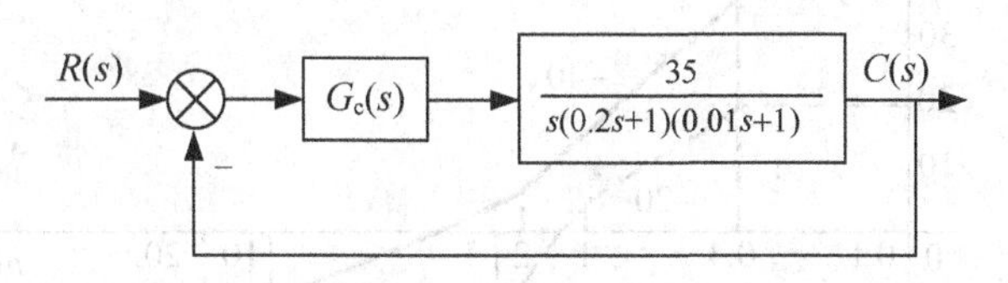

图 6-35　习题 6-11

6-12　采用 PD 控制器为校正装置的控制系统如图 6-36 所示。

(1)　当 $K_p=10$，$T_d=1$ 时，求相角裕度；

(2)　若要求该系统穿越频率 $\omega_c=5\text{rad/s}$，相角裕度 $\gamma=50^\circ$，求 K_p 和 T_d 的值。

6-13　已知单位反馈控制系统的固有部分 $G_0(s)$ 和串联校正装置 $G_c(s)$ 的对数幅频特性曲线分别如图 6-37(a)、(b)中的 $L_0(\omega)$ 和 $L_c(\omega)$ 所示。

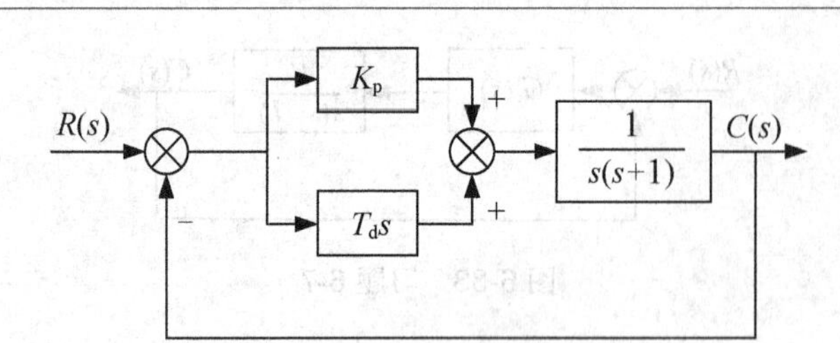

图 6-36　习题 6-12

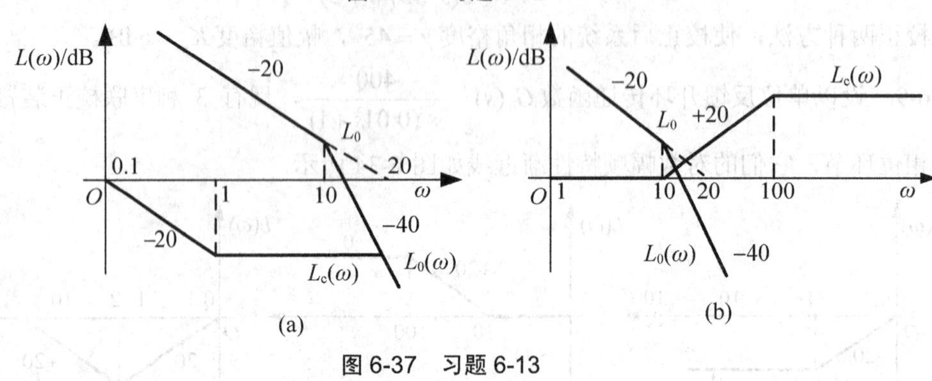

图 6-37　习题 6-13

要求：

(1) 写出校正后系统的开环传递函数；

(2) 分析各 $G_c(s)$ 对系统的作用，并比较其优缺点。

6-14　一单位负反馈最小相位系统的开环对数幅频特性曲线如图 6-38 所示，其中 $L_1(\omega)$ 为系统固有部分的曲线，$L_2(\omega)$ 为校正后系统的曲线。试确定：

(1) 串联校正装置的传递函数 $G_c(s)$；

(2) 校正后使闭环系统稳定的开环增益 K 的取值范围。

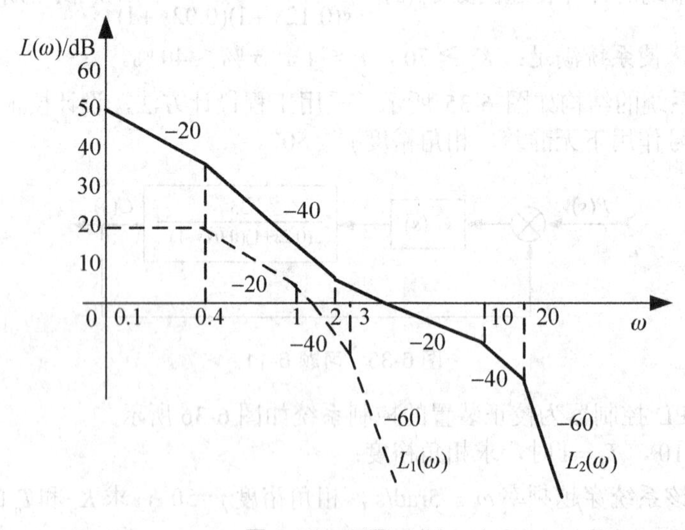

图 6-38　习题 6-14

第7章

采样控制系统

了解连续信号的采样与复现的概念；熟悉z变换及采样控制系统的脉冲传递函数的定义；掌握采样控制系统的分析方法。

7.1 采样控制系统的基本概念

7.1.1 采样控制系统的结构与特点

在前面各章所研究的控制系统中，各变量都是时间 t 的连续函数，这样的系统称为模拟控制系统或连续控制系统。

近年来，由于数字技术和计算机技术的迅速发展和广泛应用，数字控制已逐步取代了模拟控制。数字控制传递和处理的信息是数字信号，因而在这样的控制系统中有一部分信号不是时间 t 的连续函数，而是一组离散的脉冲序列或数字序列，这样的系统称为离散控制系统。离散控制系统一般又可分为采样控制系统和数字控制系统。

若离散系统中的离散信号是脉冲序列形式，则称为采样控制系统。采样控制系统的一般结构如图 7-1 所示。

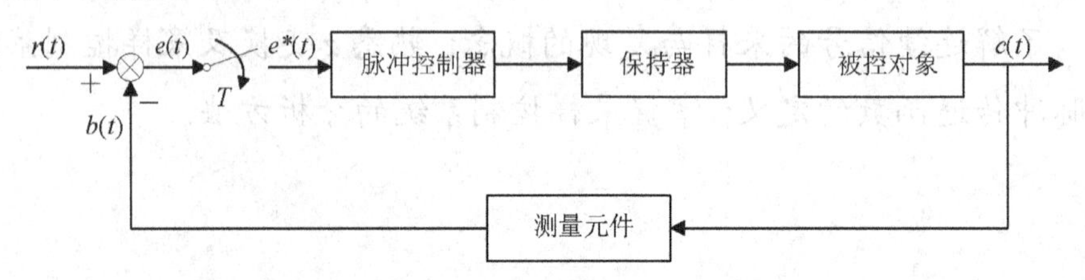

图 7-1 采样控制系统的典型结构

图 7-1 中，采样开关每隔 T s 对输入的连续误差信号 $e(t)$进行采样一次，使其变为一组脉冲序列 $e^*(t)$，称为离散时间信号或采样信号。$e^*(t)$是脉冲控制器的输入，脉冲控制器输出仍为离散信号。离散信号不能直接驱动被控对象，需经过保持器将其转换为对应的连续信号后去控制被控对象。因此，在采样系统中，一般需要使用采样开关和保持器，以实现连续信号和离散信号的转换。

若离散系统中的离散信号是数字序列形式，则称为数字控制系统或计算机控制系统。计算机控制系统的一般结构如图 7-2 所示。

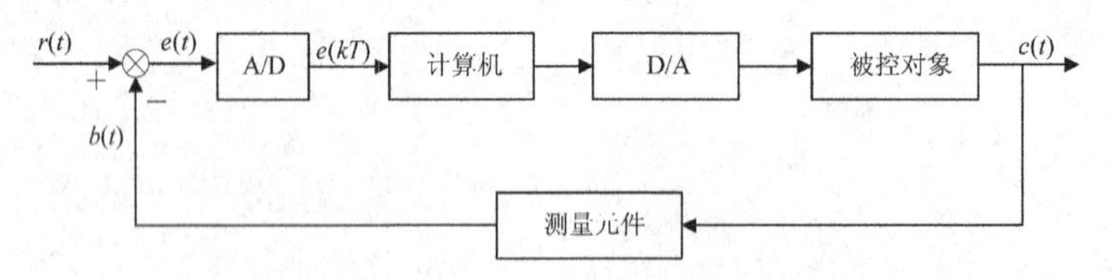

图 7-2 计算机控制系统的典型结构

图 7-2 中，A/D 转换器每隔 T s 对输入的连续误差信号 $e(t)$进行采样一次，并转换为数字信号 $e(kT)$送入计算机。计算机处理后的输出信号也是数字信号，再经 D/A 转换器将其恢复为模拟信号，然后对被控对象进行控制。显然，在计算机控制系统中，A/D 转换器相当于采样开关作用，而 D/A 转换器相当于保持器的作用。因此，可认为计算机控制系统是采样控制系统的另一种表现形式。

以上分析可知，采样控制系统的特点为：在传递信号上，除连续信号外，系统的一处或几处存在离散信号(或称采样信号)；在系统结构上，与连续系统相比，系统增加了采样开关与信号保持器。

7.1.2　信号的采样与复现

1. 信号的采样

从系统结构来看，采样控制系统与连续控制系统的显著区别是采样控制系统中有一个或若干个采样开关。系统正是利用采样开关将连续信号转换成脉冲序列信号，这一过程称为信号的采样。

信号采样过程如图 7-3 所示，采样开关每间隔 T 闭合一次，T 称为采样周期，采样开关每次闭合的时间为τ，τ称为采样时间。一般有$\tau << T$。在 $0<t<\tau$ 期间，$e(t)$的信息被采样，在 $\tau<t<T$ 期间，$e(t)$的信息丢失。显然，τ越长，T越短，信息丢失得越少。反之，信息丢失得越多。

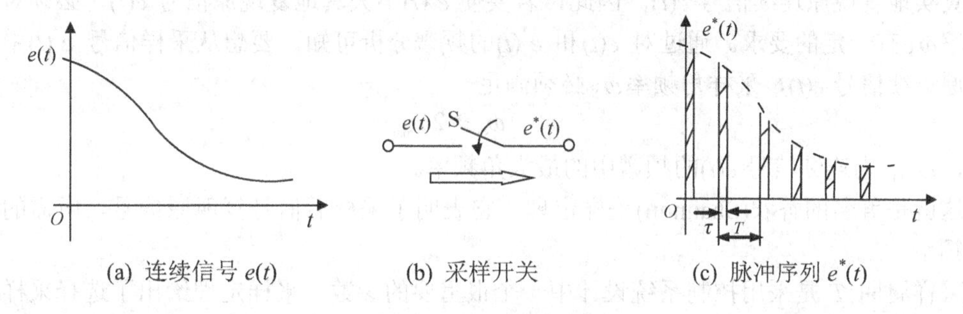

图 7-3　信号采样过程

在采样开关的作用下，连续的 $e(t)$信号，则变换为宽度等于τ的调幅脉冲序列 $e^*(t)$。如图 7-3(c)所示。采样控制系统的采样过程是瞬间完成，即采样开关闭合持续的时间τ极短。因此，在分析采样控制系统时可认为$\tau\to 0$。这样，信号采样过程就可视为理想脉冲序列$\delta_T(t)$对 $e(t)$信号幅值的调制过程，如图 7-4 所示。

图中，采样开关相当于一个载波为$\delta_T(t)$幅值调制器，即

$$\delta_T(t)=\sum_{k=-\infty}^{+\infty}\delta(t-kT)$$

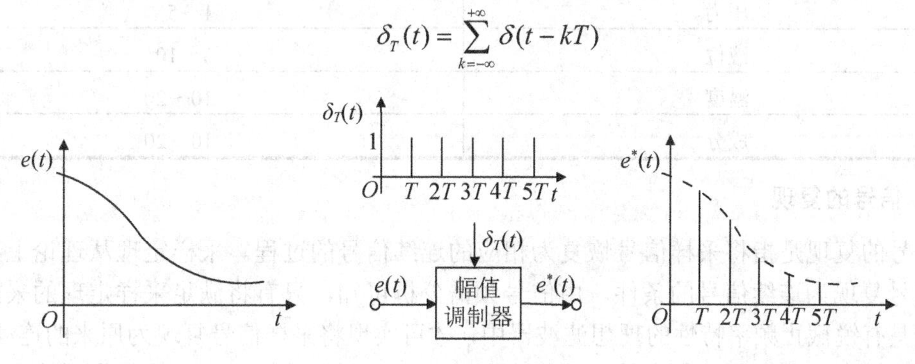

图 7-4　理想信号采样过程

于是有

$$e^*(t)=e(t)\sum_{k=-\infty}^{+\infty}\delta(t-kT)$$

在实际控制系统中，当 $t<0$ 时，$e(t)=0$，则上式变为

$$e^*(t)=\sum_{k=0}^{+\infty}e(t)\delta(t-kT) \tag{7-1}$$

由于离散信号仅在采样时刻有输出，则有

$$\begin{aligned}e^*(t)&=\sum_{k=0}^{+\infty}e(kT)\delta(t-kT)\\&=e(0)\delta(t)+e(T)\delta(t-T)+e(2T)\delta(t-2T)+\cdots\end{aligned} \tag{7-2}$$

式中，$e(kT)$为 kT 时刻的采样值，$\delta(t-kT)$为脉冲出现的时刻。

2．采样定理

上述分析可知，当采样周期 T 越小(即采样角频率 ω_s 越高)时，$e^*(t)$信号越接近于原连续信号 $e(t)$；当 T 越大(即 ω_s 越低)时，$e^*(t)$信号就无法准确地反映 $e(t)$的变化规律，即由 $e^*(t)$不能真实地复现原连续信号 $e(t)$。因此，若要使 $e^*(t)$不失真地复现原信号 $e(t)$，必须对采样角频率 ω_s 有一定的要求。通过对 $e(t)$和 $e^*(t)$的频谱分析可知，要想从采样信号 $e^*(t)$中完全复现原连续信号 $e(t)$，采样角频率 ω_s 必须满足

$$\omega_s \geqslant 2\omega_{max} \tag{7-3}$$

式中，ω_{max} 为连续信号 $e(t)$的频谱中的最大角频率。

这就是著名的香农(Shannon)采样定理，它表明了采样后信号复现原信号，所需的最低采样频率。

采样周期 T 是采用控制系统设计中一个很重要的参数。采样定理给出了选择采样周期的基本原则，在实际工程中还必须结合具体情况，综合选择采样周期 T。对于一般的过程控制，工程实践证明按表 7-1 给出的参考数据选择采样周期 T，可获得满意的控制效果。

表 7-1　采样周期 T 的参考选择

控制过程参数	采样周期/s
流量	1～3
压力	1～5
液位	5～10
温度	10～20
成分	10～20

3. 信号的复现

信号的复现是指将采样信号恢复为相应的连续信号的过程。采样定理从理论上给出了采样信号复现为连续信号的条件。由信号频谱分析可知，只有将满足采样定理的采样信号送入一具有锐截止频率特性的理想滤波器中，才可实现将采样信号复现为原来的连续信号。但是在实际中这种锐截止频率特性的理想滤波器是无法实现的，工程中通常用接近理想滤

波器特性的保持器来代替。

保持器是将采样信号转换为连续信号的元件，其任务是解决各采样时刻之间的插值问题。在控制工程中，一般都采用时域外推插值法，即由过去时刻的采样值来确定当前插值的数值。所以，保持器实质上就是一种时域外推装置，其中零阶保持器采用恒值外推规律，一阶保持器采用线性外推规律。在采样控制系统中最简单、应用最广泛的是零阶保持器。这里分析零阶保持器。

零阶保持器的恒值外推原理：把采样时刻 kT 的采样值 $e(kT)$一直保持到下一个采样时刻 $(k+1)T$，到下一时刻可由 $e[(k+1)T+\Delta t]=e[(k+1)T]$ 继续外推。这样，采样信号 $e^*(t)$则变为阶梯信号 $e_h(t)$，如图 7-5 所示。

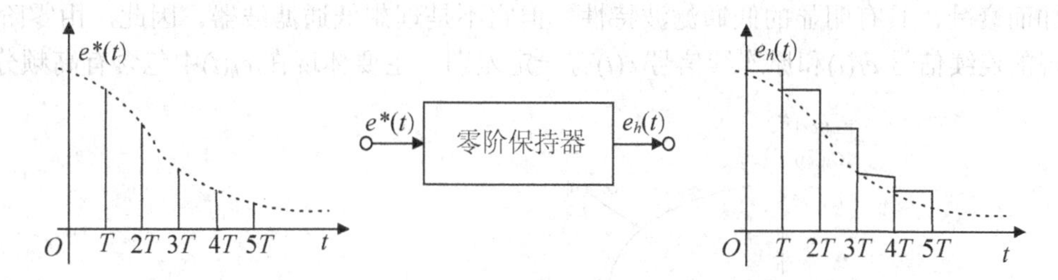

图 7-5　零阶保持器的信号复现

显然，在 $kT\leqslant t\leqslant(k+1)T$ 期间，有 $e_h(t)=e(kT)$。若将阶梯信号 $e_h(t)$在各区间的中点连接起来，可得到一条和连续信号 $e(t)$曲线形状一致而在时间上滞后 $T/2$ 的曲线 $e(t-T/2)$。这说明零阶保持器给系统带来了一定的相位滞后。

由零阶保持器的外推作用可知，它的时域特性 $g_h(t)$ 应为一幅度为 1、宽度为 T 的方波，如图 7-6(a)所示。$g_h(t)$ 可分解为两个单位阶跃函数之和，如图 7-6(b)所示，图 7-6(b)中可将 $g_h(t)$ 表示为

$$g_h(t)=1(t)-1(t-T) \tag{7-4}$$

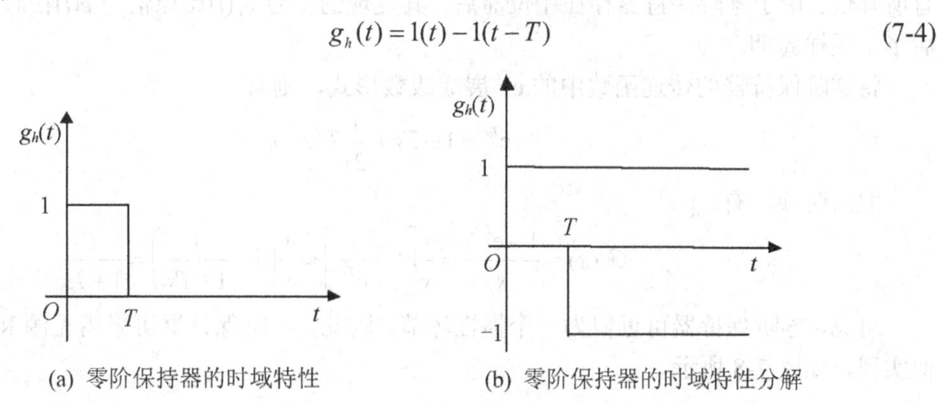

(a) 零阶保持器的时域特性　　(b) 零阶保持器的时域特性分解

图 7-6　零阶保持器的时域特性及分解

对式(7-4)两边取拉普拉斯变换，求得到零阶保持器的传递函数为

$$G_h(s)=\frac{1}{s}+\frac{1}{s}\mathrm{e}^{-Ts}\quad=\frac{1-\mathrm{e}^{-Ts}}{s} \tag{7-5}$$

零阶保持器的频率特性为

$$G_h(\mathrm{j}\omega)=\frac{1-\mathrm{e}^{-\mathrm{j}\omega T}}{\mathrm{j}\omega}=\frac{2}{\omega}\sin\left(\frac{\omega T}{2}\right)\mathrm{e}^{-\mathrm{j}\omega T/2} \tag{7-6}$$

将 $\omega_s=2\pi/T$ 代入式(7-6)，可得

$$G_h(\mathrm{j}\omega)=\frac{2\pi}{\omega_s}\frac{\sin\left(\frac{\pi\omega}{\omega_s}\right)}{\frac{\pi\omega}{\omega_s}}\mathrm{e}^{-\mathrm{j}\pi(\omega/\omega_s)} \tag{7-7}$$

零阶保持器的频率特性如图 7-7 所示。从图中可以看出，零阶保持器的幅频特性随频率的增加而衰减，具有明显的低通滤波特性，但它不是理想低通滤波器。因此，由零阶保持器复现的连续信号 $e_h(t)$和原连续信号 $e(t)$有一定差别，主要体现在 $e_h(t)$中包含有高频分量。

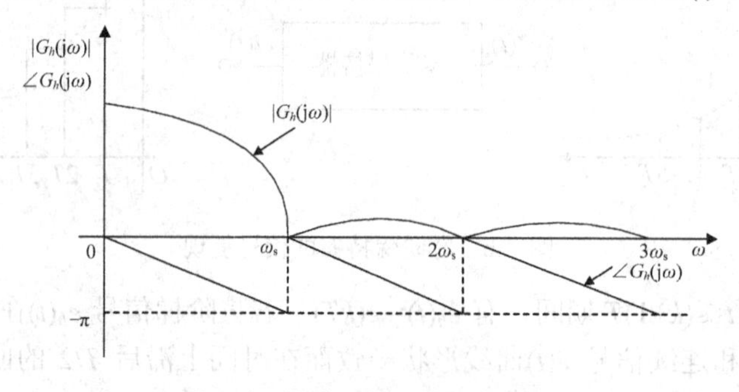

图 7-7 零阶保持器的频率特性

零阶保持器的相频特性具有相位滞后特性，相位滞后的大小与信号的频率ω成正比，且在$\omega=\omega_s$处，相位滞后达到-180°。系统中引入的滞后相位，会使闭环系统的相对稳定性有所降低。由于零阶保持器存在相位滞后，其复现的信号 $e_h(t)$比原信号 $e(t)$在时间上平均滞后半个采样周期。

将零阶保持器的传递函数中的 e^{Ts} 展成级数形式，则有

$$\mathrm{e}^{Ts}=1+Ts+\frac{1}{2!}T^2s^2+\cdots$$

取前两项，有

$$G_h(s)=\frac{1-\mathrm{e}^{-Ts}}{s}=\frac{1}{s}\left[1-\frac{1}{\mathrm{e}^{Ts}}\right]\approx\frac{1}{s}\left(1-\frac{1}{1+Ts}\right)=\frac{T}{1+Ts} \tag{7-8}$$

可见，零阶保持器可近似为一个惯性环节。因此，零阶保持器可采用无源 RC 电路来近似实现，如图 7-8 所示。

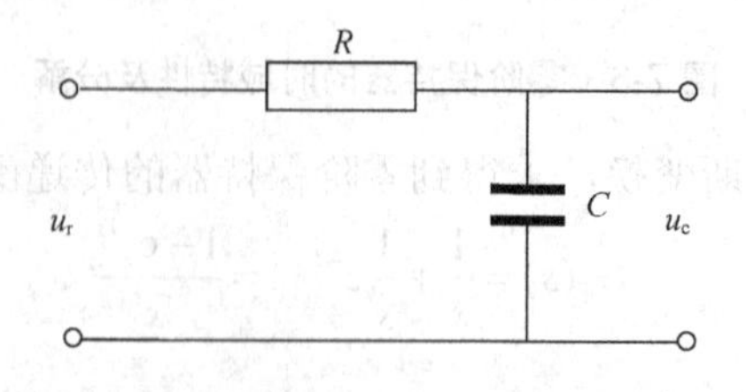

图 7-8 RC 电路近似实现零阶保持器

其传递函数为

$$G_h(s)=\frac{U_c(s)}{U_r(s)}=\frac{T}{1+Ts}$$

式中，$T=RC$。

7.2　采样控制系统的数学模型

描述连续系统运动规律的基本数学模型是线性微分方程，并借助拉普拉斯变换可建立系统的传递函数，从而方便地分析系统的性能。而对于采样控制系统的分析，通常以线性差分方程作为系统数学模型，并应用 z 变换作为求解工具。

7.2.1　z 变换与逆 z 变换

1. z 变换的定义

z 变换可由拉普拉斯变换引出。设有一采样信号为 $e^*(t)$。在理想采样时，由式(7-2)可得

$$e^*(t)=\sum_{k=0}^{+\infty}e(kT)\delta(t-kT)$$

对采样信号 $e^*(t)$两边作拉普拉斯变换，有

$$E^*(s)=L\left[e^*(t)\right]=\sum_{k=0}^{\infty}e(kT)\cdot \mathrm{e}^{-kTs} \tag{7-9}$$

式(7-9)等号右边为无穷项之和，其中每一项都含有指数函数 e^{-kTs} 因子。为了克服 e^{-kTs} 因子带来的运算的不便，可引入新的变量 $z=\mathrm{e}^{Ts}$，则有

$$E(z)=\sum_{k=0}^{\infty}e(kT)\cdot z^{-k} \tag{7-10}$$

称 $E(z)$为采样信号 $e^*(t)$的 z 变换，并记作

$$E(z)=Z[e^*(t)] \tag{7-11}$$

可见，z 变换实际上就是在采样信号 $e^*(t)$的拉普拉斯变换中引入 $z=\mathrm{e}^{Ts}$ 而得到的一种变换，可视为拉普拉斯变换的一种变形。应用 z 变换时必须注意以下两点。

(1) 变量 z 是一个复变量。拉普拉斯变换中的变量 s 可表示为 $s=\sigma+\mathrm{j}\omega$，则有

$$z=\mathrm{e}^{Ts}=\mathrm{e}^{T\sigma}\cdot\mathrm{e}^{\mathrm{j}T\omega}=|z|\mathrm{e}^{\mathrm{j}\theta} \tag{7-12}$$

式中，$|z|=\mathrm{e}^{\sigma T}$，$\theta=T\omega$。

可见，变量 z 是以模$|z|$和幅角 θ 形式表示的复变量。

(2) 必须明确 $E(z)$表示的是采样信号 $e^*(t)$的 z 变换，它仅表征了连续信号在采样时刻上的信息，而不反映采样时刻之间的信息。但习惯上，有时也称 $E(z)$为 $e(t)$的 z 变换，即有

$$E(z)=Z[e(t)]=Z[e^*(t)]$$

2. z 变换的求法

1) 级数求和法

级数求和法是将 Z 变换的定义式展开成级数形式，即

$$\begin{aligned}E(z)&=\sum_{k=0}^{+\infty}e(kT)z^{-k}\\&=e(0)z^{0}+e(T)z^{-1}+e(2T)z^{-2}+e(3T)z^{-3}+\cdots\end{aligned}\tag{7-13}$$

式中，$e(kT)$表征了采样脉冲的幅值，z^{-k}表征了相应的采样时刻。

下面利用级数求和法求解常用函数的 z 变换。

(1) 单位脉冲信号。

已知

$$e(t)=\delta(t)，\quad e(kT)=\delta(kT)$$

根据 z 变换的定义，可求得单位脉冲信号的 z 变换为

$$E(z)=\sum_{k=0}^{+\infty}\delta(kT)\cdot z^{-k}=1\tag{7-14}$$

(2) 单位阶跃信号。

已知

$$e(t)=1(t)，\quad e(kT)=1(kT)=1$$

根据 z 变换的定义，可求得单位阶跃信号的 z 变换为

$$\begin{aligned}E(z)&=\sum_{k=0}^{+\infty}1(kT)\cdot z^{-k}\\&=1+z^{-1}+z^{-2}+z^{-3}+\cdots\\&=\frac{1}{1-z^{-1}}=\frac{z}{z-1}\qquad(|z|>1)\end{aligned}\tag{7-15}$$

(3) 单位斜坡信号。

已知

$$e(t)=t，\quad e(kT)=kT$$

根据 z 变换的定义，可求得单位斜坡信号的 z 变换为

$$\begin{aligned}E(z)&=\sum_{k=0}^{+\infty}kT\cdot z^{-k}\\&=Tz^{-1}+2Tz^{-2}+3Tz^{-3}+\cdots\\&=\frac{Tz^{-1}}{(1-z^{-1})^{2}}=\frac{Tz}{(z-1)^{2}}\qquad(|z|>1)\end{aligned}\tag{7-16}$$

(4) 指数信号。

已知

$$e(t)=\mathrm{e}^{-at}$$

根据 z 变换的定义，可求得单位指数信号的 z 变换为

$$E(z)=\sum_{k=0}^{+\infty}\mathrm{e}^{-akT}\cdot z^{-k}$$

$$=1+\mathrm{e}^{-aT}\cdot z^{-1}+\mathrm{e}^{-2aT}\cdot z^{-2}+\mathrm{e}^{-3aT}\cdot z^{-3}+\cdots$$

$$=\frac{1}{1-\mathrm{e}^{-aT}z^{-1}}=\frac{z}{z-\mathrm{e}^{-aT}}\qquad(|z\mathrm{e}^{aT}|>1)\tag{7-17}$$

(5) 正弦信号。

已知

$$e(t)=\sin\omega t$$

由欧拉公式可得

$$e(t)=\sin\omega t=\frac{1}{2\mathrm{j}}(\mathrm{e}^{\mathrm{j}\omega t}-\mathrm{e}^{-\mathrm{j}\omega t})$$

$$e(kT)=\sin\omega kT=\frac{1}{2\mathrm{j}}(\mathrm{e}^{\mathrm{j}\omega kT}-\mathrm{e}^{-\mathrm{j}\omega kT})$$

根据 z 变换的定义，可求得单位正弦信号的 z 变换为

$$E(z)=\sum_{k=0}^{+\infty}\frac{1}{2\mathrm{j}}(\mathrm{e}^{\mathrm{j}\omega kT}-\mathrm{e}^{-\mathrm{j}\omega kT})\cdot z^{-k}$$

$$=\frac{1}{2\mathrm{j}}\left(\frac{1}{1-\mathrm{e}^{\mathrm{j}\omega T}z^{-1}}-\frac{1}{1-\mathrm{e}^{-\mathrm{j}\omega T}z^{-1}}\right)$$

$$=\frac{z\sin\omega T}{z^2-2z\cos\omega T+1}\tag{7-18}$$

2) 部分分式法

已知连续函数 $e(t)$的拉普拉斯变换为 $E(s)$，若求 z 变换，可按如图 7-9 所示的步骤。

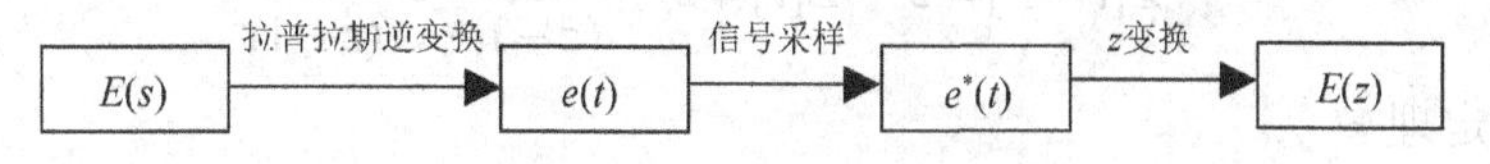

图 7-9　部分分式法求 z 变换

为求拉普拉斯逆变换，可将 $E(s)$先写成部分分式之和的形式，即

$$E(s)=\sum_{i=1}^{n}\frac{A_i}{s-p_i}$$

式中，A_i为待定系数，p_i为 $E(s)$的极点。

则其拉普拉斯逆变换为

$$e(t)=\sum_{i=1}^{n}A_i\mathrm{e}^{p_i t}$$

根据指数信号的 z 变换，则有

$$E(z)=\sum_{i=1}^{n}\frac{A_i z}{z-\mathrm{e}^{p_i T}}\tag{7-19}$$

【例 7-1】 已知连续函数的拉普拉斯变换为

$$E(s)=\frac{a}{s(s+a)}$$

试求其 z 变换。

解：将 $E(s)$展开成如下部分分式为

$$E(s)=\frac{a}{s(s+a)}=\frac{1}{s}-\frac{1}{s+a}$$

其拉普拉斯逆变换为

$$e(t)=L^{-1}\left(\frac{1}{s}-\frac{1}{s+a}\right)=1(t)-\mathrm{e}^{-at}$$

由式(7-19)可得

$$E(z)=Z[1(t)-\mathrm{e}^{-at}]=\frac{1}{1-z^{-1}}-\frac{1}{1-z\mathrm{e}^{-aT}}=\frac{z(1-\mathrm{e}^{-aT})}{(z-1)(z-\mathrm{e}^{-aT})}$$

常用函数的 z 变换和拉普拉斯变换的对照表见附录。

3. z 变换的基本定理

利用 z 变换定理，可以使得 z 变换的运算变得简单方便。

1)　线性定理

若时间信号 $e_1(t)$和 $e_2(t)$的 z 变换分别为 $E_1(z)$和 $E_2(z)$，且 a_1，a_2 为常数，则有

$$Z[a_1e_1(t)\pm a_2e_2(t)]=a_1E_1(z)\pm a_2E_2(z) \tag{7-20}$$

2)　滞后定理

$$Z[e(t-kT)]=z^{-k}E(z) \tag{7-21}$$

式中，k 为正整数。

【例 7-2】 求 $Z[t-T]$。

解：设 $e(t)=t$，由式(7-21)可得

$$Z[t-T]=z^{-1}\cdot Z[t]=z^{-1}\cdot\frac{Tz}{(z-1)^2}=\frac{T}{(z-1)^2}$$

3)　超前定理

$$Z[e(t+kT)]=z^kE(z)-z^k\sum_{n=0}^{k-1}e(nT)z^{-n} \tag{7-22}$$

式中，k 为正整数。

4)　移位定理

$$Z\left[e(t)\cdot\mathrm{e}^{\mp aT}\right]=E(z\cdot\mathrm{e}^{\pm aT}) \tag{7-23}$$

式中，a 为常数。

【例 7-3】 求 $t\cdot\mathrm{e}^{-at}$ 的 z 变换。

解：设 $e(t)=t$，由式(7-23)可得

$$Z[t\cdot\mathrm{e}^{-at}]=\frac{Tz\mathrm{e}^{aT}}{(z\mathrm{e}^{aT}-1)^2}$$

5)　初值定理

设 $e(t)$ 的 z 变换为 $E(z)$，且极限 $\lim\limits_{z\to\infty}E(z)$ 存在，则有

$$e(0)=\lim_{z\to\infty}E(z) \tag{7-24}$$

6) 终值定理

设 $e(t)$ 的 z 变换为 $E(z)$，且 $E(z)$ 在 z 平面的单位圆上除 1 之外没有极点，以及在 z 平面的单位圆外无极点，则有

$$e(\infty)=\lim_{t\to\infty}e(t)=\lim_{z\to1}(z-1)E(z) \tag{7-25}$$

应用初值定理和终值定理，可以直接由信号的 z 变换求得时间函数的初值和终值，前提条件是这些时间函数的初值和终值是存在的。

4. 逆 z 变换

由函数 $E(z)$求对应的采样时间函数 $e^*(t)$的运算称为逆 z 变换，记作

$$Z^{-1}[E(z)]=e^*(t) \tag{7-26}$$

必须指出，因为 $E(z)$仅含有连续信号 $e(t)$在采样时刻的信息，故通过逆 z 变换求出的是 $e^*(t)$，即各采样时刻的值，而不是连续信号 $e(t)$。常见的典型信号的逆 z 变换可查附录的 z 变换表得到，对于一般函数，可通过如下两种方法求解逆 z 变换。

1) 长除法

$E(z)$的一般形式为

$$E(z)=\frac{b_m z^m+b_{m-1}z^{m-1}+\cdots+b_1 z+b_0}{a_n z^n+a_{n-1}z^{n-1}+\cdots+a_1 z+a_0} \quad (n\geqslant m) \tag{7-27}$$

利用长除法，并将其商按 z^{-1} 升幂排列可得

$$E(z)=c_0+c_1 z^{-1}+c_2 z^{-2}+\cdots+c_k z^{-k}+\cdots \tag{7-28}$$

根据 z 变换的定义式，可知式(7-28)的系数就是 $e(t)$在采样时刻的值，即有

$$e(0)=c_0,\ e(T)=c_1,\ e(2T)=c_2,\ \ldots$$

故有

$$\begin{aligned}e^*(t)=Z^{-1}[E(z)]&=\sum_{k=0}^{+\infty}e(kT)\delta(t-kT)\\&=\sum_{k=0}^{+\infty}c_k\delta(t-kT)\end{aligned} \tag{7-29}$$

【例 7-4】 已知 $E(z)=\dfrac{10z}{z^2-3z+2}$，试用长除法求取逆 z 变换。

解：利用长除法可得

$$E(z)=\frac{10z}{z^2-3z+2}=\frac{10z^{-1}}{1-3z^{-1}+2z^{-2}}=10z^{-1}+30z^{-2}+70z^{-3}+\cdots$$

其逆 z 变换为

$$e^*(t)=0+10\delta(t-T)+30\delta(t-2T)+70\delta(t-3T)+\cdots$$

长除法求解逆 z 变换使用方便，能直观地获得采样脉冲序列初段的分布，但其计算较烦琐，且难于得到 $e^*(t)$的通式。

2) 部分分式法

部分分式法是将 $E(z)$分解为若干简单分式和的形式，借助查 z 变换表求得 $e^*(t)$的方法。由于基本信号的 z 变换的分子一般都带有一阶因子 z，为了求逆 z 变换方便，可先将 $E(z)/z$ 分解部分分式和，再对其结果的各项乘以 z 。

【例 7-5】 利用部分分式法，求取例 7-4 中 $E(z)$的逆 z 变换。

解：$E(z)$有两个极点 $z_1=1$，$z_2=2$，可以分解为两项部分分式和，即

$$\frac{E(z)}{z}=\frac{10}{z^2-3z+2}=\frac{10}{(z-2)}-\frac{10}{(z-1)}$$

则有

$$E(z)=\frac{10z}{(z-2)}-\frac{10z}{(z-1)}$$

查 z 变换表有

$$Z^{-1}\left[\frac{z}{z-1}\right]=1,\quad Z^{-1}\left[\frac{z}{z-2}\right]=2^k$$

则

$$e(kT)=10(-1+2^k)\qquad k=0,1,2,\cdots$$

故逆 z 变换为

$$\begin{aligned}e^*(t)&=e(0)\delta(t)+e(T)\delta(t-T)+e(2T)\delta(t-2T)\\&=0+10\delta(t-T)+30\delta(t-2T)+70\delta(t-3T)+\cdots\end{aligned}$$

7.2.2 差分方程和脉冲传递函数

1. 差分方程及其求解

对采样信号来说，差分是指两相邻采样脉冲之间的差值。利用一系列差值变化的规律，可表征采样信号的变化趋势。差分分为向前差分和向后差分，按图 7-10 所示，常用的向后差分的定义如下。

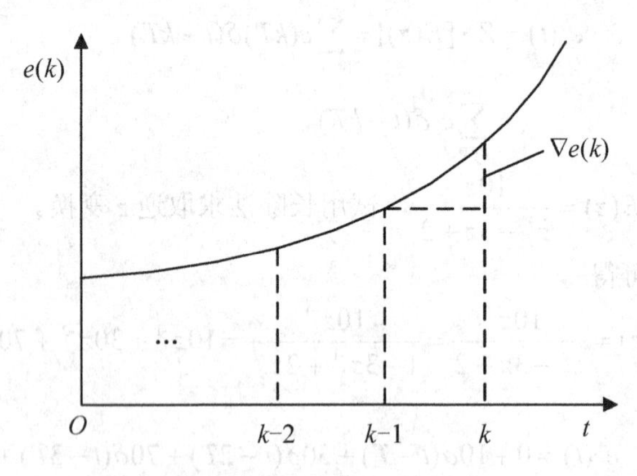

图 7-10 差分定义示意图

一阶向后差分为

$$\nabla e(k)=e(k)-e(k-1)\tag{7-30}$$

这里令 T=1s。

二阶向后差分为

$$\begin{aligned}\nabla^2 e(k) &= \nabla[\nabla e(k)] = \nabla[e(k)-e(k-1)] \\ &= \nabla e(k) - \nabla e(k-1) \\ &= e(k) - 2e(k-1) + e(k-2)\end{aligned} \tag{7-31}$$

同理，n 阶向后差分为

$$\nabla^n e(n) = \nabla^{n-1} e(k) - \nabla^{n-1} e(k-1) \tag{7-32}$$

差分方程是采样系统输入输出关系的时域方程。一般系统的差分方程可以表示为

$$\begin{aligned}&c(k) + a_1 c(k-1) + \cdots + a_{n-1} c(k-n+1) + a_n c(k-n) \\ &= b_0 r(k) + b_1 r(k-1) + \cdots + b_{m-1} r(k-m+1) + b_m r(k-m) \qquad (n \geqslant m)\end{aligned} \tag{7-33}$$

式中，$r(\cdot)$为系统输入信号，$c(\cdot)$为系统输出信号。

线性定常的差分方程的求解常采用迭代法和 z 变换法，其中迭代法特别适合于计算机的递推求解。

【例 7-6】 将 PID 控制器的微分方程转变为差分方程，并推导位置式 PID 控制的递推算法。

解：设 $e(\cdot)$为输入的偏差信号，$u(\cdot)$为输出控制信号。PID 控制器的微分方程为

$$u(t) = K_{\mathrm{P}}\left[e(t) + \frac{1}{T_{\mathrm{I}}}\int_0^t e(t)\mathrm{d}t + T_{\mathrm{D}}\frac{\mathrm{d}e(t)}{\mathrm{d}t}\right]$$

式中，K_{P} 为比例系数，T_{I} 为积分时间常数，T_{D} 为微分时间常数。

用向后差分近似代替微分，即有

$$\frac{\mathrm{d}e(t)}{\mathrm{d}t} \approx \frac{e(k)-e(k-1)}{T}$$

又因为

$$\int_0^t e(\tau)\mathrm{d}\tau \approx T\sum_{i=0}^{k} e(i) \qquad (k = t/T)$$

式中，T 为采样周期。

则 PID 调节器的差分方程为

$$u(k) = K_{\mathrm{P}}\left[e(k) + \frac{T}{T_{\mathrm{I}}}\sum_{i=0}^{k} e(i) + T_{\mathrm{D}}\frac{e(k)-e(k-1)}{T}\right] \tag{7-34}$$

(7-34)式称为 PID 位置控制算法。此算法求取 $u(k)$需要过去所有时刻的偏差值，计算量大，占用计算机资源多。为此可进一步得到增量式 PID 控制算法。

$$\begin{aligned}\Delta u(k) &= u(k) - u(k-1) \\ &= K_{\mathrm{P}}[e(k)-e(k-1)] + K_{\mathrm{I}} e(k) + K_{\mathrm{D}}[e(k)-2e(k-1)+e(k-2)]\end{aligned} \tag{7-35}$$

式中，$K_{\mathrm{I}} = K_{\mathrm{P}}\dfrac{T}{T_{\mathrm{I}}}$，$K_{\mathrm{D}} = K_{\mathrm{P}}\dfrac{T_{\mathrm{D}}}{T}$

根据式(7-35)，可得到常用的位置式 PID 控制的递推算法为

$$\begin{aligned}u(k) &= u(k-1) + \Delta u(k) \\ &= u(k-1) + K_{\mathrm{P}}[e(k)-e(k-1)] + K_{\mathrm{I}} e(k) + K_{\mathrm{D}}[e(k)-2e(k-1)+e(k-2)]\end{aligned} \tag{7-36}$$

【例 7-7】 已知二阶采样系统的差分方程为

$$c(k-2) - 5c(k-1) + 6c(k) = r(k)$$

输入信号 $r(k)=1(k)$，试求 $c(kT)$。

解：对差分方程两边取 z 变换可得

$$z^{-2}C(z)-5z^{-1}C(z)+6C(z)=\frac{z}{z-1}$$

则

$$\begin{aligned}C(z)&=\frac{z^3}{(6z^2-5z+1)(z-1)}\\&=\frac{z^3/6}{(z-1/2)(z-1/3)(z-1)}\\&=\frac{0.5z}{z-1}-\frac{0.5z}{z-1/2}+\frac{z/6}{z-1/3}\end{aligned}$$

求逆 z 变换可得 $c(kT)=0.5-0.5(1/2)^k+1/6(1/3)^k$

可见，用 z 变换法求解差分方程的实质是通过 z 变换将差分方程变成以 z 为变量的代数方程，然后用逆 z 变换求出系统在各采样时刻的输出响应。

2. 脉冲传递函数

传递函数是分析线性连续系统最常用的数学模型。同样，脉冲传递函数是研究采样控制系统常用的数学模型。

1) 开环脉冲传递函数

设开环采样系统如图 7-11 所示，图 7-11 中 $G(s)$是系统连续部分的传递函数。设输入信号为 $r(t)$，采样后为 $r^*(t)$，对应的 z 变换为 $R(z)$，系统连续部分的输出为 $c(t)$，采样后为 $c^*(t)$，对应的 z 变换为 $C(z)$，则脉冲传递函数的定义为：在零初始条件下，系统输出采样信号的 z 变换与输入采样信号的 z 变换之比，即

$$G(z)=\frac{C(z)}{R(z)} \tag{7-37}$$

由式(7-37)可得

$$c^*(t)=Z^{-1}[C(z)]=Z^{-1}[G(z)R(z)]$$

显然，若 $R(z)$已知，系统的输出响应 $c^*(t)$完全决定于脉冲传递函数 $G(z)$。因此，脉冲传递函数常用于研究离散系统的性能。

对于实际采样控制系统而言，采样脉冲控制的是连续对象。因此，采样控制系统一般只有输入信号的采样开关 T，如图 7-12 所示。这种情况下，可在输出端假想一个采样开关，如图中虚线所示，它与输入采样开关一样，以周期 T 工作，这样便可得到系统脉冲传递函数，并用于分析系统的性能。

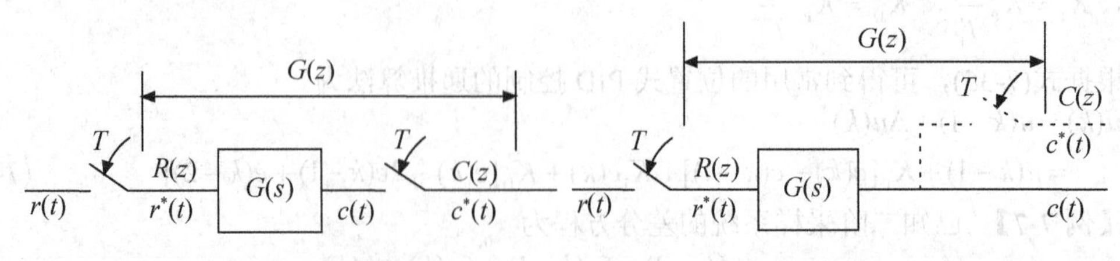

图 7-11　开环采样系统　　　图 7-12　实际开环采样系统

根据脉冲传递函数的定义，一个线性环节和一个理想采样开关的组合体的脉冲传递函数是线性环节的脉冲响应函数的 z 变换。求 $G(z)$的步骤是先求传递函数 $G(s)$的拉普拉斯逆变换得到 $g(t)$，再对 $g(t)$采样后进行 z 变换便可求出 $G(z)$。事实上，利用 z 变换对照表可以省去从 $G(s)$求 $g(t)$的步骤，把 $G(s)$展成部分分式后查表直接可求出 $G(z)$。

【例 7-8】 开环采样系统如图 7-13 所示，试求系统的脉冲传递函数。

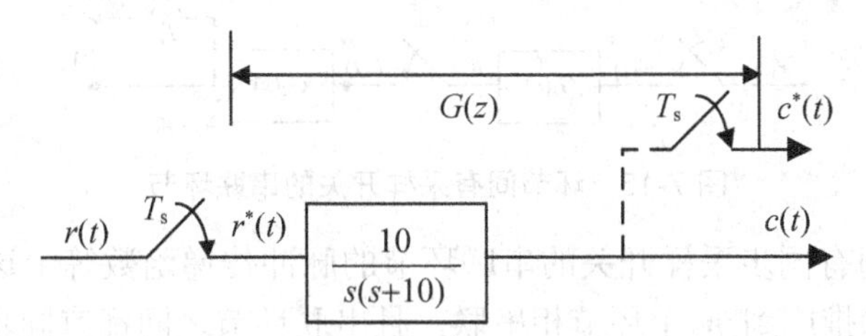

图 7-13 例 7-8 开环采样控制系统

解：由系统传递函数得 $G(s)=\dfrac{10}{s(s+10)}=\dfrac{1}{s}-\dfrac{1}{s+10}$

查 z 变换表，则有 $G(z)=\dfrac{z}{z-1}-\dfrac{z}{z-\mathrm{e}^{-10T_s}}=\dfrac{z(1-\mathrm{e}^{-10T_s})}{(z-1)(z-\mathrm{e}^{-10T_s})}$

【例 7-9】 开环采样系统如图 7-14 所示，试求系统的脉冲传递函数。

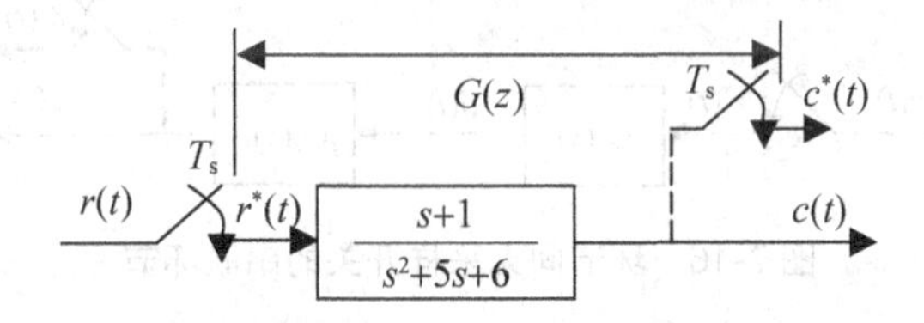

图 7-14 例 7-9 开环采样控制系统

解：由系统传递函数得

$$G(s)=\frac{s+1}{s^2+5s+6}=\frac{2}{s+3}-\frac{1}{s+2}$$

查 z 变换表，则有

$$G(z)=\frac{2z}{z-\mathrm{e}^{-3T_s}}-\frac{z}{z-\mathrm{e}^{-2T_s}}=\frac{z(z-2\mathrm{e}^{-2T_s}+\mathrm{e}^{-3T_s})}{(z-\mathrm{e}^{-3T_s})(z-\mathrm{e}^{-2T_s})}$$

在连续系统中，串联环节的传递函数等于各环节传递函数之积。但对于采样控制系统，串联环节因各环节之间有无采样开关，其脉冲传递函数将有所不同。下面讨论关于串联环节几种典型情况的脉冲传递函数的计算。

(1) 串联环节间有采样开关的情况。

两个环节相串联的开环系统如图 7-15 所示，两环节之间用同步采样开关隔离。

由图 7-15 可得 $D(z)=G_1(z)R(z)$，$C(z)=G_2(z)D(z)$

故

$$C(z)=G_1(z)G_2(z)R(z)$$

于是，串联环节的脉冲传递函数为

$$G(z)=\frac{C(z)}{R(z)}=G_1(z)G_2(z) \tag{7-38}$$

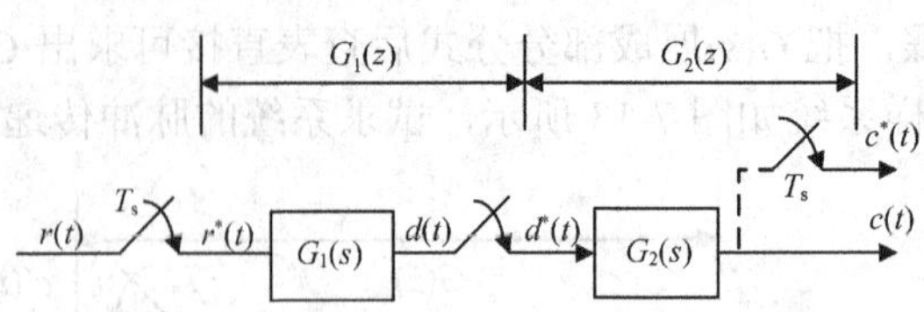

图 7-15　环节间有采样开关的串联环节

可见，两个其间有同步采样开关的串联环节的脉冲传递函数等于这两个环节的脉冲传递函数的乘积。可以推广到 n 个环节相串联，且串联环节之间都有同步采样开关隔离时，其总的脉冲传递函数等于各环节的脉冲传递函数的乘积。

$$G(z)=G_1(z)\cdot G_2(z)\cdots G_n(z) \tag{7-39}$$

(2) 串联环节间无采样开关的情况。

两个环节相串联的开环系统如图 7-16 所示，两个环节之间无采样开关隔离。

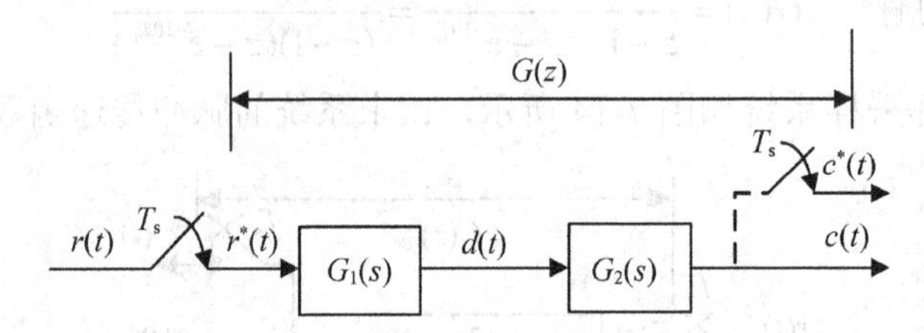

图 7-16　环节间无采样开关的串联环节

由于两个环节无采样开关分隔，于是

$$G(s)=G_1(s)G_2(s)$$

则串联环节的脉冲传递函数 $G(z)$为 $G(s)$所对应的 z 变换，即有

$$G(z)=Z[G(s)]=Z[G_1(s)G_2(s)]=G_1G_2(z) \tag{7-40}$$

可见，两个其间无采样开关串联环节的脉冲传递函数等于这两个环节传递函数的乘积的 z 变换。可以推广到 n 个环节相串联，且各环节间无采样开关隔离时，其总的脉冲传递函数等于所有环节传递函数的乘积所对应的 z 变换。

【例 7-10】 设 $G_1(s)=1/s$， $G_2(s)=10/(s+10)$，计算图 7-15 和图 7-16 的脉冲传递函数。

解：由图 7-15 可得

$$G(z)=G_1(z)G_2(z)=\frac{z}{z-1}\cdot\frac{10z}{z-\mathrm{e}^{-10T_s}}$$

$$=\frac{10z^2}{(z-1)(z-\mathrm{e}^{-10T_s})}$$

由图 7-16 可得

$$G(s)=G_1(s)G_2(s)=\frac{10}{s(s+10)}=\frac{1}{s}-\frac{1}{s+10}$$

则脉冲传递函数 $G(z)$ 为

$$
\begin{aligned}
G(z) &= Z\left\{L^{-1}[G(s)]\right\} \\
&= Z\left\{L^{-1}\left[\frac{1}{s}-\frac{1}{s+10}\right]\right\} \\
&= \frac{z}{z-1}-\frac{z}{z-\mathrm{e}^{-10T_s}}=\frac{z(1-\mathrm{e}^{-10T_s})}{(z-1)(z-\mathrm{e}^{-10T_s})}
\end{aligned}
$$

以上分析可知，虽然串联环节的传递函数一样，但它们的脉冲传递函数却因环节间有无采样开关而不同，即

$$G_1(z)G_2(z) \neq G_1G_2(z)$$

各串联环节传递函数 z 变换的乘积不等于各串联环节传递函数乘积的 z 变换。

(3)　带有零阶保持器的情况。

具有零阶保持器的开环系统如图 7-17 所示。

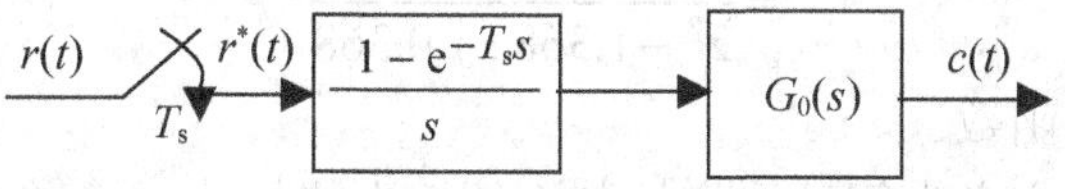

$r(t)$　T_s　$r^*(t)$　$\frac{1-\mathrm{e}^{-T_s s}}{s}$　$G_0(s)$　$c(t)$

图 7-17　具有零阶保持器的开环系统

由于两串联环节间无采样开关，可先求两环节的传递函数之积。为了便于分析，可令 $G_1(s)=1-\mathrm{e}^{-T_s s}$，则有 $G_2(s)=\frac{G_0(s)}{s}$。

两环节的传递函数乘积可表示为

$$G_1(s)G_2(s)=(1-\mathrm{e}^{-T_s s})G_2(s)=G_2(s)-\mathrm{e}^{-T_s s}G_2(s)$$

则系统脉冲传递函数为

$$
\begin{aligned}
G(z) &= Z\left\{L^{-1}\left[G_1(s)G_2(s)\right]\right\} \\
&= Z\{L^{-1}[G_2(s)-\mathrm{e}^{-T_s s}G_2(s)]\} \\
&= Z\{L^{-1}[G_2(s)]\}-Z\{L^{-1}[\mathrm{e}^{-T_s s}G_2(s)]\}
\end{aligned}
$$

令 $g_2(t)=L^{-1}[G_2(s)]$，根据拉普拉斯变换的位移定理，有 $L^{-1}[\mathrm{e}^{-T_s s}G_2(s)]=g_2(t-T_s)$，所以 $Z\{L^{-1}[\mathrm{e}^{-T_s s}G_2(s)]\}=Z[g_2(t-T_s)]$

根据 z 变换的滞后定理，则有 $Z[g_2(t-T_s)]=z^{-1}G_2(z)$

于是

$$G(z)=G_2(z)-z^{-1}G_2(z)=\frac{z-1}{z}G_2(z) \tag{7-41}$$

式中，$G_2(z)=Z\left\{L^{-1}\left[\frac{G_0(s)}{s}\right]\right\}$

【例 7-11】开环系统的结构如图 7-18 所示，求系统的脉冲传递函数，设 T_s=1s。

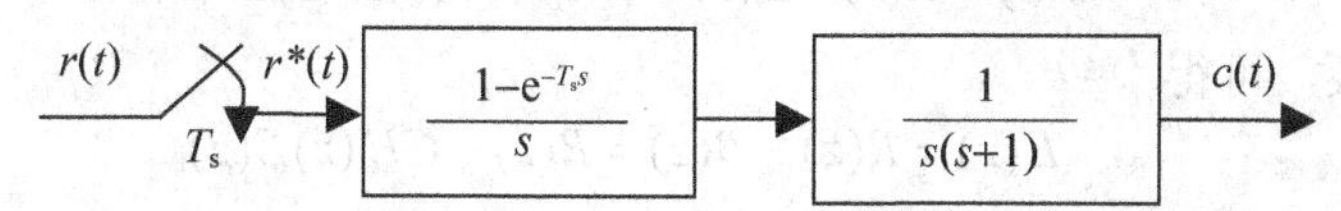

图 7-18　开环系统的结构图

解：根据上述分析可得

$$G_2(s)=\frac{1}{s^2(s+1)}$$

将 $G_2(s)$展为部分分式和，则有

$$G_2(s)=\frac{1}{s^2}-\frac{1}{s}+\frac{1}{(s+1)}$$

查 z 变换表可得

$$G_2(z)=\frac{T_s z}{(z-1)^2}-\frac{z}{z-1}+\frac{z}{z-e^{-T_s}}$$

将 $G_2(z)$代入式(7-41)，且 T_s=1s，e^{-1}=0.368，则脉冲传递函数为

$$G(z)=\frac{z-1}{z}\cdot\left[\frac{z}{(z-1)^2}-\frac{z}{z-1}+\frac{z}{z-e^{-1}}\right]$$
$$=\frac{0.368z+0.264}{z^2-1.368z+0.368}$$

2) 闭环脉冲传递函数

闭环脉冲传递函数定义为闭环采样控制系统输出信号的 z 变换与输入信号的 z 变换之比，即

$$\Phi(z)=\frac{C(z)}{R(z)} \tag{7-42}$$

在连续系统中，闭环传递函数和开环传递函数之间有着确定的关系，而在采样系统中，闭环脉冲传递函数还与采样开关的位置有关。采样开关设置的位置不同，闭环脉冲传递函数就有不同的形式。因此，只能根据系统的实际结构来具体地求取。这里仅分析一种常见的闭环采样控制系统，其结构图如图 7-19 所示。

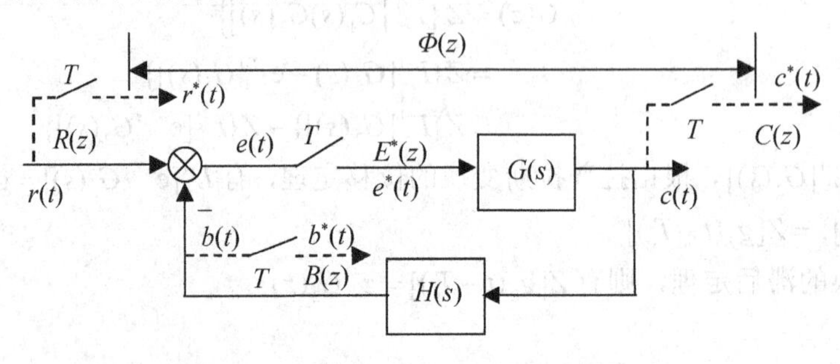

图 7-19 典型的闭环采样控制系统结构图

图 7-19 中，为方便分析系统，在系统输入和输出端各设置了一个假想采样开关，如图 7-19 中虚线所示，均以周期 T 同步工作。

由图可得

$$E(s)=R(s)-B(s)=R(s)-G(s)H(s)E^*(s)$$

两边取 z 变换，可得

$$E(z)=R(z)-B(z)=R(z)-GH(z)E(z)$$

则

$$E(z)=\frac{R(z)}{1+GH(z)} \tag{7-43}$$

系统输出为

$$C(s)=G(s)E^{*}(s)$$

两边取 z 变换可得

$$C(z)=G(z)E(z) \tag{7-44}$$

将式(7-43)代入式(7-44)可得

$$C(z)=\frac{G(z)R(z)}{1+GH(z)}$$

则闭环系统的脉冲传递函数为

$$\varPhi(z)=\frac{C(z)}{R(z)}=\frac{G(z)}{1+GH(z)} \tag{7-45}$$

对于图 7-19 所示的闭环采样控制系统，还可求得误差脉冲传递函数，即

$$\varPhi_{e}(z)=\frac{E(z)}{R(z)}=\frac{1}{1+GH(z)} \tag{7-46}$$

7.3　采样控制系统的性能分析

线性采样控制系统的性能分析主要包括系统稳定性分析、系统动态响应分析和系统稳态误差分析。

7.3.1　采样控制系统的稳定性分析

1．s 平面和 z 平面的映射关系

由 z 变换的定义可知

$$z=\mathrm{e}^{Ts} \tag{7-47}$$

式(7-47)给出了 s 平面到 z 平面之间的映射关系。因为 $s=\sigma+\mathrm{j}\omega$，则映射到 z 平面为

$$z=\mathrm{e}^{\sigma T}\cdot\mathrm{e}^{\mathrm{j}\omega T}=|z|\mathrm{e}^{\mathrm{j}\theta} \tag{7-48}$$

式中，$|z|=\mathrm{e}^{\sigma T}$，$\theta=\omega T$

显然，当 $\sigma=0$ 时，则 $|z|=1$，即 s 平面的虚轴映射为 z 平面的单位圆；当 $\sigma<0$ 时，则 $|z|<1$，即 s 平面的左半部映射为 z 平面单位圆的内部；当 $\sigma>0$ 时，则 $|z|>1$，s 平面的右半部映射为 z 平面单位圆的外部。这种映射关系如图 7-20 所示。

2．采样控制系统的稳定条件及其稳定判据

设采样控制系统的闭环脉冲传递函数为

$$\varPhi(z)=\frac{C(z)}{R(z)}=\frac{M(z)}{D(z)}$$

式中，$M(z)$为 $\varPhi(z)$的 m 阶分子多项式，$D(z)$为 $\varPhi(z)$的 n 阶分母多项式，$n\geqslant m$。

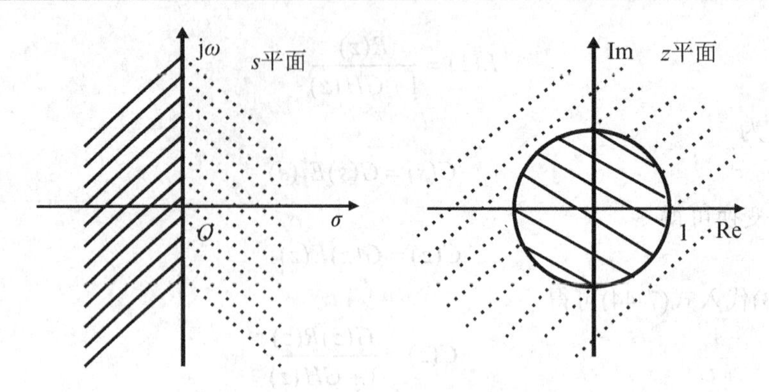

图 7-20　s 平面和 z 平面的映射关系

闭环脉冲传递函数的分母多项式等于零，即 $D(z)=0$ 称为闭环系统的特征方程。由 $\Phi(z)$ 可将系统输出表示为

$$C(z)=\Phi(z)R(z)=\frac{M(z)}{D(z)}\cdot R(z)$$

为了分析简化，假设 $C(z)$ 无重极点。在单位阶跃信号输入下，即 $R(z)=\frac{z}{z-1}$，则系统输出响应可表示为

$$C(z)=\frac{M(z)}{D(z)}\cdot\frac{z}{z-1}=\frac{M(1)}{D(1)}\cdot\frac{z}{z-1}+\sum_{i=1}^{n}\frac{A_i z}{z-p_i} \tag{7-49}$$

式中，p_i 为闭环脉冲传递函数的极点，即闭环特征方程的根，n 为极点个数。

求式(7-49)的逆 z 变换可得

$$\begin{aligned}c^*(t)&=\frac{M(1)}{D(1)}+\sum_{k=0}^{\infty}A_1p_1^k\delta(t-kT)+\sum_{k=0}^{\infty}A_2p_2^k\delta(t-kT)+\cdots+\sum_{k=0}^{\infty}A_np_n^k\delta(t-kT)\\&=\frac{M(1)}{D(1)}+\sum_{k=0}^{\infty}[\sum_{i=1}^{n}A_ip_i^k]\delta(t-kT)\end{aligned} \tag{7-50}$$

式(7-50)等号右边第一项为输出响应的稳态分量，为一常数；第二项为输出响应的暂态分量。若系统是稳定的，则当 $t\to\infty$ (相当于 $k\to\infty$)时，其暂态分量应趋于 0，即

$$\lim_{k\to\infty}\sum_{i=1}^{n}A_ip_i^k=0$$

因此，z 平面上系统稳定的条件是：采样系统的所有特征根(闭环脉冲传递函数的极点)均位于 z 平面上以原点为圆心的单位圆内，即

$$|p_i|<1 \tag{7-51}$$

若系统有位于单位圆外的极点，则闭环系统是不稳定的。根据 s 平面和 z 平面的映射关系，可以得到 s 平面和 z 平面有如下对应关系：

在 s 平面内				在 z 平面内
$\sigma<0$	⟶	系统稳定	⟵	$\|z\|<1$
$\sigma=0$	⟶	临界稳定	⟵	$\|z\|=1$
$\sigma>0$	⟶	系统不稳定	⟵	$\|z\|>1$

对于简单的一、二阶系统可以直接利用求解系统特征方程的根，并判断其模值是否小于 1 来确定系统的稳定性，但对于高阶系统求解系统特征方程的根并不容易。此时可利用 z 平面的劳斯判据确定系统的稳定性。

劳斯判据是判断线性连续系统是否稳定的一种简捷的方法。在采样控制系统中，由于稳定的边界是单位圆而不是虚轴，因此不能直接应用劳斯判据。为此引入如下双线性变换。

$$z=\frac{w+1}{w-1} \text{或} w=\frac{z+1}{z-1} \tag{7-52}$$

式中，z，w 均为复变量，此变换称为 w 变换。

设 $z=x+\mathrm{j}y$，$w=u+\mathrm{j}v$，将其代入式(7-52)，则有

$$w=u+\mathrm{j}v=\frac{x+\mathrm{j}y+1}{x+\mathrm{j}y-1}=\frac{x^2+y^2-1}{(x-1)^2+y^2}-\mathrm{j}\frac{2y}{(x-1)^2+y^2}$$

w 平面的实部为

$$u=\frac{x^2+y^2-1}{(x-1)^2+y^2}$$

w 平面的虚轴对应 u=0，则有

$$x^2+y^2=1 \tag{7-53}$$

显然，式(7-53)为 z 平面中的单位圆方程。分析可得 w 平面和 z 平面的对应关系为：w 平面的虚轴(u=0), 对应于 z 平面的单位圆的圆周($|z|=x^2+y^2=1$)；w 平面的左半平面($u<0$)，对应于 z 平面的单位圆内($|z|=x^2+y^2<1$)；w 平面的右半平面($u>0$)，对应于 z 平面的单位圆外部($|z|=x^2+y^2>1$)。这样，只要将 z 平面上的特征方程式经过 w 变换，就可在 w 平面上应用劳斯判据判别系统的稳定性。

【例 7-12】 设采样控制系统的结构图如图 7-21 所示，采样周期 T=0.1s，试求使系统稳定的 K 的取值范围。

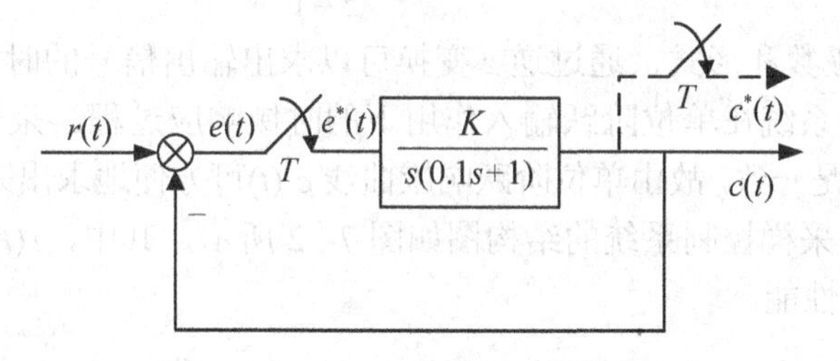

图 7-21　采样控制系统的结构图

解：系统开环脉冲传递函数为

$$G(z)=Z\left[\frac{K}{s(0.1s+1)}\right]=Z\left[\frac{K}{s}\right]-Z\left[\frac{K}{s+10}\right]=\frac{Kz}{z-1}-\frac{Kz}{z-\mathrm{e}^{-10T}}=\frac{Kz(1-\mathrm{e}^{-10T})}{(z-1)(z-\mathrm{e}^{-10T})}$$

系统的闭环脉冲传递函数为

$$\varPhi(z)=\frac{C(z)}{R(z)}=\frac{G(z)}{1+G(z)}$$

则系统特征方程为 1+ $G(z)$=0，将 $G(z)$代入，则有

$$z^2+z(K-K\mathrm{e}^{-10T}-\mathrm{e}^{-10T}-1)+\mathrm{e}^{-10T}=0$$

将 T=0.1s，e^{-1}=0.368 代入上式，可得

$$z^2 + z(0.632K - 1.368) + 0.368 = 0$$

将 $z = (w+1)/(w-1)$ 代入上式，可得

$$0.632Kw^2 + 1.264w + (2.736 - 0.632K) = 0$$

可建立劳斯表为

w^2	$0.632K$	$2.736-0.632K$
w^1	1.264	
w^0	$2.736-0.632K$	

根据劳斯判据，为使系统稳定，令劳斯表第一列各元素均大于 0，可得

$$K>0 \quad , \quad 2.736-0.632K>0$$

故

$$0<K<4.32$$

若系统无采样开关，则系统为二阶线性连续系统，此时只要 $K>0$，系统总是稳定的。但加入了采样开关后，则变成了二阶采样系统，K 的取值受到限制，当 $K>4.32$ 时系统就不稳定了，这说明引入采样开关会使系统的稳定性变差。因此，提高采样控制系统的采样频率，可使采样系统更接近连续系统，从而改善系统的稳定性。

7.3.2 采样控制系统的动态性能分析

1. 采样控制系统的时域响应

应用 z 变换法分析采样控制系统动态性能时，通常假定系统输入为单位阶跃信号，即 $R(z)=z/(z-1)$，则由式(7-45)可得系统输出信号为

$$C(z) = \Phi(z) \cdot R(z) = \frac{z}{z-1}\Phi(z) \tag{7-54}$$

将式(7-54)展成级数和形式，通过逆 z 变换可以求出输出信号的时域脉冲信号 $c^*(t)$，它表示了线性采样控制系统在单位阶跃输入作用下的时域响应过程。采样系统的时域性能指标的定义和连续系统是一致，故由单位阶跃响应曲线 $c^*(t)$可方便地求出采样系统的动态性能。

【例 7-13】已知采样控制系统的结构图如图 7-22 所示，其中，$r(t)=1(t)$，T=1s，K=1，试分析该系统的动态性能。

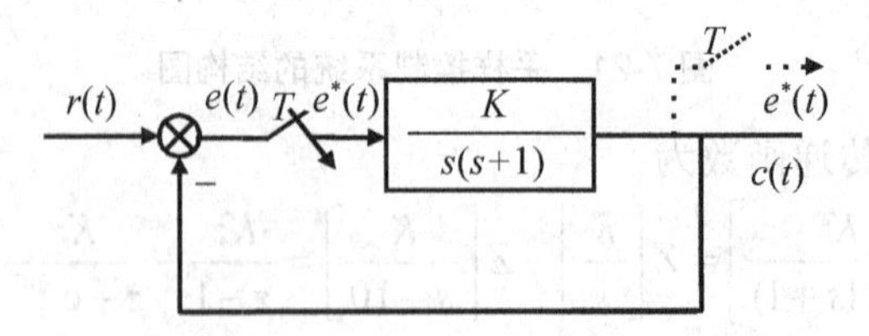

图 7-22 例 7-13 采样控制系统的结构图

解：已知

$$G(s) = \frac{1}{s(s+1)} = \frac{1}{s} - \frac{1}{s+1}$$

系统的开环脉冲传递函数为 $G(z)=Z\left[\frac{1}{s}-\frac{1}{s+1}\right]=\frac{z(1-e^{-T})}{(z-1)(z-e^{-T})}$

系统的闭环脉冲传递函数为 $\Phi(z)=\frac{C(z)}{R(z)}=\frac{G(z)}{1+G(z)}$

代入 $G(z)$后化简，则有 $\Phi(z)=\frac{0.632z}{z^2-0.736z+0.368}$

由式(7-54)可得

$$C(z)=\frac{0.632z}{z^2-0.736z+0.368}\cdot\frac{z}{z-1}$$

利用长除法将 $C(z)$展开成无穷级数的形式，则有

$$C(z)=0.632z^{-1}+1.097z^{-2}+1.207z^{-3}+1.12z^{-4}+1.014z^{-5}+0.96z^{-6}+\cdots$$

系统输出的时域脉冲信号为

$$c^*(t)=0.632\delta(t-T)+1.097\delta(t-2T)+1.207\delta(t-3T)+1.12\delta(t-4T)$$
$$+1.014\delta(t-5T)+0.96\delta(t-6T)+\cdots$$

系统输出响应波形如图 7-23 所示。

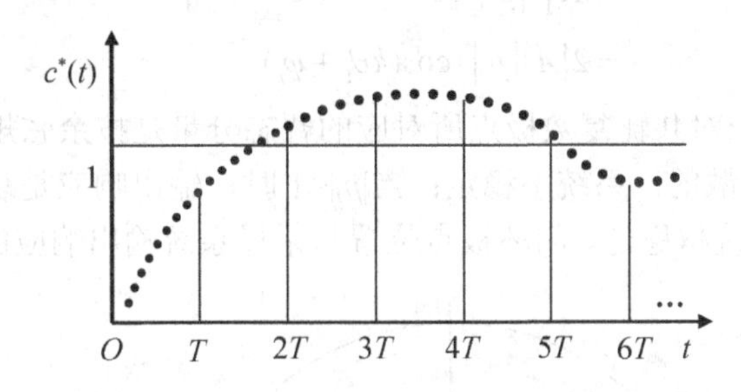

图 7-23 采样系统的输出响应曲线

由图 7-23 可以求得采样系统的近似性能指标为：上升时间 t_r=2s，峰值时间 t_p=3s，超调量δ%=20%，调节时间 t_s=6s。

2. 闭环极点分布与动态响应的关系

与线性连续系统类似，采样系统的动态响应也取决于系统闭环脉冲传递函数的极点在 z 平面上分布。下面主要讨论系统在单位阶跃信号作用下，系统输出响应与闭环极点的关系。根据前述有关采样系统稳定性分析可知，系统输出响应可表示为稳态分量(常数)和暂态分量两部分，即有

$$c(kT)=A_0+\sum_{i=1}^{n}A_i p_i^k \quad (k=0,1,2,\cdots) \tag{7-55}$$

显然，系统单位阶跃响应的暂态分量决定了系统输出响应的性质，根据闭环极点 p_i在 z 平面上单位圆的位置不同，可得到系统不同类型的输出响应。

(1) 当$0<p_i<1$时，闭环极点 p_i位于 z 平面的单位圆内的正实轴上，p_i^k总为正且随 k 的增大而减小。系统输出响应是按指数规律衰减的脉冲序列，p_i越靠近原点，收敛速度越快，系统越稳定。

(2) 当$-1<p_i<0$时，闭环极点 p_i位于 z 平面的单位圆内的负实轴上，p_i^k正负交替，

系统输出响应呈现正负交替的衰减振荡形式，系统稳定。

(3) 当$p_i>1$或$p_i<-1$时，闭环极点p_i位于z平面的单位圆外的实轴上。此时系统不稳定，输出响应呈现发散状态。其中，$p_i>1$时，系统响应为单调发散；$p_i<-1$时，系统响应为正负交替发散。

(4) 当$p_i=1$或$p_i=-1$时，闭环极点p_i位于z平面的单位圆上，这时系统输出响应为等值不衰减的过程，系统处于临界稳定。

(5) p_i为共轭复数极点的情况。

闭环脉冲传递函数的共轭复数极点是成对出现的，即p_i和$\overline{p}_i$为一对共轭复数极点，其对应的系数A_i与$\overline{A}_i$也必为共轭复数。

设$p_i,\overline{p}_i=|p_i|\mathrm{e}^{\pm\mathrm{j}\theta_i}$；$A_i,\overline{A}_i=|A_i|\mathrm{e}^{\pm\mathrm{j}\varphi_i}$，则该对共轭复数极点对应的暂态分量为

$$\begin{aligned}Z^{-1}\left[\frac{A_i z}{z-p_i}+\frac{\overline{A}_i z}{z-\overline{p}_i}\right]&=A_i p_i^k+\overline{A}_i\overline{p}_i^k\\&=|A_i|\mathrm{e}^{\mathrm{j}\varphi_i}\cdot|p_i|^k\mathrm{e}^{\mathrm{j}k\theta_i}+|A_i|\mathrm{e}^{-\mathrm{j}\varphi_i}\cdot|p_i|^k\mathrm{e}^{-\mathrm{j}k\theta_i}\\&=|A_i|\cdot|p_i|^k[\mathrm{e}^{\mathrm{j}(k\theta_i+\varphi_i)}+\mathrm{e}^{-\mathrm{j}(k\theta_i+\varphi_i)}]\\&=2|A_i||p_i|^k\cos(k\theta_i+\varphi_i)\end{aligned}\tag{7-56}$$

由式(7-56)可知，一对共轭复数极点所对应的暂态分量是按余弦规律振荡的，且当$|p_i|>1$时，输出响应是振荡发散的，系统不稳定；当$|p_i|<1$时，输出响应是衰减振荡，且极点越靠近原点，收敛越快，系统越稳定。闭环极点位置与采样系统输出响应的关系如图7-24所示。

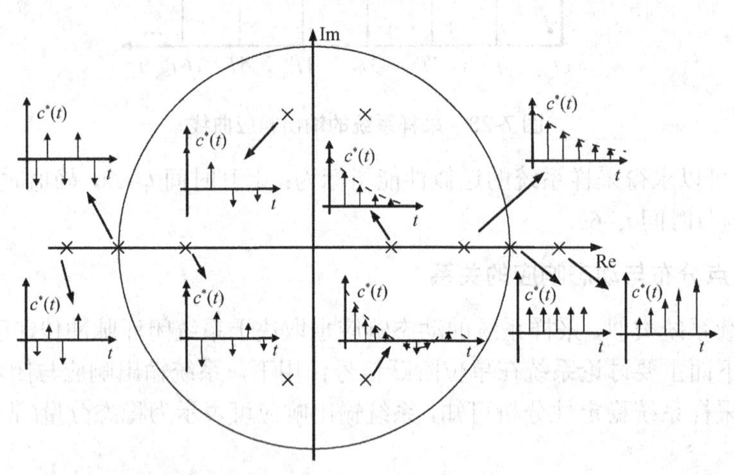

图7-24　闭环极点的位置与系统输出响应

7.3.3　采样控制系统的稳态误差

采样控制系统的稳态误差是分析和设计采样控制系统的一个重要性能指标。连续系统的稳态误差与输入信号的形式、系统的型别及开环增益有关，对于采样控制系统同样适用。因此，在分析系统稳态误差时，将从系统的类型和典型输入两个方面进行分析。

单位反馈采样系统的结构如图7-25所示，其中，$G(s)$为连续环节的传递函数。

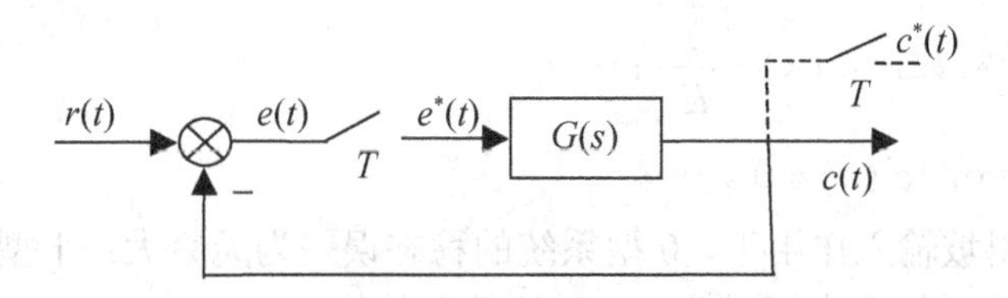

图 7-25　单位反馈采样系统的结构图

系统在输入作用下的误差脉冲函数为

$$\Phi_e(z)=\frac{E(z)}{R(z)}=\frac{1}{1+G(z)}$$

故

$$E(z)=\frac{1}{1+G(z)}\cdot R(z) \tag{7-57}$$

设闭环系统的所有极点都在 z 平面的单位圆内，即系统是稳定的。由 z 变换的终值定理可得系统稳态误差为

$$e^*(\infty)=\lim_{k\to\infty}e(kT)=\lim_{z\to1}(z-1)E(z)=\lim_{z\to1}(z-1)\cdot\frac{1}{1+G(z)}\cdot R(z) \tag{7-58}$$

可见，采样控制系统的稳态误差既与系统开环脉冲传递函数 $G(z)$有关，又与输入信号 $R(z)$及采样周期 T 有关。与连续系统对应，将开环脉冲传递函数 $G(z)$分母含有$(z-1)^v$ 因子的系统称为 v 型系统。v=0 为 0 型系统，v=1 为 I 型系统，v=2 为II 型系统等。

1．输入为单位阶跃信号的系统稳态误差

设系统输入为单位阶跃信号，即 $R(z)=\dfrac{z}{z-1}$，代入式(7-58)可得

$$e^*(\infty)=\lim_{z\to1}(z-1)\frac{1}{1+G(z)}\cdot\frac{z}{z-1}=\frac{1}{1+\lim\limits_{z\to1}G(z)}=\frac{1}{1+K_p} \tag{7-59}$$

式(7-59)中，$K_p=\lim\limits_{z\to1}G(z)$，称为系统的静态位置误差系数。

当 v=0 时，K_p=常数，$e^*(\infty)=1/(1+K_p)$；

当 v=1 时，K_p=∞，$e^*(\infty)=0$；

当 v=2 时，K_p=∞，$e^*(\infty)=0$。

可见，在单位阶跃输入作用下，0 型系统的稳态误差为一常数；I 型以上的系统稳态误差为 0，系统是无差的。

2．输入为单位斜坡信号的系统稳态误差

设系统输入为单位斜坡信号，即 $R(z)=\dfrac{Tz}{(z-1)^2}$，代入式(7-58)可得

$$e^*(\infty)=\lim_{z\to1}(z-1)\frac{1}{1+G(z)}\cdot\frac{Tz}{(z-1)^2}=\frac{T}{\lim\limits_{z\to1}(z-1)G(z)}=\frac{T}{K_v} \tag{7-60}$$

式(7-60)中，$K_v=\lim\limits_{z\to1}(z-1)G(z)$，称为系统静态速度误差系数。

当 v=0 时，K_v=0，$e^*(\infty)=\infty$；

当 v=1 时，K_v=常数，$e^*(\infty)=\dfrac{T}{K_v}$；

当 v=2 时，K_v=∞，$e^*(\infty)=0$。

可见，在单位斜坡输入作用下，0 型系统的稳态误差为无穷大；I 型的系统稳态误差为一常数，II 型以上的系统稳态误差为 0，系统是无差的。

3. 输入为单位抛物线信号的稳态误差

设系统输入为单位抛物线信号，即 $R(z)=\dfrac{T^2z(z+1)}{2(z-1)^3}$，代入式(7-58)可得

$$e^*(\infty)=\lim_{z\to1}(z-1)\frac{1}{1+G(z)}\cdot\frac{T^2z(z+1)}{2(z-1)^3}=\frac{T^2}{\lim\limits_{z\to1}(z-1)^2G(z)}=\frac{T^2}{K_a} \tag{7-61}$$

式(7-6)中，$K_a=\lim\limits_{z\to1}(z-1)^2G(z)$，称为系统静态加速度误差系数。

当 v=0 时，K_a=0，$e^*(\infty)=\infty$；

当 v=1 时，K_a=0，$e^*(\infty)=\infty$；

当 v=2 时，K_a=常数，$e^*(\infty)=\dfrac{T^2}{K_a}$。

可见，在单位抛物线输入作用下，0 型、I 型系统的稳态误差为无穷大；II 型的系统稳态误差为一常数；II 型以上的系统稳态误差为 0。

以上分析可知，采样控制系统在不同典型输入作用下，系统的稳态误差如表 7-2 所示。

表 7-2　典型输入作用下的采样控制系统稳态误差

系统类型	$r(t)=1(t)$	$r(t)=t$	$r(t)=1/2t^2$
0	$1/(1+K_p)$	∞	∞
I	0	T/K_v	∞
II	0	0	T^2/K_a

7.4 应用实例

现代数控机床的工作台运动控制系统是一个极其重要的定位控制系统，工作台在每个轴上由电动机和导引螺杆驱动，其中水平轴上的运动控制系统结构框图如图 7-26 所示。由图 7-26 可知，工作台运动控制系统实际上为一采样控制系统。

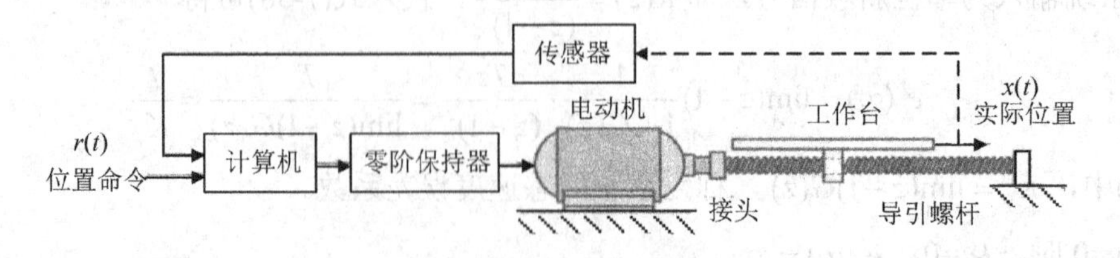

图 7-26　工作台运动控制系统组成

工作台运动控制系统的动态结构图如图 7-27 所示。

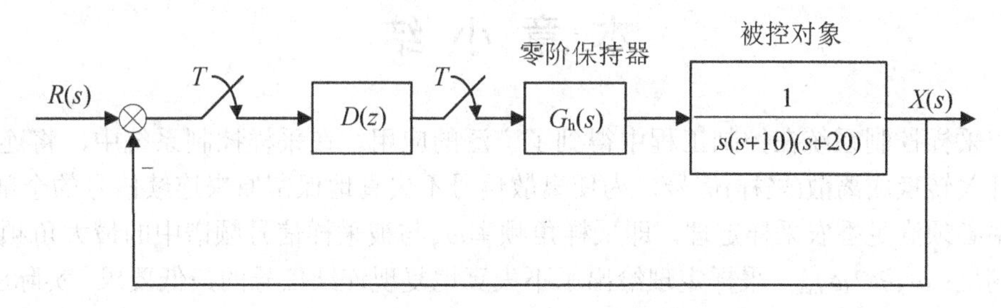

图 7-27　工作台运动控制系统的动态结构图

在图 7-27 中，将功率放大器和直流电动机作为被控对象，其传递函数为

$$G_{\mathrm{p}}(s)=\frac{1}{s(s+10)(s+20)}$$

数字控制器分别采用比例控制 K 和超前校正控制器 $D(z)=\dfrac{5\,800(z-0.895\,8)}{(z-0.537\,9)}$，采样周期取为 T=0.01s。以比例控制为例，可得系统的闭环脉冲传递函数为

$$\Phi(z)=\frac{1.083\times10^{-4}z^{2}+4.022\times10^{4}z+9.322\times10^{-5}}{z^{3}-2.723z^{2}+2.465z-0.740\,7}$$

由系统闭环特征方程可求出闭环特征根，z 平面上特征根(闭环极点)分布如图 7-28 所示。可见，特征方程的特征根全部在 z 平面单位圆内。因此，工作台运动控制系统是稳定的。采用两种控制器的系统单位阶跃响应的曲线如图 7-29 所示，系统时域性能指标如表 7-3 所示。

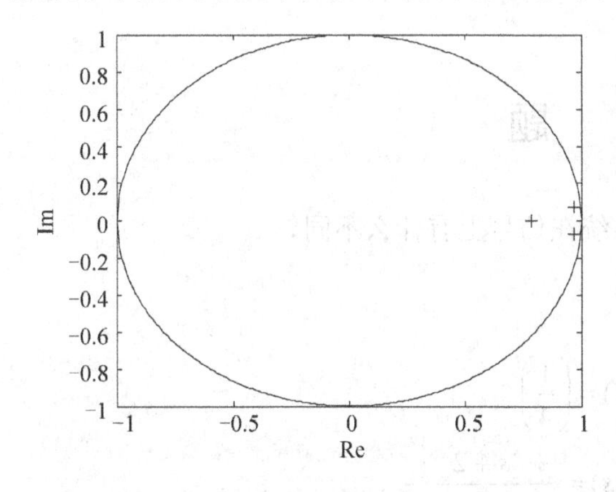

图 7-28　系统特征根在 z 平面的分布

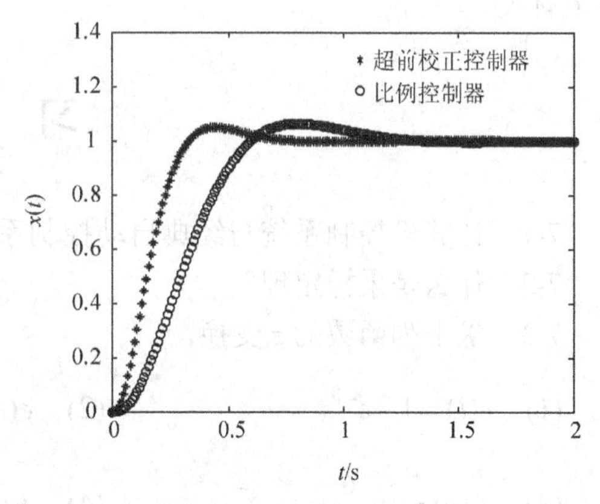

图 7-29　采用两种控制器的系统单位阶跃响应

表 7-3　采用不同控制器的响应性能

校正网络 $G_c(s)$	增益 K	超调量%	调节时间/s	上升时间/s
K	700	6.24%	1.13	0.37
$K(z-0.895\,8)/(z-0.537\,9)$	5800	4.94%	0.62	0.20

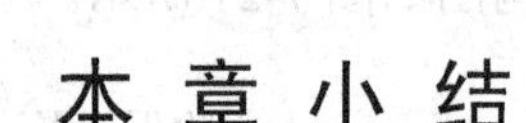

本 章 小 结

(1) 采样控制系统在控制工程中得到了广泛的应用。在采样控制系统中，将连续信号经采样开关转换成离散(采样)信号，为使离散信号不失真地保留原来连续信号的全部信息，采样频率必须满足香农采样定理，即采样角频率ω_s与被采样信号频谱中的最大角频率ω_{max}之间应满足：$\omega_s \geqslant 2\omega_{max}$。采样定理给出了不失真地复现连续信号的最低要求。实际应用中，ω_s一般远大于ω_{max}。

为了进行有效地控制，在采样控制系统中，常需要将离散信号复现为连续信号，实际中常用零阶保持器实现这一过程。

(2) z变换是研究采样控制系统的数学工具。差分方程和脉冲传递函数是采样控制系统的数学模型。基于z变换建立的脉冲传递函数，避免了求解高阶差分方程的麻烦，可用来方便地对采样系统进行分析。在采样系统中，有无采样开关、采样开关的不同位置及是否带有保持器等，都会得到不同的脉冲传递函数及不同的闭环输出表达式。

(3) 对采样控制系统的性能要求仍然是稳(稳定性)、准(稳态误差)、快(动态品质)。采样系统的动态响应性能和系统稳定性都与系统闭环极点在z平面上分布位置有关。采样系统稳定的充要条件是：系统闭环极点位于z平面上以原点为圆心的单位圆内，即$|p_i|<1$。通过w变换，将z变量变换为w变量后，可直接应用劳斯判据判定采样系统的稳定性。

采样系统的稳态误差不仅与系统的结构和参数有关，而且与输入信号的形式及采样周期T有关。

习 题

7-1 计算机控制系统与经典自动控制系统在信号上有什么不同？

7-2 什么是采样定理？

7-3 求下列函数的z变换。

(1) $e(t)=1-e^{-at}$ (2) $e(t)=\left(\dfrac{1}{4}\right)^t$

(3) $E(s)=\dfrac{6}{s(s+2)}$ (4) $E(s)=\dfrac{s+2}{(s+1)(s+3)}$

7-4 求下列函数的初值和终值。

(1) $E(z)=\dfrac{10z^{-1}}{(1-z^{-1})^2}$ (2) $E(z)=\dfrac{1+4z^{-1}+3z^{-2}}{1+2z^{-1}+6z^{-2}+2.5z^{-3}}$

(3) $E(z)=\dfrac{z+5}{z^2+4z+3}$ (4) $E(z)=\dfrac{z^2(z^2+z+1)}{(z^2-0.8z+1)(z^2+z+0.8)}$

7-5 求下列函数的逆z变换。

(1) $E(z)=\dfrac{z}{z-0.5}$　　(2) $E(z)=\dfrac{z^2}{(z-0.8)(z-0.1)}$

(3) $E(z)=\dfrac{0.5z^2}{(z-1)(z-0.5)}$　　(4) $E(z)=\dfrac{z}{(z-1)(z-2)}$

7-6 求下列系统的脉冲传递函数。

(1) $c(k)-2c(k-2)+3c(k-4)=r(k)+r(k-1)$

(2) $G(s)=\dfrac{2}{s(0.1s+1)}$

7-7 设开环离散系统如图7-30所示，试求系统开环脉冲传递函数。

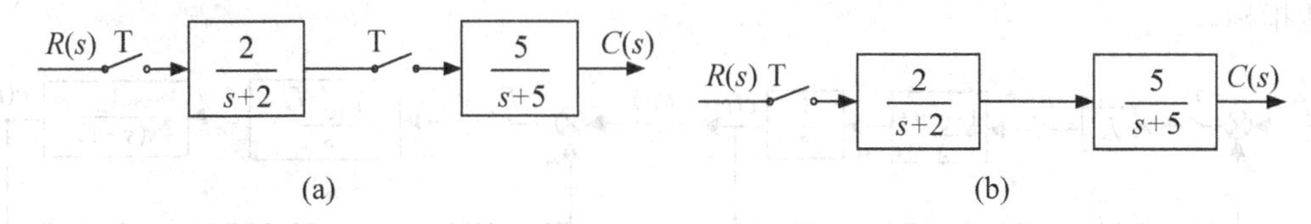

图7-30 习题7-7

7-8 系统的结构如图7-31所示，求系统的脉冲传递函数。

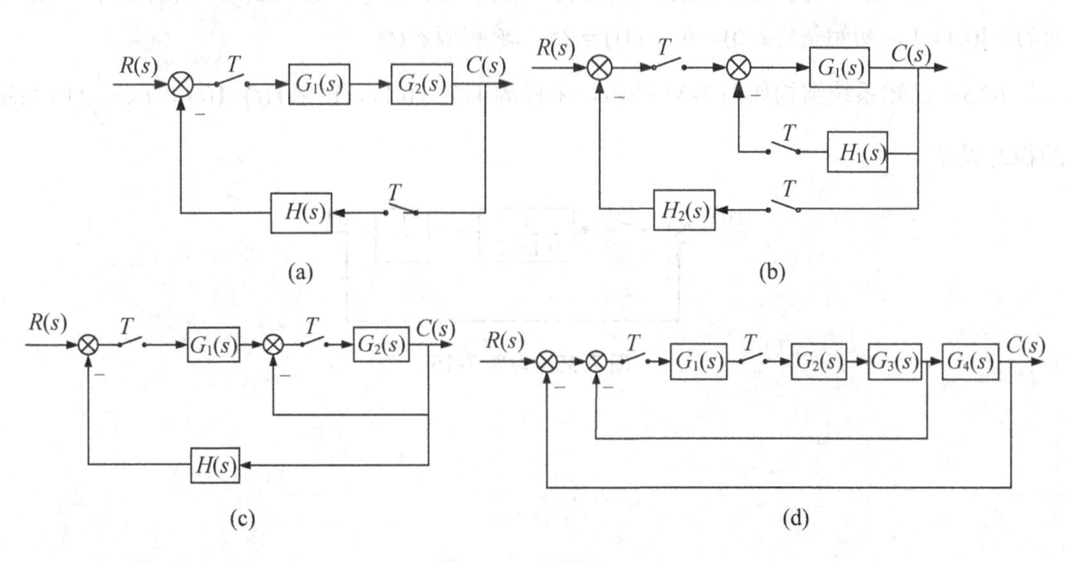

图7-31 习题7-8

7-9 已知离散系统的闭环特征方程如下，试判断系统的稳定性。

(1) $z^2-0.632z+0.896=0$

(2) $z^3-1.03z^2+0.43z+0.005\,4=0$

(3) $(z+1)(z+0.5)(z+2)=0$

(4) $z^4-1.368z^3+0.4z^2+0.08z+0.002=0$

7-10 已知单位反馈系统的开环脉冲传递函数为$G(z)=\dfrac{0.368z+0.264}{z^2-1.368z+0.368}$，试判断系统稳态性。

7-11　已知系统结构如图 7-32 所示，试求系统的临界稳定放大倍数 K。

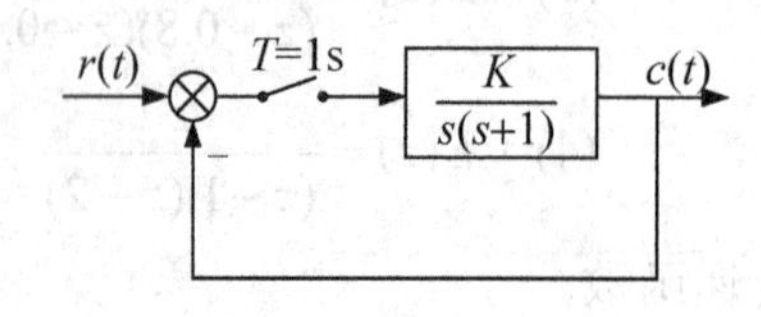

图 7-32　习题 7-11

7-12　已知一采样控制系统如图 7-33 所示，试分析要使系统稳定 K 的取值范围。

7-13　系统结构如图 7-34 所示，当 $T=1\text{s}$，$r(t)=1(t)$，$R(z)=\dfrac{z}{z-1}$ 时，试分析系统的性能指标。

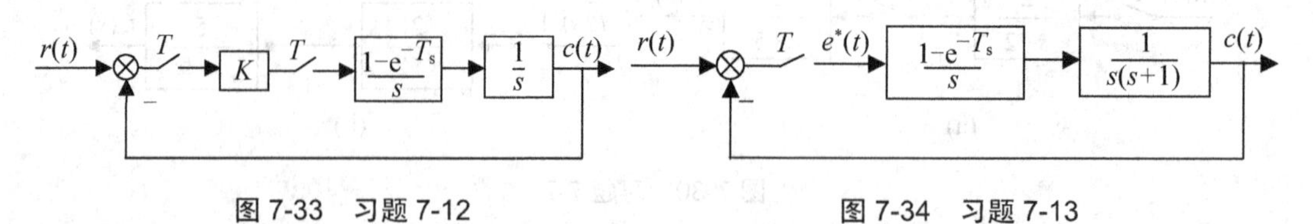

图 7-33　习题 7-12　　　图 7-34　习题 7-13

7-14　已知二阶离散系统前向差分方程 $c(k+2)-5c(k+1)+6c(k)=r(k)$，输入信号 $r(k)=1(k)=1$，初始条件 $c(0)=6$，$c(1)=25$，求响应 $c^*(t)$。

7-15　已知系统结构如图 7-35 所示，采样周期 $T=0.1\text{s}$，试求 $r(t)=1(t)$、t、$\dfrac{1}{2}t$ 时系统的稳态误差。

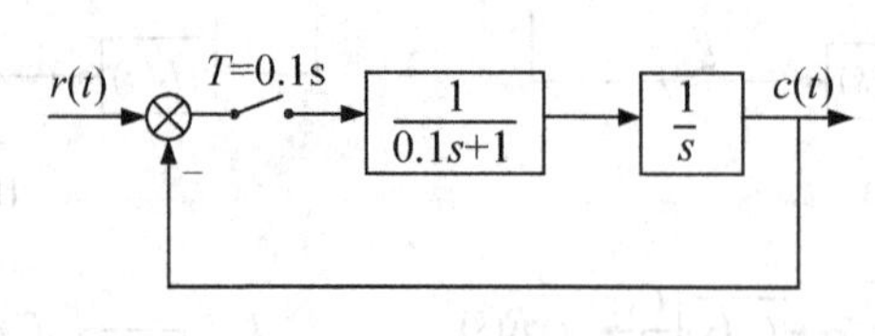

图 7-35　习题 7-15

第8章

控制系统的MATLAB仿真应用

了解MATLAB软件的主要功能及基本使用方法；掌握如何利用MATLAB软件对自动控制系统进行仿真分析与设计；熟悉Simulink软件的使用及控制系统仿真方法。

8.1 MATLAB 仿真基础

8.1.1 MATLAB 系统概述

MATLAB 是 Matrix Laboratory(矩阵实验室)的英文缩写，是由美国 MathWorks 公司开发的一套高性能的科学及工程计算软件。MLTLAB 内核采用 C 语言编写，将矩阵运算、数值分析、图形处理、编程技术结合在一起，为用户提供了一个强大的分析、计算和程序设计的工具。MATLAB 在 1980 年一问世就引起了控制界学者的瞩目，其简洁和高效的运行特点对后来的控制理论以及计算机辅助设计产生了巨大的推动作用。在国际学术界，MATLAB 已经被确认为准确、可靠的科学计算标准软件。随着新版本的不断推出，MATLAB 无论在界面上还是在内容上都得到不断完善，并拥有了很多应用在控制领域的工具箱，已经成为当今国际控制领域应用较广、较受人们喜爱的一款仿真软件。

1. MATLAB 的主要特点

MATLAB 的主要特点有以下几个方面。

(1) 语言简洁紧凑，使用方便灵活。MATLAB 程序的书写格式自由，数据的输入、输出语句简洁，很短的代码就可以完成其他语言要使用大量代码才能完成的复杂工作。

(2) 数值算法稳定可靠，库函数丰富。MATLAB 具有强大的数值计算能力，提供了许多调用方便的数学计算函数，使人们可以随意使用而不必考虑数值的稳定性。MATLAB 丰富的库函数，不仅使得 MATLAB 程序短小而实用，而且也大大减少了所需的磁盘空间。

(3) 程序设计的自由度大，可移植性好。MATLAB 的语法限制不严格，可以不用先定义或声明变量就使用它们，既具有结构化的控制语句(if、for、while)，又支持面向对象的程序设计，程序几乎不用修改就可以移植到其他的机型和操作系统中运行，有非常好的移植性。

(4) 图形功能强大。MATLAB 具有强大的绘图和图形处理能力，支持数据的可视化操作，方便地显示程序的运行结果。

(5) 编程效率高。MATLAB 是解释执行语言，不用编译生成可执行文件就可以运行，解释执行时程序的执行速度较慢，且无法脱离 MATLAB 环境运行，这是 MATLAB 的一个缺点。但 MATLAB 的编程效率远远高于一般的高级语言，这得益于 MATLAB 具有几百个核心内部函数和功能强大的各类工具箱，这些工具箱都是由各个领域的高水平专家编写的，用户不必编写该领域的基础程序就可以直接进行更高层次的研究，使人们将更多的精力花费在算法的研究上，而不是浪费在大量程序代码的编写上，极大地提高了编程效率。

(6) 开放的源程序。除了内部函数外，所有的 MATLAB 核心文件和工具箱文件都提供了可读可改的 MATLAB 源文件，用户可通过对源文件的修改生成自己所需要的工具箱。MATLAB 源程序的开放性及系统的可扩充性是 MATLAB 最受用户欢迎的特点。

2. MATLAB 的操作桌面

1)　MATLAB 启动

MATLAB 7.0 版本是 MATLAB 比较完善、稳定性较好的一个版本，建议安装这个版本的软件。安装成功后，可以通过 Windows 操作系统的桌面图标或者开始菜单启动 MATLAB。启动的默认界面如图 8-1 所示，包括 3 个窗口：Command Window(命令窗口)、Workspace(工作空间)和 Command History(命令历史记录)。打开 Desktop 下拉菜单，还可以通过菜单命令调出其他窗口，如 Help(帮助)窗口、Figure(图形)窗口及 Editor/Debugger(编辑/调试)窗口等。

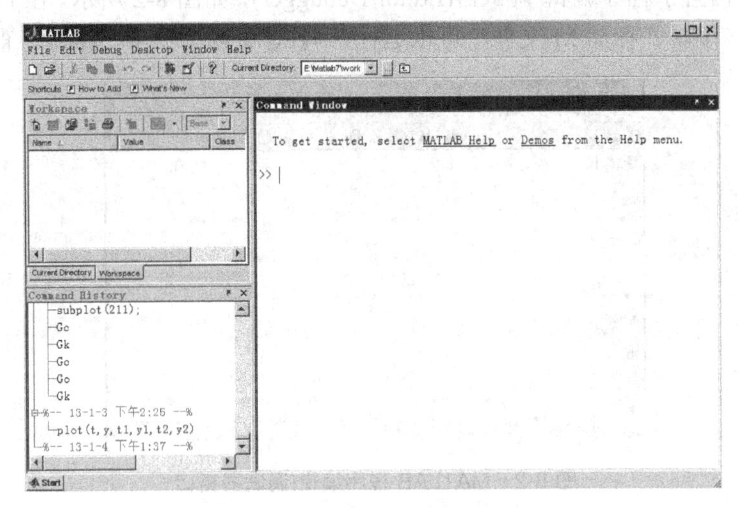

图 8-1　启动的默认界面

2)　命令窗口

在 MATLAB 的命令窗口的系统提示符>>后输入合法命令并按 Enter 键，MATLAB 即会自动执行所输入命令并给出执行结果。命令窗口可以执行任何 MATLAB 命令和函数，是 MATLAB 的主要交互窗口。

3)　工作空间窗口

工作空间窗口(Workspace)是 MATLAB 用于存储各种变量和结果的内存空间，在工作空间中显示了所有变量的名称、大小、字节数及数据类型，可对变量进行观察、编辑、保存及删除。启动 MATLAB 后，会自动建立一个工作空间，工作空间在 MATLAB 运行期间一直存在，关闭 MATLAB 后工作空间自动消失。有关工作空间的变量管理命令如下。

(1)　who/whos：查看工作空间中的变量情况。

(2)　clear：删除工作空间所有变量。

(3)　size/length：求取变量的大小。

(4)　exist：查询在当前的工作空间中是否存在一个变量。

(5)　save/load：将工作空间的变量保存到文件中，或从文件中加载变量。

4)　命令历史窗口

命令历史窗口(Command History)主要用于显示最近命令窗口运行过的命令、函数、表达式日志，并按照命令使用时间聚合。如果要清除这些记录，可以选择 Edit / Clear Command

History 命令。另外，对命令历史窗口中的命令进行操作时，可右击所要操作的命令，在弹出的快捷菜单中选择有关命令。

5) 图形窗口

图形窗口是独立于主界面窗口的窗体。在图形窗口上可以进行绘制曲线、显示文本、填充颜色等操作。可用 figure 命令建立一个新的图形窗口，也可以用绘图语句(如 plot 命令)自动创建图形窗口，并绘制图形。

6) 编辑/调试窗口

MATLAB 内置了程序编辑/调试器(Editor/Debugger)，如图 8-2 所示。在 Editor/Debugger 窗口可以建立、编辑、存储 M 文件，可以运行、调试(断点、单步、跟踪、查看)程序。

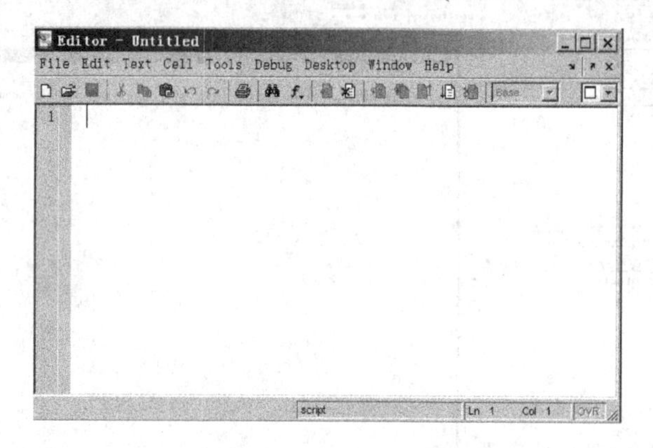

图 8-2 MATLAB 程序编辑/调试器窗口

在命令窗口下，可使用 edit 命令打开程序编辑/调试窗口，也可选择 File/New/M-file 命令打开程序编辑/调试窗口，两者都可新创建一个 M 文件。还可选择 File/open 命令打开已存 M 文件并进行编辑。

7) 帮助窗口

MATLAB 提供了大量的函数和工具箱，而且随着软件版本的升级，这些函数和工具箱都在不断地扩充。对用户来说，记忆每一个函数是不可能的事情。因此，借助 MATLAB 自身的帮助系统是学习 MATLAB 的重要方法。MATLAB 提供了丰富的帮助功能，通过这些功能可以获得有关命令、函数及工具箱的使用方法。

帮助系统的操作有图形化和命令两种方式。通过单击系统主界面上的？按钮或选择 Helpwin/Helpdesk 命令都可打开图形化的帮助窗口。在命令窗口输入帮助命令也是寻求 MATLAB 在线帮助的方便快捷的方法，通常使用的帮助命令有 Help、Help Function Name、Lookfor 等。

8.1.2 MATLAB 的编程基础

1. MATLAB 语言的变量

MATLAB 不需要事先对所使用的变量进行声明，也不需要指定变量类型。MATLAB 语言会自动依据所赋予变量的值或对变量所进行的操作来识别变量的类型。在赋值过程中，如果赋值变量已存在，则 MATLAB 语言将使用新值代替旧值，并以新值类型代替旧值类型。在 MATLAB 语言中，变量的命名应遵循如下规则。

(1) 变量名区分大小写。

(2) 变量名长度不超过 31 位，第 31 个字符之后的字符将被 MATLAB 语言所忽略。

(3) 变量名以字母开头，可以由字母、数字、下划线组成，但不能使用标点。

需要指出，MATLAB 语言和其他的程序设计语言一样都存在变量作用域的问题，在未加特殊说明的情况下，MATLAB 将所识别的全部变量视为局部变量，即仅在其使用的 M 文件内有效。若要将变量定义为全局变量，则应在变量前加 Global 进行说明，一般来说，全局变量均用大写的英文字符表示。

与其他计算机语言不同，MATLAB 不需要设定变量精度，在 MATLAB 中一律使用双精度，但是可以由 Format 命令设定变量或数据的显示格式。MATLAB 提供 10 种变量和数据显示格式，常用的有以下几种格式：

Short——小数点后 5 位(系统默认值)；

Long——小数点后 15 位；

Short　e——5 位指数形式；

Long　e——15 位指数形式。

MATLAB 语言本身也预定义了一些特殊的变量，称为常量。实际编程时，这些常量可以直接使用。表 8-1 列出 MATLAB 语言中经常使用的部分常量。

表 8-1　MATLAB 的部分常量

常　量	表示数值	常　量	表示数值
pi	π	realmax	最大的机器数变量
eps	浮点运算的相对精度	realmax	最小的机器数变量
inf	正无穷大	nargin	M 函数入口参数变量
NaN	表示不定值	nargout	M 函数出口参数变量
i，j	虚数单位变量		

2. MATLAB 语言的基本语句结构

1) 赋值语句

赋值语句的格式为

```
变量名列表=表达式
```

式中，等号左边的变量名列表为 MATLAB 语句的返回值，若一次返回多个结果，则变量名列表用“[ ]”括起来，各变量间用逗号分隔；等号右边为表达式，可以是矩阵运算或函数调用，且由分号(；)、逗号(，)或按 Enter 键结束。如果用分号结束，则左边的变量结果将在屏幕上不显示，否则将显示左侧变量的值。变量赋值语句有 3 种形式。

(1) 常数赋值。

【例 8-1】
```
>> a=3;                    %常数 3 赋值给变量 a
>>A=[1 2 3;4 5 6];         %常数矩阵赋值给变量 A
```

(2) 字符串赋值。

【例 8-2】 `>> f='This is a string';     %字符串赋值给变量 f`

(3) 表达式赋值。

【例 8-3】 `>> f='exp(-2*X)*sin(x/5)'   %符号表达式赋值给变量 f （符号运算）`

2) 调用函数语句

调用函数语句的格式为

```
[返回变量列表]=函数名称(输入变量列表)
```

函数名称可以是任意有效函数，如 MATLAB 内部函数 sin()，atan()，inv()等；MATLAB 外部函数 step()，ginput()等；用户自定义函数如 mysystem()等。输入变量必须预先赋值，如只有一个返回变量，省略矩阵标识符 [ ]。如不设返回变量，根据函数的不同，以立即方式执行该函数，执行结果赋值于当前公共变量 ans。

【例 8-4】
```
>> a=pi/3;
>> sin(a)
ans=
      0.8660
```

3) 数据的输入与输出方式

MATLAB 的数据输入输出方式包括命令窗口的输入输出方式、文件操作的输入输出方式及图形界面(GUI)的输入输出方式。这里仅说明命令窗口的输入输出方式。

(1) 数据输入。

调用格式为

```
A=input('提示信息', 选项)
```

其中，提示信息为一个字符串，用它来提示用户输入什么样的数据。若字符串中有\n，则表示换行输入。调用该函数时采用了 s 选项，则允许用户输入一个字符串。

【例 8-5】 `>> A=input('Enter matrix A = >')`

执行该语句，先给出 Enter matrix A=> 的提示，然后等待用户从键盘上按照 MATLAB 格式输入一个矩阵。

(2) 数据输出。

调用格式为

```
disp(输出项)
```

其中，输出项既可以是字符串，也可以是矩阵。

【例 8-6】 `>> A='hello'; disp(A)`

运行结果：

```
Hello
```

【例 8-7】 `>> A=[1 2 3;4 5 6;7 8 9]; disp(A)`

运行结果：

```
1  2  3
4  5  6
7  8  9
```

注意：disp 函数显示矩阵时将不显示矩阵的名字，格式更紧密，不留任何没有意义的空行。

8.1.3　MATLAB 语言的矩阵运算与符号运算

1. MATLAB 的矩阵运算

在 MATLAB 系统中，几乎一切运算均是以对矩阵的操作为基础的。可以说矩阵的运算是 MATLAB 语言的核心。下面主要介绍矩阵的生成、矩阵的基本运算和矩阵的数组运算。

1)　矩阵的生成

(1)　直接输入法。

这种方式是最方便、最常用的创建数值矩阵的方法，适合小矩阵或没有任何规律的矩阵。在用此方法创建矩阵时，应当注意如下几点。

①　输入矩阵时要以“[ ]”为其标识符号，矩阵的所有元素必须都在括号内。

②　矩阵同行元素之间由空格或逗号分隔，行与行之间用分号或按 Enter 键分隔。

③　矩阵大小无须预先定义。

④　矩阵元素可以是运算表达式。

⑤　若“[ ]”中无元素，则表示空矩阵。

在 MATLAB 语言中冒号的作用十分丰富。可以用冒号定义行向量，也可以通过冒号截取指定矩阵中的一部分。

【例 8-8】 `>> a=1:0.5:4`

运行结果：

```
a=
    Columns 1 through 7
       1   1.5   2   2.5   3   3.5   4
```

【例 8-9】 `>> A=[1 2 3; 4 5 6; 7 8 9]`

运行结果：

```
A=
    1   2   3
    4   5   6
    7   8   9
>> B=A(1: 2, : )
```

运行结果：

```
B=
    1   2   3
    4   5   6
```

可见，冒号代替了矩阵 A 的所有列。

(2) 特殊矩阵的生成。

MATLAB 提供了一些函数用于生成一些特殊矩阵，如单位矩阵、矩阵中含 1 或 0 较多的矩阵。生成特殊矩阵的几个常用函数如下。

zeros(n)：生成 *n* 阶全 0 矩阵。

eye (n)：生成 *n* 阶单位矩阵。

ones (n)：生成 *n* 阶全 1 矩阵。

rand(n)：生成 *n* 阶均匀分布的随机矩阵。

randn(n)：生成 *n* 阶正态分布的随机矩阵。

2) 矩阵的数学运算

矩阵的数学运算包括基本运算、与常数的运算、行列式运算、秩运算、特征值运算等。

(1) 基本运算。

MATLAB 中矩阵的基本运算符及其意义如表 8-2 所示。

表 8-2 基本运算符及其意义

运 算 符	功 能	运 算 符	功 能
+	矩阵/数组相加	\	矩阵左除
–	矩阵/数组相减	/	矩阵右除
*	矩阵乘	^	矩阵幂
′	矩阵转置	inv(A)	矩阵的逆矩阵

矩阵的加、减、乘运算的用法与数字运算几乎相同，但计算时要满足有关矩阵的严格数学规则。矩阵的除法有左除“\”和右除“/”两种形式。矩阵的右除为四则运算的除法运算，必须满足矩阵维数要求；矩阵左除等价于逆乘运算，即 $\boldsymbol{A}\backslash\boldsymbol{B}=\boldsymbol{A}^{-1}\cdot\boldsymbol{B}$，$\boldsymbol{A}^{-1}$ 为矩阵 $\boldsymbol{A}$ 的逆矩阵。

(2) 与常数的运算。

常数与矩阵的运算即为与该矩阵的每一个元素进行运算。但进行除法运算时，常数通常只能作为除数。

(3) 矩阵的函数运算。

MATLAB 提供了一些实用的矩阵分析和变换函数，如表 8-3 所示。

表 8-3 矩阵分析和变换函数

函 数	功 能	函 数	功 能
det(A)	矩阵 ***A*** 的行列式	eig(A)	矩阵 ***A*** 的全部特征值
rank(A)	矩阵 ***A*** 的秩	trace(A)	矩阵 ***A*** 的迹(对角线元素之和)
diag(A)	提取矩阵 ***A*** 的对角线	triu(A)	提取矩阵 ***A*** 的上三角矩阵
tril(A)	提取矩阵 ***A*** 的下三角矩阵	fliplr(A)	矩阵 ***A*** 左右翻转
flipud(A)	矩阵 ***A*** 上下翻转	rot90(A)	矩阵 ***A*** 逆时针旋转 90°

3) 矩阵的数组运算

在进行矩阵运算时，常常遇到矩阵对应元素之间的运算。这种运算不同于前面讲的数学运算，称为数组运算。

(1) 基本数学运算。

数组的加、减与矩阵的加、减运算完全相同。数组的乘、除运算与矩阵的乘、除运算有很大的区别，数组的乘除法是指两同维数组对应元素之间的乘除法，它们的运算符为“.*”和“.\”或“./”。在常数与矩阵的除法运算中，常数只能作为除数，而在数组运算中有了“对应元素”的规定，数组与常数之间的除法运算没有任何限制。矩阵的数组运算中还规定了幂运算(运算符为“.^”)、指数运算(exp)、对数运算(log)和开方运算(sqrt)等。有了“对应元素”的规定，数组的运算实质就是针对数组内部的每个元素进行的。

(2) 逻辑关系运算。

MATLAB 中的逻辑关系运算符及其意义如表 8-4 所示。

表 8-4 逻辑关系运算符及其意义

运 算 符	功 能	运 算 符	功 能
<	小于	~=	不相等
>	大于	&	逻辑与
==	相等	|	逻辑或
<=	小于或等于	~	逻辑非
>=	大于或等于		

需要指出的是在关系运算中，若比较的双方为同维数组，则比较的结果也是同维数组。其元素值由 0 和 1 组成。当比较的双方一方为常数，另一方为一数组时，则比较的结果与数组同维。在算术运算、比较运算和逻辑与、或、非运算中，它们的优先级关系先后为：比较运算、算术运算、逻辑与或非运算。MATLAB 还提供了更为方便的逻辑函数和关系函数，如表 8-5 所示。

表 8-5 关系函数和逻辑函数

函数名称	功 能	函数名称	功 能
all(x)	检测 x 是否全为 1	isglobal(x)	检查 x 是否为全局变量
any(x)	检查 x 是否有不为 0 的元素	isinf(x)	检查 x 是否为无穷大
exist(x)	检查变量、函数或文件的存在性和类别	isnan(x)	检查 x 是否为 NaN
find(x)	找出非零元素的位置标志	issparse(x)	检查 x 是否为稀疏矩阵
isempty(x)	检查 x 是否为空阵	isstr(x)	检查 x 是否为字符串
isfinite(x)	检查 x 是否为有限值	xor(x,y)	执行异或运算

2. MATLAB 的符号运算

MATLAB 不仅具有强大的数值运算功能，而且还可以进行符号运算。应用 MATLAB 的符号运算功能，可以实现数学上的许多解析运算，包括微积分、简化、复合、求解代数方程及微分方程等，并且支持傅里叶、拉普拉斯、z变换及其逆变换。

1) 符号运算的基本函数

MATLAB 提供了两个基本的符号运算函数，即 sym 函数和 syms 函数，用来创建符号变量和表达式。

sym 函数用于创建单个的符号变量。这种创建方式不需要在前面有任何说明，使用快捷。创建过程中，包含在表达式内的符号变量并未得到说明，也就不存在于工作空间。调用格式为：a=sym('a')，创建一个符号变量 a，它可以是字符、字符串、表达式或字符表达式。

syms 函数需要在具体创建一个符号表达式之前，将这个表达式所包含的全部符号变量创建完毕。调用格式为：syms a b c…，可一次创建多个符号变量。由于 syms 函数书写简洁，意义清楚，符合 MATLAB 的习惯和特点，一般提倡使用 syms 函数创建符号变量。

【例 8-10】 使用 sym 函数和 syms 函数建立符号表达式。

```
>> clear
>> f0=sym('a*x^2+b*x+c')
  f0=
    a*x^2+b*x+c
>> f0-a
  ??? undefined function or variable 'a'
>> syms a b c x
>> f1= a*x^2+b*x+c
  f1=
    a*x^2+b*x+c
>> f0-a
  ans =
    a*x^2+b*x+c-a
```

2) 符号表达式的化简

MATLAB 提供了符号表达式的化简类函数，如表 8-6 所示。

表 8-6 符号表达式的化简类函数

函数名称	功 能	函数名称	功 能
factor(x)	因式分解	simple(x)	寻找表达式的最简型
expand(x)	符号表达式的展开	subexpr(x)	符号替换
collect(x)	符号表达式的合并同类项	numden(x)	分式通分
simplify(x)	符号表达式的化简	horner(x)	嵌套形式重写

simplify 函数的调用格式为

```
simplify(x)
```

使用 Maple 的化简规则化简函数，可用于化简各种表达式。

【例 8-11】

```
>> syms x
>> f=sin(x)^2+cos(x)^2
```

```
>> simplify(f)
ans =
         1
```

simple 函数通过对符号表达式尝试多种不同的算法进行化简，以寻求符号表达式的最简形式。其调用格式为

```
[ r, how]=simple(x)
```

其中，r 为返回的最简化形式，how 为化简过程中使用的化简方法，可查看帮助文件。

3)　符号方程的求解

MATLAB 提供了对代数方程求解的 solve 函数，其调用格式为

```
g=solve(eq1, eq2,…,eqN, var1, var2,...,varN)
```

其中，eq1, eq2,…,eqN 为符号表达式组成的代数方程组，var1,var2,...,varN 为指定自变量。

【例 8-12】 求解代数方程组

$$\begin{cases} x^2 - y^2 + z = 10 \\ x + y - 5z = 0 \\ 2x - 4y + z = 0 \end{cases}$$

```
>>syms x y z
>>f=x^2-y^2+z-10
>>g=x+y-5*z
>>h=2*x-4*y+z
>>[x,y,z]=solve(f,g,h)
x=
   [-19/80+19/240*2409^(1/2)]
   [-19/80-19/240*2409^(1/2)]
y=
   [-11/80+11/240*2409^(1/2)]
   [-11/80-11/240*2409^(1/2)]
z=
   [-3/40+1/40*2409^(1/2)]
   [-3/40-1/40*2409^(1/2)]
```

MATLAB 的符号运算工具箱还提供了符号常微分方程求解、拉普拉斯变换及 z 变换的函数。

8.1.4　MATLAB 语言的图形功能

1. 二维图形的绘制

1)　基本绘图形式

MATLAB 最基本的绘制二维图形的函数为 plot 函数，其基本调用格式为

```
plot(x,y)
```

其中，x 和 y 为长度相同的向量，分别用于存储 x 坐标和 y 坐标数据。

【例 8-13】 绘制 $y = \sin 3t \quad t \in [0, 2\pi]$ 的图形

```
>> t=0:pi/100:2*pi;          %给定时间范围
>> y=sin(3*t);               %给定函数
>>plot(t,y)                  %绘制函数曲线
```

程序运行结果如图 8-3 所示。

2) 多重曲线绘图

利用 plot 函数在单幅图形上绘制多重曲线有两种方法：一种方法是用一组变量 x 和 y 绘图，其中 x 或 y 是矩阵，或两个都是矩阵。另一种方法是用多组变量 $x1$，$y1$，$x2$，$y2$，…，xn，yn 绘图。在绘制多重曲线时，MATLAB 会按照一定的规律自动变化每条曲线的颜色。

【例 8-14】 使用一组变量绘制多重曲线。

```
>> x=0:pi/50:2*pi;
>> y(1,:)=sin(x);
>> y(2,:)=0.6*sin(x);
>> y(3,:)=0.3*sin(x);
>> plot(x,y)
```

绘制的多重曲线如图 8-4 所示。

【例 8-15】 使用多组变量绘制多重曲线。

```
>> x1=0:pi/50:2*pi;
>> x2=0:pi/30:2*pi;
>> x3=0:pi/15:2*pi;
>> y1=sin(x1);
>> y2=0.6*sin(x2);
>> y3=0.3*sin(x3);
>> plot(x1,y1,x2,y2,x3,y3)
```

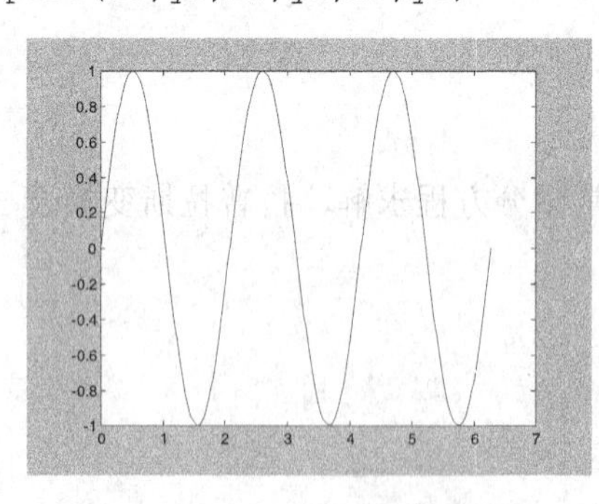

图 8-3　例 8-13 程序的绘制图形

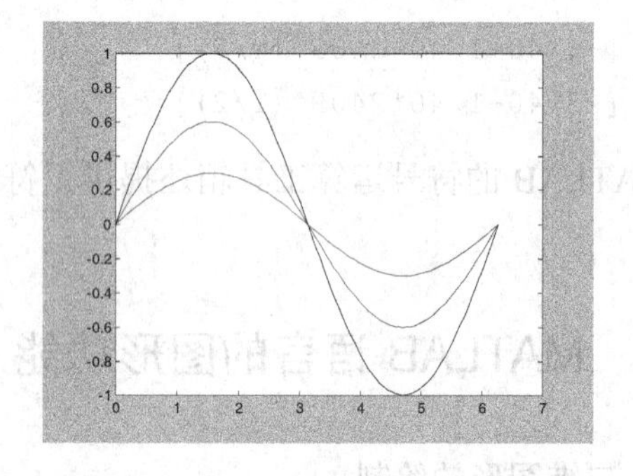

图 8-4　例 8-14 程序绘制的多重曲线

两个例子绘制的图形基本一样(见图 8-4)，区别在于数据是否在一个数组中以及数组长

度的不同。一般单数组绘图适合于曲线较多或直接按数组计算得到的数据的绘图，而多组变量绘图适合于希望控制每条曲线的线型、颜色、标记点等特性及绘制不同向量(矩阵)长度的数据绘图。

绘制多重曲线还可以利用 hold 命令。在已经画好的图形上，若设置 hold on，MATLAB 将把新的 plot 命令产生的图形画在原来的图形上，可利用 hold off 命令结束多重曲线绘制。

3)　图形的线型和颜色

MATLAB 图形的线型和颜色有多种选择，标注的方法是在每一对数组后加一个字符形式的属性参数，说明如下。

线方式线型：- 实线、: 冒号线、-- 虚线、-. 点划线。

点方式线型：. 圆点、+ 加号、* 星号、x 叉形、。圆圈。

颜色：y 黄、r 红、g 绿、b 蓝、w 白、k 黑、m 紫、c 青。

标注线型和颜色的属性参数时应注意：属性的符号必须放在同一个字符串中；可以指定两个以上的属性，但同一种属性不能有两个以上；属性的先后顺序无关。

【例 8-16】 使用不同线型和颜色绘图。

```
>> t=0:pi/100:2*pi;
>> y1=sin(t);
>> y2=sin(t-0.25);
>> y3=sin(t-0.5);
>> plot(t,y1, 'b-+', t, y2, 'r-.*' , t,y3, 'g:o')
```

绘制的线型和颜色如图 8-5 所示。

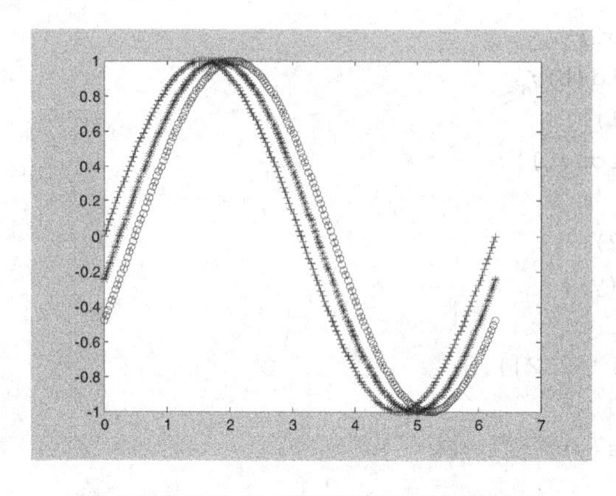

图 8-5　例 8-16 不同线型和颜色的绘制

4)　图形的标注

MATLAB 提供了一系列方便的图形标注函数，这些函数包括：

title——图形标题；

xlabel——x 轴标记；

ylabel——y 轴标记；

zlabel——z 轴标记；

text——任意位置加注文本；

gtext——鼠标定位加注文本；

legend——标注图例。

图形标注使用的文字可以是字母和数字，MATLAB 6.1 可以使用汉字，也可以按照规定的方法表示希腊字母、数学符号和变形体。例如：\pi 表示π，\led 表示≤，\it 表示斜体字等。

5) 坐标轴的控制

在默认情况下，MATLAB 自动选择图形的横、纵坐标的比例，这种默认状态给绘图带来很大方便。但图形是多种多样的，统一的坐标模式不可能总是最有效地表现所绘图形的特征，MATLAB 提供了控制坐标状态的 axis 函数。常用的调用格式有以下几种。

```
axis([xmin xmax ymin ymax])     %指定二维图形 x 轴和 y 轴的刻度范围
axis equal                      %x 轴和 y 轴的单位长度相同
axis square                     %使各坐标轴长度相同(图框呈方形)
axis off                        %使坐标轴消隐
axis on                         %绘制坐标轴(默认值)
```

6) 绘制多幅图形

使用 subplot 函数可以在一个图形窗口上绘制多个图形，其调用格式为

```
subplot(m,n,p)
```

即将图形窗口分成 m×n 个子窗口，p 代表当前的子窗口号，子窗口的排列顺序为左上角开始按行排列。

【例 8-17】 在同一个图形窗口绘制 4 个子图形。

```
>> t=0:pi/20:2*pi;
>> [x,y]=meshgrid(t);
>> subplot(2,2,1)
>> plot(sin(t),cos(t));
>> axis equal
>> subplot(2,2,2)
>> z=sin(x)+cos(y);
>> plot(t,z)
>> axis ([0 2*pi -2 2])
>> subplot(2,2,3)
>> z=sin(x).*cos(y);
>> plot (t,z)
>> axis ([0 2*pi -1 1])
>> subplot(2,2,4)
>> z=sin(x).^2-cos(y).^2;
>> plot (t,z)
>> axis ([0 2*pi -1 1])
```

绘制的图形如图 8-6 所示，在一个图形窗口中得到了 4 幅图形。

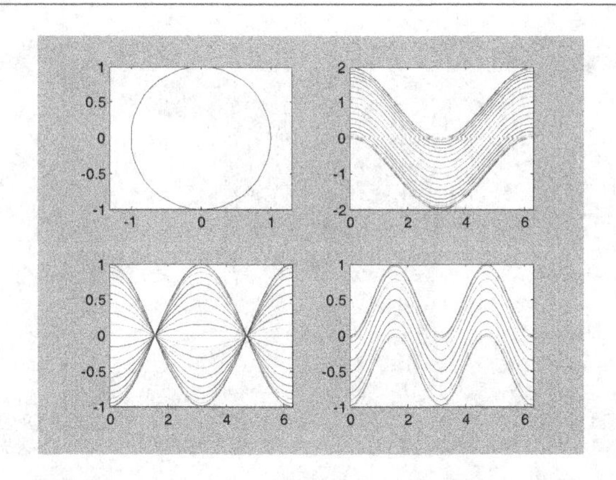

图 8-6　例 8-17 同一个图形窗口绘制多幅图形

2. 三维图形的绘制

MATLAB 提供了大量三维图形的表现函数，利用这些函数可以绘制三维曲线图、网格图、表面图、等高线图等三维图形。MATLAB 还提供了控制颜色、光线、视角等绘图效果的函数和命令，使得三维图形表现更为灵活。限于篇幅，这里通过例子仅对几种常用的命令做简单介绍。

1)　三维曲线图

plot3 函数用于绘制三维曲线图。

【例 8-18】　绘制螺旋曲线图。

```
>> t=0:pi/50:10*pi;
>> x=sin(t);
>> y=cos(t);
>> z=t;
>> plot3(x,y,z);
>> axis square
>> grid on
```

画出的图形如图 8-7 所示，其中，axis square 命令将各坐标轴定义为相同长度，grid on 命令对坐标轴加上网格线。

2)　网格图

mesh 函数用于绘制三维基本网格图，即不着色的表面图。

【例 8-19】　绘制三维基本网格图。

```
>> [X,Y]=meshgrid(-8:0.5:8);
>> R=sqrt(X.^2+Y.^2)+eps;
>> Z=sin(R)./R;
>> mesh(Z)
```

画出的图形如图 8-8 所示。如将 mesh 命令改为 surf 命令，则可以绘制着色表面图。

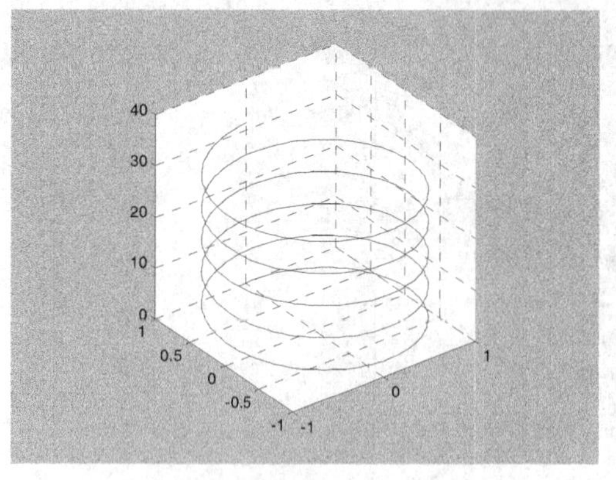

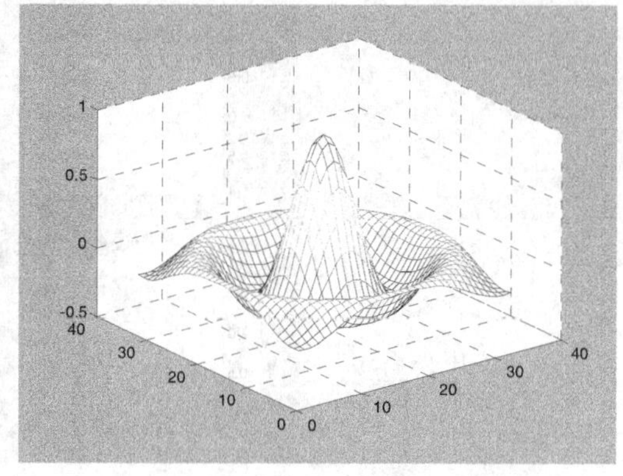

图 8-7　例 8-18 plot3 函数绘制三维曲线图　　图 8-8　例 8-19 mesh 函数绘制三维网格图

3)　等高线图

contour 函数用于绘制曲面的等高线图，若在例 8-19 的程序后加 contour(X,Y,Z,10)命令，即可得到 10 条等高线。

8.1.5　MATLAB 程序设计

MATLAB 语言不仅可以以人机交互式的命令行方式完成操作，而且可以像大多数高级编程语言一样进行程序设计，即编制一种以.m 为扩展名的 MATLAB 程序，简称为 M 文件。

1. M 文件

M 文件可以分为命令文件(Script)和函数文件(Function)两种。M 文件可以在 MATLAB 的程序编辑器中编写，也可以在其他的文本编辑器中编写，并以.m 为扩展名存储。

命令文件是命令和函数的集合，用于执行特定的功能。执行命令文件不需要输入参数，也没有输出参数，MATLAB 自动按顺序执行命令文件中的命令，命令文件的变量保存在工作空间中，可以被其他的命令文件或函数引用，直到被清除或退出 MATLAB 为止。

【例 8-20】 编写一个命令文件，将变量 *a*，*b* 值互换。

在 MATLAB 的程序编辑器中编辑如下命令，并以文件名 myfile.m 存盘。

```
clear                          % 清除工作空间变量
clc                            % 清屏幕
a=[1 3 4 7 9];                 % 建立 a 矩阵
b=[2 4 6 8 10];                % 建立 b 矩阵
c=a;                           % 矩阵 a 与矩阵 b 交换，设中间变量 c
a=b;
b=c;
a                              %输出 a 矩阵、b 矩阵
b
```

在 MATLAB 的命令窗口，可看到输出为

```
>>
a=
    2   4   6   8   10
b=
    1   3   4   7   9
```

函数文件是以 function 语句为引导的 M 文件，可以接受输入参数和返回输出参数。函数文件的操作对象为函数的输入变量和函数内的局部变量。MATLAB 语言的函数文件包含如下部分组成。

(1) 函数定义行：函数定义行是函数文件的第一行，用关键词 function 定义 M 文件为函数文件，并定义函数名、函数输入输出参数。注意函数名应尽可能与 M 文件同名。

(2) H1 行：H1 行是帮助文本的第一行，为该函数文件的帮助主题，以%开始，该行用于从总体上说明函数名和函数的功能。当使用 lookfor 命令时，可以查看到该行信息。

(3) 帮助文本：帮助文本提供了函数完整的帮助信息，以%开始，用于详细介绍函数的功能、用法以及其他说明。

(4) 函数体：函数体是函数文件的主体部分，即函数代码段。

(5) 注释：指对函数体中各语句的解释和说明文本，注释语句以%引导，可以在一行的开始，也可以在一条可执行语句的后面。

【例 8-21】 建立一个函数文件，计算矢量中元素的平均值。

在 MATLAB 的程序编辑器中编辑如下代码。

```
function y= average(x)
% Average mean of vector elements.
% average(x), where x is a vector, is the mean of vector elements.
% Non-vector input results in an error.
[m, n]=size(x)
If (~ ((m= =1)|(n= =1))|(m= =1& n= =1))
  error ('Input must be a vector')
end
y=sum(x)/length(x);
```

将上面的代码以文件名“average.m”存盘，若在命令窗口生成一向量，可通过调用 average 函数计算向量的平均值，即有

```
>> z= 1:99;
>> Z_mean =average(z);
  Z_mean =
         50
```

2. 程序流程控制语句

MATLAB 语言提供了丰富的流程控制语句，以实现具体的应用程序设计。MATLAB 语言的程序流程控制语句主要有条件语句、循环语句、分支语句及其他流程控制语句等。

1) 循环语句

MATLAB 提供了两种循环方式：for 循环和 while 循环。

for 循环语句是程序流程控制语句中的基础语句，使用该循环语句可以以指定的次数重复执行循环体内的语句。for 循环语句的调用形式为

```
for v =表达式
    循环体
end
```

通常情况下，表达式是一个向量，形式为 m:s:n，其中，m 是循环初值，n 是循环终值，s 是步长，可以是整数、小数、正数和负数，s 的默认值为 1。另外，for 和 end 必须配对使用。for 循环可以嵌套，但在嵌套中每一个 for 都必须与 end 相匹配，否则循环将出错。

while 循环语句是条件循环语句，可使循环体在逻辑条件下重复不确定次，直到循环条件不成立为止。与 for 循环语句不同的是，while 循环是以条件的满足与否来判断循环是否结束的，而 for 循环则是以执行次数是否达到指定值为判断的。while 循环的调用形式为

```
  while 表达式
     循环体
 end
```

当该表达式的逻辑值为真时，就执行循环体内的语句；当表达式的逻辑值为假时，退出当前的循环体。在 while 循环语句中，必须有可以修改循环控制变量的命令，否则该循环将陷入死循环。另外，while 和 end 必须配对使用。

2) 条件语句

在 MATLAB 语言中，if 语句有 3 种不同格式。即 if-end 语句，if-else-end 语句和 if-elseif-end 语句。

if-end 语句是最简单的单分支条件语句，其基本调用格式为

```
if 表达式
   语句体
end
```

在这种结构中，如果表达式逻辑值为真(非零)，就执行 if 和 end 之间的语句体，如果表达式为假(为零)就执行 end 之后的语句。

if-else-end 语句在 if 和 end 之间增加一个 else 选择，是双分支条件语句结构。其基本调用格式为

```
if 表达式
    语句体 1;
else
    语句体 2;
end
```

在这种结构中，如果表达式逻辑值为真(非零)，则先执行语句体 1，再执行 end 后面的

语句；如果条件表达式逻辑值为假(为零)，则先执行语句体 2，再执行 end 后面的语句。

if-elseif-end 语句是多分支 if 语句，可实现多重条件选择。其基本调用格式为

```
if 表达式 1
   语句体 1;
   elseif 表达式 2
      语句体 2;
   …
  elseif 表达式 n
     语句体 n;
else
  语句体 n+1;
end
```

在这种结构中，首先判断表达式 1 的值，若为真时，则执行语句体 1，然后跳出 if 结构，继续执行 end 后的命令；若为假时，跳过语句体 1，进而判断表达式 2，若为真，则执行语句体 2，并跳出 if 结构。如此下去，若所有表达式都不满足，则执行 else 后的语句体。当然 else 命令也可以省略。

3)　分支语句

分支语句 switch-case-end 是多分支选择语句。该语句是通过对某个表达式的值进行比较，根据比较结果做不同的选择，以实现程序的分支功能。其基本调用格式为

```
switch 表达式(数值或字符串)
  case 数值或字符串 1
     语句体 1;
  case 数值或字符串 2
     语句体 2;
     …
otherwise
     语句体 n
end
```

当 switch 后面表达式的值等于某个 case 语句后面的表达式值时，程序则转移到该 case 语句后面的语句体执行，执行完后直接跳出分支结构。程序的执行结果与各个 case 语句的次序无关，当表达式的值与任何一个 case 语句后面表达式值都不相同时，程序将执行 otherwise 语句后面的语句体。otherwise 语句可以省略，如果省略 otherwise 语句，在所有 case 语句都不满足时跳出分支结构。switch 和 end 必须配对使用。

4)　其他流程控制语句

MATLAB 语言还提供了 continue 语句、break 语句及 return 语句等其他流程控制语句。

continue 语句用于控制 for 循环和 while 循环跳过某些执行语句。在 for 循环和 while 循环中，出现 continue 语句时，则跳过循环体中所有剩余的语句，继续下一次循环。在嵌套循环中，continue 控制执行本嵌套中的下一次循环。

break 语句用于终止 for 循环和 while 循环的执行。在 for 循环和 while 循环中，遇到 break 语句时，则退出循环体继续执行循环体外的下一个语句。在嵌套循环中，break 只存在于内层的循环中。注意的是 break 语句不能用于 for 语句和 while 语句之外的任何语句。

return 语句用于终止当前程序，并返回到调用的函数或键盘操作，也用于终止 keyboard 方式。如果将 return 插入到被调用函数中的某一位置，可以根据某种条件迫使被调用函数提前结束并返回主调函数。

8.1.6 Simulink 仿真基础

Simulink 是 MATLAB 的一个重要组成部分，是系统仿真的先进、高效的工具。它具有相对独立的功能和使用方法，支持线性和非线性、连续、离散及混合系统的仿真。Simulink 是图形化仿真方式，通过 Simulink 模块库建立系统的仿真模型，可直观、方便地对系统进行动态仿真。

1. Simulink 的基本操作

1) Simulink 启动

Simulink 有 3 种启动方式：①在 MATLAB 命令窗口输入 Simulink 并按 Enter 键；②单击 MATLAB 工具栏上的 Simulink 图标；③在 MATLAB 菜单上选择 File / New / Model 命令。

启动 Simulink 后会显示 Simulink 模块库浏览器，如图 8-9 所示，继续单击该窗口中的“新建”按钮，即可打开一个空白模型窗口，如图 8-10 所示。通过选择模块库中的仿真模块，可在模型窗口中建立仿真模型并进行仿真。

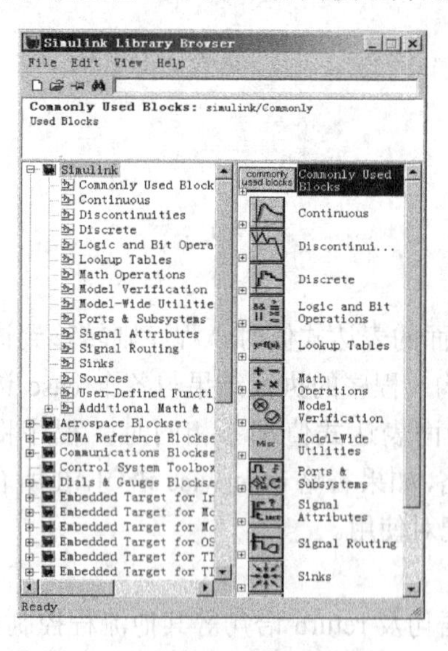

图 8-9　Simulink 的模块库浏览器

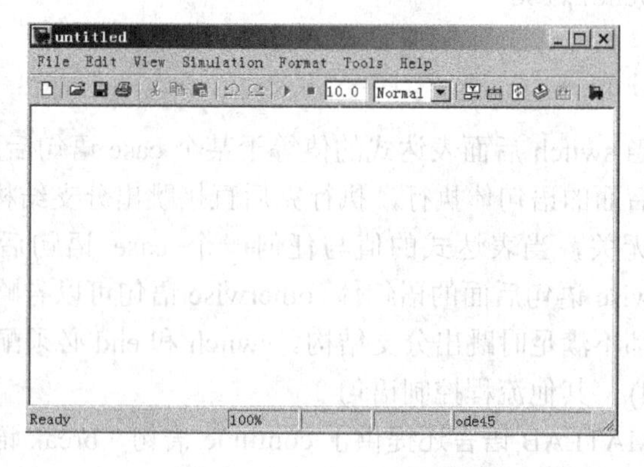

图 8-10　Simulink 的模型窗口

2) Simulink 功能模块

为了便于用户使用，Simulink 提供了 9 类功能模块库和许多专业模块子集。这里仅对

Simulink 功能模块中的连续系统模块库、系统输入源模块库及输出显示模块库做简要说明。

连续系统模块库(continuous)包括以下常用的连续模块。

Integrator：积分器模块，输出对输入的时间积分。

Derivative：微分器模块，输出对输入的时间微分。

State-Space：状态空间表达式模块，实现线性状态空间系统。

Transfer Fcn：传递函数模块，实现线性传递函数。

Zero-Pole：零极点函数模块，实现零极点方式的传递函数。

Transport Delay：传输延迟模块，以固定的时间延迟输入。

Variable Transport Delay：可变传输延迟模块，以变化的时间量延迟输入。

Variable Time Delay：可变时间延迟模块。

系统输入信号模块库(sources)中各模块是作为系统的输入信号源，主要包括以下常用的输入模块。

Inl：输入端口模块，可为子系统或外部输入生成一个输入端口。

Constant：常数输入模块，生成一个常值。

Signal Generator：普通信号发生器，可生成正弦波、方波、锯齿波及任意波波形。

From File：读文件模块，加载文件读数据。

From Workspace：读工作空间模块。

Clock：时间信号模块，显示并输出当前的仿真时间。

Ground：接地线模块，用来连接输入端口未与其他模块相连的模块。

在系统输入源模块库中还提供了不同类型的输入信号，如 step(阶跃输入)、ramp(斜坡输入)、pulse generator(脉冲信号)、sine wave(正弦信号)、band limited white noise(带宽限幅白噪声)等，signal builder 模块允许由用户创建信号，repecting sequence 模块可构造重复的输入信号。

输出显示模块库(sinks)允许用户将仿真结果以不同的形式输出，主要包括以下常用输出模块。

Outl：输出端口模块，可为子系统或外部输出生成一个输出端口。

Terminator：信号终止模块，终止一个未连接的输出端。

Scope/Floating Scope：示波器模块，显示仿真期间生成的信号。

XY Graph：XY 示波器，使用图形窗口显示信号的 XY 图。

To Workspace：工作空间写入模块，将数据写入到工作空间的变量。

To File：写文件模块，将数据写入到文件。

Display：数字显示模块，显示输入值。

Stop Simulation：仿真终止模块，当输入不为零时停止仿真。

3)　功能模块的基本操作

模块的选取：当选取单个模块时，只要在模块上单击即可，此时模块的角上出现黑色小方块。选取多个模块时，选取用鼠标拖曳的方式把要选择的模块全部包围即可。若所有被选取的模块都出现小黑方块，则表示模块已被选中。

模块的复制、剪切、删除、移动：选择 Edit/copy/cut/paste/clear 命令可对选取的模块进行复制、剪切、粘贴、删除操作。在同一窗口移动选取的模块时，可拖拽并放在合适的位置。

模块的连接：在连接两个模块时，可直接从一个模块的输出端连接到另一个模块的输入端；在连线之间插入模块时，可将模块拖拽到连线上，然后释放鼠标即可；连接线有分支时，可先连好一条线，把鼠标指针移到支线的起点，并按 Ctrl 键，再拖拽至目标模块的输入端即可。

4) 功能模块参数的设置

通过双击要设置的模块或右击模块并在弹出的快捷菜单中选择 Block Parameters 命令，就可打开模块参数设置对话框，如图 8-11 所示，在对话框内对模块参数(parameters)进行设置。

2. 系统仿真参数的设置

一般在系统仿真运行前需要对仿真算法、输出模式等各种仿真参数进行适当设置。通过选择 Simulation/Parameters 命令完成设置，如图 8-12 所示。

1) 算法设置(Solver)

在 Solver 内需要设置仿真起始和终止时间设置、选择合适的算法及指定输出方式。

Simulation time：仿真起始时间和终止时间的设置，单位为秒。

Solver options：仿真算法的选择。仿真算法根据步长的变化分为固定步长算法(fixed-step)和变步长算法(variable-step)。固定步长是指在仿真过程中计算的步长不变，而变步长算法是指在仿真过程中要根据计算的要求改变步长。一般对于离散系统，选择 discrete 算法；而对于连续系统，选择 ode 系列算法。

Output options：输出选项的设置。对同样的仿真模型，在输入信号相同的情况下，选择不同的输出选项，则可产生不同的输出效果。应根据需要选择合适的输出选项以获得满意的输出效果。

2) 工作空间设置(Workspace I/O)

通过设置工作空间，可以从工作空间输入数据、初始化状态模块，也可以把仿真结果、状态变量、时间数据保存到当前工作空间。

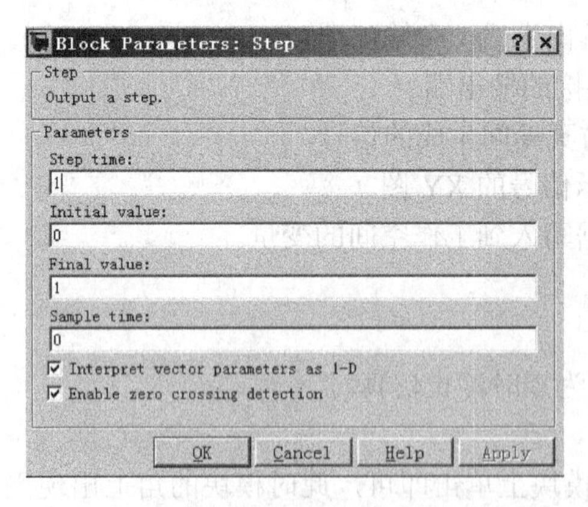

图 8-11 模块参数设置对话框

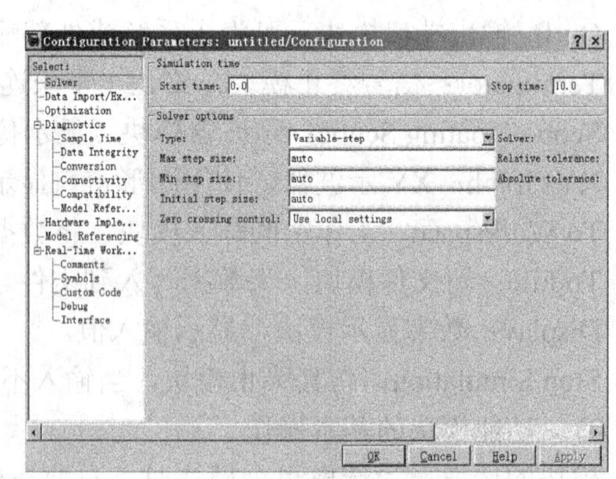

图 8-12 仿真参数设置对话框

Load from workspace：从工作空间中输入数据。如果仿真模型有输入端口(In 模块)，则在仿真过程中可从工作空间直接把数据载入到输入端口。方法：勾选 Input 复选框，再在后面的编辑框内输入数据的变量名。Simulink 根据输入端口参数中设置的采样时间读取输入数据。

Save to workspace：将输出数据保存到工作空间。可以选择保存到工作空间的选项有：Time(时间)、States(状态)、Output(端口输出)和 Final state(最终状态)。方法：勾选各选项前面的复选框，再在选项后面的编辑框内输入变量名，则将相应的数据保存到指定的变量中。常用的输出模块为 Out1 模块和 To Workspace 模块。

Save options：保存选项。在 Save options 区域内，Format 选项与保存数据的形式有关，可以根据需要进行选择，Limit rows to last 选项用来限定保存到工作空间中数据的最大行数，Decimation 选项可从每行几个数据中抽取一个。

3. Simulink 的仿真分析

在 MATLAB 环境下，可以直接使用 sim 函数实现仿真，其调用格式为

```
[t,x,y]=sim('model',timespan,option,ut)
```

其中，model 为 Simulink 生成的模型文件名；timspan 为仿真时间设置，可指定终止时间和起止时间；其余参数为可选，option 用于设置初始条件、步长与容许误差等值，ut 为外部输入信号。

在 Simulink 中系统默认采用变步长的 ode45 函数进行仿真，若要采用其他算法可在算法设置中进行选择。

8.2　MATLAB 在控制系统仿真中的应用

8.2.1　MATLAB 用于控制系统的建模

在建立相应的系统数学模型后，通过对数学模型的求解分析，可实现系统动静态特性的分析与设计。控制系统常用的数学模型表示有微分方程、传递函数、动态结构图、状态空间方程等。系统数学模型有连续和离散之分，它们各有特点，有时需在各种模型之间进行转换。利用 MATLAB 可对它们进行适当的处理。

1. 拉普拉斯变换和 z 变换

在 MATLAB 的符号工具箱中采用 laplace 和 ilaplace 函数进行拉普拉斯变换与拉普拉斯逆变换，采用 ztrans 和 iztrans 函数进行 z 变换与逆 z 变换。

【例 8-22】 求函数 $f(t)=\mathrm{e}^{-at}$ 的拉普拉斯变换和函数 $F(s)=\dfrac{1}{(s-a)^2}$ 的拉普拉斯逆变换。

```
>> syms a t s
>> f1=laplace(exp(-a*t))         %求 Laplace 变换
```

运行结果：

```
f1=
```

```
1/(s+a)
>> f2= ilaplace(1/(s-a)^2)        %求拉普拉斯逆变换
```

运行结果：

```
f2=
    t*exp(a*t)
```

【例 8-23】 求单位斜坡函数 $f(t)=t$ 的 z 变换。

```
>> syms t T
>>F=ztrans(t*T)                %求 Z 变换
```

运行结果：

```
F=
    T*z/(z-1)^2
```

即有：$\dfrac{Tz}{(z-1)^2}$。

2. 微分方程求解

MATLAB 的符号运算工具箱提供了对符号常微分方程求解的 dsolve 函数，其调用格式为

```
r=dsolve('eq1, eq2,…', 'cond1, cond2,...', 'v')
```

求解由 eq1, eq2,…指定的常微分方程的符号解，参数 cond1，cond2，…为指定常微分方程的边界条件或初始条件，v 为指定自变量。用字母 D 表示一次微分，D2 和 D3 分别表示二次及三次微分，D 后面的字符为因变量。

【例 8-24】 求解微分方程 $y'=ay$ 的通解和当 $y(0)=b$ 时的特解。

```
>> dsolve('Dy=a*y')
```

运行结果：

```
ans=
    C1*exp(a*t)
>> dsolve('Dy=a*y', 'y(0)=b')
```

运行结果：

```
ans=
   b*exp(a*t)
```

3. 连续系统的传递函数

对于一个单输入单输出(SISO)的连续系统，对系统的微分方程进行拉普拉斯变换，可得该连续系统的传递函数为

$$G(s)=\frac{b_m s^m + b_{m-1}s^{m-1}+\cdots+b_0}{a_n s^n + a_{n-1}s^{n-1}+\cdots+a_0}$$

在 MATLAB 中用函数 tf 建立一个连续系统传递函数模型，其调用格式为

```
sys=tf(num, den)
```

其中，num 为传递函数分子系数向量，den 为传递函数分母系数向量。

【例 8-25】 连续系统传递函数为

$$G(s)=\frac{s+3}{s^3+2s+1}$$

用 MATLAB 建立该连续系统传递函数模型。

程序如下：

```
num=[1 3];
den=[1 0 2 1];
sys=tf(num,den)
```

运行结果：

```
Transfer function:
      s+3
  -------------
  s^3 + 2s + 1
```

用 zpk 函数建立连续系统的零极点形式的传递函数。其调用格式为

```
sys=zpk(z,p,k)
```

其中，z 为所有零点构成的向量，p 为所有极点构成的向量，k 表示增益。

4. 离散系统脉冲传递函数

对于 SISO 的离散系统，对系统的差分方程进行 z 变换，可得到该离散系统的脉冲传递函数(或 z 传递函数)为

$$G(z)=\frac{c_m z^m + c_{m-1}z^{m-1}+\cdots+c_0}{a_n z^n + a_{n-1}z^{n-1}+\cdots+a_0}$$

在 MATLAB 中，仍可用函数 tf 建立离散系统的脉冲传递函数模型，其调用格式为

```
sys=tf(num, den,Ts)
```

其中，num 为 z 传递函数分子系数向量，den 为 z 传递函数分母系数向量，Ts 为系统采样周期。

【例 8-26】 离散时间系统 z 传递函数为

$$G(z)=\frac{1}{z^2-3z+2}$$

系统采样周期为 0.5s，用 MATLAB 建立该离散系统 z 传递函数模型。

程序如下：

```
num=1;
den=[1 -3 2];
```

```
Ts=0.5;
sys=tf(num,den,Ts)
```

运行结果：

```
Transfer function:
      1
-------------
 z^2 - 3z + 2
Sampling time: 0.5
```

5. 系统模型的相互转化

不同形式的系统数学模型虽然外在形式不同，但它们的实质内容是等价的。在进行系统分析时，往往需要根据不同的要求选择不同形式的系统数学模型。MATLAB 提供了十分简单的模型转换方式。函数 tf、zpk、ss 不仅用于系统模型建立，也可用于模型形式之间的转换。它们的调用格式为

```
newsys=tf (sys)
```

可将非传递函数形式的系统模型 sys 转换成传递函数模型。

```
newsys=zpk(sys)
```

可将非零极点增益形式的系统模型 sys 转换成零极点增益模型。

```
newsys=ss (sys)
```

可将非状态空间方程的系统模型 sys 转换成状态空间模型。

在 MATLAB 中也可以调用函数 tf2zp 和 zp2tf 实现传递函数和零极点增益模型的相互转换；调用函数 tf2ss 和 ss2tf 实现传递函数和状态空间方程的相互转换；调用函数 zp2ss 和 ss2zp 实现状态空间方程和零极点增益模型的相互转换。

【例 8-27】 离散系统脉冲传递函数为

$$G(s)=\frac{z+2}{0.5z^3-8.5z^2+z+15}$$

将其转换为零极点增益形式，采样周期为 0.01s。

程序如下：

```
num=[0.04,0.04];
den=[1 -2 81 0.9];
sys_tf=tf(num,den,0.01);
sys_zpk=zpk(sys_tf)
```

运行结果：

```
Zero/pole/gain:
   0.04 (z+1)
 --------------------------------------------
 (z+0.01111) (z^2  - 2.011z + 81.02)
```

```
Sampling time: 0.01
```

MATLAB 采用函数 c2d 和 d2c 实现连续系统和离散系统之间的转换，离散系统的采样时间变化时，可使用函数 d2d 进行采样时间变化的转换。它们的调用格式为

```
sysd=c2d(sysc, Ts, method)
```

其中，method 表示转换方法，可选择的方法有零阶保持法(zoh)，一阶保持法(foh)，双线性变换法(tustin)等，默认为 zoh 方法；sysc 为原连续系统；Ts 为采样时间；sysd 为转换后的离散系统。

```
sysc=d2c(sysd, method)
```

其中，method 转换方法有 zoh、foh、tustin 等，默认为 zoh 方法；sysd 为原离散系统；sysc 为转换后的连续系统。

```
sysd2=d2d(sysd1, Ts)
```

其中，sysd1 为原离散系统，sysd2 为转换后的离散系统，Ts 为修改后的系统采样时间。

6. 系统模型的连接

一个系统一般是由若干环节或子系统按一定方式连接组合而成的，这种连接方式有串联、并联、反馈等形式。MATLAB 提供了进行模型连接的相关函数。

函数 series 用于两个线性模型的串联。其调用格式为

```
sys=series(sys1,sys2)
```

函数 parallel 用于两个线性模型的并联。其调用格式为

```
sys=parallel(sys1,sys2)
```

函数 feedback 用于模型的反馈连接。其调用格式为

```
sys=feedback (sys1,sys2,sign)
```

运行该函数实现两个系统的反馈连接。当采用负反馈时，sign=−1 且可默认；当采用正反馈时，sign=1。

8.2.2　MATLAB 用于控制系统的时域分析

在控制系统的时域分析中，可利用 MATLAB 实现控制系统的输出响应分析、稳定性分析以及稳态误差分析等工作。

1. 连续系统输出响应及性能分析

若给定连续系统的传递函数，则利用 MATLAB 可以方便地进行系统的单位脉冲响应、单位阶跃响应及任意输入响应等时域分析。在 MATLAB 中，求取连续系统时域响应的函数主要有单位阶跃响应函数 step、单位脉冲响应函数 impulse、任意输入响应函数 lsim。每种时域响应函数都要多种调用格式，具体可参考 MATLAB 的相关书籍。

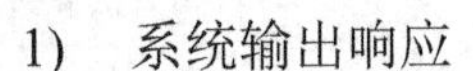

1) 系统输出响应

【例 8-28】 单位负反馈系统的开环传递函数为

$$G(s)=\frac{10}{s(2s+1)}$$

试用 MATLAB 求系统的单位阶跃响应及系统动态性能指标。

仿真程序如下：

```
G_k=tf(10,[2 1 0]);
G_0=feedback(G_k,1);
step(G_0)
title('step response')
```

运行后得到系统单位阶跃响应曲线。系统动态性能指标可通过右击图形窗口，在"Characteristics"菜单的子菜单中选择"Peak Response(峰值)"、"Settling Time(调整时间)"、"Rise Time(上升时间)"和"Steady State(稳态值)"等命令进行显示，如图 8-13 所示。

通过图形化的方式得到系统动态性能指标的方法，方便快捷，基本可以满足需求，但这种快捷的图形化方式并不适合 plot 函数所绘制的曲线。这时可通过编写程序求取系统动态性能指标。

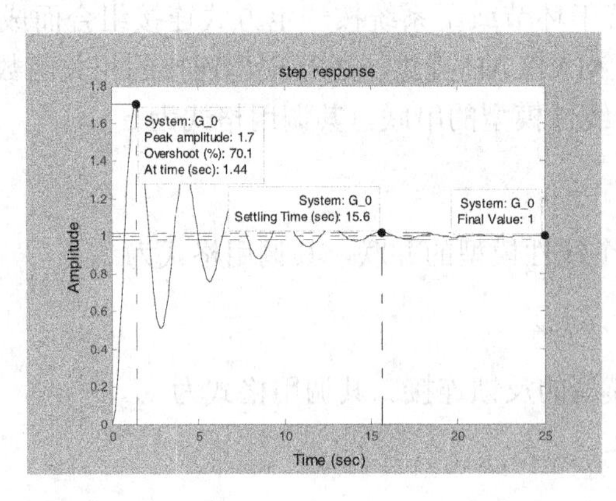

图 8-13 例 8-28 系统响应曲线及性能指标

【例 8-29】 典型二阶系统闭环传递函数为

$$H(s)=\frac{\omega_n^2}{s^2+2\xi\omega_n s+\omega_n^2}$$

其中，ω_n 为无阻尼振荡频率，ξ 为相对阻尼系数。试用 MATLAB 分析当 ω_n=6，ξ 分别为 0.1,0.2,…,2.0 时，系统的单位阶跃响应。

仿真程序如下：

```
wn=6;
kosi=[0.1:0.1:1.0,2.0];
hold on
for k=kosi
   num=wn.^2;
```

```
    den=[1 2*k*wn,wn.^2];
    step(num,den)
  end
  title('step response')
  hold off
  gtext('\zeta=0.1');
  gtext('\zeta=2.0')
```

运行后得到的单位阶跃响应曲线如图 8-14 所示。

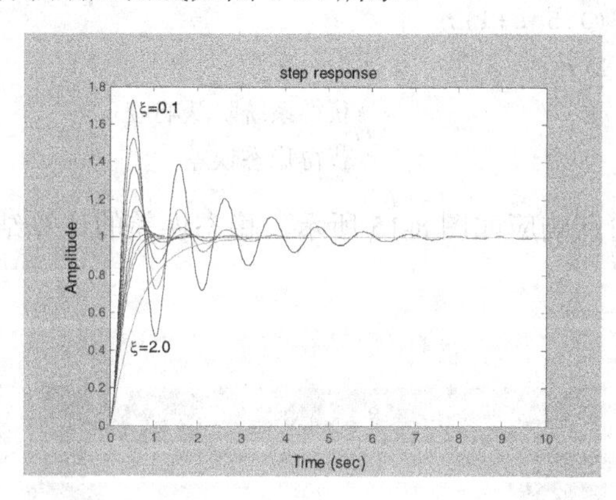

图 8-14　例 8-29 典型二阶系统的阶跃响应

从图 8-14 中可以看出，在过阻尼和临界阻尼响应曲线中，临界阻尼响应具有最短的上升时间，响应速度最快；在欠阻尼($0<\xi<1$)响应曲线中，阻尼系数越小，超调量越大，上升时间越短，通常取ξ=0.4～0.8 为宜，这时超调量适度，调节时间较短。

2)　系统稳定性分析

可通过对系统输出响应曲线的分析直接判别系统的稳定性，也可以通过对系统闭环特征方程的求解判别系统的稳定性，在 MATLAB 中，采用 roots 函数计算系统的特征根。

【例 8-30】 系统闭环特征方程为 $q(s)=s^3+s^2+2s+24=0$，试用 MATLAB 分析系统稳定性。

仿真程序如下：

```
den=[1 1 2 24];
r=roots(den);
```

运行结果：

```
r=
  -3.0000
  1.000±2.6458i
```

可见，系统有两个正实部的特征根，故系统不稳定。

3)　系统稳态误差计算

控制系统的稳态误差可以由系统的静态误差系数度量。在 MATLAB 中，静态误差系数可由 dcgain 函数求取。

【例 8-31】 单位负反馈系统的开环传递函数为$G(s)=\dfrac{10}{(0.1s+1)(0.5s+1)}$，试求单位阶跃输入下的稳态误差。

由于系统为 0 型系统，则其稳态误差系数为$K_{p}=\lim\limits_{s\to 0}G(s)=10$

系统稳态误差为$e_{ss}=1/(1+K_{p})=1/11$。

求取系统稳态误差的仿真程序如下：

```
s=tf('s');
G_k=10/(0.1*s+1)/(0.5*s+1);
G_0=feedback(G_k,1);
step(G_0)                          %获得系统阶跃响应
ess=1-dcgain(G_0)                  %获得稳态误差
```

运行后得到的单位阶跃响应如图 8-15 所示，稳态误差的计算结果为

```
ess=
    0.0909
```

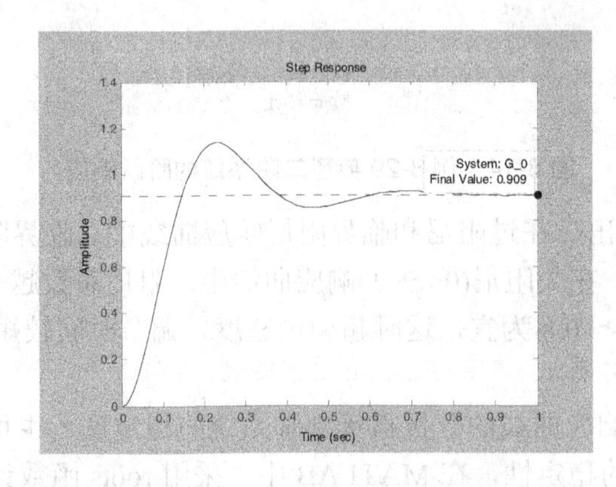

图 8-15　例 8-31 系统单位阶跃响应及稳态误差

可见，利用 MATLAB 程序计算的结果和理论分析是一致的。

2. 离散系统的输出响应及性能分析

在 MATLAB 中，求取离散系统的输出响应函数有单位阶跃响应函数 dstep、单位脉冲响应函数 dimpulse、任意输入响应函数 dlsim。离散系统也可采用 filter 函数求输出响应，其调用格式为

```
y=filter(num,den,r)
```

其中 r 表示输入信号。

1)　系统输出响应

【例 8-32】 系统的脉冲传递函数为

$$G(z)=\frac{0.367\,8z+0.264\,4}{z^{2}-z+0.632\,2}$$

试用 MATLAB 求系统的离散单位阶跃响应。

仿真程序如下：

```
num=[0.3678 0.2644];
den=[1 -1 0.6322];
dstep(num,den)
```

运行后得到的输出响应曲线如图 8-16 所示。

2)　系统稳定性分析

离散控制系统的稳定性可以从 z 平面上闭环极点(闭环特征根)的位置来判定，即稳定系统的闭环极点必位于 z 平面单位圆内。

【例 8-33】 离散控制系统的特征方程为

$$d(z)=45z^3-117z^2+119z-39=0$$

试利用 MATLAB 判断系统的稳定性。

仿真程序如下：

```
q=[ 45 -117 119 -39];
r=roots(q);
x=[-1:0.01:1];
y=sqrt(1-x.^2)
plot(x,y,x,-y)
hold on
plot(r, 'r+')
hold off
```

运行后得到的 z 平面特征根分布如图 8-17 所示。可见，特征方程有两个根在 z 平面单位圆外。因此，离散系统是不稳定的。

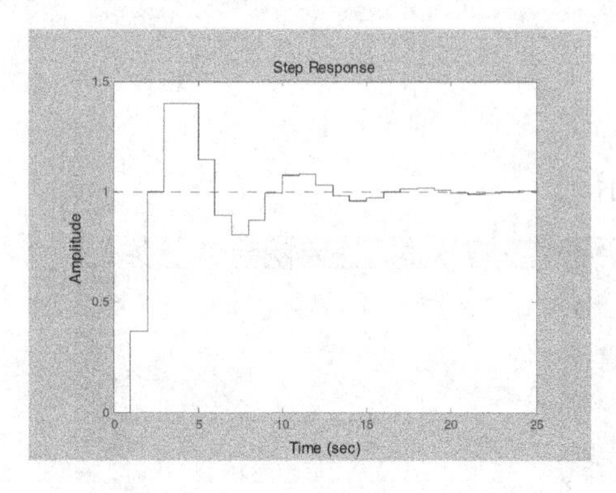

图 8-16　离散单位阶跃响应曲线

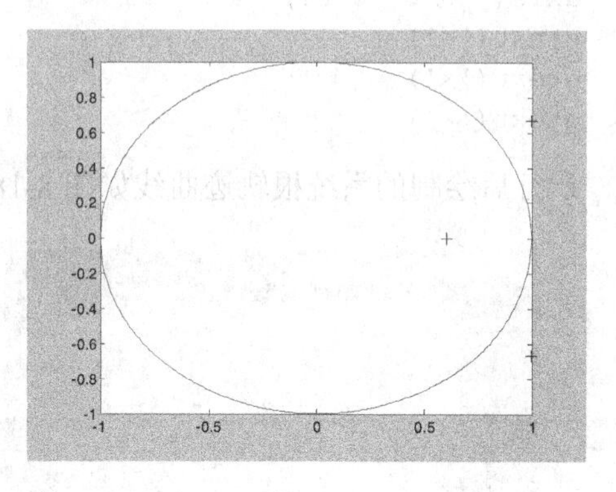

图 8-17　z 平面特征根分布

8.2.3　MATLAB 用于控制系统的根轨迹分析

利用 MATLAB 软件，可以方便地完成控制系统根轨迹的绘制及根轨迹分析等工作。

1. 根轨迹的绘制

在 MATLAB 中，可用 rlocus 函数直接绘制系统的根轨迹。其调用格式为

```
rlocus(num,den),rlocus(num,den,k)
```

其中，num、den 分别系统开环传递函数分子系数和分母系数向量，k 为给定的增益向量。若 k 是指定的，则按照给定的参数绘制根轨迹图，否则 k 的变化范围为 0～∞。在绘制的根轨迹图中，用“o”标明开环传递函数的零点，用“×”标明开环传递函数的极点。

用 MATLAB 绘制根轨迹还可采用如下调用形式：

```
[r,k]= rlocus(num,den), [r,k]= rlocus(num,den,k)
```

其中，r 为开环增益 k 时系统的闭环极点。使用该函数不显示根轨迹曲线，要绘制根轨迹，则需使用 plot 绘图函数。

【例 8-34】 若单位反馈控制系统的开环传递函数为

$$G(s)=\frac{K}{s(s+1)(s+5)}$$

利用 MATLAB 绘制系统的根轨迹曲线。

仿真程序如下：

```
num=1;
den=conv([1 1 0],[1,5]);
figure(1)
rlocus(num,den)
axis([-8 8 -8 8]);
figure(2)
r=rlocus(num,den);
plot(r, 'r-')
axis([-8 8 -8 8])
gtext('×')
gtext('×')
gtext('×')
```

运行后绘制的系统根轨迹曲线如图 8-18 所示。

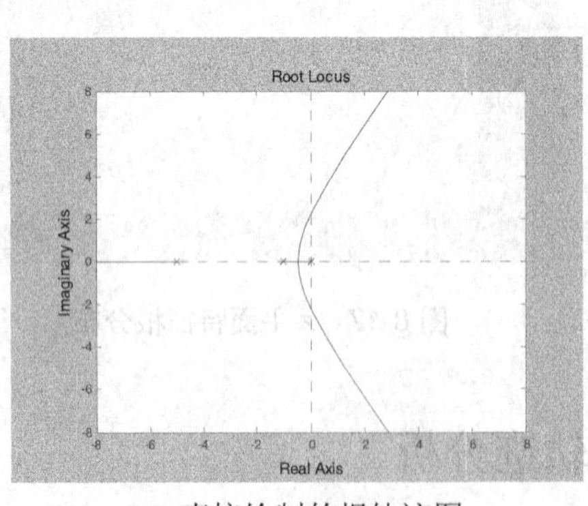

(a) 直接绘制的根轨迹图

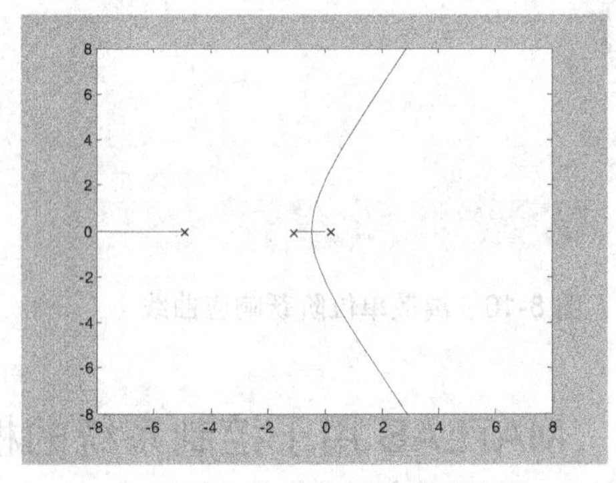

(b) 返回参数后绘制的根轨迹图

图 8-18　例 8-34 系统根轨迹曲线

2. 根轨迹分析

在 MATLAB 中，有两种方法获得根轨迹曲线上某一点的开环增益值和其他参数值。一是单击根轨迹曲线上任意一点，即可以方框的形式显示该点处的增益值(Gain)、极点值(Pole)、阻尼比(Damping)、超调量(Overshoot)、频率(Frequency)等参数值。二可调用 rlocfind 函数，即[k,ploe]=rlocfind(num,den)。运行该函数后，将在根轨迹图形上生成一个十字光标，同时在命令窗口会出现 Select a point in the graphics window，提示用户选择某一点。移动十字光标到希望的位置并单击，则在命令窗口会显示该点数值、增益值及对应于该增益值的闭环极点。

【例 8-35】 若单位反馈控制系统的开环传递函数为

$$G(s)=\frac{K(s+3)}{s(s+1)(s+2)}$$

利用 MATLAB 绘制系统的根轨迹曲线，并由根轨迹判定系统的稳定性。

仿真程序如下：

```
num=[1,3];
den=conv([1 1],[1 2 0]);
G=tf(num, den);
rlocus(G)
```

运行后绘制的系统轨迹曲线如图 8-19 所示。由图可见，对于任意的 K 值，根轨迹曲线均在 s 左半平面，系统都是稳定的。分别取增益 K 为 4 和 45，绘制系统的单位阶跃响应曲线如图 8-20 所示。可见，在 K=45 时，由于极点距虚轴很近，故振荡很大。

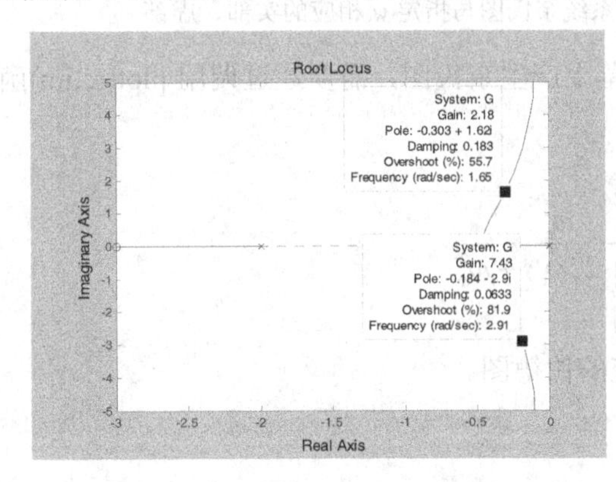

图 8-19　例 8-35 系统根轨迹

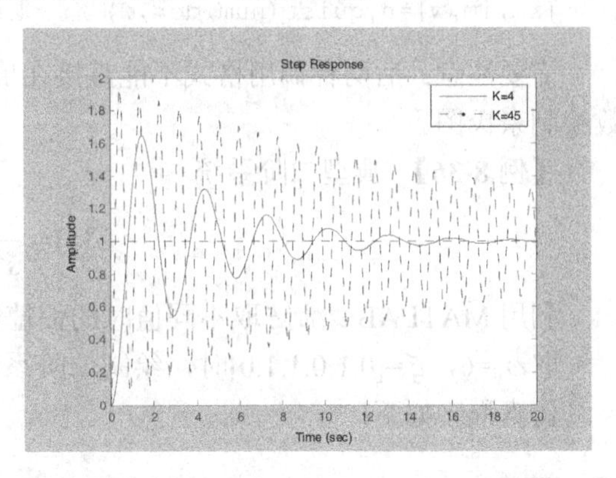

图 8-20　例 8-35 不同 K 值的阶跃响应

8.2.4　MATLAB 用于控制系统的频域分析

利用 MATLAB 可以绘制频率特性的精确图形，也可方便地获得系统的稳定裕度，这对控制系统的分析与设计十分有利。

1. 频率特性图的绘制

频率特性曲线有伯德图(Bode 图)、奈奎斯特图(Nyquist 图)、尼克尔斯图(Nichols 图)3 种表示。在 MATLAB 中，有专用函数可方便地实现这 3 个图形的绘制。

绘制伯德图可用函数 bode，其调用格式为

```
bode (num, den)        %绘制系统伯德图，系统自动选取频率范围
bode (num, den,w)      %绘制系统伯德图，用户指定选取频率范围
[mag,phase,w]=bode (num, den,w)  %返回系统伯德图相应的幅值、相位及频率向量
[mag,phase]=bode(num,den,w)  %返回系统伯德图与指定 w 相应的幅值、相位
```

需要注意：后两种调用格式返回的幅值不是以分贝(dB)为单位。利用下式可以将幅值转变成以 dB 为单位。

```
magdb=20*log10(mag)
```

另外，后两种调用格式必须使用如下函数绘制完整伯德图。

```
subplot(2 1 1), semilogx(w,20*log10(mag));
subplot(2 1 2), semilogx(w, phase);
```

绘制奈氏图可用函数 nyquist，其调用格式为

```
nyquist(num,den)                 %绘制系统奈氏图，系统自动选取频率范围
nyquist(num,den,w)               %绘制系统奈氏图，用户指定选取频率范围
[re,im,w]=nyquist(num,den)       %返回系统奈氏图相应的实部、虚部及频率向量
[re,im,w]=nyquist(num,den,w)     %返回系统奈氏图与指定 w 相应的实部、虚部
```

需要注意：后两种调用格式不能直接在屏幕上产生奈氏图，需要通过调用 plot(re,im)函数绘制奈氏图。

【例 8-36】 典型二阶系统

$$G(s)=\frac{\omega_n^2}{s^2+2\xi\omega_n s+\omega_n^2}$$

利用 MATLAB 绘制ξ取不同值时的伯德图。

取ω_n=6，ξ=[0.1:0.1:1.0]时，绘制二阶系统的伯德图。

仿真程序如下：

```
wn=6;
kosi=[0.1:0.1:1.0];
w=logspace(-1,1,100);
figure(1)
hold on
num=[wn.^2];
for kos==kosi
   den=[1 2*kos*wn wn.^2];
   [mag pha,w1]=bode(num,den,w);
```

```
    subplot(2,1,1);
    hold on
    semilogx(w1,20*log10(mag));
    subplot(2,1,2);
    hold on
    semilogx(w1, pha)
    end
subplot(2,1,1);grid on
title('Bode plot')
xlabel('Frequency (rad/sec) ')
ylabel('Gain dB');
subplot(2,1,2);grid on
xlabel('Frequency (rad/sec) ')
ylabel('Phase deg');
hold off
```

执行后得伯德图如图 8-21 所示。可以看出，当$\omega\to 0$时，相角$\varphi(\omega)$也趋于 0°；当$\omega\to\infty$时，$\varphi(\omega)\to -180°$；当$\omega=\omega_n$时，$\varphi(\omega)=-90°$，频率响应的幅度最大。

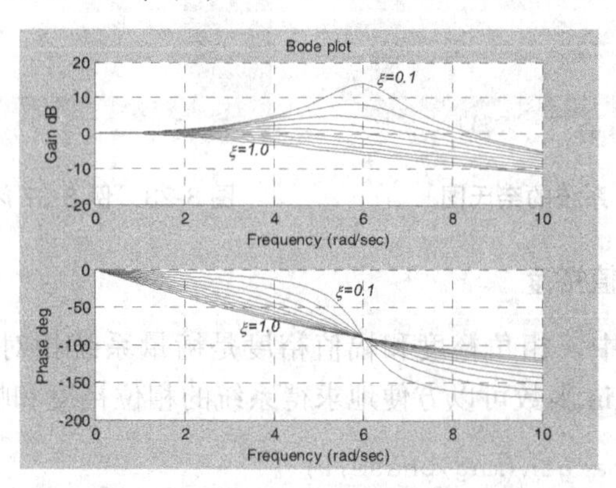

图 8-21　例 8-36 典型二阶系统的伯德图

【例 8-37】 系统开环传递函数为

$$G(s)=\frac{50}{(s+5)(s-2)}$$

利用 MATLAB 绘制系统奈氏图，判别闭环系统的稳定性，并求出闭环系统的单位脉冲响应。

仿真程序如下：

```
k=50;
z=[];
p=[-5 2];
[num,den]=zp2tf(z,p,k);
figure(1)
```

```
nyquist(num,den);
title('Nyquist Plot');
figure(2)
G_k=tf(num,den);
G_c=feedback(G_k,1)
impulse(G_c);
title('Impulse Response');
```

运行后得奈氏特图如图 8-22 所示，闭环系统单位脉冲响应如图 8-23 所示。由图 8-22 中可以看出，奈奎斯特曲线按逆时针包围(−1,j0)点一圈，而开环系统包含右半 s 平面上的一个极点。因此，闭环系统稳定，由闭环系统单位脉冲响应可得到证实。

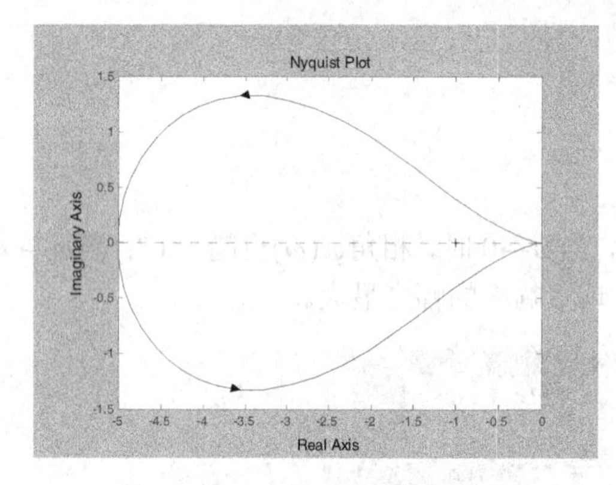

图 8-22　例 8-37 系统的奈氏图

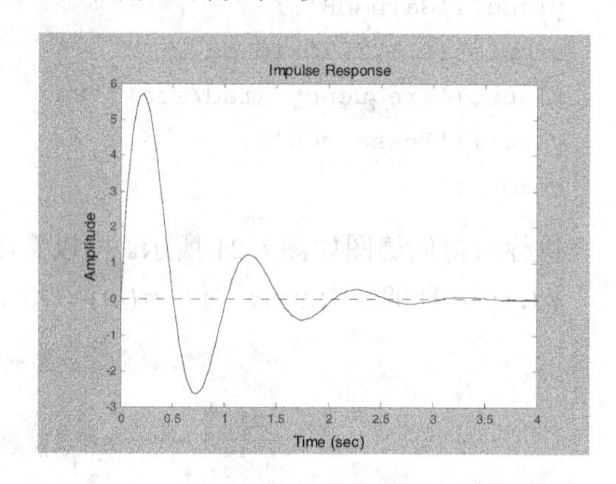

图 8-23　例 8-37 闭环系统单位脉冲响应

2. 求相角裕度和幅值裕度

在系统的频域分析中，相角裕度和幅值裕度是衡量系统相对稳定性的重要指标。在 MATLAB 中，应用 margin 函数可以方便地求得系统的相位裕度和幅值裕度，其调用格式为

```
[gm,pm,wcg,wcp]=margin(mag,phase,w)
```

其中，输入参数 mag, phase,w 分别为幅值(不是以 dB 为单位)、相角与频率向量，可由 bode 或 nyquist 函数得到。输出参数 gm,pm,wcg,wcp 分别为幅值裕度(不是以 dB 为单位)、相角裕度(以角度为单位)、相角为−180° 处的频率，增益为 0dB 处的频率。

margin 函数的另一种调用格式为

```
margin(mag,phase,w)
```

该格式可以生成带有裕度标记的伯德图，并且在曲线上方给出相应的幅值裕度和相角裕度，以及对应频率。

【例 8-38】 系统开环传递函数为

$$G(s)=\frac{2.33}{(0.162s+1)(0.0368s+1)(0.00167s+1)}$$

试利用 MATLAB 绘制系统开环伯德图，并求出系统的稳定裕度。

仿真程序如下：

```
sys1=tf([2.33],[0.162 1]);
sys2=tf([1],[0.0368 1]);
sys3=tf([1],[0.00167 1]);
sys=sys1*sys2*sys3;
[num,den]=tfdata(sys);
[mag,phase,w]=bode (num, den);
subplot(2 1 1);
semilogx(w,20*log10(mag));grid on
subplot(2 1 2);
semilogx(w, phase);grid on
[Gm,Pm,wcg,wcp]=margin(mag,phase,w)
```

运行后得伯德图如图 8-24 所示，在命令窗口得到系统的稳定裕度为

```
Gm=54.0835, Pm=93.6161, wcg=141.9361, wcp=11.6420
```

若将程序中最后一条命令改为 margin(mag,phase,w)，则可生成带有裕度标记的伯德图如图 8-25 所示。

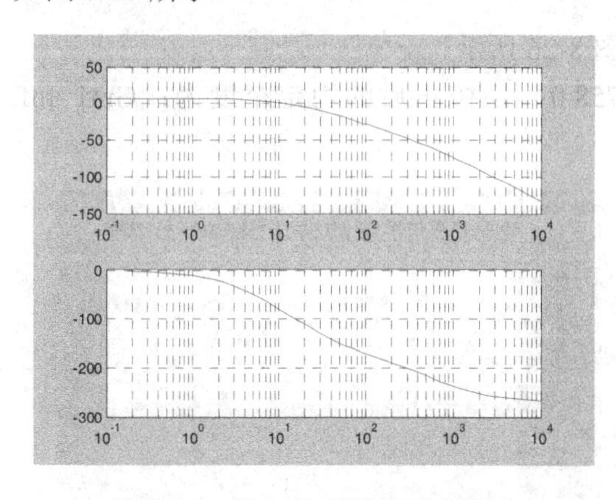

图 8-24　例 8-38 系统开环伯德图

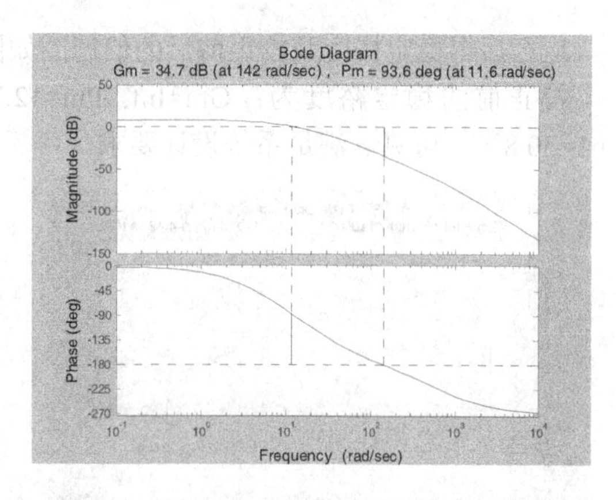

图 8-25　例 8-38 带有裕度标记的开环伯德图

8.2.5 MATLAB 用于控制系统的频域法校正

1. 超前校正装置的设计

【例 8-39】 已知单位负反馈系统的开环传递函数为

$$G(s)=\frac{20}{s(s+1)}$$

使用 MATLAB 设计一超前校正装置，使系统的稳态速度误差系数 $K_v=20s^{-1}$，相角裕度不小于 50°。

仿真程序如下：

```
num=20;
```

```
den=[1 1 0];
margin(num,den);
[Gm,Pm,wcg,wcp]=margin(num,den)          %计算系统校正前的裕度
dpm=50-pm+5;                             %根据性能指标确定最大超前角φm
phi=dpm*pi/180;
alfa=(1+sin(phi))/(1-sin(phi));          %计算α
a=-10*log10(alfa);                       %计算-10lga
[mag,phase,w]=bode(num,den);
adB=20*log10(mag);                       %在未校正系统的幅频特性上找到
wc=spline(adB,w,a);                      %幅值为a处的频率
T=1/(wc*sqrt(alfa));
p=alfa*T;
numk=[p 1];denk=[T,1]
Gc=tf(numk,denk);                        %获得校正装置的传递函数
G=tf(num,den);
[Gm1,Pm1,wcg1,wcp1]=margin(G*Gc)         %计算系统校正后的稳定裕度
figure
margin(G*Gc)
```

运行后得稳定裕度及校正前后的伯德图如图 8-26 所示。

校正前的稳定裕度为：Gm=Inf, Pm=12.758 0°，校正后的稳定裕度为：Gm1=Inf, Pm1=50.8°。可见，满足系统设计要求。

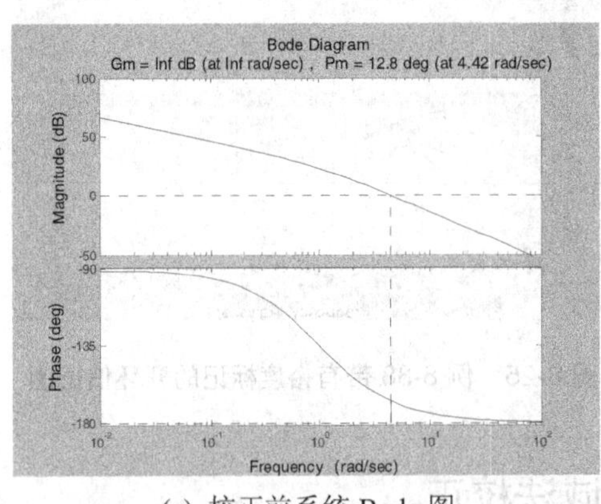

(a) 校正前系统 Bode 图

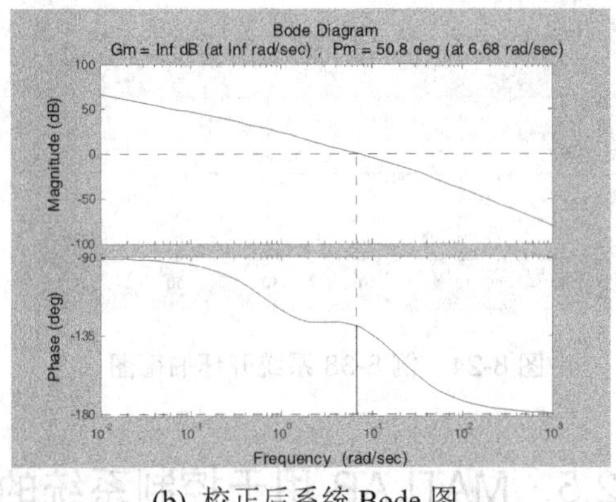

(b) 校正后系统 Bode 图

图 8-26 例 8-39 频域法校正前后系统 Bode 图

2. PI 控制器的设计

PI 控制器具有相位滞后特性，因此，PI 控制器是一种滞后校正装置。

【例 8-40】 系统开环传递函数为

$$G(s)=\frac{55.58}{(0.049s+1)(0.026s+1)(0.001\,67s+1)}$$

使用 MATLAB 设计 PI 控制器，使系统在阶跃信号输入下无静差，并具有足够的稳定裕度。

仿真程序如下：

```
num=55.58;
den=conv([0.049 1],conv([0.026 1],[0.00167 1]));
Gk=tf(num,den);
[gm,pm,wcg wcp]=margin(num,den)              %计算系统校正前的裕度
[mag,pha,w]=bode(num,den);
mag_db=20*log10(mag);
wc=30;                                       %选取校正后的系统的穿越频率
Gr=spline(w,mag_db,wc);                      %计算校正前系统在穿越频率处的幅值
Kp=10^(-Gr/20);                              %求 Kp
t1=0.049;                                    %选τ1 与原系统中最大的时间相等
numc=[t1 1];
denc=[t1 0];
Gc=tf(kp*numc,denc);                         %校正装置传递函数
Go=series(Gk,Gc);
[gm1,pm1,wcg1,wcp1]=margin(Go);              %求校正后的相角裕度
```

绘制校正前后的伯德图如图 8-27 所示，校正后的相角裕度为 pm1=44.9765°。

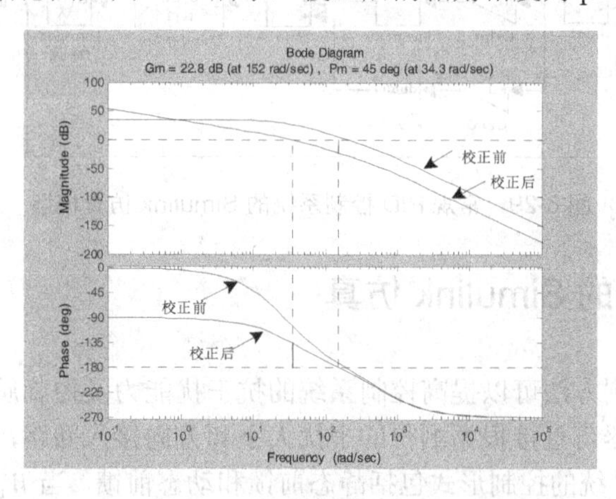

图 8-27　例 8-40 校正前后的伯德图

8.3　Simulink 在控制系统仿真中的应用

8.3.1　控制系统的 Simulink 模型的建立

常规 PID 控制系统的结构如图 8-28 所示，它的 Simulink 仿真模型的建立步骤如下。

(1) 启动 Simulink，打开一个空白的模型文件编辑窗口，准备建立系统的 Simulink 模型。

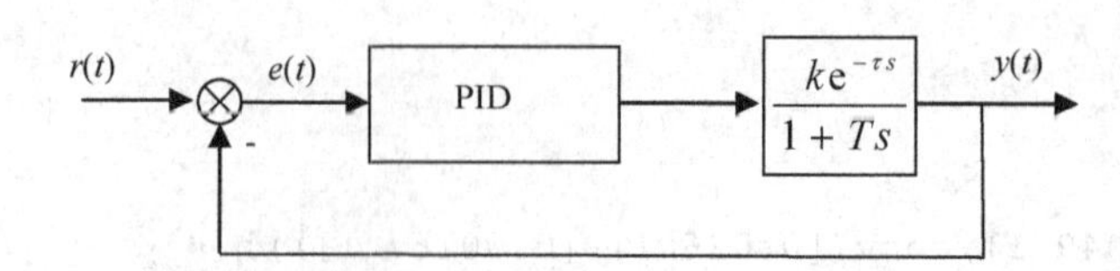

图 8-28　常规 PID 控制系统结构图

(2) 根据需要在系统模块库，如连续系统模块库(Continuous)、系统输入信号模块库(Sources)、输出显示模块库(Sinks)等中选出需要阶跃输入模块(step)、时间信号模块(Clock)、加法运算模块(Sum)、传递函数模块、时滞模块、示波器模块(Scope)、工作空间写入模块(To Workspace)等，用鼠标拖曳到编辑窗口中。

(3) 根据仿真系统的具体要求，用鼠标双击选中的模块，在各模块对话框中修改模块参数。

(4) 依据系统结构图，将各模块连接建立原系统的 Simulink 仿真模型，如图 8-29 所示。

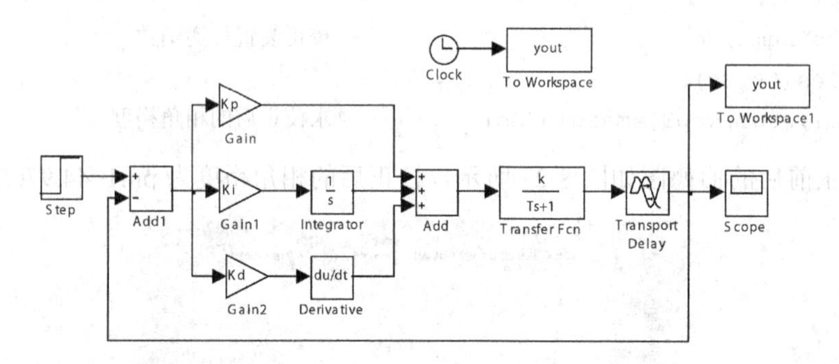

图 8-29　常规 PID 控制系统的 Simulink 仿真模型

8.3.2　控制系统的 Simulink 仿真

采用前馈复合控制方法可以提高控制系统的抗干扰能力及控制质量。其控制思想是当有干扰出现时，控制器可直接根据测得的干扰大小和方向接入回路，以补偿干扰对被控参数的影响。前馈控制系统的控制形式包括静态前馈和动态前馈。当 $W_m(s)=-K_f$ 时，称为静态前馈，是前馈控制的一种特殊形式，当干扰通道和控制通道的动态特性相同时，可达到满意效果。当 $W_m(s)=-K_f\times(\tau_1 s+1)/(\tau_2 s+1)$时，称为动态前馈，在实践中这类控制器可以达到满意的效果。

建立的前馈控制系统的 Simulink 仿真模型如图 8-30 所示。在仿真系统中，PID 控制器为 $0.18\times(1+1/(8.4s)+0.9s)$，时间滞后为 4s。

当不加前馈环节仅有反馈控制时，系统阶跃响应的仿真曲线如图 8-31(a)所示。当 $W_m(s)=-K_f$ 时，系统阶跃响应的仿真曲线如图 8-31 中曲线(b)所示。当 $W_m(s)=-K_f\times(\tau_1 s+1)/(\tau_1 s+1)$时，系统阶跃响应的仿真曲线如图 8-31 中曲线(c)所示。通过三者比较可以看出，系统动态性能依次变好。

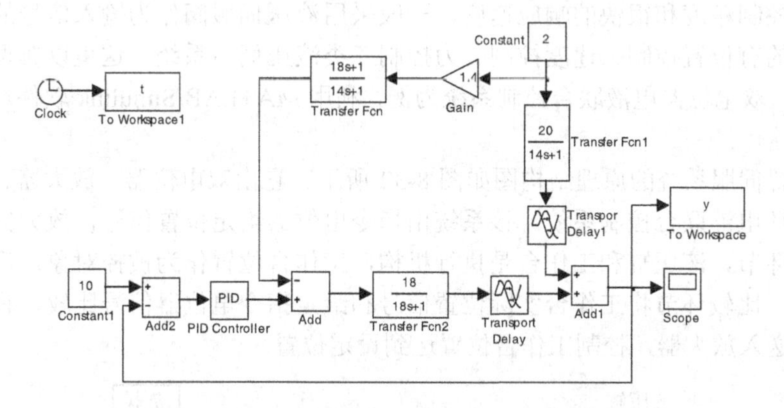

图 8-30　前馈控制系统的 Simulink 仿真模型

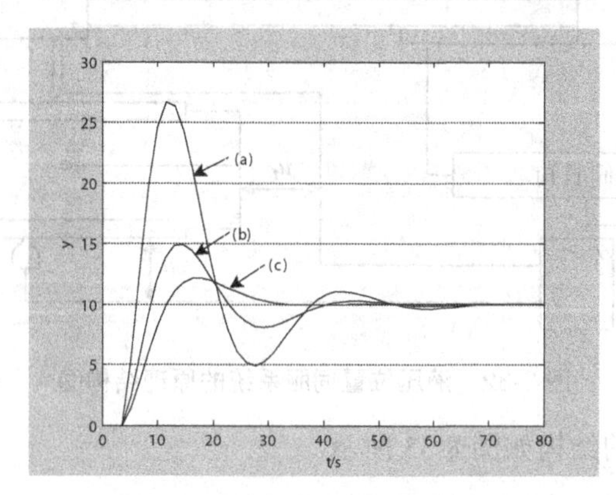

图 8-31　系统阶跃响应的仿真曲线

8.4　应 用 实 例

在进行计算机控制之前，首先对系统进行仿真实验，以确定合适的控制器参数，是目前控制工程领域普遍使用的方法。在工程设计中，采用仿真技术对于加快设计进程，提高设计质量非常重要。本节结合具体的工程应用实例说明 MATLAB/Simulink 软件在控制系统计算机仿真和辅助设计中的应用。

8.4.1　液压位置伺服系统

液压位置伺服系统是一类典型的自动控制系统，以其重量轻、体积小、功率-质量比大、快速性好、系统响应快、负载刚度大等突出优点已在工业、国防等自动化领域得到广泛应用。液压位置伺服的系统建模与特性分析可以采用经典控制理论完成。

1. 系统的结构及模型建立

液压伺服系统是以小功率的电信号输入，控制大功率的液压能(流量与压力)输出，并能获得很高的控制精度和很快的响应速度，一般采用液压伺服阀作为输入信号的转换与放大元件，常见的有位置控制、速度控制、力控制三类液压伺服系统。这里以典型的液压位置伺服系统——双电位器电液联合控制系统为例，利用 MATLAB/Simulink 软件对系统进行仿真分析。

液压位置伺服系统的原理结构图如图 8-32 所示。它由双电位器、放大器、液压缸等部件构成一闭环电液联合控制系统。该系统由指令电位器给定位置信号，放大器和电液伺服阀组成中间环节，液压缸和工作台是执行机构，工作台位置作为被控对象，反馈电位器作为检测环节。比较环节将工作台实际位置信号和给定指令电位器信号比较，将偏差信号作为控制信号送入放大器，控制工作台位置达到设定位置。

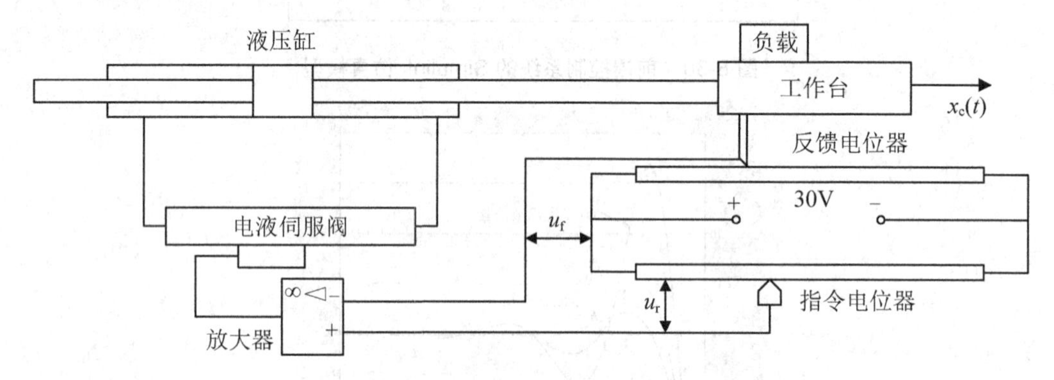

图 8-32　液压位置伺服系统的原理结构图

液压位置伺服系统的结构如图 8-33 所示。

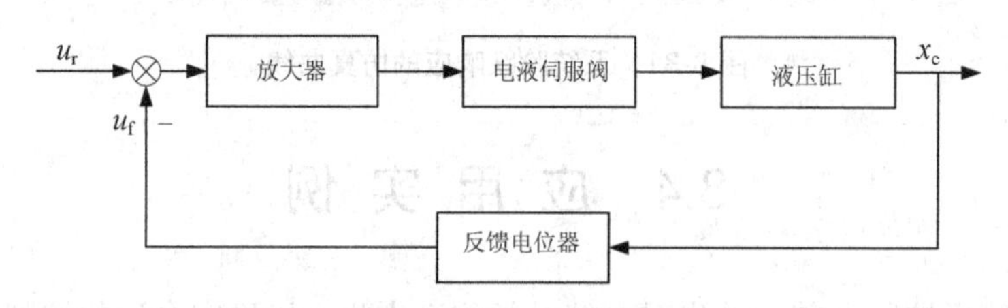

图 8-33　液压位置伺服系统的结构图

液压位置伺服系统的参数计算如下：

电压偏差 $\Delta u = u_r - u_f = 0.1\text{V}$ 时，放大器转换的电流偏差 Δi=0.001A，放大器灵敏度系数为 $K_0 = \Delta i / \Delta u = 0.01\text{A/V}$；电液伺服阀的初值 $I_0 = 100\text{mA}$，Q=20L/min，电液伺服阀增益为 $K_1 = Q / I_0 = 3330\text{cm}^3/\text{s}$，惯性时间常数 $T = 1/345(\text{s})$；反馈电位器的长度 l=30cm，电压 u=30V，反馈电位器灵敏度系数为 $K_2 = \Delta u / \Delta l = u / l = 1\text{V/cm}$。

负载质量为 1000kg；液压缸有效工作面积为 $A = 10\text{cm}^2$，油液和油腔管壁的等效容积弹性模数 $\beta_e = 1.4\times10^9\,\text{N/m}^2$；油缸两侧管路和油腔的总容积 $V_t = 0.1993\text{m}^3$；滑阀流量压力系数 $K_e = 2.64\times10^{-9}\,\text{m}^2\cdot\text{N/s}$。

在液压位置伺服系统的结构图中，放大器输出为电流 i，电液伺服阀输出为流量 q，液压缸活塞输出为位移 x_c，反馈电位器输出为电压 u_f。根据各模块特性，由按照机理建模方法建立系统数学模型如下：

$$\begin{cases} i = K_0(u_r - u_f) = 0.01(u_r - u_f) \\ T\dfrac{dq}{dt} + q = K_1 i = 3330i \\ \dfrac{V_t m}{4\beta_e A^2}\dfrac{d^3 x_c}{dt^3} + \dfrac{K_e m}{A^2}\dfrac{d^2 x_c}{dt^2} + \dfrac{dx_c}{dt} = \dfrac{q}{A} \\ u_f = K_2 x_c = x_c \end{cases}$$

在零初始条件下，对上式进行拉普拉斯变换，可得各环节的传递函数模型如下：

$$\begin{cases} I(s) = K_0(U_r(s) - U_f(s)) = 0.01(U_r(s) - U_1(s)) \\ Q(s) = \dfrac{K_1}{Ts+1}I(s) = \dfrac{3330}{(\dfrac{1}{345}s+1)}I(s) \\ X_c(s) = \dfrac{A}{s(\dfrac{V_t m}{4\beta_e A^2}s^2 + \dfrac{K_c m}{A^2}s + 1)}Q(s) \\ \quad = \dfrac{0.1}{s(0.000356s^2 + 0.00264s + 1)}Q(s) \\ U_f(s) = K_2 X_c(s) \end{cases}$$

2. MATLAB/Simulink 仿真分析

根据液压位置伺服系统的各环节传递函数及参数，可建立系统的动态结构图如图 8-34 所示。

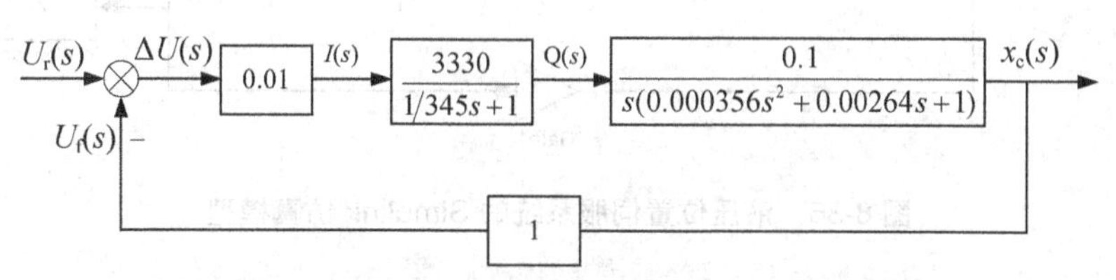

图 8-34　液压位置伺服系统的动态结构图

则系统开环传递函数 $G_k(s)$和闭环传递函数 $\Phi(s)$为

$$G_k(s) = \frac{3.33}{1.055\times10^{-6}s^4 + 3.717\times10^{-4}s^3 + 5.539\times10^{-3}s^2 + 1.003s + 1}$$

$$\Phi(s) = \frac{3.33}{1.055\times10^{-6}s^4 + 3.717\times10^{-4}s^3 + 5.539\times10^{-3}s^2 + 1.003s + 4.33}$$

利用 MATLAB 可方便地绘制系统对数频率特性如图 8-35 所示，由频率特性可得系统稳态指标为幅值裕度 G_m=5.71dB，相角裕度 P_m=106°，剪切频率 ω_c=3.2 rad/s，−180°穿越频率 ω_g=52.5 rad/s。

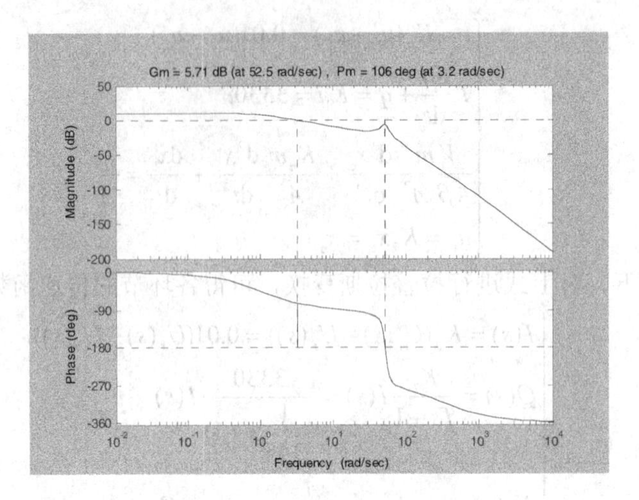

图 8-35　系统的对数频率特性

在 Simulink 环境中建立的系统仿真模型如图 8-36 所示。采用单位阶跃信号 Step 输入时，在跟踪示波器 Scope 中得到的系统单位阶跃响应曲线如图 8-37 所示。

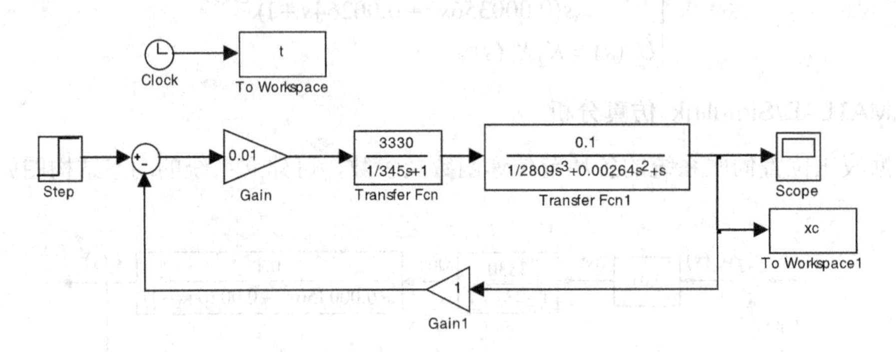

图 8-36　液压位置伺服系统的 Simulink 仿真模型

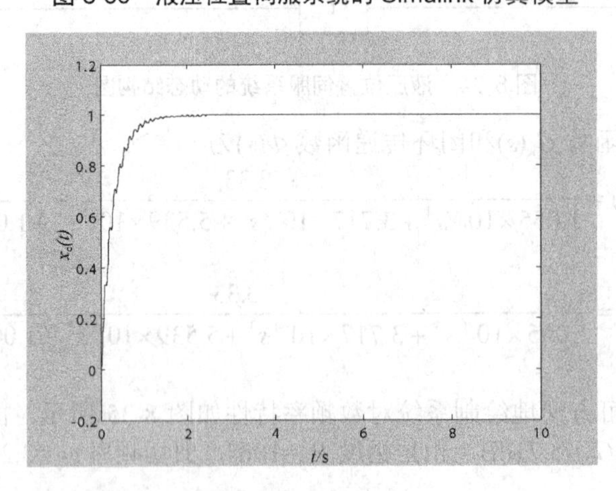

图 8-37　液压位置伺服系统单位阶跃响应

从曲线中可以看出，系统无超调，上升时间 0.5s 左右，系统进入稳态的时间约 3s 左右。

8.4.2　玻璃窑炉的温度控制系统

玻璃窑炉是玻璃工业中最重要的热工工艺设备，它是一个多变量、多回路、高阶、时变的非线性系统。在玻璃生产中最重要的工序之一是熔制。它是将混合均匀的配合料，送入玻璃窑炉，在高温条件下，经过一系列的物理、化学变化和反应，形成均匀、无气泡、符合成形要求的玻璃液，整个工艺过程非常复杂。对硅酸盐的形成、玻璃形成、澄清、均化和冷却成形各阶段的温度都有一定的工艺要求。因此，玻璃窑炉的温度控制的效果好坏直接关系到成品玻璃液的质量优劣。本例利用 MATLAB 软件对玻璃窑炉的温度控制系统进行仿真分析与设计。

1. 玻璃生产工艺及窑炉的结构

玻璃窑炉可分为蓄热式和换热式两种，大、中型平板玻璃窑炉多为蓄热式。在玻璃生产工艺中，最重要的过程之一就是玻璃的熔化，它分为如下几个阶段。

(1)　硅酸盐的形成：随温度升高至 1200℃左右，混合配料将发生一系列的化学反应，最终形成半熔融体的硅酸盐。

(2)　玻璃液的形成：温度继续升高，各种硅酸盐开始熔融形成玻璃液。

(3)　玻璃液的澄清和均化：在玻璃形成阶段，熔融体是很不均匀的，含有大量的气泡，必须澄清和均化。这两个过程几乎是同时进行的两个阶段。澄清是从玻璃液中除去可见的气体杂质，均化是通过对流、扩散等作用，使玻璃成分均匀和温度均匀。

(4)　玻璃液的冷却：澄清阶段的玻璃液温度高达 1300℃左右，玻璃液的黏度很低，不适宜玻璃成形，必须将其温度降到 1000℃左右，以加大黏度，满足玻璃成形的需要。

玻璃窑炉在结构上可分为四大部分，即熔化池、工作池、蓄热室及投料机。窑炉前有投料机，用于对窑炉加料；混合配料交替由投料机投入熔化池进行高温熔化。溶解池两边设有两个蓄热室，蓄热室有喷火口与溶解池相连，将预热后的重油同空气混合成均匀的混合物，空气重油混合物以雾状从喷火口吹入溶化池，在熔化池内燃烧。为保证重油充分燃烧，有一定量的二次空气从喷火口吹入。在熔化池内形成的均匀、无气泡、符合温度要求的熔融玻璃液，经“流液洞”流入工作池，再通过料道口进入成形型压机，压制成玻璃制品。玻璃窑炉的炉体结构如图 8-38 所示。

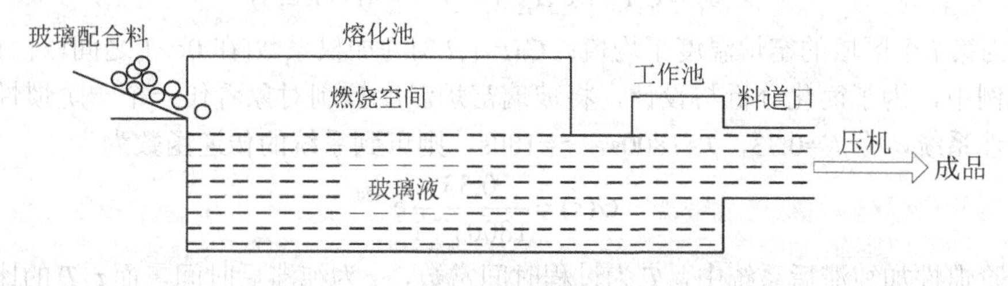

图 8-38　玻璃窑炉的炉体结构

按照生产工艺要求，在玻璃生产过程要求熔化池的温度必须保持恒定，炉压和玻璃液液位也应必须保持恒定。控制指标为：正常情况下，窑炉温度控制在 1500±3℃以内，玻璃液液位波动控制在±0.2mm 以内，炉压波动控制在±0.1mmH_2O。本例以窑炉温度控制为例进行仿真分析与设计。

2. 玻璃窑炉温度控制系统设计

玻璃窑炉温度控制系统的熔化池的温度可分为 4 个区：Ⅰ区和Ⅱ区温度分别恒值控制在 1350℃和 1460℃，分别起熔化和排泡作用；Ⅲ区和Ⅳ区温度分别恒值控制在 1340℃和 1300℃，起澄清作用。各区的温度彼此之间有一定的耦合关系，按玻璃液的流动方向，前区对后区的影响较大，但逆玻璃液流动方向，彼此影响较小。

各区的温度控制的给定也不是一次性给定的，以Ⅳ区为例，该区稳态时的期望温度为 1300℃，但不能直接升温至期望的 1300℃，必须采用斜坡-阶跃的温度给定曲线进行设置，以免炉壁的耐火材料损失太大。温升曲线(给定温度)如图 8-39 所示。

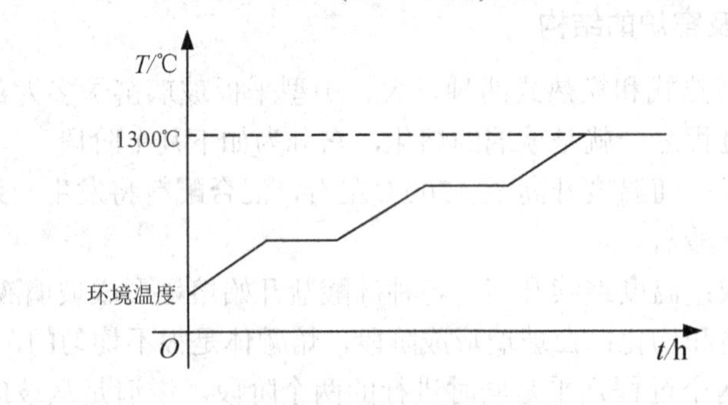

图 8-39 熔化池的温升曲线

各区的窑炉温度 T 与对应燃烧喷嘴的燃油量 M 之间的关系为纯滞后的一阶或二阶惯性系统，其传递函数为

$$G(s)=\frac{T(s)}{M(s)}=\frac{K}{Ts+1}\mathrm{e}^{-\tau s}$$

或

$$G(s)=\frac{T(s)}{M(s)}=\frac{K}{(T_1 s+1)(T_2 s+1)}\mathrm{e}^{-\tau s}$$

一般，熔化池每个区的窑炉温度在不同的位置上，如窑炉的顶部、左右两侧都安装测温元件与温度变送器，窑炉温度是不同位置的温度值的加权平均值，即有

$$T_i=C_1T_{i1}+C_2T_{i2}+C_3T_{i3} \qquad (i=1,2,3)$$

式中，T_i 为第 i 个区域的窑炉温度平均值；$C_i(i=1,2,3)$为加权系数(在 0～1 之间取值)。

在本例中，为了简化分析与设计，将玻璃窑炉温度控制对象看作一个一阶惯性加纯滞后的大惯性系统，令 $K=0.33$，$T=1800$s，$\tau=180$s，则可到系统的传递函数为

$$G(s)=\frac{0.33}{1800s+1}\mathrm{e}^{-180s}$$

在一阶惯性加纯滞后系统中，T 为过程时间常数，τ 为纯滞后时间。而τ/T 的比值表示了工业过程控制的难易程度。如果$\tau/T>1$，表示过程较难控制，需要特殊的控制手段；如果$\tau/T>0.5$，作为大纯滞后过程，可采用如串级、前馈等高级控制方法；如果$\tau/T<0.3$，则过程较易控制，不必采用特殊的控制策略。由于玻璃窑炉温度控制对象的$\tau/T=0.1$，故采用 PID

控制规律就可获得比较满意的控制效果。

因此，对于玻璃窑炉温度控制，可采用 PID 控制规律进行玻璃窑炉温度的恒值控制，其简化后的温度控制系统如图 8-40 所示。

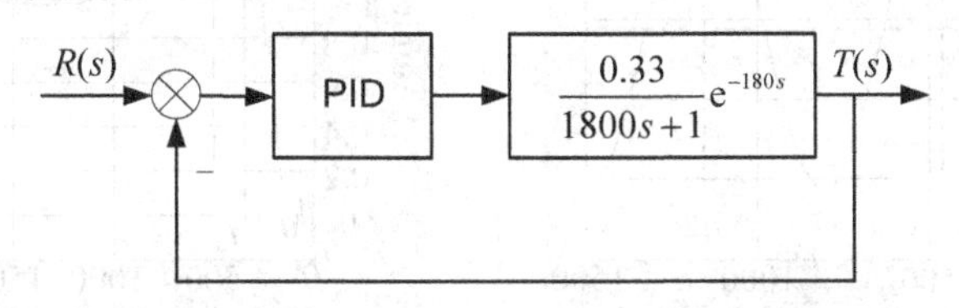

图 8-40　简化后的温度控制系统

3. 玻璃窑炉温度控制系统的 MATLAB/Simulink 仿真

首先用 Pade 近似方法将 $G(s)$中的时滞环节 e^{-180s} 近似为一个 10 阶的线性时不变环节，即有

$$e^{-180s} \approx G_0(s) = \frac{B(s)}{s^{10} + a_1 s^9 + \cdots + a_0}$$

这样，系统变为 $G(s) \approx \dfrac{0.33}{1800s+1} G_0(s)$，它是一个有理函数，采用工程整定法(临界比例度法)确定 PID 的参数 K_p、T_i 和 T_d。临界比例度法整定 PID 参数是工程上应用较广泛的一种闭环整定方法，它在纯比例控制下，使系统产生临界等幅振荡。此时的比例度称为临界比例度 K_u，相邻两个波峰间的时间间隔称为临界振荡周期 T_u，利用经验公式可求得最佳 PID 参数，即 K_p=0.6K_u，T_i=0.5T_u，T_d=0.125T_u。在不断增大比例增益，系统产生的临界等幅振荡波形如图 8-41 所示，则有 K_u=49.5，T_u=694。

利用经验整定公式，则有

$$K_p=29.7,\quad T_i=347,\quad T_d=86.75$$

仿真程序如下：

```
clc
[n0,d0]=pade(180,10);              %将 e^-180s 近似为有理函数
G0=tf(n0,d0);                      %传递函数 G0(s)
n1=0.33;
d1=[1800 1];
G1=tf(n1,d1);                      %惯性环节的传递函数
G01=G0*G1;                         %G(s)≈0.33/(1800s+1)G0(s)
K=49.5;                            %系统临界稳定增益的 K 值
G=feedback(K*G01,1)                %闭环系统传递函数
t=0:0.1:1500;
figure
step(G, t);                        %闭环系统的单位阶跃响应
```

由 MATLAB 仿真可获得系统的闭环单位阶跃响应曲线如图 8-42 所示，其仿真程序如下：

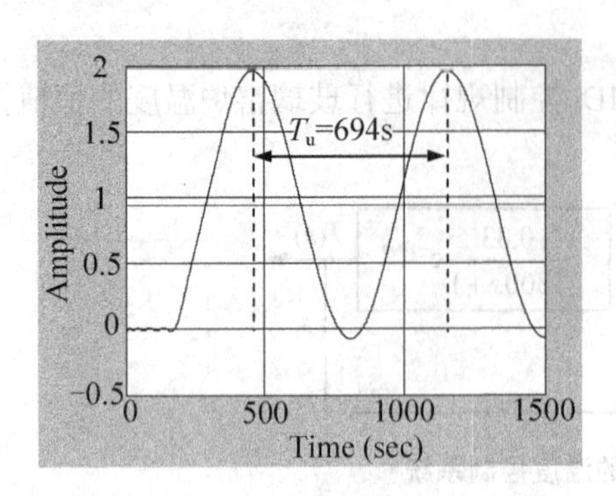

图 8-41　系统的临界等幅振荡波形

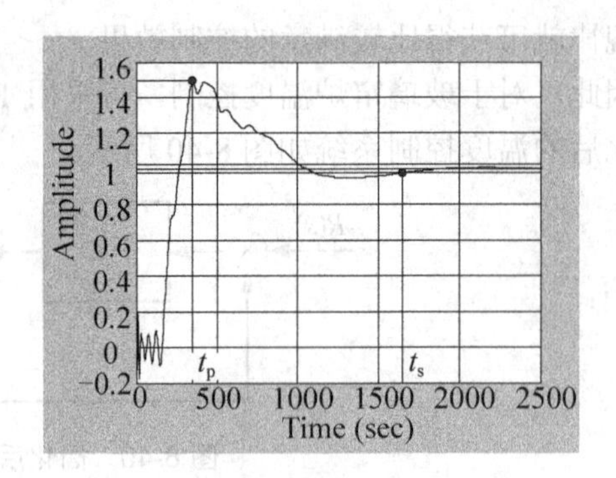

图 8-42　闭环单位阶跃响应曲线

```
Ku=49.5;
Tu=694;
Kp=0.6*Ku;
Ti=0.5*Tu;
Td=0.125*Tm
s=tf('s');
Gc=Kp*(1+1/(Ti*s)+Td*s);
G_loop=feedback(Gc*G01,1)
figure
step(G_loop)
```

根据系统阶跃响应曲线，便可大致确定系统的超调量为$\sigma\%=\dfrac{1.49-1}{1}\times 100\%=49\%$，峰值时间$t_p$=351s，调节时间$t_s=1650$s。

将整定好的 PID 参数施加于实际的控制对象$\left(G(s)=\dfrac{0.33}{1800s+1}\mathrm{e}^{-180s}\right)$，其系统阶跃响应如图 8-43 所示。与图 8-42 比较两者较接近，两者误差是纯滞后环节近似有理化建模产生的，根据温度给定特点，利用 Simulink 仿真斜坡-阶跃情况下的输出响应，输出响应曲线如图 8-44 所示，Simulink 模型如图 8-45 所示。

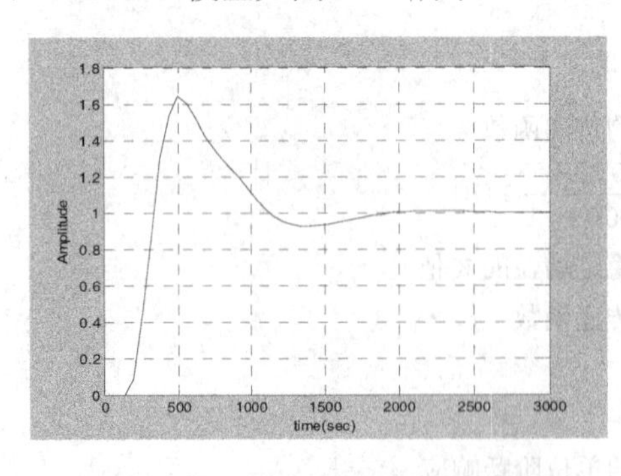

图 8-43　实际的系统单位阶跃响应

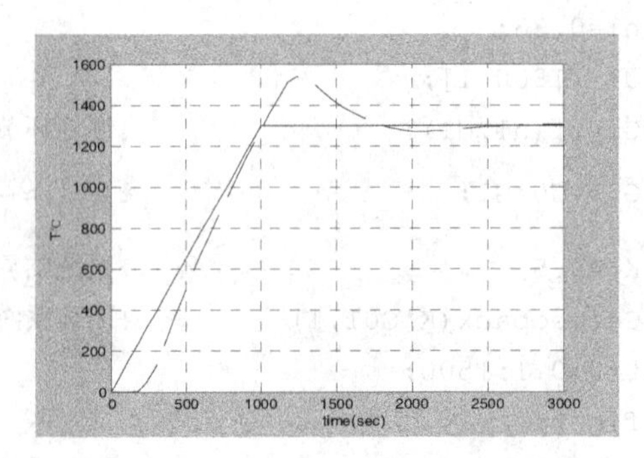

图 8-44　实际的系统斜坡-阶跃响应

在实际生产过程中，影响玻璃窑炉温度的因素除燃油、空气流量外，还主要有炉压、投料量和环境温度等，在炉压保持正常恒定的情况下，投料量和环境温度可视为可测干扰，一般可采用前馈补偿控制策略。

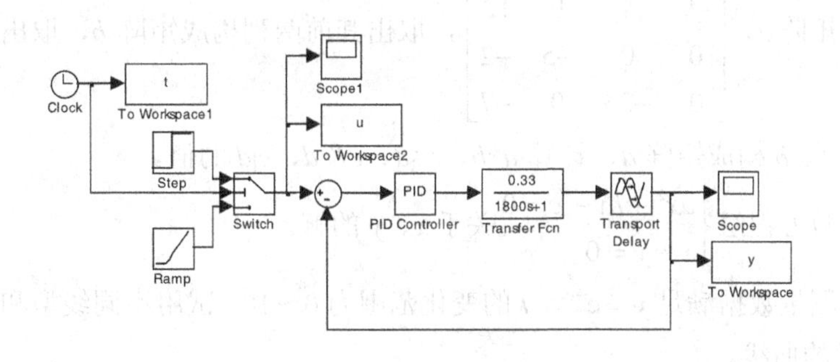

图 8-45　系统的 Simulink 模型

本章小结

(1)　MATLAB 软件是现今控制领域应用较广泛的一款仿真软件。它的突出特点是功能强大、界面友好、使用简洁、高效。利用 MATLAB 对自动控制系统进行计算机辅助分析与设计十分有效。

(2)　MATLAB 的命令窗口是执行命令和函数的主要交互窗口；MATLAB 的工作空间在 MATLAB 运行期间一直存在，可在工作空间中对变量进行观察、编辑、保存及删除。MATLAB 使用变量不需要事先进行声明和指定变量类型。MATLAB 具有强大的数值运算功能，其核心是矩阵运算。MATLAB 具有强大的图形绘制和处理功能，可方便地实现二维、三维图形的绘制。MATLAB 的程序文件以.m 为扩展名，称为 M 文件，M 文件包括命令文件和函数文件。MATLAB 有丰富的流程控制语句，如条件语句、循环语句、分支语句等，使得应用程序的设计简便、灵活。

(3)　MATLAB 可方便地建立控制系统的各类仿真模型及完成不同模型之间的转换；利用 MATLAB 进行控制系统的时域、频域及系统根轨迹分析，可以方便地获得控制系统的动、静态性能指标。MATLAB 也常用于串联校正装置的设计及复杂控制系统的仿真分析。

(4)　Simulink 是图形化仿真工具，通过建立系统的 Simulink 仿真模型，可直观、方便地对控制系统进行动态仿真。

习　　题

8-1　与其他计算机语言相比，MATLAB 语言有哪些显著特点？

8-2　在 MATLAB 中有哪几种获得帮助的途径？利用 MATLAB 的帮助功能分别查询 inv 函数、plot 函数。

8-3　已知矩阵 $a=\begin{bmatrix}4 & 2\\5 & 6\end{bmatrix}$、$b=\begin{bmatrix}7 & 1\\9 & 8\end{bmatrix}$ 和 $c=\begin{bmatrix}5 & 9\\7 & 3\end{bmatrix}$，按 a、b、c 的列顺序组合成一个

行向量，即[4 5 2 6 7 9 1 8 5 7 9 3]。

8-4　创建矩阵 $a=\begin{bmatrix}-1 & 0 & -6 & 8\\ -9 & 4 & 0 & 12\\ 0 & 0 & -5 & -2\\ 0 & -23 & 0 & -7\end{bmatrix}$，取出其前两列构成矩阵 b，取出其前两行构成矩阵 c，转置矩阵 b 构成矩阵 d，计算 $a*b$、$c<d$、$c\&d$、$c|d$ 的值。

8-5　求代数方程组 $\begin{cases}ax^2+by+c=0\\ x+y=0\end{cases}$ 关于 x、y 的解。

8-6　某一测量数据满足 $y=\mathrm{e}^{-at}$，t 的变化范围为 0～10。试用不同线型和标注记点绘制 a=0.1,0.2,0.5 时的曲线。

8-7　试用不同的线型和颜色在同一坐标内绘制曲线 $y=2\mathrm{e}^{-0.5x}\sin(2\pi x)$ 图形。

8-8　某周期为 4π的正弦波上叠加了方差为 0.1 的正态分布的随机噪声信号，试用循环结构编写一个三点线性滑动平均滤波程序。

8-9　已知系统传递函数为

$$G(s)=\frac{s^3+4s^2+5}{s^4+2s^3+7s^2+s+1}$$

利用 MATLAB 建立系统传递函数模型，并将其转换为零极点模型。

8-10　已知系统传递函数 $G(s)=\dfrac{1}{s^2+0.2s+1.01}$

(1)　绘制系统阶跃响应曲线。

(2)　绘制离散化系统阶跃响应曲线，采样周期 T=0.3s。

8-11　若单位反馈控制系统的开环传递函数为

$$G(s)=\frac{K(s+0.5)}{s(s+1)(s+2)(s+5)}$$

绘制系统的根轨迹，试求系统稳定时，参数 K 的取值范围，并输出系统临界稳定时的阶跃响应。

8-12　系统的开环传递函数

$$G(s)=\frac{1000}{(s^2+3s+2)(s+5)}$$

绘制系统的奈氏图，讨论其稳定性。

8-13　系统的开环传递函数为

$$G(s)=\frac{K}{(s^2+10s+500)}$$

绘制 K 取不同值时系统的伯德图。

8-14　判定系统 $G_1(s)=\dfrac{5}{s(s+2)(s+5)}$ 和 $G_2(s)=\dfrac{200}{s(s+2)(s+5)}$ 的稳定性，并给出系统幅值裕度和相角裕度。

8-15　设被控对象的传递函数

$$G(s)=\frac{400}{s(s^2+30s+200)}$$

试利用 MATLAB 设计串联校正装置，使系统速度稳态误差小于 10%，相角裕度 Pm=45°。

8-16 某自动控制系统的框图如图 8-46 所示，图中 $G(s)$为 PI 控制器，其传递函数为

$$G_c(s)=\frac{K_c(\tau_i s+1)}{\tau_i s}$$

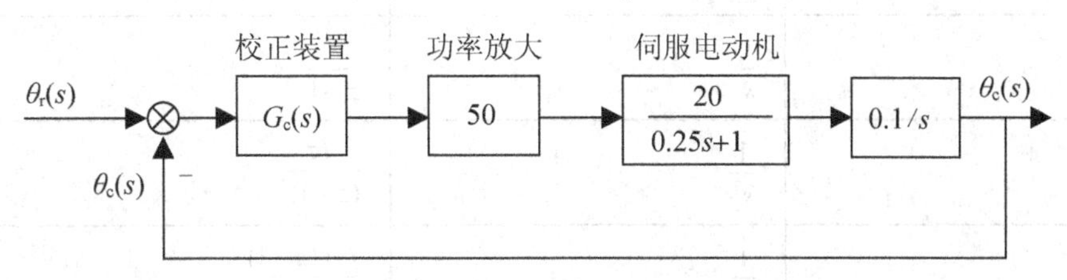

图 8-46 习题 8-16

其中，比例系数 K_c=2，积分时间常数 τ_i=0.5s，应用 Simulink 软件建立系统的仿真模型，求系统在 PI 校正前、后的单位阶跃曲线。

8-17 设被控对象的传递函数为

$$G(s)=\frac{10e^{-10s}}{50s+1}$$

采用 PID 控制器，试用临界比例度法整定 PID 控制器的参数。(用 Simulink 仿真实现)

附录　常用函数的拉普拉斯变换与 z 变换表

时间函数 $e(t)$ 或 $e(k)$	拉普拉斯变换 $E(s)$	z 变换 $E(z)$
$\delta(\mathrm{t})$	1	1
$\delta(t-kT)$	e^{-kTs}	z^{-k}
$1(t)$	$\dfrac{1}{s}$	$\dfrac{z}{z-1}$
t	$\dfrac{1}{s^2}$	$\dfrac{Tz}{(z-1)^2}$
$\dfrac{t^2}{2}$	$\dfrac{1}{s^3}$	$\dfrac{T^2 z(z+1)}{2(z-1)^3}$
e^{-at}	$\dfrac{1}{s+a}$	$\dfrac{z}{z-\mathrm{e}^{-at}}$
$t\mathrm{e}^{-at}$	$\dfrac{1}{(s+a)^2}$	$\dfrac{Tz\mathrm{e}^{-at}}{(z-\mathrm{e}^{-at})^2}$
$\dfrac{1}{2}t^2\mathrm{e}^{-at}$	$\dfrac{1}{(s+a)^3}$	$\dfrac{T^2 z\mathrm{e}^{-at}}{2(z-\mathrm{e}^{-at})^2}+\dfrac{T^2 z\mathrm{e}^{-2at}}{(z-\mathrm{e}^{-at})^3}$
$1-\mathrm{e}^{-at}$	$\dfrac{a}{s(s+a)}$	$\dfrac{(1\text{-}\mathrm{e}^{-at})z}{(z-1)(z-\mathrm{e}^{-at})}$
$\mathrm{e}^{-at}-\mathrm{e}^{-bt}$	$\dfrac{(b-a)}{(s+a)(s+b)}$	$\dfrac{z}{(z-\mathrm{e}^{-at})}-\dfrac{z}{(z-\mathrm{e}^{-bt})}$
$a^{t/T}$	$\dfrac{1}{s-(1/T)\ln a}$	$\dfrac{z}{z-a}$
$\sin\omega t$	$\dfrac{\omega}{s^2+\omega^2}$	$\dfrac{z\sin\omega T}{z^2-2z\cos\omega T+1}$
$\cos\omega t$	$\dfrac{s}{s^2+\omega^2}$	$\dfrac{z(z-\cos\omega T)}{z^2-2z\cos\omega T+1}$
$\mathrm{e}^{-at}\sin\omega t$	$\dfrac{\omega}{(\mathrm{s}+a)^2+\omega^2}$	$\dfrac{z\mathrm{e}^{-at}\sin\omega T}{z^2-2z\mathrm{e}^{-at}\cos\omega T+\mathrm{e}^{-at}}$
$\mathrm{e}^{-at}\cos\omega t$	$\dfrac{s+a}{(\mathrm{s}+a)^2+\omega^2}$	$\dfrac{z^2-z\mathrm{e}^{-at}\cos\omega T}{z^2-2z\mathrm{e}^{-at}\cos\omega T+\mathrm{e}^{-2at}}$
	k	$\dfrac{z}{(z-1)^2}$
	a^k	$\dfrac{\mathrm{z}}{z-a}$
	$a^k\cos k\pi$	$\dfrac{z}{z+a}$

参 考 文 献

[1] 黄坚. 自动控制原理及其应用[M]. 2 版. 北京：高等教育出版社，2009.

[2] 胡寿松. 自动控制原理[M]. 4 版. 北京：科学出版社，2008.

[3] 董景新，赵长德. 控制过程基础[M]. 北京：清华大学出版社，1992.

[4] 涂植英，何均正. 自动控制原理[M]. 重庆：重庆大学出版社，1994.

[5] 夏超英. 自动控制原理[M]. 北京：科学出版社，2010.

[6] 陈丽兰. 自动控制原理教程[M]. 2 版. 北京：电子工业出版社，2010.

[7] 任彦硕. 自动控制原理[M]. 北京：机械工业出版社，2006.

[8] 宋乐鹏. 自动控制原理[M]. 北京：清华大学出版社，2012.

[9] 梁南丁，赵永君. 自动控制原理与应用[M]. 北京：北京大学出版社，2007.

[10] 卢京潮. 自动控制原理[M]. 西安：西北工业大学出版社，2004.

[11] 侯加林. 自动控制原理[M]. 北京：中国电力出版社，2008.

[12] 王建辉，顾树生. 自动控制原理[M]. 4 版. 北京：冶金工业出版社，2005.

[13] 刘明俊，于明祁，杨泉林. 自动控制原理[M]. 北京：国防科技大学出版社，2000.

[14] 高国荣，余文杰. 自动控制原理[M]. 广州：华南理工大学出版社，1999.

[15] 王建辉. 自动控制原理习题详解[M]. 北京：冶金工业出版社，2005.

[16] 蒋国平，万佑红. 自动控制原理辅导与习题详解[M]. 北京：北京邮电大学出版社，2007.

[17] 刘春生，吴庆宪. 现代控制工程基础[M]. 北京：科学出版社，2011.

[18] 王益群，孔祥东. 控制工程基础[M]. 北京：机械工业出版社，2008.

[19] 张正方，李玉清，康远林. 新编自动控制原理题解[M]. 武汉：华中科技大学出版社，2003.

[20] 于润伟，朱晓慧. MATLAB 基础及应用[M]. 北京：机械工业出版社，2009.

[21] 赵广元. MATLAB 与控制系统仿真实践[M]. 北京：北京航空航天大学出版社，2009.

[22] 刘文定，王东林. 过程控制系统的 MATLAB 仿真[M]. 北京：机械工业出版社，2009.